新世纪高校机电工程系列教材

机械工程材料及其成形技术

主　编　赵　程　杨建民
副主编　许崇海　王吉岱
参　编　吴　欣　李镇江
侯俊英　李　达
孙清洲　倪献智
赵海霞　王　东
主　审　魏广升

机械工业出版社

本书是新世纪高校机电工程系列教材之一。按原国家教委高教司颁发的《工程材料及机械制造基础课程教学基本要求》，以培养高等工科院校机械类专业的学生具有合理选择工程材料和成形方法、制订相应加工工艺的能力为主要目的。

本书共分9章，主要内容包括工程材料的力学性能、金属材料的基础知识、钢的热处理、金属材料、铸造成形技术、锻压成形技术、焊接成形技术、非金属材料及其成形技术和机械零件的失效、选材及加工工艺的选择等。本书在编写顺序上，按照由浅入深、循序渐进、便于教学的思路，注重培养学生分析问题和解决问题的能力。每章后附有思考题，以利于学生理解和吸收本章学过的内容。

本书可以作为普通高等工科院校机械类等专业的制造技术基础类教材，也可以作为从事材料科学与工程、机械工程、工业管理以及有关工程技术人员的参考书。

图书在版编目（CIP）数据

机械工程材料及其成形技术/赵程，杨建民主编. —北京：机械工业出版社，2009.4（2025.6重印）

新世纪高校机电工程系列教材

ISBN 978-7-111-26405-7

Ⅰ. 机…　Ⅱ. ①赵…②杨…　Ⅲ. 机械制造材料-高等学校-教材
Ⅳ. TH14

中国版本图书馆CIP数据核字（2009）第025048号

机械工业出版社（北京市百万庄大街22号　邮政编码100037）
策划编辑：刘小慧　责任编辑：刘远星　赵亚敏
版式设计：霍永明　责任校对：樊钟英
封面设计：姚　毅　责任印制：刘　媛
北京富资园科技发展有限公司印刷
2025年6月第1版第13次印刷
184mm×260mm · 14.5印张 · 354千字
标准书号：ISBN 978-7-111-26405-7
定价：36.00元

电话服务　　　　　　　　　　网络服务
客服电话：010-88361066　　机　工　官　网：www.cmpbook.com
010-88379833　　机　工　官　博：weibo.com/cmp1952
010-68326294　　金　书　网：www.golden-book.com
封底无防伪标均为盗版　　机工教育服务网：www.cmpedu.com

前　　言

本书是在原《机械工程材料》一书的基础上，增加了材料成形技术等内容，打破原来工程材料与热加工工艺各成体系、相互交叉重复的局面，建立了工程材料与成形技术统一的新体系。本书按原国家教委高教司颁发的《工程材料及机械制造基础课程教学基本要求》，以培养学生具有合理选择工程材料及成形方法、制订相应加工工艺的能力为主要目的。

“工程材料及其成形技术”是机械制造专业重要的专业基础课程，涉及的知识面广，实用性强。编写本书时既要考虑到内容全面，尽可能地拓宽学生的知识面，又不能过于琐碎，削弱或湮没了基本知识和重点内容。所以本书在编写过程中本着“有所为，有所不为，够用为度”的原则，对基础理论部分要掌握深度和学为所用，对基本内容和重点内容要讲明讲细，对非重点部分可简要叙述，由授课教师在课堂上给予展开或让学生在课后查阅相关资料。

在本书的编写顺序上，编者按照由浅入深、循序渐进、便于教学的思路，首先从工程材料宏观性能的学习开始，使学生对工程材料有一个初步的感性认识。随之开始引深到材料的微观组织结构和材料热处理过程中的组织结构转变，让学生了解到材料的本质并掌握必要的材料基础理论知识、材料组织结构转变的机理和材料的微观组织结构对材料宏观性能的影响。在此基础上，通过对金属材料和非金属材料及其成形技术的基本原理、成形方法和加工工艺等的学习，使学生建立在现代机械制造过程中使用的工程材料及其成形工艺的完整概念。最后，通过对机械零件的失效分析、合理选材及加工工艺选择的学习，在培养学生分析问题和解决问题能力的同时，系统地复习总结本书所学过的知识。本书每章最后都附有思考题，以巩固所学过的知识和培养学生分析问题的能力。

参加本书编写的都是多年从事工程材料及成形技术教学工作的教师，他们分别是青岛科技大学的赵程、李镇江、侯俊英和赵海霞；青岛大学的杨建民、李达和王东；山东轻工业学院的许崇海和倪献智；山东科技大学的王吉岱；哈尔滨工业大学（威海）的吴欣和山东建筑大学的孙清洲。本书由赵程和杨建民任主编并负责统稿，青岛大学魏广升教授负责主审。

在本书的编写过程中，山东省教育厅和机械工业出版社给予了热情的帮助和指导。同时，本书在编写过程中参考并引用了有关教材和文献的资料和插图，编者在此深表谢意。限于编者的水平，书中必然还存在一些错误和不足之处，恳请广大读者批评指正。

编　者

目　录

绪 论

一、材料及其成形工艺发展概要

材料是人类生产和社会发展的重要物质基础，也是日常生活中不可或缺的一个组成部分。自从地球上有了人类至今，材料的利用和发展就成了人类文明发展史的里程碑。从原始时期的石器时代开始，在经历了青铜器时代和铁器时代之后，人类进入了农业社会。18世纪钢铁时代的来临，造就了工业社会的文明。尤其是近百年来，随着科学技术的迅猛发展和社会需求的不断提高，新材料更是层出不穷，出现了"高分子材料时代"、"半导体材料时代"、"先进陶瓷材料时代"、"复合材料时代"、"人工合成材料时代"和即将进入的"纳米材料时代"。目前，能源、信息和新材料已成为现代科学技术和现代文明的三大支柱，而在这三者之中，新材料又是最重要的基础。历史证明，每一次重大新技术的发现往往都依赖于新材料的发展。

人们对材料的认识也是在历史发展中逐步深入了解的。在原始社会的末期，中华民族的祖先最早使用了火烧制陶器。东汉时期出现的瓷器对人类文明产生了极大的影响，已成为中国古代文化的象征。4000多年前，金属材料开始出现在人类的生活中，当时我国的青铜冶炼和铸造技术已发展到了较高的水平。在春秋时期，我国发明了炼铁技术，比欧洲早了1800多年。到了汉代，我国"先炼铁后炼钢"的技术已居世界领先地位。从西汉到明朝，我国的钢铁生产技术、钢铁热处理技术及钢铁材料的应用都已达到了相当高的水平。到了18世纪，以欧洲为中心的世界工业迅速发展，钢铁工业开始成为产业革命的主要潮流和物质基础。从19世纪起，随着现代显微技术的发展，人们开始步入材料的微观世界。同时，一些与材料相关的基础学科，如固体物理、量子力学、材料化学等的发展，大大地推动了材料科学向更深、更高层次发展。20世纪以来，随着现代科学技术和工业化生产的迅速发展，人们对材料的要求也越来越高。在大量发展高性能金属材料的同时，又迅速发展和应用了高性能的非金属材料和复合材料，进入了人工合成材料的新时代。现在，材料的种类、数量和质量已是衡量一个国家科学技术、国民经济水平以及社会文明的重要标志之一。

与材料同步发展的还有材料成形技术，材料只有经过各种加工（包括材料的冷加工与热加工等），最终才能形成产品，体现其功能和使用价值。我们的祖先最早用火烧制陶器和瓷器，五代时期陶瓷技术已登峰造极，瓷器已成为中国文化的象征。我国的铸造技术和锻造技术也闻名于世，如河南安阳出土的商代青铜大方鼎距今已3000多年，表面花纹精巧，重达875kg，充分反映出我国古代青铜冶炼和铸造成形的高超技艺。湖北江陵楚墓出土的越王勾践青铜宝剑，虽然在地下埋藏了2000多年，但仍金光闪闪，刃口锋利异常。在河南辉县战国墓中，殉葬铜器的耳和足都是采用钎焊的方法与本体连接的，这比欧洲国家开始应用钎焊技术还早2000多年。我国明代科学家宋应星所著的《天工开物》一书是举世公认的世界上最早有关金属加工科学技术的著作之一，书中记载了冶铁、铸造、锻造、渗碳、淬火等各种金属热加工的方法和工艺，其中记述的关于锉刀制造、翻修和热处理等的工艺与现在相差无几。但是，从18世纪以后，长期的封建统治和闭关自守，严重地束缚了我国生产力的发展，而此时欧洲发生的工业革命极大地促进了现代工业的快速发展，这时材料的成形加工也从简单的手工操作逐渐过渡到机械化生产。如今专业化、自动化和智能化成形加工已是现代工业生产的发展方向。

新中国成立后，尤其是改革开放以来，我国的科学技术和各生产领域都取得了举世瞩目的伟大成就，机械工程材料及其成形技术也得到了飞速的发展，现已逐渐进入世界先进国家的行列。

二、工程材料的分类

工程材料是指工程上使用的材料，其种类繁多，有许多不同的分类方法。若按材料的化学成分、结合键的特点进行分类，可以分为金属材料、非金属材料和复合材料三大类。

1. 金属材料

金属材料是目前使用量最大、用途最广的机械工程材料。它包括两大类型：钢铁材料和非铁金属（黑色金属和有色金属）。

（1）钢铁材料　钢铁材料是指铁和以铁为基的合金材料，它占金属材料总量的95%以上。由于钢铁材料具有力学性能优良、可加工性能好、价格低廉等特点，所以在工程材料中一直占据着不可替代的主导地位。

（2）非铁金属　除铁基合金之外的所有金属及其合金材料统称为非铁金属。它可分为轻金属（如铝、镁、钛）、重金属（如铅、锡）、贵金属（如金、银、镍、铂）和稀有金属等。其中以铝、铜及其合金用途最广。

2. 非金属材料

非金属材料主要包括高分子材料和陶瓷材料。

（1）高分子材料　高分子材料又称聚合物材料，主要成分为碳和氢。按其用途和使用状态，高分子材料又分为橡胶、塑料、合成纤维和胶粘剂等四大类型。

（2）陶瓷材料　陶瓷材料是指硅酸盐、金属与非金属元素的氧化物、氮化物、碳化物等。它主要包括普通陶瓷、金属陶瓷和特种陶瓷三大类。

3. 复合材料

复合材料是指把两种或两种以上具有不同性质或不同组织结构的材料以微观或宏观的形式组合在一起而构成的新型材料。它不仅保留了组成材料各自的优点，而且还具有单一材料所没有的优良性能。复合材料通常分为三大类：树脂基复合材料、陶瓷基复合材料和金属基复合材料。

三、材料成形技术的分类

金属材料的成形加工基本可以分为冷加工成形和热加工成形两大类。

1. 冷加工成形

冷加工成形是使用切削工具（包括刀具、磨具和磨料），在工具与工件之间的相对运动中，把工件上多余的材料层切除，使工件获得规定的尺寸、形状和表面质量的加工方法。在“工程材料与机械制造基础”课程中，冷加工成形将在机械制造部分内讲授。

2. 热加工成形

金属材料热加工成形包括铸造成形、锻压成形和焊接成形。

（1）铸造成形　铸造成形是将金属熔化成液态后，浇注到与拟成形零件的形状及尺寸相适应的铸型型腔中，待其冷却凝固后获得零件毛坯的生产方法。

（2）锻压成形　锻压成形是指将具有塑性的金属材料，在热态或冷态下借助锻锤的冲击力或压力机的压力，使其产生塑性变形，以获得所需形状、尺寸及力学性能的毛坯或零件的加工方法。锻压是锻造和冲压的总称，有时也称其为金属压力加工。

（3）焊接成形　焊接是一种通过加热或加压或两者并用，用或不用填充材料，使被焊材料之间达到原子结合而形成永久性连接的工艺方法。

四、“机械工程材料及其成形技术”课程性质与任务

机械工业是一个国家的基础产业。目前，机械产品正朝着自动、高速、精密方向发展。在机械产品设计与制造过程中，涉及到的材料与材料加工的问题越来越多。在机械产品使用过程中，出现的许多问题也大多是因材料的问题而引起的。因此，在机械设计和机械产品应用过程中，不可避免地要对工程材料的选择、加工方法及加工工艺、应用等问题进行科学系统的分析并予以全面正确的解决。“机械工程材料及其成形技术”课程正是为实现这一目标而设置的。

“机械工程材料及其成形技术”课程是机械类专业的一门重要的专业基础课，通过本课程的学习，使学生在获得工程材料及其成形技术一般知识的基础上，了解常用材料的成分、组织、性能、加工方法、加工工艺以及用途等之间的关系，从而使学生初步具备合理选择材料、正确选择加工方法以及制订相应加工工艺的能力，也为后继有关课程的学习奠定必要的材料科学基础。

“机械工程材料及其成形技术”课程又是一门内容广泛、技术性和实践性较强的课程，在学习时应注重分析、理解与运用，并与生产实际应用相结合。强调前后知识的整体联系与综合应用，以提高学生发现问题、分析问题和解决问题的独立创新工作的能力。教师授课时要尽可能利用现代化多媒体教学手段，要把课本内容与“工程实践训练”等实习课程联系起来，将理论与实践相结合，加深学生对课本知识的理解，提高学生的感性认识，为今后从事机械设计与制造方面的工作奠定坚实的基础。

第一章　工程材料的力学性能

工程材料制成的机械零部件在使用过程中要受到各种形式的力，材料在这些力的作用下所表现出的特性称为材料的力学性能。材料的力学性能包括强度、塑性、硬度、韧性、抗疲劳性和耐磨性等。它不仅取决于材料本身的化学成分，而且还和材料的微观组织结构有关。

材料的力学性能是衡量工程材料性能优劣的主要指标，也是机械设计人员在设计过程中选用材料的主要依据。材料的力学性能可以从设计手册中查到，也可以用力学性能试验方法获得。了解材料力学性能的试验方法、测试条件和性能指标等，将有助于了解工程材料的本性。

第一节　材料的强度与塑性

材料在外力作用下抵抗变形和断裂的能力称为材料的强度。根据外力的作用方式，材料的强度分为抗拉强度、抗压强度、抗弯强度和抗剪强度等。

材料在外力作用下表现出的塑性变形能力称为材料的塑性。

材料的强度和塑性是材料最重要的力学性能指标之一，它可以通过拉伸试验获得。一次完整的拉伸试验记录还可以获得许多其他有关该材料性能的有用数据，如材料的弹性、屈服极限和材料破坏所需的功等，所以拉伸试验是材料力学性能试验中最为常用的一种试验方法。

一、拉伸试验及拉伸曲线

拉伸试验可以在拉伸试验机上进行，被测试的材料按国家标准制成如图 1-1 所示的光滑圆柱形标准拉伸试样。试样中间截面均匀的部分作为测量延伸量的基本长度，称为标距 L_0。将试样的两端放在拉伸试验机的夹头内夹紧，然后缓慢而均匀地施加轴向拉力。随着拉力的增加，试样被拉长，直至拉断为止。在拉伸过程中，拉伸试验机上的自动记录系统同时绘制出拉伸过程中试样的应力-应变曲线，也称为 σ-ε 曲线。图 1-2 是低碳钢的应力-应变曲线。图的纵坐标为应力 σ（单位为 Pa），横坐标为应变 ε（%），σ 和 ε 的定义可表示为

$$\sigma = \frac{F}{S} \qquad \varepsilon = \frac{L_1 - L_0}{L_0}$$

式中　F——轴向拉力（N）；

S——试样的横截面积（m^2）；

L_0——试样标距长度（mm）；

L_1——试样变形过程中和 F 对应的总伸长量（mm）。

应力-应变曲线显示了材料在单向拉应力作用下，从开始变形直至断裂整个过程中的各种性质，它一般可以分为三个阶段：

1. 弹性变形阶段（OA）

在这个阶段，材料内部原子之间的距离只发生弹性伸长，所以应力与应变呈直线关系，遵从胡克定律。此时如果卸掉载荷，试样就能恢复到原来的长度。

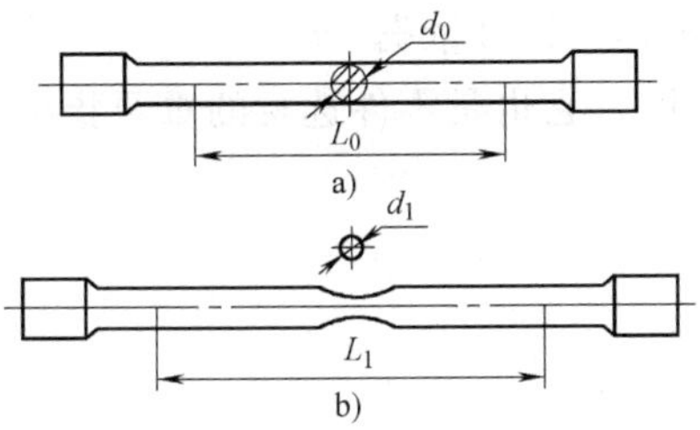

图 1-1 拉伸试样示意图

a）拉伸前 b）拉伸后

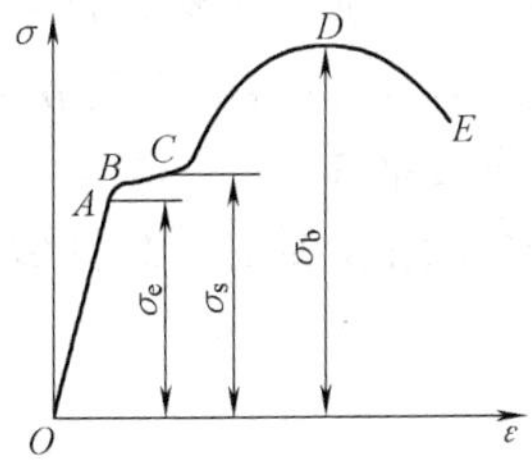

图 1-2 低碳钢应力-应变曲线

2. 塑性变形阶段（*BD*）

此时 σ 与 ε 的关系偏离直线关系。在 *BC* 段，应力几乎不变，但应变却不断增大。超过 *C* 点之后，因材料发生加工硬化，若要试样继续变形就必须加大载荷。当应力达到最大值后（*D* 点），试样的某一部分截面急剧缩小，产生“缩颈”现象。在塑性变形阶段，即使卸掉载荷，试样也不能恢复到原来的长度。

3. 断裂（*E* 点）

在 *D* 点以后，试样的变形主要集中在缩颈部分，最终导致试样在缩颈处发生断裂。

拉伸曲线所显示出的材料本性主要是由于材料内部微观结构的变化引起的，所以不同的材料在拉伸过程中会出现不同形式的应力-应变曲线。

二、应力-应变曲线所确定的力学性能指标及意义

根据应力-应变曲线可以计算出材料的强度、塑性等力学性能指标。

1. 弹性模量 E

图 1-2 中直线段 *OA* 的斜率即为材料的弹性模量 E。

$$E=\frac{\sigma}{\varepsilon}$$

式中 σ——材料的应力；

ε——材料的应变。

弹性模量 E 值表征材料产生弹性变形的难易程度。金属的弹性模量是一个对组织不敏感的参数，其大小主要取决于金属的本性，而与显微组织无关。因此，热处理、合金化、冷热变形等对它的影响很小。要想提高金属制品的刚度，只能更换金属材料，改变金属制品的结构形式或增加截面面积。

2. 屈服强度 σ_s

在拉伸过程中，负荷不增加而应变仍在增大的现象称为屈服。应力-应变曲线上与此相对应的 *B* 点应力 σ_s 称为材料的屈服强度。对于在拉伸过程中屈服现象不明显的材料，规定以残余变形量为 0.2% 时的应力值作为它的条件屈服强度，记为 $\sigma_{0.2}$。

机械零部件或构件在使用过程中一般不允许发生塑性变形，所以材料的屈服强度是评价材料承载能力的重要力学性能指标。

3. 抗拉强度 σ_b

拉伸曲线上 *D* 点的应力 σ_b 称为材料的抗拉强度，它表明了试样被拉断前所能承载的最大应力。抗拉强度是零部件设计和材料评定时的重要强度指标。尤其是对于脆性材料，由于拉伸时没有明显的屈服现象，这时一般用抗拉强度指标作为设计依据。

抗拉强度 σ_b 与材料的密度 ρ 之比称为材料的比强度，它也是零件选材的重要指标之一。

4. 断后伸长率 δ

断后伸长率用 δ 表示，其计算公式为

$$\delta = \frac{L_1 - L_0}{L_0} \times 100\%$$

式中 L_0——拉伸试样标距原长（mm）；

L_1——试样拉断后标距长度（mm）。

断后伸长率的数值和试样标距长度有关，标准圆形试样有长试样（$L_0 = 10d_0$，d_0 为试样直径）和短试样（$L_0 = 5d_0$）两种。

5. 断面收缩率 ψ

断面收缩率用 ψ 表示，其计算公式为

$$\psi = \frac{A_0 - A_1}{A_0} \times 100\%$$

式中 A_0——试样原始横截面积（mm^2）；

A_1——断口细颈处的横截面积（mm^2）。

断面收缩率的数值不受试样尺寸的影响，用断面收缩率表示塑性更能接近材料的真实应变。

δ 或 ψ 值越大，说明材料的塑性越好。良好的塑性是材料进行压力加工的必要条件。

第二节 材料的硬度

材料抵抗其他硬物压入其表面的能力称为硬度，它是衡量材料软硬程度的力学性能指标。一般情况下，材料的硬度越高，其耐磨性就越好。

硬度是材料最常用的性能指标之一。硬度试验方法比较简单快捷，而且材料的硬度与它的力学性能（如强度和耐磨性）以及工艺性能（如可加工性和焊接性）等之间存在着一定的对应关系，所以在一些零件图样上，硬度是检验产品质量的重要指标之一。

工程上常用的硬度有布氏硬度、洛氏硬度和维氏硬度。不同测量方法得到的硬度值不能直接比较，必须通过附录 A 进行硬度换算。

一、布氏硬度

布氏硬度试验是用载荷为 F 的力把直径为 D 的硬质合金球压入试样的表面（图 1-3），保持一定时间后卸掉载荷，此时试样表面出现直径为 d 的压痕。用载荷 F 除以压痕表面积所得的商，作为被测材料的布氏硬度值，用符号 HBW 表示，即

$$\mathrm{HBW} = \frac{F}{A} = 0.102\frac{2F}{\pi D(D - \sqrt{D^2 - d^2})}$$

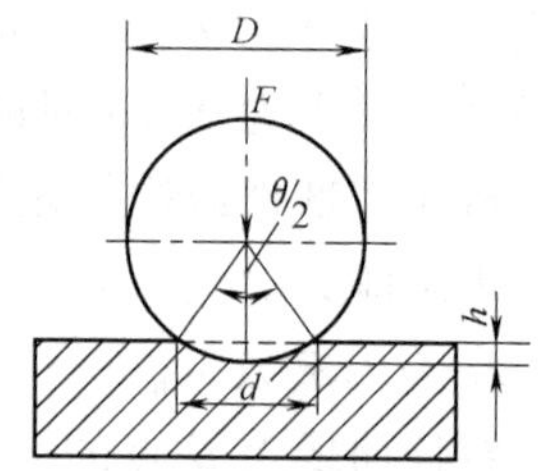

图 1-3 布氏硬度试验示意图

式中 F——载荷（N）；

D——硬质合金球直径（mm）；

d——压痕直径（mm）。

布氏硬度的单位为 MPa，但习惯上不标出单位。实际应用中一般不是直接计算 HBW，而是根据测量的 d 值在相关的表中直接查出布氏硬度值。

用硬质合金球作为压头测出的硬度值以 HBW 表示，适用于测量硬度值大小不超过 650 的材料。

布氏硬度试验的优点是测量结果准确，缺点是压痕大，不适合成品检验。

二、洛氏硬度

洛氏硬度试验原理如图 1-4 所示。用一个顶角为 120°的金刚石圆锥体或直径为 1.588mm 的淬火钢球作为压头，先施加一个初载荷，然后在规定的主载荷作用下将压头压入被测材料的表面。卸除主载荷后，根据压痕的深度 $h=h_1-h_0$，确定被测材料的洛氏硬度，该值可以直接从硬度计的显示器上读出。

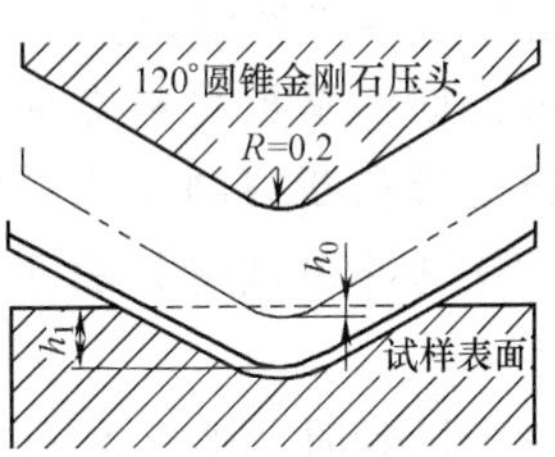

图 1-4　洛氏硬度试验示意图

用金刚石锥体压头和总载荷为 588.4N 下测得的硬度值以 HRA 表示，适用于测量高硬度的材料，如硬质合金；用淬火钢球压头和总载荷为 980.7N 下测得的硬度值以 HRB 表示，适用于测量较软的材料，如退火钢、正火钢或非铁金属等；用金刚石锥体压头和总载荷为 1471N 下测得的硬度值以 HRC 表示，适用于测量淬火钢等硬材料。三种洛氏硬度中，以 HRC 应用得最多。

洛氏硬度测量迅速简便，压痕小，可在成品零件上检测，也可测定较薄或表面有较薄硬化层工件的硬度。但由于压痕比较小，易受材料微区不均匀的影响，因而数据的重复性比较差。

三、维氏硬度

维氏硬度测定原理基本上与布氏硬度相同，也是根据压痕凹陷单位面积上的力为硬度值，但维氏硬度使用的是锥面夹角为 136°的金刚石正四棱锥体，压痕是四方锥形（图 1-5）。测量压痕两对角线的平均长度 d，计算压痕的面积 A_V，用 HV 表示维氏硬度，即

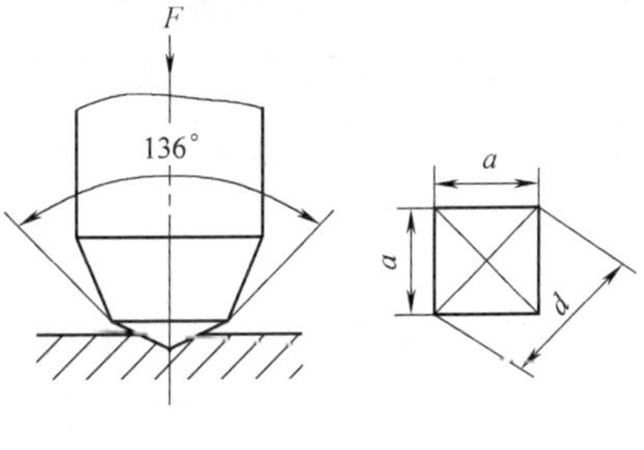

图 1-5　维氏硬度试验示意图

$$\mathrm{HV}=\frac{F}{A_V}=1.8544\frac{F}{d^2}$$

式中　F——载荷（N）；

A_V——压痕面积（mm^2）。

维氏硬度的单位为 MPa，一般不标。

维氏硬度所用的载荷小，压痕深度浅，测量精度高于布氏硬度和洛氏硬度，适于测量较薄的材料或表面硬化层、金属镀层的硬度。由于维氏硬度的压头是金刚石角锥，载荷可调范围较大，所以维氏硬度可用于测量从软到硬的各种工程材料，测定范围 0～1000HV。

为了测量一些特殊性能和特殊形状材料的硬度，也可以选择其他的硬度试验方法。如显微硬度法可用于测量一些薄的镀层、渗层或显微组织中不同相的硬度；肖氏硬度适合在现场对大型试件（如机床床身、大型齿轮等）进行硬度测量；莫氏硬度用于测量陶瓷和矿物的硬度。

由于各种硬度的试验条件不同，所以它们之间没有直接的换算关系。标注某种材料的硬度值时必须说明它的硬度测试方法。

在工程图样上正确标注材料硬度的方法是硬度值加硬度测试方法代号。如“洛氏硬度60”的书写格式为“60HRC”。

第三节 材料的冲击韧度

材料的韧性是指材料在塑性变形和断裂的全过程中吸收能量的能力，它是材料塑性和强度的综合表现。材料的韧性与脆性是两个意义上完全相反的概念，根据材料的断裂形式可分为韧性断裂和脆性断裂。

冲击韧度是指材料在冲击载荷的作用下，材料抵抗变形和断裂的能力。材料的冲击韧度值常用一次摆锤冲击试验方法测定，其试验原理如图1-6所示。

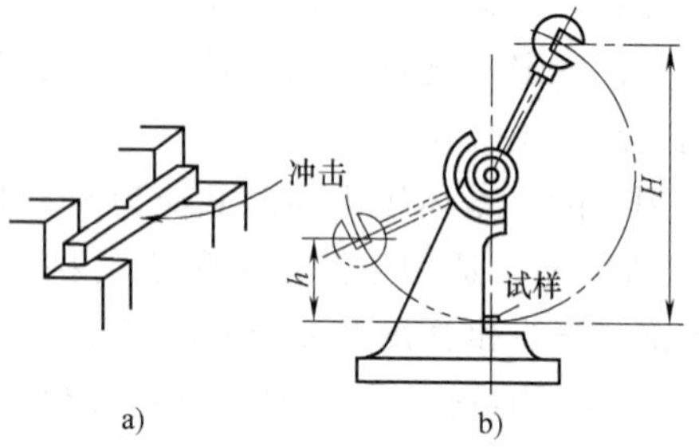

图 1-6 冲击试验示意图
a）试件 b）试验示意图

冲击试验时，把有U形或V形缺口（脆性材料不开缺口）的标准冲击试样背向摆锤方向放在冲击试验机上，将质量为 m 的摆锤升到规定的高度 H，然后摆锤自由落下将试样击断。在惯性的作用下，击断试样后的摆锤会继续上升到某一高度 h。根据功能原理，摆锤击断试样所消耗的功 $A_K = mg(H - h)$。A_K 可以从冲击试验机上直接读出，称为冲击吸收功。A_K 除以试样缺口处横截面积 S 的值则为该材料的冲击韧度值，用符号 a_K 表示，单位为 J/cm^2，即

$$a_K = \frac{A_K}{S}$$

根据试样的缺口形式，U形缺口和V形缺口试样的冲击韧度值分别以 a_{KU} 和 a_{KV} 表示。不同形式试样的冲击韧度值不能直接进行比较或换算。

材料冲击韧度值的大小除了与材料本身特性，如化学成分、显微组织和冶金质量等有关外，还受试样的尺寸、缺口形状、加工表面粗糙度和试验环境等影响。

由于材料的冲击韧度值 a_K 是在一次冲断的条件下获得的，对判断材料抵抗大能量冲击能力有一定的意义。实际上在冲击负荷下工作的机械零件，很少会因受到大能量的一次冲击而破坏，大多都是受到小能量的多次冲击后才失效破坏。一般来说，材料抵抗大能量一次冲击的能力取决于材料的塑性；而抵抗小能量多次冲击的能力则取决于材料的强度。所以在设计机械零件时，不能片面地追求高的 a_K 值，a_K 值过高必然要降低强度，从而导致零件在使用过程中因强度不足而早期失效。

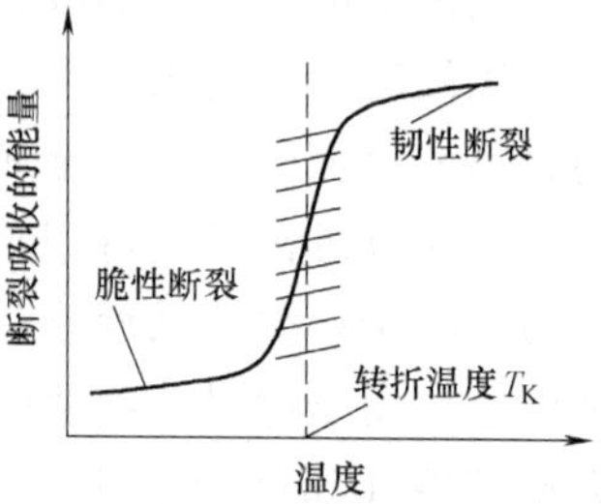

图 1-7 钢的脆性转化温度

材料的韧性均有随温度下降而降低的趋势，但不同的材料韧性下降的程度不一样。一些中低强度的钢在某一温度以下具有明显的冷脆性，材料从韧性状态转变为脆性状态的临界转变温度称为材料的冷脆转化温度 T_K（图1-7）。用于低

温工作环境中的材料要进行低温冲击试验。

对于脆性材料，如陶瓷，一般不采用冲击韧度作为韧性的量度，因为当材料的韧性很低时，采用一次摆锤冲击试验法获得的冲击韧度值的精度不能满足测量的要求。

第四节 材料的疲劳强度

力的大小和方向都随时间呈周期性循环变化的应力称为交变应力。材料在交变应力作用下发生的断裂现象称为疲劳断裂。疲劳断裂可以在低于材料屈服强度的应力下发生，断裂前也无明显的塑性变形，而且经常是在没有任何先兆的情况下突然断裂，因此疲劳断裂的后果是十分严重的。

材料的疲劳强度可以通过疲劳试验机进行测定。图 1-8 是材料的疲劳特性试验示意图。将光滑标准试样的一端固定并旋转，在另一端施加载荷。在试样旋转过程中，试样工作部分的应力将承受周期性的变化，从拉应力到压应力，循环往复，直至试样断裂。

材料所受的交变应力与断裂循环次数之间的关系可以用图 1-9 的疲劳曲线（也称 σ-N 曲线）描述。纵坐标为交变应力 σ，横坐标为循环周数 N。从 σ-N 曲线可以看出，σ 越小，N 越大。当应力低于某数值时，经无数次应力循环也不会发生疲劳断裂，此应力称为材料的疲劳极限，通常用 σ_r 表示（r 是应力循环对称次数），单位为 MPa。如果采用对称的循环应力，材料的疲劳强度用 σ_{-1} 表示。

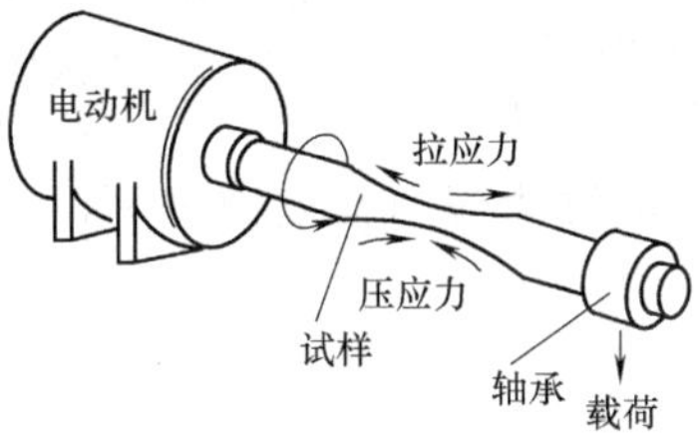

图 1-8 疲劳特性试验示意图

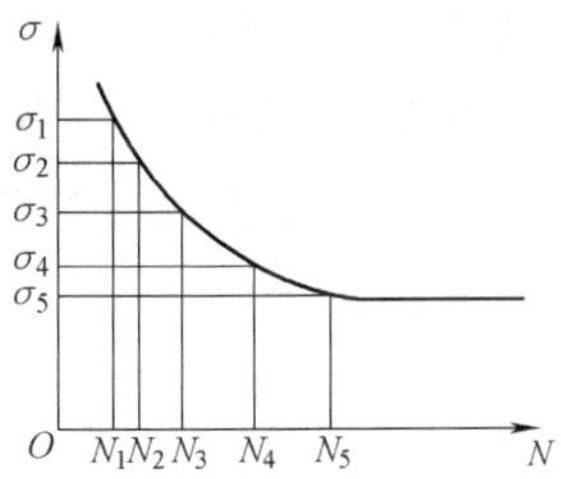

图 1-9 材料的疲劳曲线

由于疲劳试验时不可能进行无限循环周次，而且有些材料的疲劳曲线上没有水平部分，因此规定一个应力循环基数 N_0，N_0 所对应的应力作为该材料的疲劳极限。一般钢铁的循环基数为 10^7，非铁金属和某些超高强度钢的循环基数为 10^8。

一般钢铁材料的 σ_{-1} 值约为其 σ_b 值的一半，而非金属材料的疲劳极限一般远低于金属材料。

在机械零件的断裂中，80% 以上都属于疲劳断裂。影响疲劳强度的因素很多，其中主要有应力循环特性、材料的本质、残余应力和表面质量等。在生产中常采用各种材料表面强化处理技术，使金属的表层获得有利于提高材料疲劳强度的残余压应力分布。这些表面强化技术包括喷丸、滚压、渗碳、渗氮和表面淬火等。此外，降低零件的表面粗糙度也可以显著地提高材料的疲劳极限。

第五节 材料的断裂韧度

断裂韧度是以断裂力学为基础的材料韧性指标。断裂力学是把材料的断裂过程与裂纹扩展时所需的功联系起来，它对评估材料的使用寿命和设计可靠运转的机件具有重要的指导意义。

在工程构件和机械零件设计中，通常都是用材料的屈服强度作为材料的许用应力 $[\sigma]\left([\sigma]=\frac{\sigma_s}{n},\ n>1\right)$。一般认为，只要零件的工作应力小于或等于许用应力就不会发生塑性变形，更不会发生断裂。但是，一些用高强度钢制造的零件或大型焊接构件，如桥梁、船舶等，有时会在工作应力远低于材料屈服强度，甚至低于许用应力的条件下，突然发生脆性断裂，这样的断裂称之为低应力脆断。

在传统的材料力学中都是假定材料内部是完整的、连续的，所以从材料力学的角度无法解释材料的低应力脆断现象。实际上，材料或构件本身不可避免会存在各种冶金或加工缺陷，这些缺陷相当于裂纹，或者它们在使用过程中扩展成为裂纹。近代断裂力学认为，低应力脆断正是由于这些微裂纹在外力作用下的扩展造成的。一旦裂纹长度达到某一临界尺寸时，裂纹的扩展速度就会剧增，从而导致断裂。材料抵抗裂纹失稳扩展断裂的能力称为断裂韧度。

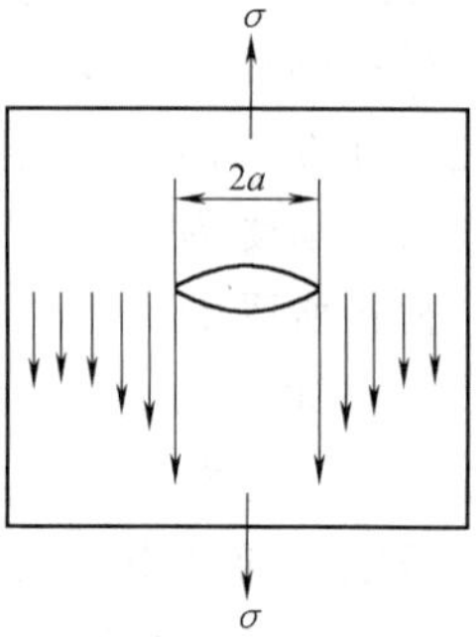

图 1-10 张开型裂纹的平板试样

比较常见而且又比较危险的裂纹是张开型裂纹，又称为 I 型裂纹（图 1-10）。假设平板上的裂纹长度为 $2a$，在垂直裂纹面的外力拉伸作用下，受裂纹的影响，材料各部位的应力分布不均匀，在裂纹尖端的前沿产生的应力集中最大。根据断裂力学的观点，只要裂纹两端很尖锐，顶端附近各点应力 σ_r 的大小取决于比例系数 K_{I}。由于 K_{I} 反映了裂纹尖端附近各应力点的强弱，故称为应力强度因子 K_{I}（单位为 $\mathrm{MPa \cdot m^{1/2}}$）。其表达式为

$$K_{\mathrm{I}}=\sigma\sqrt{\pi a}$$

式中 σ——外加应力（MPa）；

a——裂纹的半长（m）。

K_{I} 值与裂纹尺寸、形状和外加应力的大小有关。随着外应力 σ 的增大或裂纹的增长，K_{I} 也相应增大，当 K_{I} 增大到某一临界值时，裂纹前端的内应力将大到足以使裂纹失稳扩展，从而发生脆断。这个应力强度因子的临界值称为材料的断裂韧度，用 K_{IC} 表示。

K_{IC} 是量度材料抵抗裂纹失稳扩展阻力的物理量，是材料抵抗低应力脆性断裂的韧性参数。它与材料的成分、热处理以及加工工艺有关，与裂纹的形状、尺寸以及外加应力的大小无关。K_{IC} 可通过试验测定，表 1-1 是常见工程材料的断裂韧度 K_{IC} 值。

带有裂纹的零件在外力作用下不发生脆断的条件是 $K_{\mathrm{I}}<K_{\mathrm{IC}}$。如材料的 K_{IC} 已知，可以根据工作应力，估算出材料中允许存在而又不会失稳扩展的最大裂纹长度；反过来，可以根据材料中已存在的裂纹长度（可由无损探伤测出），估算出材料不致造成脆断的最大应力。

表 1-1　常见工程材料的断裂韧度 K_{IC} 值　　（单位：$MPa \cdot m^{1/2}$）

材料		K_{IC}	材料		K_{IC}
金属材料	塑性纯金属（Cu、Ni）	100～350	高分子材料	聚苯乙烯	2
	低碳钢	140		尼龙	3
	高强度钢	50～150		聚碳酸酯	1.0～2.6
	铝合金	23～45		聚丙烯	3
	铸铁	6～20		环氧树脂	0.3～0.5
复合材料	玻璃纤维(环氧树脂基体)	42～60	陶瓷材料	Co/WC 金属陶瓷	14～16
	碳纤维增强聚合物	32～45		SiC	3
	普通木材(横向)	11～13		苏打玻璃	0.7～0.8

思考题

1. 什么是材料的力学性能？力学性能主要包括哪些指标？
2. 什么是强度？什么是塑性？衡量这两种性能的指标有哪些？各用什么符号表示？
3. 什么是硬度？HBW、HRA、HRB、HRC、HV 各代表用什么方法测出的硬度？
4. 什么是冲击韧度？a_{KU} 和 a_{KV} 各代表什么？
5. 什么是疲劳现象？什么是疲劳强度？
6. 用标准试样测得的材料的力学性能能否直接代表材料制成零件的力学性能？为什么？

第二章　金属材料的基础知识

实践和研究表明，决定工程材料性能的基本因素是它们内部的微观结构和组织状态。本章以金属材料为例，介绍与工程材料有关的微观组织结构方面的基础知识。

第一节　金属的晶体结构

一、晶体与非晶体

固态物质按其原子（或分子）的聚集状态进行分类，可分为晶体和非晶体两大类，晶体与非晶体的根本区别在于原子（或分子）在三维空间的排列是否有规则。在晶体中，原子（或分子）按一定的几何规律作周期性的排列；而在非晶体中，原子（或分子）是无规则地堆积在一起。由于非晶体的原子（或分子）聚集结构与液态结构类似，所以，固态的非晶体实际上是一种过冷状态的液体，只是其物理性质不同于通常的液体而已。

晶体与非晶体的区别还表现在许多性能方面，如晶体由固态变为液态或由液态变为固态时，总是在固定的温度下发生转变的，即具有固定的熔点或凝固点。而非晶体则没有固定的熔点。随着加热温度的升高，固态非晶体物质将逐渐变软，最终变为液体；而冷却时，液体逐渐变稠，最终变为固体。此外，由于晶体原子排列的方式不同，沿着晶体的不同方向所测得的性能并不相同（如导电性、导热性、弹性等），即晶体表现出各向异性；而非晶体物质沿任何方向测得的性能则不因方向而异，所得到的结果是一致的，称为各向同性。

晶体在一定的条件下可以转变成非晶体，近年来，采用特殊的制备方法已能获得非晶态的金属和合金。

原子从一个核心（称为晶核）按同一方向进行排列生长而形成的晶体称为单晶体，一些天然晶体，如金刚石、水晶等，都是单晶体。而金属材料通常是由许多不同方位的小晶体组成，称为多晶体。虽然多晶体中的每个晶体都呈各向异性，但是整个金属的性能则是多晶体性能的平均值。所以，多晶体材料一般不表现各向异性，这种情况称为假等向性。

二、金属的晶体结构

1. 金属晶体结构的基本概念

金属的性能不仅决定于其组成原子的本性和原子间结合的类型，同时也取决于原子规则排列的方式。

按照金属键的概念，金属中的金属离子“沉浸”在自由运动的电子气中，成为均匀对称的离子，没有方向性，也不存在键的饱和性。所以，可以把金属离子设想为圆球，呈高度对称、紧密和简单的排列（图 2-1a）。金属离子的这种排列决定了金属具有密度大、强度高、塑性和韧性好等优良的性能特征，从而成为最重要的工程材料。

通常把原子（正离子）在晶体中呈有规则、重复排列的“队形”称为空间点阵，点阵中的结点称为阵点。用一些假想的几何线条将阵点的中心连接起来构成的空间格子称为晶体点阵（图 2-1b）。晶格的阵点为原子（离子）振动平衡中心的位置。

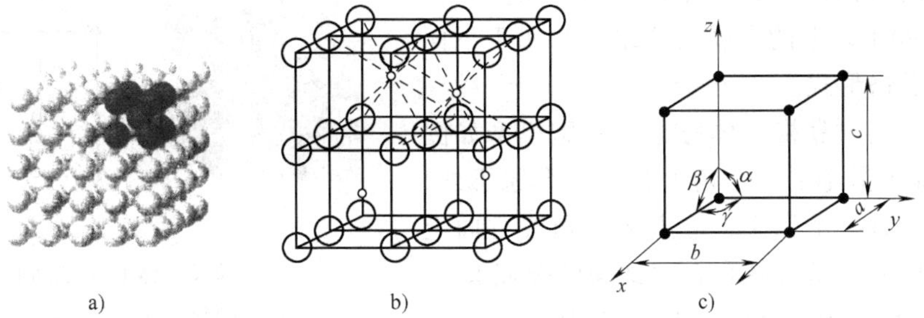

a)　　b)　　c)

图 2-1　晶体结构示意图

a）简单立方晶格　b）晶体点阵　c）晶胞

在晶体中通过原子中心的平面称为“晶面”。通过原子中心的直线称为原子列，其所代表的方向称为“晶向”。由于阵点周围的环境相同，晶体点阵具有周期重复性，因此可以从晶格中选取一个能够完全反映晶格特征的、具有代表性的最小的空间几何单元作为点阵的组成单元，这个基本单元称为晶胞（图 2-1c）。晶胞在三维空间的重复排列构成晶体，研究晶体结构就是研究晶胞的基本特征。

在三维空间中，晶胞的几何特征可以用晶胞三条棱边的边长 a、b、c 和三条棱边之间的夹角 α、β、γ 六个参数来描写。a、b、c 称为晶格常数。

关于金属的晶体结构特征，还有以下几个重要的基本概念：

(1) 晶格尺寸　虽然许多金属都具有一定的晶体结构，但它们的晶胞大小各不相同，每种金属在一定温度下都有其特有的晶格尺寸。晶格尺寸可用晶格常数表达，金属的晶格常数大都为 $(1\sim7)\times10^{-10}$m。

(2) 晶胞原子数　晶胞原子数是指一个晶胞内包含的原子数目。晶胞原子数可通过计算每个原子在晶胞中所占的分数，然后进行加和获得。

(3) 原子半径　原子半径通常是指晶胞中原子密度最大的方向上相邻两个原子之间平衡距离的一半，它与晶格常数有一定的关系，是金属原子行为中 个非常重要的参量。同一种金属原子处于不同类型的晶格中时，原子半径是不一样的。

(4) 配位数　配位数是晶格中与任一原子处于相等距离并相距最近的原子数目。配位数越大，原子排列的致密度就越高。

(5) 致密度　晶胞中原子本身所占有的体积与该晶胞体积之比的百分数称为晶格的致密度，即

$$K=\frac{nV_{原}}{V_{晶}}$$

式中　K——晶格的致密度；

$V_{原}$——原子的体积，其值为 $\frac{4}{3}\pi r^3$（r 为该原子半径）；

n——晶胞实际包含的原子数；

$V_{晶}$——晶胞的体积。

2. 典型的金属晶体结构

由于金属的原子之间是通过较强的金属键结合的，因而金属原子趋于紧密排列，构成少

数几种具有高对称性的简单晶体结构。在金属元素中，约有 90% 以上的金属晶体结构都属于下面三种密排的晶格形式。

（1）体心立方晶格　体心立方晶胞模型如图 2-2 所示，除了晶胞的八个角上各有一个原子外，晶胞的中心还有一个原子，立方体对角线方向上的原子彼此接触。具有体心立方结构的金属有 α-Fe、Cr、V、Nb、Mo、W 等共约 30 种，占金属元素的一半左右。

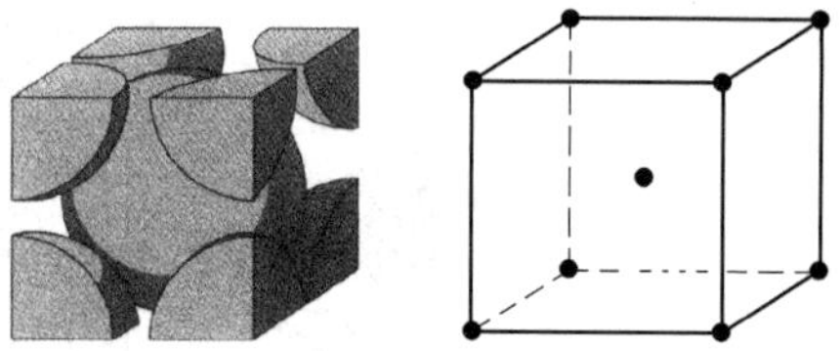

a)　b)

图 2-2　体心立方晶胞

a）晶胞原子数　b）质点模型

因为体心立方结构的晶格常数 $a=b=c$，所以体心立方结构的晶格尺寸用一个晶格常数 a 即可表达。在体心立方结构中，每个角上的原子在空间同时属于八个相邻的晶胞，而立方体中心的原子则只属于一个晶胞所有。所以，体心立方结构的晶胞原子数为 $8\times 1/8+1=2$（个）；配位数是 8。因为体心立方晶胞中原子相邻最近的方向是体对角线，所以原子半径为 $r=\frac{\sqrt{3}}{4}a$。对于体心立方晶格，其致密度为

$$K=\frac{nV_{原}}{V_{晶}}=\frac{2\times\frac{4}{3}\pi r^3}{a^3}\times 100\%=68\%$$

就是说，在体心立方晶胞中，原子占据了 68% 的晶胞体积。

（2）面心立方晶格　面心立方晶胞如图 2-3 所示。因其也是一个立方体，所以也可以只用一个晶格常数 a 表示。在面心立方晶胞的每一个角上和晶胞的六个面上都排列一个原子，每个角上的原子为相邻的八个晶胞所共有，而每个面中心的原子却只为两个晶胞共有。所以，面心立方晶胞中的原子个数为 $8\times\frac{1}{8}+6\times\frac{1}{2}=4$（个）；配位数为 12。面心立方晶胞的原子半径 $r=\frac{\sqrt{2}}{4}a$，致密度为 74%。

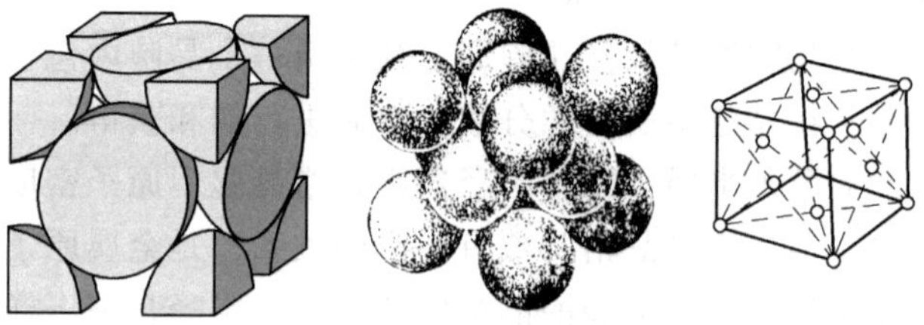

a)　b)　c)

图 2-3　面心立方晶胞

a）晶胞原子数　b）刚球模型　c）质点模型

具有面心立方晶格结构的金属有 γ-Fe、Al、Cu、Ag、Au、Pb、Ni、β-Co 等。

（3）密排六方晶格　密排六方晶格的晶胞如图 2-4 所示。密排六方结构也是原子排列最密集的晶体结构之一，它是一个正六棱柱，也可以看成是由两个简单六方晶胞穿插而成的。密排六方晶格的点阵常数有两个：一个是柱体的高度 c，另一个是底面六边形的边长 a，c/a 称为轴比。在理想情况下，轴比 c/a 的值为 1.633。密排六方晶胞中的原子数为 $\frac{1}{6}\times 12+\frac{1}{2}\times 2+3=6$（个），配位数为 12。最邻近的原子间距为 a，故可计算出密排六方晶胞的致密度为 74%。具有密排六方晶格结构的金属有 Mg、Zn、Be、Cd 等。

3. 金属晶体中的晶面指数、晶向指数

在金属晶体中，晶面和晶向上的原子分布状态具有特殊的重要性。

（1）晶面指数 在晶体学中，晶面采用晶面指数（或称米勒指数）的方式表达。确定晶面指数的步骤如下（图 2-5）：

a) b) c)

图 2-4 密排六方晶胞

a）晶胞原子数 b）刚球模型 c）质点模型

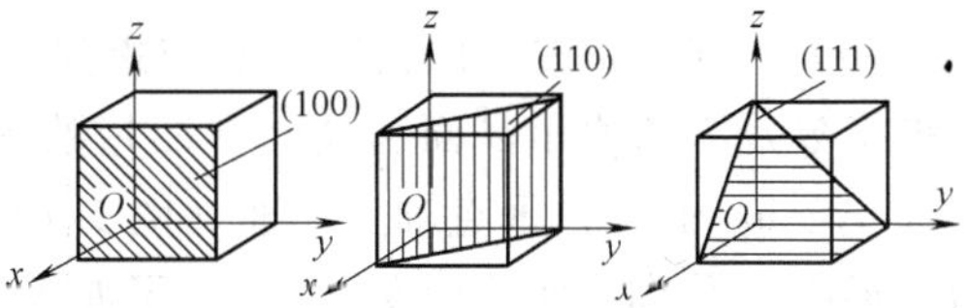

a) b) c)

图 2-5 立方晶格中晶面指数的确定

1）在晶格中，沿晶胞相互垂直的三条棱边为空间坐标轴 x、y、z，坐标的原点 O 位于该待定晶面的外面，以免出现零截距。

2）以晶格常数 a、b、c 分别为 x、y、z 轴上的长度度量单位，求出待定晶面在三个坐标轴上的截距。

3）取待定晶面在这三个轴上截距的倒数。

4）将这三个截距的倒数化为三个最小整数。

5）把三个整数写在圆括号内，即得到晶面指数（hkl）。

按照上述步骤，图 2-5b 中的影线面在 x、y、z 三轴上的截距相应为 1、1、∞；其截距的倒数为 1、1、0，所以该晶面指数为（110）。图 2-5a、c 中影线面的晶面指数分别为（100）和（111）。

晶面的截距可以为负数，表达方式是在负的晶面指数上方加一负号，如（$\bar{h}\bar{k}\bar{l}$）。

在晶体中，特别是在立方晶系中，由于原子的排列具有高度的对称性，往往存在有许多原子排列完全相同但不平行的对称晶面，如面心立方晶体的（111）和（$\bar{1}\bar{1}\bar{1}$）面。在晶体学上，这些原子排列等同而彼此不平行的晶面称为晶面族，用大括号表示，即｛hkl｝。例如，在上述面心立方晶体中，体对角面｛111｝晶面族包括（111）、（$1\bar{1}1$）、（$\bar{1}11$）、（$\bar{1}\bar{1}1$）、（$1\bar{1}\bar{1}$）、（$11\bar{1}$）、（$\bar{1}1\bar{1}$）和（$\bar{1}\bar{1}\bar{1}$）共八个晶面。

（2）晶向指数 确定晶向指数的步骤如下：

1）选定坐标系（与求晶面指数的方法相同）。

2）过坐标原点作一平行于待求晶向的直线。

3）求出该直线上任一结点的空间坐标值。

4）将此空间坐标的三个值按比例化为最小整数。

5）将整数记在方括号内，即得晶向指数［uvw］。

若指数为负值，则在相应指数上方加一负号，如［$\bar{u}\bar{v}\bar{w}$］。两组晶向的全部指数数字相同而符号相反时，例如［110］与［$\bar{1}\bar{1}0$］，则它们相互平行，但方向相反。

晶向指数表示一组相互平行的晶向。图 2-6 中给出了立方晶格的几个主要晶向。

在晶体学上等同的晶向统称为晶向族，用尖括号表示，即〈uvw〉。在立方晶系中，同一晶向族中各晶向的指数数值相同而符号和顺序不同。例如，面心立方晶格的面对角线〈110〉晶向族包括 [110]、[101]、[011]、$[\bar{1}10]$、$[\bar{1}01]$、$[0\bar{1}1]$、$[1\bar{1}0]$、$[10\bar{1}]$、$[01\bar{1}]$、$[\bar{1}\bar{1}0]$、$[\bar{1}0\bar{1}]$、$[0\bar{1}\bar{1}]$ 共 12 个晶向。

在立方晶系中，晶面指数与晶向指数相同时，则晶面与晶向相互垂直，例如 (111) ⊥ [111]。

(3) 六方晶系的晶面指数和晶向指数　对于六方晶系，一般都采用四指数（即米勒-布拉维指数）方法表示晶面和晶向。四指数表示方法是：水平坐标轴是互成 120°夹角的三坐标轴 a_1、a_2 和 a_3，垂直轴为 c 轴（图 2-7）。这样，六方晶系的晶面表示为 $(hkil)$，晶面族为 $\{hkil\}$，晶向表示为 $[uvtw]$。为了使等同晶面与等同晶向各具有同一组指数，四指数中的前三个之间应保持的关系为

$$i = -(h+k), t = -(u+v)$$

h、k、l 以及 u、v、w 等指数的求法与立方晶系的确定方法相同，且前三个指数可改变次序和符号，第四个指数位置不变但符号可变，而 i 和 t 按上述关系式确定。图 2-7 是六方晶系中的几个主要晶面和晶向指数。

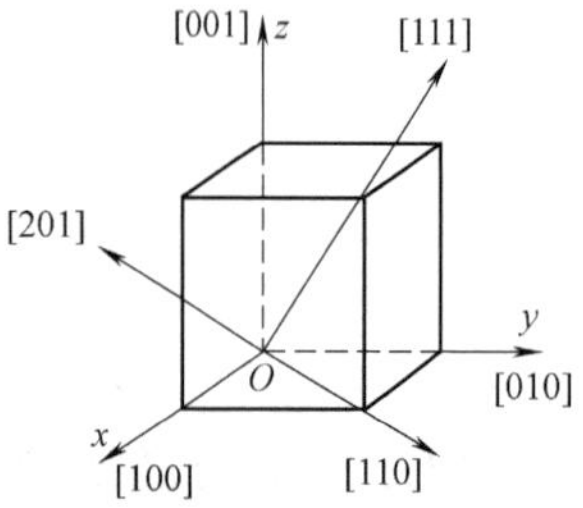

图 2-6　立方晶格中的几个主要晶向

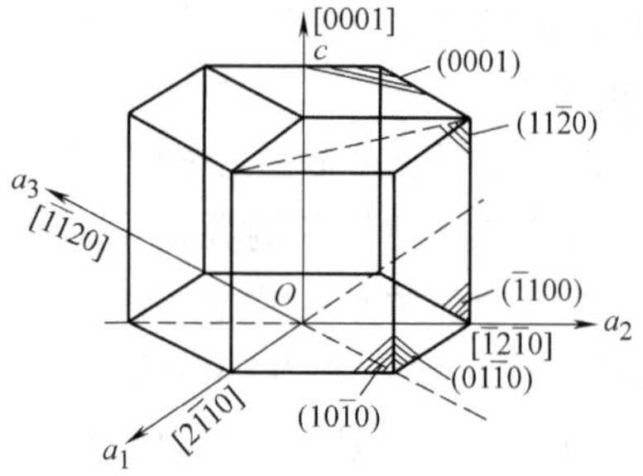

图 2-7　六方晶系中的晶面和晶向指数

4. 金属晶体的各向异性

金属晶体沿不同方向表现出性能不相同的现象叫做晶体的各向异性。由于在相同的晶格中，不同晶面和晶向上原子排列的疏密程度不同，它们之间的原子结合力也就不同，从而在不同的晶面和晶向上表现出不同的性能，这就是晶体具有各向异性的本质原因。例如，具有体心立方晶格结构的单晶体，在 [111] 方向上的弹性模量 E 为 290MPa，而在 [100] 方向上的 E 则是 135MPa。晶体的各向异性在其化学性能、物理性能和力学性能等方面都同样会表现出来。

在工业金属材料中，通常见不到它们具有这种各向异性的特征。这是因为上面所讨论的金属晶体都是理想的晶体结构，与实际上的金属晶体结构相差很大，只有在特定条件下，如定向凝固等，使各晶粒的位相趋于一致，才能表现出其各向异性。

三、实际金属的晶体结构

实际使用的金属材料，即使体积很小，其内部仍包含了许许多多颗粒状的小单晶体。每个小单晶体内部的晶格位向是一致的，但各个小晶体彼此之间的位向是不一致的。一般把这些呈不规则多面体形的小单晶体称为晶粒，晶粒与晶粒之间的界面称为晶界（图 2-8）。晶粒的尺寸是很小的，如钢的晶粒一般在 10^{-1} ~ 10^{-3}mm 左右，故只有在金相显微镜下才能观察到。

这种由许多晶粒组成的晶体结构称为多晶体结构。一般金属都是多晶体结构，故通常测出的是各个位向不同晶粒的平均性能，结果使实际金属表现出的是各向同性，而不是各向异性。

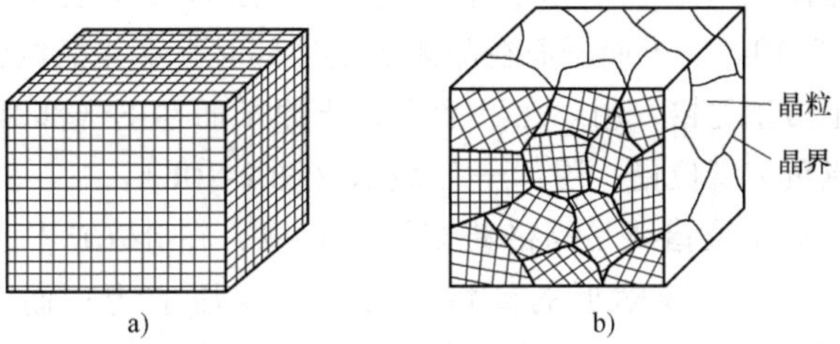

图 2-8　单晶体与多晶体示意图
a）单晶体　b）多晶体

理想状态的金属晶体结构认为金属的整个晶体都是晶胞规则重复地排列，但实际金属的晶体结构由于受许多因素的影响，晶体内部某些区域中原子的规则排列往往会受到外界干扰而被破坏，金属晶体结构中存在的这种不完整的区域称为晶体缺陷。按照几何特性，晶体缺陷主要分为点缺陷、线缺陷和面缺陷。

1. 点缺陷

点缺陷是指在三维尺度上都很小、尺寸范围不超过几个原子直径的缺陷。主要的点缺陷有空位和间隙原子（图 2-9）。

(1) 空位　在晶格中没有原子的结点称为空位。这是由于晶格中的原子在其平衡的位置上作高频率的热振动，振动能量按统计规律随机分布，因此总有一些原子的动能大大超过给定温度下的平均动能，脱离原来的结点位置，于是在晶体内部形成了空位。晶体中的空位总是处在不断地产生和消失的过程中，而且随着温度的升高，原子的动能增大，空位的密度也增大。

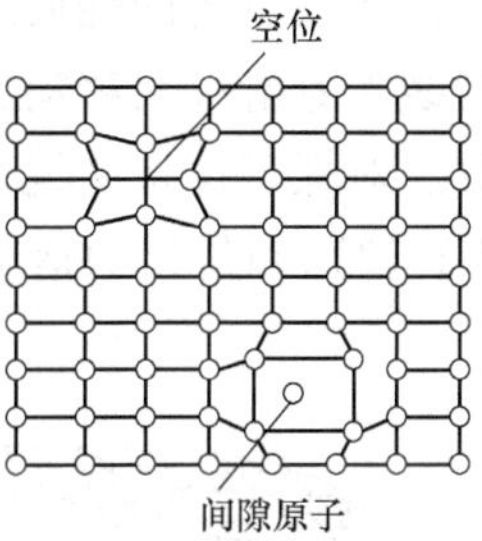

图 2-9　晶体中的点缺陷

(2) 间隙原子　位于晶格间隙中的原子叫做间隙原子，它有自间隙原子和杂质间隙原子两种。自间隙原子是指从晶格结点转移到晶格间隙中的原子，因此，如果形成一个自间隙原子，必然同时会产生一个空位。由于多数金属的晶体都属于密排结构，所以形成自间隙原子是比较困难的。

金属中存在的间隙原子主要是杂质间隙原子。当杂质（例如硼、碳、氢、氮、氧等）的原子半径比较小时，间隙原子的密度甚至可以达到 10%（原子百分数）以上。

如果杂质原子比较大，则形成置换原子。它是指异类原子占据正常结点的位置，置换晶格结点上的金属原子，从而形成的点缺陷。

在空位和间隙原子的附近，由于原子间作用力的平衡被破坏，使其周围的原子离开了原来的平衡位置，发生了靠拢和被撑开的不规则排列，这种现象称为晶格畸变。

空位和自间隙原子的运动是金属中原子扩散的主要方式之一，这对热处理和化学热处理过程都是极为重要的。

2. 线缺陷

线缺陷是指在三维空间中二维尺度很小而另一维尺度很长的缺陷。这类缺陷主要是指在晶体中某处有一列或若干列原子发生有规律错排的现象，这类现象称为位错。晶体中的位错主要有刃型位错和螺型位错两种。

(1) 刃型位错（图 2-10）　刃型位错是指在晶体的某一水平面（*ABCD*）以上，多出了一个垂直方向的原子面（*EFGH*），它中断于 *ABCD* 面上的 *EF* 处，使 *ABCD* 面以上与以下的两部分晶体之间产生了原子错排，*EF* 线称为刃型位错线（图 2-10a）。半原子面在晶体的上半部时，形成的位错称正刃型位错，用“⊥”表示；半原子面在下半部时，形成负刃型位错，用“┬”表示（图 2-10b）。

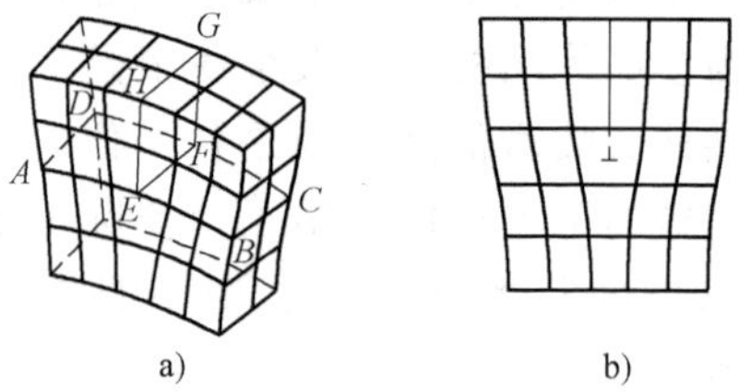

图 2-10　晶体结构中的刃型位错
a）立体模型　b）平面图

刃型位错线是晶格畸变的中心线，在 *ABCD* 晶面的上方位错线附近的区域，晶体受到压应力；而在 *ABCD* 晶面的下方位错线附近的区域，晶体则受到拉压应力。离位错线越远，晶格畸变越小，应力也就越小。

（2）螺型位错（图 2-11）　将晶体沿 *ABCD* 面局部地切开，使上下两部分晶体相对地移动（即“撕开”）一个原子距离，而在 *BC* 和 *aa′*之间形成了一个上下原子不相吻合的过渡区域，这个区域里的原子平面被扭成了螺旋面，所以称为螺型位错，如图 2-11 所示。*BC* 线为螺型位错线。螺型位错有左、右之分，原子沿右螺纹旋转方向前进的位错叫右螺型位错；沿左螺纹旋进方向前进的叫左螺型位错。

位错最重要的性质之一是它可以在晶体中运动。刃型位错的运动可有两种方式：一种是位错线沿着滑移面移动，称为位错的滑移；另一种是位错线垂直于滑移面移动，称为位错的攀移。对螺型位错来说，它只作滑移而不存在攀移。用透射电子显微镜可以观察到位错线（图 2-12）和位错的运动。

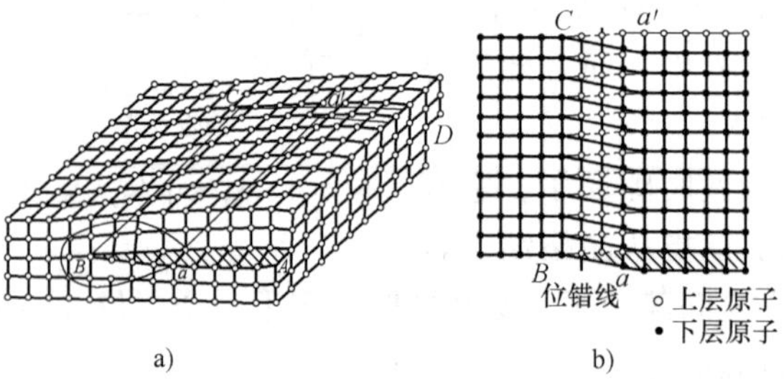

图 2-11　螺型位错示意图
a）立体模型　b）平面图

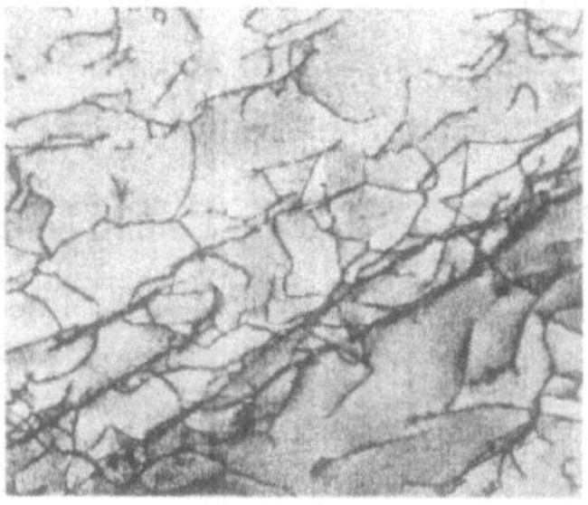
图 2-12　钛合金中的位错线

位错能够在金属的结晶、相变和塑性变形等过程中形成。晶体中的位错密度对金属的性能、塑性变形及其组织转变等都有着极其重要的影响。位错的密度是指单位体积中位错线的总长度，即

$$\rho = S/V$$

式中　ρ——位错密度（cm/cm^3 或 $1/cm^2$）；

S——晶体中位错线的总长度（cm）；

V——晶体的体积（cm^3）。

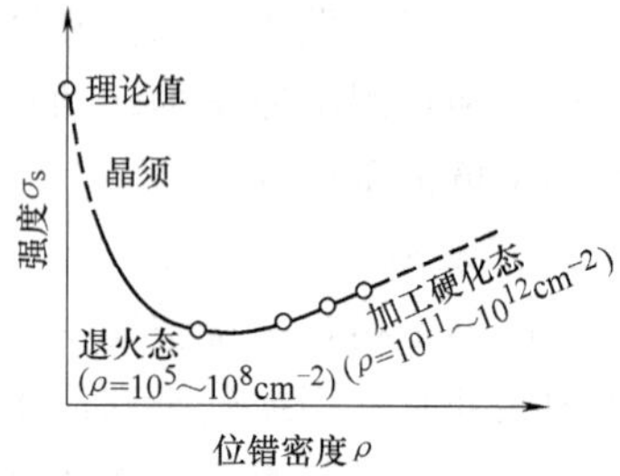

图 2-13　金属强度与位错密度的关系

在充分退火金属晶体中，位错密度一般为 $10^5 \sim 10^8 cm^{-2}$，而经过剧烈冷变形的金属，位错密度可增至 $10^{10} \sim 10^{12} cm^{-2}$。图 2-13 所示为金属的强度与位错密度的关系曲线。由图可见，位错是影响金属力学性能最重要的

晶体缺陷，由于金属晶体中位错的存在，使金属的强度降低了 2～3 个数量级。

3. 面缺陷

面缺陷是指二维尺度很大而三维尺度很小的缺陷。金属晶体中的面缺陷主要有晶界和亚晶界两种。

（1）晶界　实际的金属是由大量外形不规则的小晶粒组成的。晶粒与晶粒之间的接触面叫做晶界（图 2-14a）。随着相邻晶粒位向差的不同，其晶界宽度为 5～10 倍原子间距。晶界上原子的排列呈不规则排列，晶格畸变比较大，其原子排列总的特点是采取相邻晶粒的折中位置，即从一个晶粒的位向，通过晶界的协调，逐步过渡为相邻晶粒的位向。

晶界处也是杂质原子聚集的地方。杂质原子的存在加剧了晶界结构的不规则性及结构复杂化。

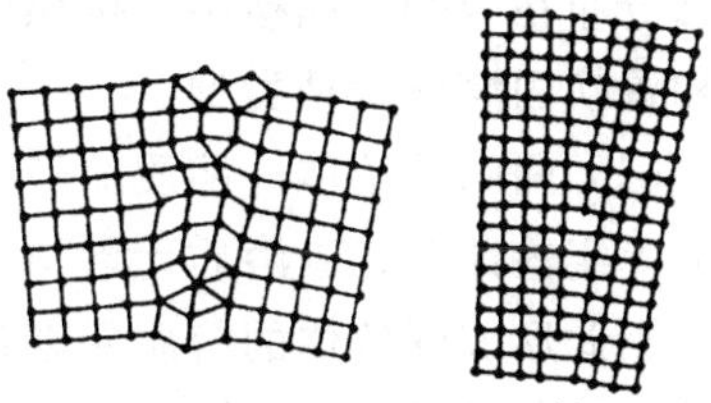

a)　b)

图 2-14　晶界原子排列示意图

a）晶界　b）亚晶界

（2）亚晶界　一般晶粒的内部也不是完全理想的晶体，而是由很多位向相差很小的亚晶粒组成的。亚晶粒的尺寸比晶粒小 2～3 个数量级，常为 10^{-6}～10^{-4}cm。亚晶粒之间的位向差小于 1°。亚晶粒之间的边界叫亚晶界，亚晶界实际上是由一系列刃型位错所形成的小角度晶界（图 2-14b）。亚晶界是晶粒内部的一种面缺陷，对金属性能也有一定的影响。例如，在晶粒大小一定时，亚晶界越细，金属的屈服强度就越高。

在实际金属的晶体结构中，上述晶体缺陷并不是静止不变的，而是随着一定的温度和加工过程等各种条件的改变而不断变动的。它们可以产生、发展、运动和交互作用，而且也能合并或消失。晶体缺陷对金属的许多性能有很大的影响，特别对金属的塑性变形、固态相变以及扩散等过程都起着重要的作用。

第二节　合金的相结构

一、合金的基本概念

由于纯金属性能的局限性，不能满足各种使用场合的要求，所以，目前使用的金属材料绝大多数都是合金。

由两种或两种以上的金属或金属与非金属，经熔炼、烧结或其他方法组合而成并具有金属特性的物质称为合金。例如，应用最普遍的碳钢和铸铁就是由铁和碳所组成的铁碳合金。

组成合金的最基本、独立的物质叫做组元。组元通常是纯元素，也可以是稳定的化合物。根据组成合金组元数目的多少，合金可分成二元合金、三元合金或多元合金等。

合金中具有同一化学成分且结构相同的均匀部分称为相。合金在固态下可以形成均匀的单相合金，也可以是由几种不同的相组成的多相合金。合金中相与相之间有明显的界面。

虽然各种合金中的组成相是多种多样的，但它们均可以归纳为固溶体和化合物这两种基本类型。这两种基本类型又可按成分和结构特点进一步分为若干具体类型，如固溶体可分为置换固溶体和间隙固溶体，化合物可分为金属化合物和非金属化合物，金属化合物又包括正常价化合物、电子化合物、间隙化合物以及超结构（有序固溶体）等。

二、合金的相结构

1. 固溶体

固溶体是指溶质原子溶入溶剂中形成的均一的结晶相。固溶体的晶格类型与其中某一组元的晶格类型相同，而其他组元的晶格结构将消失。能保留住晶格结构的组元元素称为溶剂；晶格结构消失的组元称为溶质。因此，固溶体的晶格与溶剂的晶格相同，而溶质以原子状态分布在溶剂的晶格中。按照溶质原子在溶剂中分布情况的不同，固溶体可分为间隙固溶体和置换固溶体两种类型。

（1）间隙固溶体　溶质原子处于溶剂晶格空隙中的固溶体称为间隙固溶体，如图 2-15a 所示。实验证明，当溶质元素与溶剂元素的原子直径比 $D_{质}/D_{剂}<0.59$ 时才能形成间隙固溶体。因此形成固溶体的溶质元素都是一些原子半径小于 0.1nm 的非金属元素，如 H、C、O、N 等。在金属材料的相结构中，形成间隙固溶体的例子很多，如碳钢中碳原子溶入 α-Fe 晶格间隙中形成的间隙固溶体，称为铁素体。碳原子溶入 γ-Fe 晶格间隙中形成的间隙固溶体，称为奥氏体。

溶质原子溶入溶剂的数量越多，溶剂的晶格畸变就越大。当溶质的溶入超过一定数量时，溶剂的晶格就会变得不稳定，于是溶质原子就不能继续溶解，所以间隙固溶体永远是有限固溶体。

（2）置换固溶体　溶剂晶格中的某些结点位置被溶质原子取代的固溶体称为置换固溶体，如图 2-15b 所示。在合金中，如锰、铬、硅、镍、钼等金属元素都能与铁形成置换固溶体。形成置换固溶体时，溶质原子在溶剂中的溶解度主要取决于两者在周期表中的相互位置、晶格类型和原子半径的差。一般说来，在周期表中位置靠近、晶格类型相同的元素，原子半径的差越小，溶解度就越大，甚至可以在任何比例下均能互溶形成无限固溶体。例如，铜和镍都是面心立方晶格，铜的原子直径为 2.55×10^{-10}m，镍的原子直径为 2.49×10^{-10}m，它们是处于同一周期并且相邻的两个元素，所以铜和镍可以形成无限固溶体。而铜和锌、铜和锡只能形成有限固溶体。

由于溶质原子与溶剂原子的直径不可能完全相同，因此，置换固溶体也会造成固溶体中晶格常数的变化和晶格畸变，如图 2-16 所示。

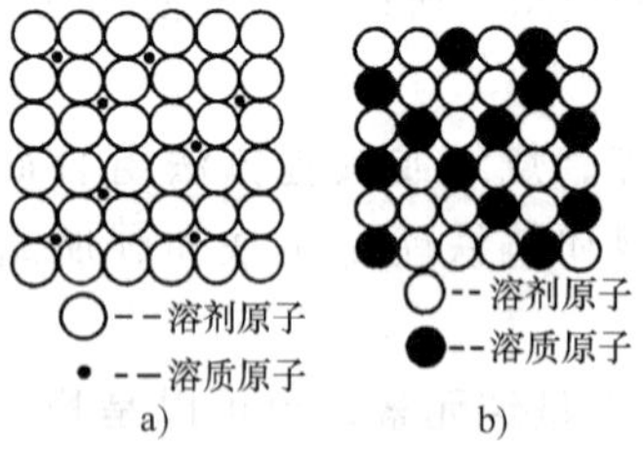

图 2-15　固溶体的两种类型

a）间隙固溶体　b）置换固溶体

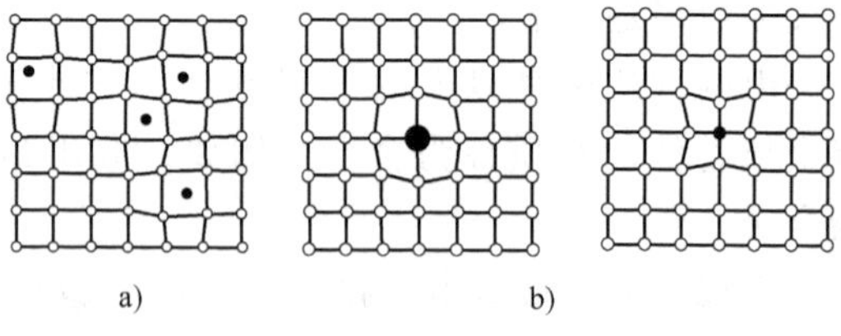

图 2-16　形成固溶体时的晶格畸变

a）间隙固溶体　b）置换固溶体

（3）固溶体的性能　由于溶质原子的溶入，使固溶体的晶格发生畸变，位错的移动受到阻力，结果使金属材料的强度、硬度升高。这种通过溶入溶质元素形成固溶体，使金属材料的变形抗力增大，强度、硬度升高的现象称为固溶强化，它是金属材料强化的重要途径之一。实践证明，适当掌握固溶体中的溶质含量，可以在显著提高金属材料强度、硬度的同时，仍能保持良好的塑性和韧性。例如，往铜中加入质量分数为19%的镍，可使合金的抗拉强度 σ_b 由220MPa提高到380～400MPa，硬度由44HBW提高到70HBW，而断后伸长率仍然保持在50%左右。所以对力学性能要求较高的结构材料，几乎都是以固溶体作为最基本的组成相。

2. 金属化合物

合金中溶质含量超过其在溶剂中的溶解度时将出现新相，这个新相可能是一种晶格类型和性能完全不同于任意合金组元的化合物，例如碳钢中的 Fe_3C（渗碳体）和黄铜中的β相（CuZn）。这种化合物可以用分子式表示，它的结合力除了离子键和共价键外，金属键也起不同的作用，使这种化合物具有一定程度的金属性质（如导电性），所以把这种化合物称为金属化合物。没有金属键结合，也没有金属特性的化合物，称为非金属化合物。例如，碳钢中依靠离子键结合的FeS和MnS都是非金属化合物。

金属化合物一般具有复杂的晶体结构，Fe_3C 的晶体结构如图2-17所示。金属化合物的特点是熔点高，硬而脆。因此，当合金中出现金属化合物时，通常能提高合金的强度、硬度和耐磨性，但也会降低塑性和韧性，金属化合物是各类合金钢、硬质合金及许多非铁金属合金的重要组成部分。

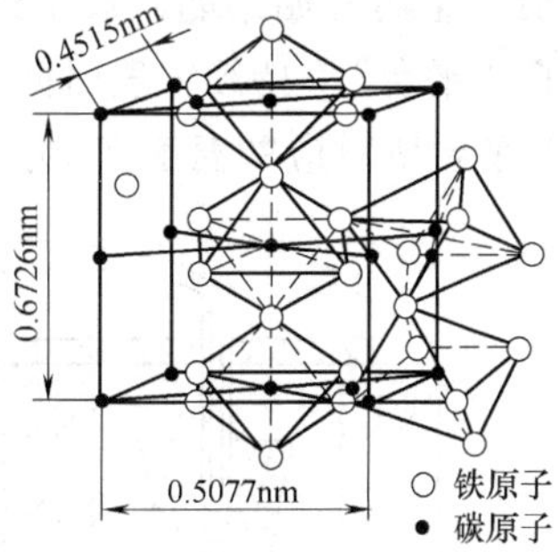

图2-17　Fe_3C 的晶体结构

金属化合物的种类很多，常见的有以下三种类型：

（1）正常价化合物　组成正常价化合物的元素是严格按照原子价规律结合的，因而其成分固定不变，可用化学式表示。通常金属性强的元素与非金属或类金属能形成这种类型的化合物，如 Mg_2Si、Mg_2Sn 等。

（2）电子化合物　电子化合物不遵循原子价规律，而是按照一定的电子浓度比组成一定晶格结构的化合物，如铜锌合金中的CuZn等。

（3）间隙化合物　间隙化合物一般由原子直径较大的过渡族金属元素（Fe、Cr、Mo、W、V等）和原子直径较小的非金属元素（如H、C、N、B等）组成，如合金钢中各种类型的碳化物都是间隙化合物。

多数工业合金均为固溶体和少量化合物所构成的混合物。通过调整固溶体的溶解度和其中化合物的形态、数量、大小及分布，可使合金的力学性能在一个相当大的范围内变动，从而满足不同性能的要求。

第三节　纯金属的结晶

一、金属结晶的基本概念

金属自液态冷却转变为固态的过程是原子从不规则排列向规则排列的晶态转变的过程，此过程称为金属的结晶。研究金属结晶过程的基本规律，对改善金属材料的组织和性能都具有重要的意义。

研究表明，液态下的金属内部，原子可以在小范围内呈近似于固态结构的规则排列，即存在一些短程有序的原子集团。这种原子集团是不稳定的，而且是随机分布的，瞬时出现又瞬时消失。金属由液态转变为固态的结晶过程，实质上就是原子由不稳定的短程有序状态过渡为稳定的长程有序状态的过程。广义地讲，金属从一种原子排列状态过渡为另一种原子排列状态的转变都属于结晶过程。金属从液态过渡为固体晶态的转变称为一次结晶；而金属从一种固体晶态过渡为另一种固体晶态的转变称为二次结晶。

二、金属的冷却曲线和过冷现象

纯金属都有一个固定的熔点（或结晶温度），因此纯金属的结晶过程总是在一个恒定的温度下进行。金属的结晶温度可用热分析等试验方法来测定。图2-18是热分析装置示意图。

将纯金属加热熔化成液体，然后使其缓慢冷却，在冷却过程中每隔一段时间测量一次温度，并记录下来，这样就可获得图2-19所示的纯金属冷却曲线。由此曲线可见，液态金属从高温开始冷却时，由于周围环境的吸热，温度均匀下降，状态保持不变。当温度下降到 T_n 后，金属开始结晶，放出结晶潜热，抵消了金属向四周散出的热量，因而冷却曲线上出现了“平台”。持续一段时间之后，结晶完毕，固态金属的温度继续均匀下降直至室温。曲线上平台所对应的温度 T_n 为实际结晶温度。

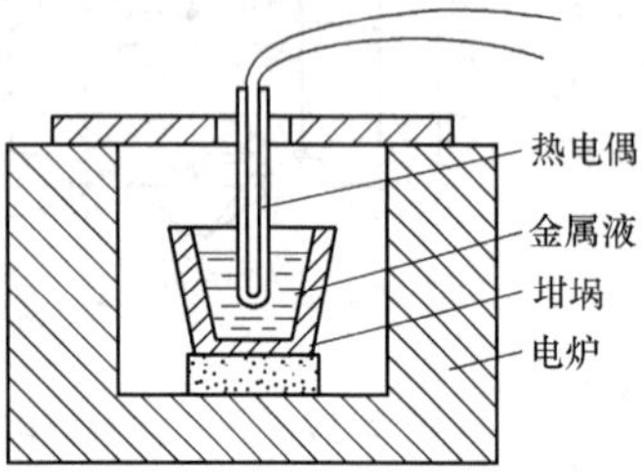

图2-18 热分析装置示意图

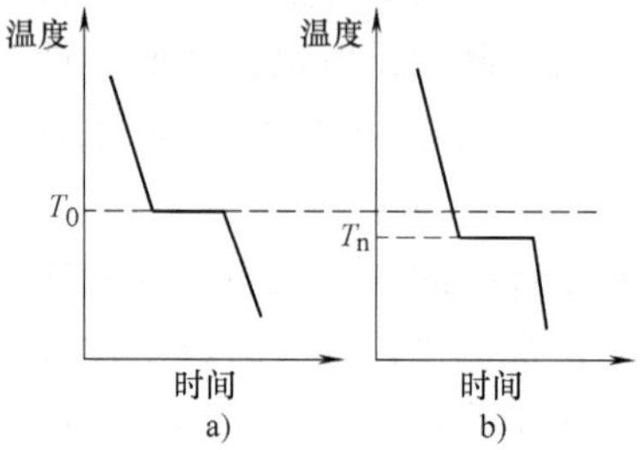

图2-19 纯金属结晶时的冷却曲线

a）平衡条件下结晶 b）非平衡条件下结晶

纯金属液体在无限缓慢的冷却条件下结晶（即理想的平衡条件下）所得到的结晶温度称为理论结晶温度，用 T_0 表示（图2-19a）。但在实际生产中，金属自液态向固态结晶时都有较快的冷却速度，液态金属的结晶过程将在低于理论结晶温度的某一温度 T_n 下进行（图2-19b）。金属的实际结晶温度低于理论结晶温度的现象称为过冷，理论结晶温度与实际结晶温度的差 ΔT 叫做过冷度，过冷度 $\Delta T = T_0 - T_n$。

金属的结晶之所以必须要在一定的过冷度下才开始进行，是因为金属的液态和固态之间存在一个自由能差 ΔF（图2-20）。在自然界，一切自发转变的过程总是从一种能量较高的状态趋向能量较低的状态。所以，只有当结晶温度小于 T_0 后，固态金属的自由能才能小于液态金属的自由能，即 $\Delta F = F_{固} - F_{液} < 0$，这时结晶过程才能自发进行。而且 ΔT 越大，液态与固态之间能量状态的差就越大，促使液体结晶的驱动力就越大，结晶越容易进行。

实际上金属总是在过冷的情况下进行结晶的，但同一种金属结晶时的过冷度不是一个恒定值，它与冷却速度有关。结晶时的冷却速度越大，过冷度就越大，金属的实际结晶温度也就越低。

三、纯金属的结晶过程

金属的结晶都要经历晶核的形成和晶核的长大两个过程（图2-21）。

1. 晶核的形成

研究表明，在液态金属中存在两种晶核，自发形核和非自发形核。

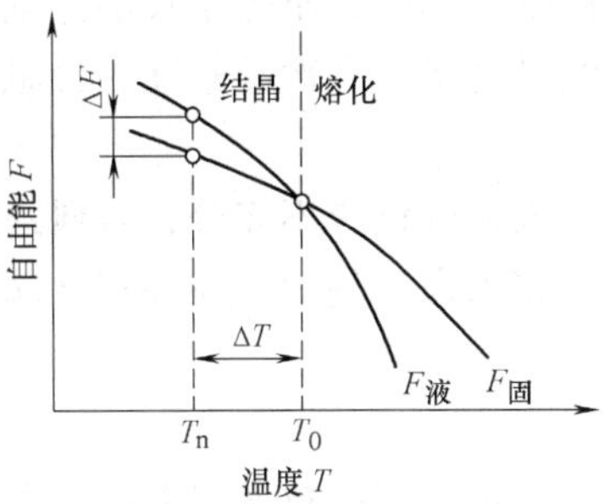

图 2-20　金属在不同状态下自由能与温度的关系曲线

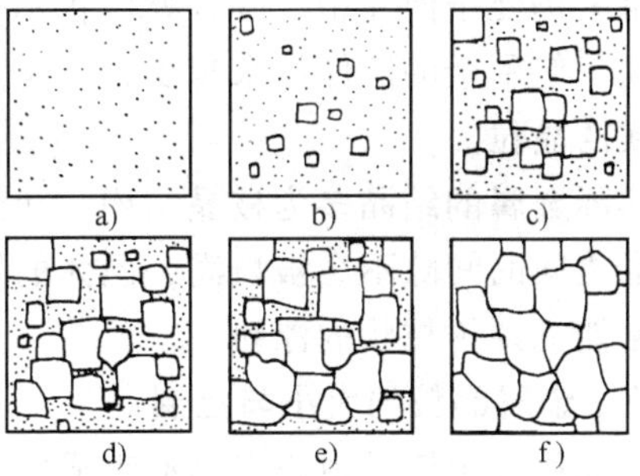

图 2-21　金属结晶过程示意图

(1) 自发形核　在液态金属中，存在着大量尺寸不同的短程有序原子集团。在结晶温度以上它们是不稳定的，但是当温度降低到结晶温度以下时，液体中一些超过一定尺寸的短程有序原子集团开始变得比较稳定，不再消失，成为结晶的核心。这种从液体内部自发生成的结晶核心叫做自发晶核。能够自发长大的最小自发晶核称为临界晶核。

(2) 非自发形核　液态金属依附在一些未熔微粒表面所形成的晶核称为非自发晶核，这些未熔微粒可能是液态金属中原来就存在的杂质，也可能是人为加入的物质。

按照形核时能量有利的条件分析，只有当这些未熔微粒的晶体结构和晶格参数与金属的晶体结构相似或相当时，才能成为非自发形核的基底，液态金属容易在其上结晶长大。

虽然在液态金属中自发形核和非自发形核是同时存在的，但在实际金属的结晶过程中，非自发形核比自发形核更重要，往往起优先和主导的作用。

2. 晶核的长大

晶核形成以后即开始长大。晶核长大的实质是原子由液体向固体的表面转移。由于结晶条件的不同，晶体主要按两种方式生长。

(1) 平面生长方式　在平衡条件下或在过冷度较小的情况下，纯金属晶体主要以其结晶表面向前平移的方式长大，即进行所谓平面式的长大。在结晶表面的前沿，晶体沿不同方向的长大速度是不同的，以沿原子最密排面的垂直方向的长大速度最慢，而非密排面的长大速度较快。所以，平面式长大的结果是，晶体获得表面为原子最密面的规则形状。在这种方式长大的过程中，晶体一直保持规则的形状，只是在许多晶体彼此接触之后，规则的外形才遭到破坏。晶体的平面长大方式在实际金属的结晶中是比较少见的。

(2) 树枝状生长方式　当过冷度较大，特别是液态金属内存在非自发晶核时，金属晶体往往按树枝状的形式长大。在晶核生长的初期，晶粒可以保持晶体规则的几何外形；但在晶体继续生长的过程中，由于晶体的棱边和顶角处的散热条件优于其他部位，能使结晶时放出的结晶潜热迅速逸出，此处晶体优先长大并沿一定方向生长出空间骨架。这种骨架如同树干，称为一次晶轴。在一次晶轴伸长和变粗的同时，在一次晶轴的棱边又生成二次晶轴、三次晶轴、四次晶轴等，从而形成一个树枝状晶体，称为树枝状晶，简称枝晶（图 2-22）。

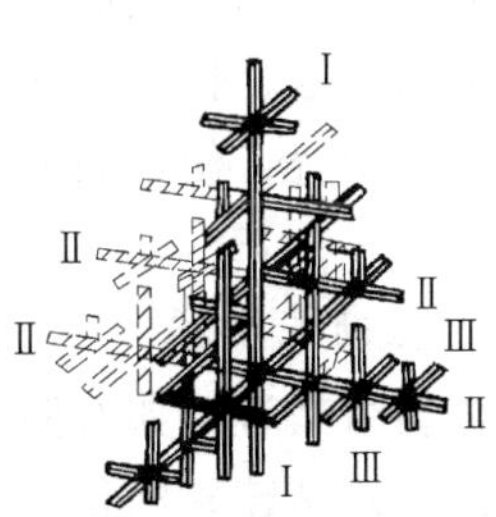

图 2-22　枝晶示意图

在金属结晶过程中，由于晶核是按树枝状骨架方式长大的，当其发展到与相邻的树枝状骨架相遇时，就停止扩展。但是此时的骨架仍处于液体中，故骨架内将不断长出更高次的晶轴。同时，早先生长的晶轴也在逐渐加粗，使剩余的液体越来越少，直至晶轴之间的液体结晶完毕，各次晶轴互相接触形成一个充实的晶粒。

实际金属的结晶多为枝晶结构。在结晶过程中，如果液体的供应不充分，金属最后凝固的枝晶之间的间隙不会被填满，晶体的树枝状就很容易显露出来。例如，在许多金属的铸锭表面常能见到树枝状的浮雕。

四、金属晶粒的大小与控制

结晶后的金属是由许多晶粒组成的多晶体，晶粒的大小可以用晶粒度来表示。通常在放大100倍的金相显微镜下观测金属试样，并同标准晶粒度图进行对比。标准晶粒度一般分八级，级数越高晶粒越细。实验证明，在一般的情况下，晶粒越细，金属的强度、塑性和韧性就越好。因此，细化晶粒是提高金属力学性能最重要的途径之一。

金属结晶后单位体积中的晶粒数目 Z，与结晶时的形核率 N（单位时间、单位体积中形成的晶核数目）和晶核的长大速度 v 存在着以下的关系

$$Z \propto \sqrt{\frac{N}{v}}$$

由上式可看出，若要控制金属结晶后晶粒的大小，必须控制结晶过程中的形核率和晶体生长速度这两个因素，主要途径有：

1. 增加过冷度

图2-23是形核率 N 和晶粒长大速度 v 与过冷度 ΔT 的关系。由图可见，随过冷度的增大，N 和 v 值增大，但 N 的增长速率大于 v 的增长速率。因此提高过冷度可以增加单位体积内晶粒的数目，使晶粒细化。但过冷度过大或温度过低时，原子的扩散能力降低，形核率反而减小。

增大过冷度的主要办法是提高液体金属的冷却速度。在铸造生产中，为了提高铸件的冷却速度，可以用热导率大的金属铸型代替砂型。

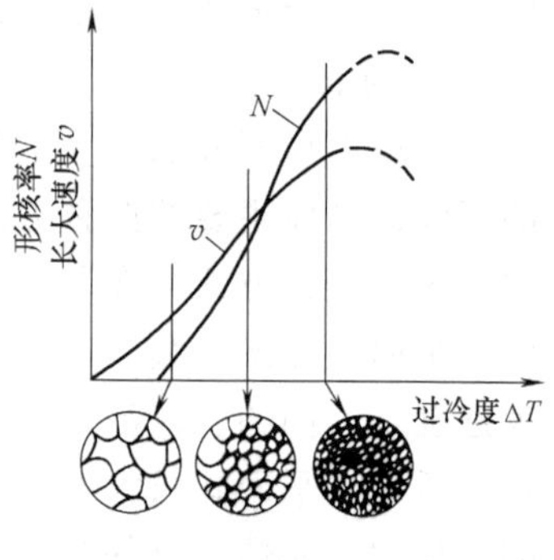

图2-23 形核率 N 和晶粒长大速度 v 与过冷度 ΔT 的关系

2. 变质处理

当金属的体积比较大时，难以获得较大的过冷度，而且对于形状复杂的铸件，冷却速度也不能过快。在实际生产中为了得到细晶粒的铸件，多采用变质处理。变质处理是在液体金属中加入能非自发形核的物质，这种物质称为变质剂。变质剂的作用在于增加晶核的数量或者阻碍晶核长大。例如，在冶金过程中，用钛、锆、铝等元素作为脱氧剂的同时，也能起到细化晶粒的作用。在铸造铝硅合金时，加入钠盐，使钠附着在硅的表面，阻碍粗大片状硅晶体的形成，也可以使合金的晶粒细化。

3. 振动或搅拌

金属结晶时，如对液态金属采取机械振动、超声波振动、电磁振动或机械搅拌等措施，可以造成枝晶破碎细化，而且破碎的枝晶还起到新生晶核的作用，增加了形核率 N，使晶粒得到细化。

第四节　合金的结晶

一、二元合金相图的基本知识

1. 相图的基本概念

由两种或两种以上组元按不同比例配制成的一系列不同成分的所有合金称为合金系，如 Al-Si 系合金、Fe-C-Si 系合金等。为了研究合金组织与性能之间的关系，就必须了解合金中各种组织的形成及变化规律。合金相图就是用图解的方法表示合金系中合金的状态、组织、温度和成分之间的关系。

相图又称为平衡相图或状态图，它是表明合金系中不同成分合金在不同温度下的组成相以及这些相之间平衡关系的图形。利用合金相图可以知道各种成分的合金在不同的温度下有哪些相，各相的相对含量、成分以及温度变化时可能发生哪些变化。掌握合金相图的分析和使用方法，有助于了解合金的组织状态和预测合金的性能，也可按要求研究配制新的合金。在生产实践中，合金相图是制订合金熔炼、锻造和热处理工艺的重要依据。

2. 二元合金相图的建立

二元合金相图是通过实验建立的，常用的实验方法是热分析法，现以 Cu-Ni 合金为例，说明用热分析法建立相图的步骤。

1）配制不同成分的 Cu-Ni 合金。

2）作出各成分合金的冷却曲线，并找出各冷却曲线上临界点（即转折点和平台）的温度值。

3）画出温度-成分坐标系，在相应成分垂直线上标出临界点温度。

4）将物理意义相同的点连成曲线，并根据已知条件和实际分析结果写上数字、字母和各区域内的组织或相的名称，即可得到完整的 Cu-Ni 二元合金平衡相图。图 2-24 是按上述步骤建立的 Cu-Ni 二元合金相图的示意图。

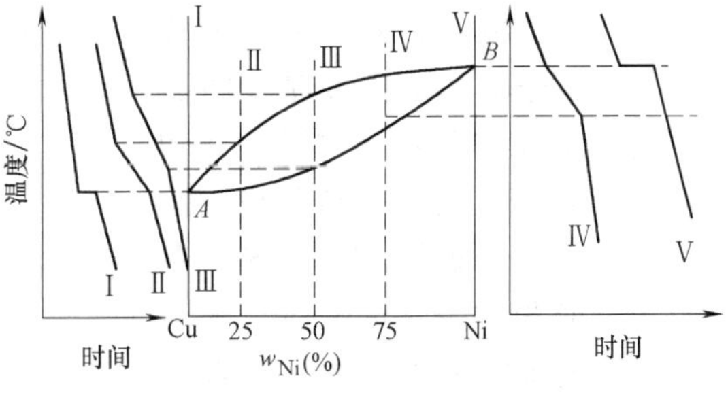

图 2-24　Cu-Ni 二元合金相图的示意图

相图上的每个点、线、区均有一定的物理意义。例如 A、B 点分别为 Cu 和 Ni 的熔点。图中有两条曲线，上面的曲线为液相线，代表各种成分的铜-镍合金在冷却过程中开始结晶的温度；下面的曲线为固相线，代表各种成分的铜-镍合金在冷却过程中结晶终了的温度。液相线和固相线将整个相图分为三个区域，液相线以上为液相区（L），固相线以下为固相区（α）；在液相线与固相线之间为液相与固相共存的两相区（L + α）。

3. 杠杆定律

在两相区结晶过程中，两相的成分和相对量都在不断地变化，杠杆定律就是确定相图中两相区内平衡相的成分和相对质量的重要工具。现仍以 Cu-Ni 合金为例，如图 2-25 所示。设成分为 K 的合金质量为 1，在某温度下，液相的质量百分数为 Q_L，固相的质量百分数为 Q_α，已知液相中含 Ni 量为 x'，固相中含 Ni 量为 x''，可得方程

$$Q_L = \frac{x'' - K}{x'' - x'} = \frac{x''K}{x''x'}$$

$$Q_\alpha = \frac{K - x'}{x'' - x'} = \frac{Kx'}{x''x'}$$

$$\frac{Q_\alpha}{Q_L} = \frac{Kx'}{x''K}$$

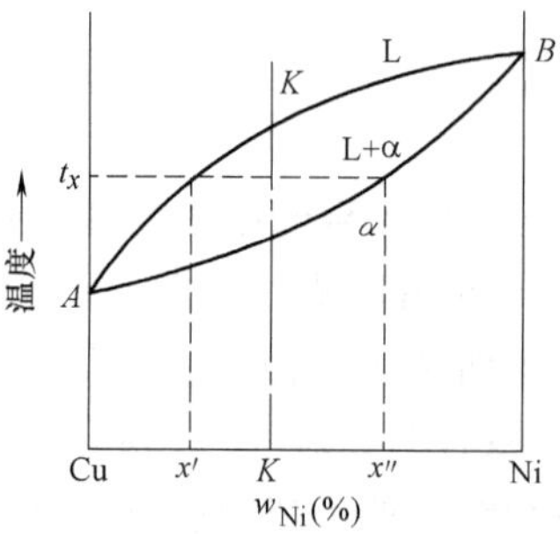

图 2-25 由杠杆定律确定两相的相对质量比

可以看出，以上所得两相质量间的关系和力学中的杠杆原理十分相似，因此称为杠杆定律。杠杆定律不仅适用于液、固两相区，也适用于其他类型的二元合金的两相区。但是，杠杆定律仅适用于两相区。

4. 枝晶偏析

在实际生产中，一般合金的冷却速度都很大。由于合金中固相内部的原子来不及充分扩散，使先结晶的树枝状晶含 Ni 量高于后结晶的含 Ni 量，造成晶粒中心部位与表层的成分不均匀。这种晶粒内部化学成分不均匀的现象称为晶内偏析或枝晶偏析。

合金的冷却速度越大，实际结晶温度就越低，枝晶偏析也越严重。枝晶偏析的存在使晶粒内部的性能不一致，严重影响合金的力学性能和耐腐蚀性能。枝晶偏析一般可以用均匀化退火的热处理方法消除。

二、二元相图的基本类型

1. 二元匀晶相图

二元合金系中两组元在液态和固态下均能无限互溶，并由液相结晶出单相固溶体的相图称为二元匀晶相图。

现以 w_{Ni} = 40% 的 Cu-Ni 合金为例，说明匀晶合金的结晶过程（图 2-26）。当合金由液态缓冷至与液相线相交于 t_1 时，开始从液相中结晶出固溶体 α 相。在继续冷却过程中，α 相的量不断增多，液相的量不断减少，最后冷至固相线 t_4 时，液相消失，全部成为单相 α 固溶体。在整个结晶过程中，液相和固相的成分也通过原子的扩散不断改变，液相的成分沿液相线变化，固相的成分沿固相线变化。但是只有在极其缓慢的冷却条件下，使原子有足够的时间扩散才能得到成分均匀的固溶体，否则将会产生化学成分的偏析现象。

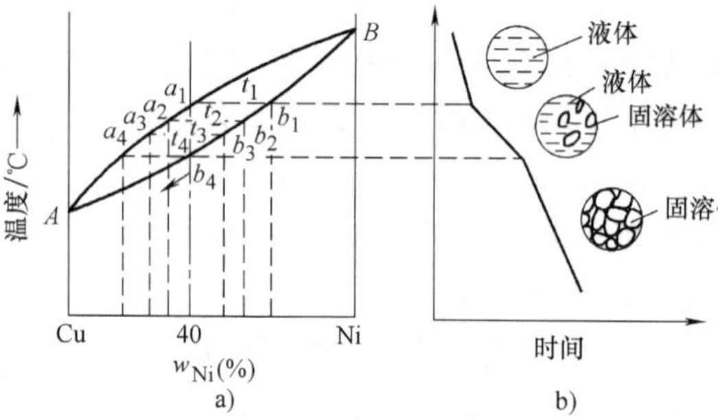

图 2-26 Cu-Ni 合金的结晶过程

a）Cu-Ni 合金相图 b）冷却曲线及组织变化示意图

2. 二元共晶相图

通常把在一定温度下，由一定成分的液相同时结晶出成分一定的两个固相的过程称为共晶转变。合金系的两组元在液态下无限互溶、在固态下有限互溶，并在凝固过程中发生共晶转变的相图称为二元共晶相图。

图 2-27 所示的 Pb-Sn 合金相图为典型的二元合金共晶相图。图中 *A* 点为 Pb 的熔点，*B*

点为 Sn 的熔点。*AEB* 线为液相线，*AMENB* 线为固相线。*MF* 线表示 Sn 溶于 Pb 中形成 α 固溶体的溶解度曲线；*NG* 线表示 Pb 溶于 Sn 中形成 β 固溶体的溶解度曲线。

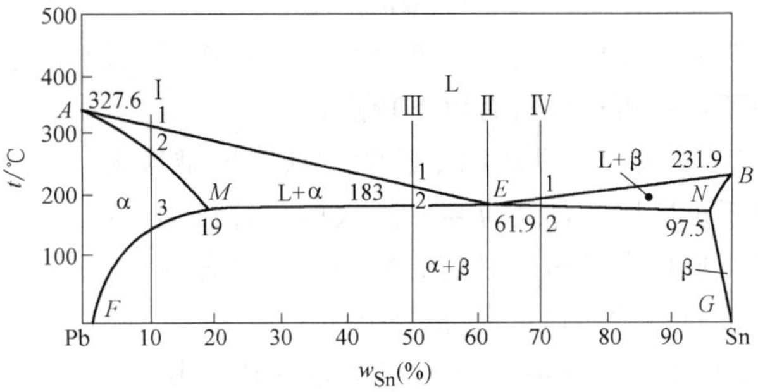

图 2-27　Pb-Sn 共晶合金相图

L、α、β 相是该合金系的三个基本相。α 相是以 Pb 组元为溶剂、Sn 组元为溶质所形成的有限固溶体，β 相是以 Sn 组元为溶剂、Pb 组元为溶质所形成的有限固溶体。相图中有三个单相区 L、α、β；三个两相区 L＋α、L＋β 及 α＋β；还有一个三相共存区（即 *MEN* 线，L＋α＋β）。

MEN 线为三相平衡线。在该恒定温度下，*E* 点成分的液相发生共晶反应，同时结晶出两种成分和结构不同的 α、β 固相。其反应式为

$$L_E \xrightleftharpoons{t_E} \alpha_M + \beta_N$$

共晶转变的产物是两个固相的机械混合物，称为共晶体或共晶组织。*E* 点称为共晶点，成分对应于共晶点的合金称为共晶合金，*E* 点对应的温度称为共晶温度，水平线称为共晶线。成分位于 *E* 点左边的合金称为亚共晶合金；位于 *E* 点右边的合金称为过共晶合金。

3. 二元包晶相图

通常把在一定温度下，已结晶的一定成分的固相与剩余的一定成分的液相发生转变生成另一固相的过程称为包晶转变。两组元在液态下无限互溶、固态下有限互溶，并发生包晶转变构成的相图，称为二元包晶相图，如图 2-28 所示。

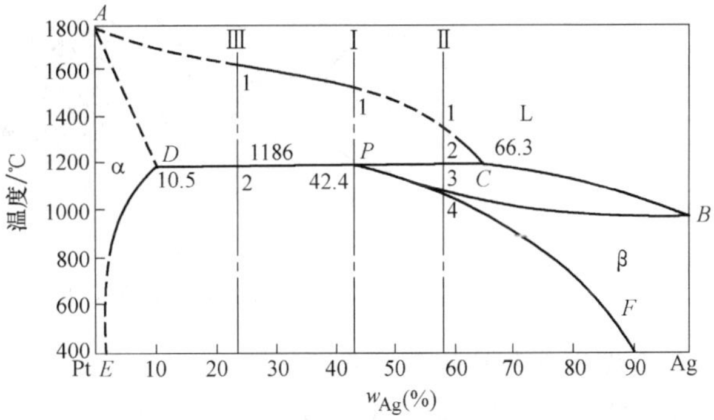

图 2-28　Pt-Ag 二元包晶相图

在图 2-28 中，*ACB* 为液相线，*DE* 和 *PF* 线分别为 Ag 在 Pt 中的 α 固溶体和 Pt 在 Ag 中的 β 固溶体的溶解度曲线。水平线 *DPC* 就是包晶转变线，*P* 点是包晶点，所有的成分在 *DC* 范围内的合金在此温度都会发生三相平衡包晶转变，即

$$L_C + \alpha_D \xrightleftharpoons{t_P} \beta_P$$

4. 共析转变相图

在恒定的温度下，一个有特定成分的固相分解成另外两个与母相成分不相同的固相的转变称为共析转变，发生共析转变的相图称为共析相图，如图 2-29 所示。相图中 *C* 点为共析点，*DCE* 线为共析线。当具有 *C* 点成分的母相冷至共析线温度时，则发生如下反应

$$\gamma_C \xrightarrow{\text{共析温度}} \alpha_D + \beta_E$$

与共晶反应相比，由于母相是固相而不是液相，所以共析反应具有以下特点：

1）由于固态中的原子扩散比液态困难得多，故共析反应比共晶反应需要更大的过冷倾向，因而使得成核率较高，得到的两相机械混合物（共析体）也比共晶体更为弥散和细小。

2）共析反应常因母相与子相的比体积不同而产生容积的变化，从而引起较大的内应力。

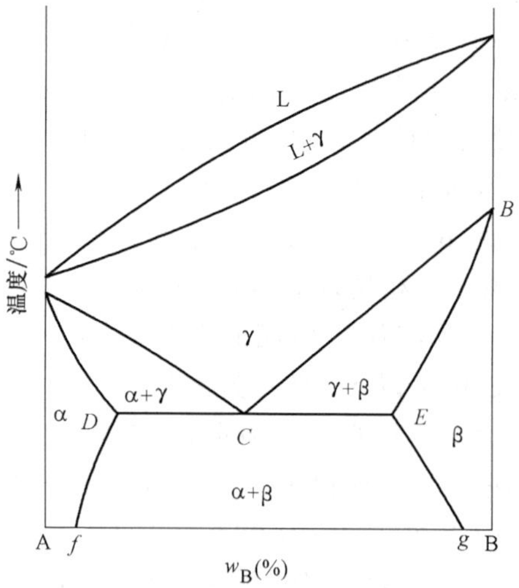

图 2-29　共析相图

三、典型合金的结晶过程

1. 共晶合金的结晶过程

图 2-27 中的合金Ⅱ称为共晶合金，图 2-30 为其结晶过程示意图。合金在 *MEN* 线以上为液态，冷至 *E* 点共晶温度时发生共晶转变，这一过程是在恒温下进行的，直到凝固结束。生成的共晶体由 α 和 β 两个固溶体组成，它们的相对量可以用杠杆定律计算得出。当共晶合金继续冷却时，合金将从 α 相和 β 相中分别析出 β_{II} 相和 α_{II} 相。共晶组织中析出的次生相常与共晶组织中的同类相混在一起，在金相显微镜下很难分辨，一般不予考虑。因此，共晶合金的室温组织为 α + β。

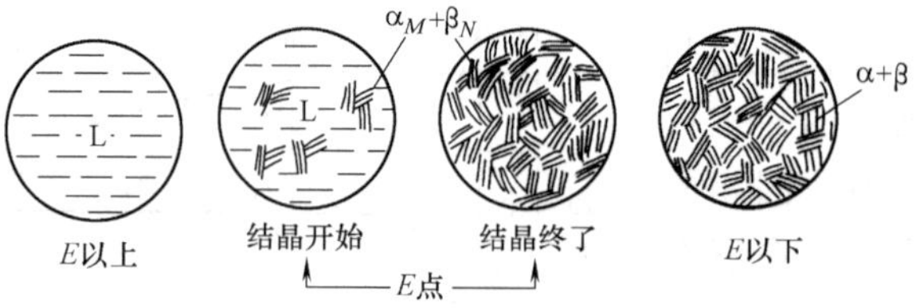

图 2-30　Pb-Sn 共晶合金平衡凝固过程示意图

2. 亚共晶合金的结晶过程

（1）图 2-27 中合金Ⅰ的结晶过程　合金Ⅰ的结晶过程如图 2-31 所示。该合金从液态缓冷至 1 点时，开始由液相中结晶出 α 固溶体，在 1 至 2 点之间属于匀晶结晶过程，冷至 2 点后，液体全部结晶为均一的 α 固溶体。当冷至 3 点以下后，Sn 在 α 固溶体中的溶解度逐渐减小，Sn 开始以 β 固溶体的形式从 α 相中析出。这种由 α 相中析出 β 固溶体的过程称为二次结晶。结晶出的相称为二次相或次生相，用 β_{II} 表示。此时 α 相的成分将随温度的降低沿 *MF* 线变化，冷至室温时，该合金的组织为 $\alpha + \beta_{II}$，它们的相对量可以用杠杆定律算出。

（2）图 2-27 中合金Ⅲ的结晶过程　合金Ⅲ的结晶过程如图 2-32 所示。当该合金从液态冷却至 1 点时，开始从液体中析出 α 固溶体。随着温度的下降，α 相逐渐增多，当温度降至 2 点时，剩余液体的成分正好为 *E* 点的成分，于是发生共晶转变生成 α + β 共晶组织。先结晶出的初晶 α 相不参与转变，保留下来。在 2 点以下继续冷却时，初晶 α 相析出 β_{II} 相。所

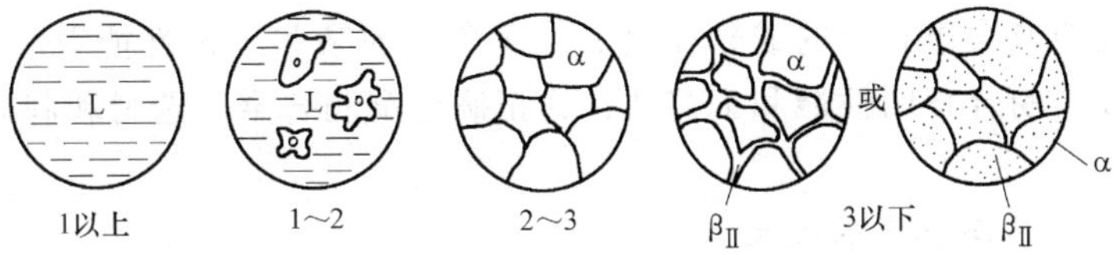

图 2-31 Pb-Sn 亚共晶合金 I 平衡凝固示意图

以合金Ⅲ在室温下的金相组织为（α + β）+ α + β$_{Ⅱ}$。凡位于 M 点与 E 点之间的合金均称为亚共晶合金。

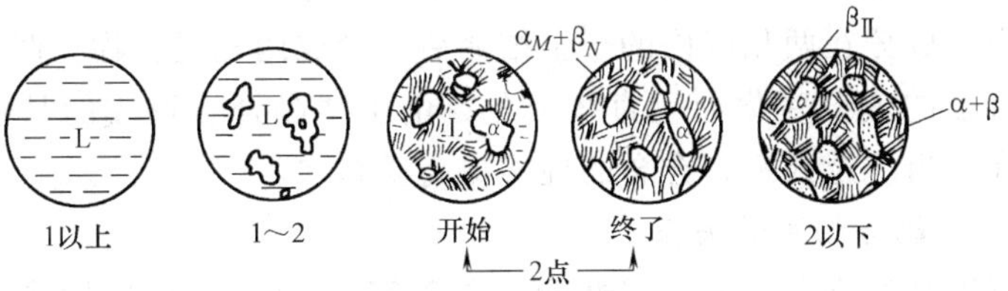

图 2-32 Pb-Sn 亚共晶合金Ⅲ平衡凝固示意图

3. 过共晶合金的结晶过程

图 2-27 中合金Ⅳ为过共晶合金。该合金从液态冷至 1 点温度后，开始从液相中析出 β 相。在 1 至 2 点之间，随着温度的降低，结晶出的 β 相增多，液相成分沿 BE 线向 E 点靠近，β 相的成分沿 BN 线变化。当温度降至 2 点时，发生共晶转变生成（α + β）相，而 β 相不参与反应，被保留下来。在 2 点以下继续冷却时，在初晶 β 相中析出 α$_{Ⅱ}$ 相。所以，合金Ⅳ的室温组织为（α + β）+ β + α$_{Ⅱ}$。凡位于 E 点与 N 点之间的合金均称为过共晶合金。

4. 包晶合金的结晶过程

现以图 2-28 中包晶点成分的合金 I 为例，分析其结晶过程。当合金从液态冷至 1 点时，合金 I 开始从液相中析出 α 固溶体。随着温度的降低，α 相成分沿 AD 线变化，液相成分沿 AC 线变化，α 相数量不断增加。液相数量不断减少，此阶段为匀晶结晶过程。

当合金冷至包晶反应温度时（1186℃），先析出的初晶 α 相（成分达到 D 点）与剩下的液相（成分达到 C 点）发生包晶反应，即 $L_C + \alpha_D \rightleftharpoons \beta_P$，全部生成 β 固溶体。在继续冷却时，由于 Pt 在 β 相中的溶解度随着温度下降而减少，将不断地从 β 相中析出 α$_{Ⅱ}$ 相。因此，该合金的室温组织为 α$_{Ⅱ}$ + β（图 2-33）。

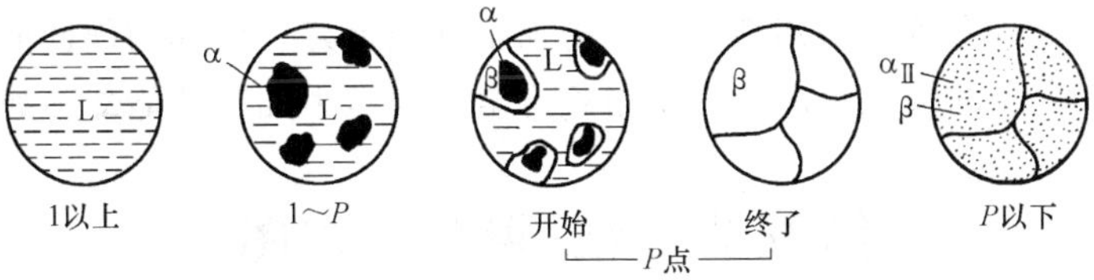

图 2-33 Pt-Ag 合金包晶转变结晶过程示意图

四、相图与合金性能的关系

合金的使用性能取决于它们的成分和组织，而合金的某些工艺性能取决于其结晶特点，因此通过相图可以判断合金的性能和工艺性，为正确地配制合金、选材和制订相应的工艺提供依据。

1. 合金的使用性能与相图的关系

二元合金的室温平衡组织主要有两种类型，即固溶体和两相混合物。图 2-34 为具有匀晶相图和共晶相图合金的力学性能和物理性能随成分变化的一般规律。

由图 2-34 可见，固溶体合金与作为溶剂的纯金属相比，其强度、硬度升高，导电率降低，并在某一成分存在极值。因固溶强化对强度与硬度的提高有限，不能满足工程结构对材料性能的要求，所以工程上经常将固溶体作为合金的基体。

在共晶相图中，成分在两相区内的合金结晶后，形成两相混合物。两相组织的力学性能和物理性能将随合金的成分变化而呈直线变化，由于共晶合金形成的是致密的组织，其强度、硬度明显提高。组织越致密，合金的性能提高得越多。

2. 合金的工艺性能与相图的关系

从相图上也可以判断出合金的工艺性能，图 2-35 是合金的铸造性能与相图的关系。由图 2-35 可见，相图中液相线与固相线之间的水平距离和垂直距离越大，合金的流动性就越差，合金成分偏析也越严重，使铸造性能变差。共晶合金的铸造性能最好，故在其他条件许可的情况下，铸造合金尽量选用共晶成分的合金。

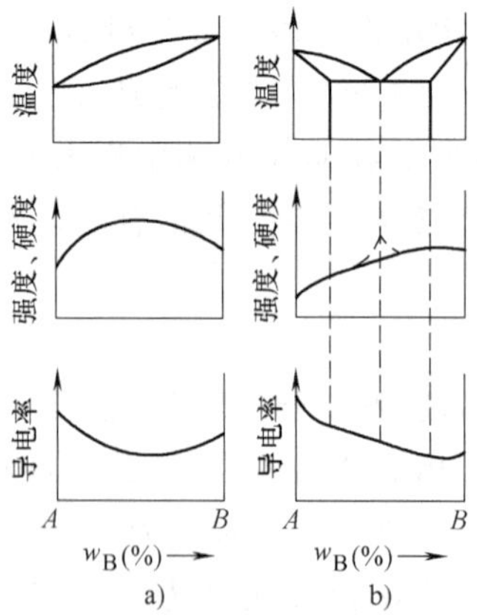

图 2-34 合金使用性能与相图的关系
a）匀晶系合金 b）共晶系合金

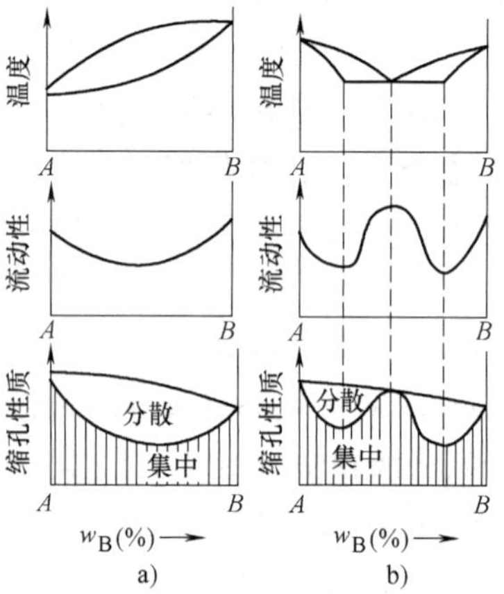

图 2-35 合金的铸造性能与相图的关系
a）匀晶系合金 b）共晶系合金

单相固溶体合金具有较好的塑性，其压力加工性能良好，但其切削性能较差。当合金形成两相混合物时，合金的加工性能要好于单相合金，但压力加工性能却不如单相固溶体。

第五节 铁-碳合金相图

铁和碳是钢铁中两个最基本的元素，故称为铁碳合金。在铁碳合金中，铁与碳可以形成

Fe_3C、Fe_2C、FeC 等一系列化合物，而稳定的化合物可以作为一个独立的组元。因此，一般所说的铁-碳合金相图，实际上是指铁-渗碳体（Fe-Fe_3C）相图，如图 2-36 所示。

一、铁碳合金的基本相

Fe 和 Fe_3C 是组成 Fe-Fe_3C 相图的两个基本组元。由于铁与碳之间的相互作用不同，使铁碳合金固态下的相结构也有固溶体和金属化合物两类。属于固溶体相的有铁素体与奥氏体，属于金属化合物相的有渗碳体。

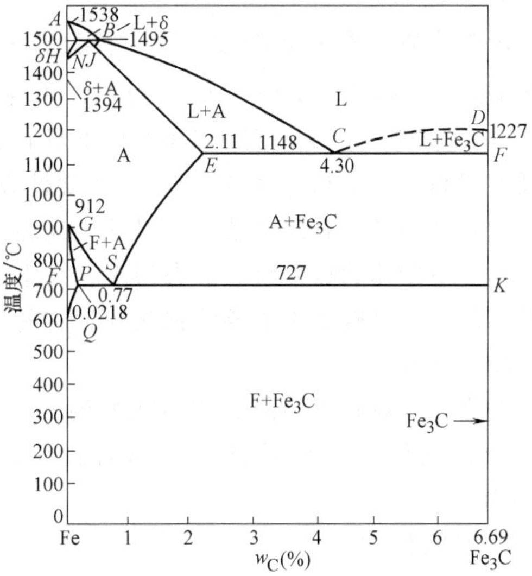

图 2-36　铁-碳合金相图

1. 铁素体

纯铁在 912℃以下为具有体心立方晶格的 α-Fe。碳溶于 α-Fe 中形成的间隙固溶体称为铁素体，以符号 F 表示。由于 α-Fe 是体心立方晶格结构，它的晶格间隙很小，因而溶碳能力极低，在 727℃时溶碳量最大，可达 0.0218%。随着温度的下降，铁素体的溶碳量逐渐减小，在室温时溶碳量几乎等于零。因此其性能几乎和纯铁相同，即铁素体的强度、硬度不高，但具有良好的塑性与韧性。表 2-1 是铁素体的力学性能指标。

表 2-1　铁素体的力学性能指标

力学性能	指标	力学性能	指标
抗拉强度 σ_b	180～280MPa	断面收缩率 ψ	70%～80%
条件屈服强度 $\sigma_{0.2}$	100～170MPa	冲击韧性 a_K	160～200J/cm²
断后伸长率 δ	30%～50%	硬度 HBW	50～80

铁素体的显微组织与纯铁相同，呈明亮的多边形晶粒组织，如图 2-37a 所示。有时因各晶粒位向不同，受腐蚀程度略有差异，因而明暗稍显不同。

铁素体在 770℃以下具有铁磁性，而在 770℃以上则失去铁磁性。

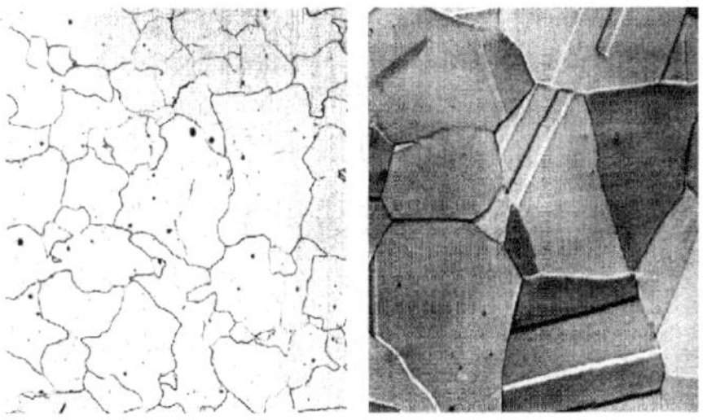

a)　　b)

图 2-37　铁素体与奥氏体的显微组织

a）铁素体　b）奥氏体

2. 奥氏体

碳溶于 γ-Fe 中的间隙固溶体称为奥氏体，以符号 A 表示。γ-Fe 是面心立方晶格结构，由于 γ-Fe 晶格间的最大空隙要比 α-Fe 大，所以溶碳能力比较大。γ-Fe 在 1148℃时溶碳量最大，可达 2.11%。随着温度的下降，溶碳量逐渐减少，在 727℃时溶碳量最低，为 0.77%。

奥氏体的性能与其溶碳量及晶粒大小有关，一般奥氏体的硬度为 170～220HBW，断后伸长率 δ 为 40%～50%，易于锻压成形。

高温下奥氏体的显微组织如图 2-37b 所示，其晶粒也呈多边形。一般情况下，其晶界较平直，且晶粒内常有孪晶出现。奥氏体为非铁磁性相组织。

3. 渗碳体

渗碳体的分子式为 Fe_3C，是一种具有复杂晶格结构的间隙化合物（图 2-17）。渗碳体中碳的质量分数为 6.69%；熔点为 1227℃左右；没有同素异构转变。

Fe_3C 有磁性转变，它在 230℃以下具有弱铁磁性，而在 230℃以上则失去铁磁性。Fe_3C 的硬度很高（最高可达 800HBW），而塑性和冲击韧度几乎等于零，脆性极大。

渗碳体不易受硝酸酒精溶液腐蚀，在显微镜下呈白亮色，但在碱性苦味酸钠溶液下腐蚀呈黑色。渗碳体的显微组织形态很多，在钢和铸铁中与其他相共存时呈片状、粒状、网状或板状。渗碳体是碳钢中主要的强化相，它的形状与分布对钢的性能有很大的影响。

4. 珠光体

珠光体是铁素体和渗碳体组成的两相机械混合物，常用符号 P 表示。珠光体的力学性能介于铁素体和渗碳体之间，具有良好的力学性能（$\sigma_b \approx 750$MPa，硬度为 180HBW，$\delta \approx 20\%$）。

5. 莱氏体

莱氏体是奥氏体和渗碳体组成的两相机械混合物，常用符号 Ld 表示。它存在于高温区（727～1148℃），在 727℃以下时变成渗碳体和珠光体的混合物，称为低温莱氏体，用符号 L′d 表示。由于莱氏体中含有大量的渗碳体，所以塑性、韧性很差，是硬而脆的组织。

二、铁-碳合金相图分析

Fe-Fe_3C 相图主要由包晶、共晶和共析三个恒温转变所组成。

1）*ABCD* 线为液相线，*AHJECF* 线为固相线。

2）在 *HJB* 水平线（1495℃）发生包晶转变 $L_B + \delta_H \leftrightarrow \gamma_J$，转变产物为奥氏体。此转变仅发生在碳质量分数为 0.09%～0.53% 的铁碳合金中。

3）在 *ECF* 水平线（1148℃）发生共晶转变 $L_C \leftrightarrow \gamma_E + Fe_3C$，其转变产物是奥氏体和渗碳体的机械混合物，即莱氏体。碳的质量分数为 2.11%～6.69% 的铁碳合金都发生这种转变。

4）在 *PSK* 水平线（727℃）发生共析转变 $\gamma_S \leftrightarrow \alpha_P + Fe_3C$，其转变产物是铁素体和渗碳体的机械混合物，即珠光体。所有碳的质量分数超过 0.02% 的铁碳合金都发生这个转变。*PSK* 线称为共析线或共析温度，常用符号 A_1 表示。

此外，Fe-Fe_3C 相图中还有三条重要的固态转变线：

1）*GS* 线——奥氏体中开始析出铁素体或铁素体全部溶入奥氏体的转变线，*GS* 线又称为 A_3 线。

2）*ES* 线——碳在奥氏体中的溶解度曲线，也叫 A_{cm} 线。但温度低于此曲线时，奥氏体中将析出渗碳体，称为二次渗碳体 Fe_3C_{II}，以区别于从液体中经 *CD* 线析出的一次渗碳体 Fe_3C。

3）*PQ* 线——碳在铁素体中的溶解度曲线。在 727℃时，碳在铁素体中的最大溶解度为 0.0218%。因此，铁素体从 727℃冷却下来时，也将析出渗碳体，称为三次渗碳体 Fe_3C_{III}。

综合上述分析结果，把铁碳合金相图中主要特性点的温度、碳的质量分数及其含义归纳于表 2-2 中。

表 2-2　铁碳合金相图中的特性点

特性点	温度/℃	碳的质量分数（%）	含　义
A	1538	0	纯铁的熔点
C	1148	4.30	共晶点
D	1227	6.69	渗碳体的熔点
E	1148	2.11	碳在奥氏体中的最大溶解度
F	1148	6.69	渗碳体的成分
G	912	0	α-Fe 与 γ-Fe 同素异构转变点
J	1495	0.17	包晶点
K	727	6.69	渗碳体的成分
P	727	0.0218	碳在铁素体中的最大溶解度
S	727	0.77	共析点
Q	室温	0.0008	碳在铁素体中的溶解度

三、典型铁碳合金结晶过程及其组织

现以几种典型的铁碳合金为例，分析其结晶过程和在室温下的显微组织。图 2-38 为典型铁碳合金冷却时的组织转变的示意图。

1. 共析钢的结晶过程

图 2-38 中的合金②是碳的质量分数为 0.77% 的共析钢。当液态合金冷却到与液相线 *AC* 相交于 1 点温度时，从液相中开始结晶出奥氏体。随着温度的下降，奥氏体量不断地增加，其成分沿固相线 *AE* 变化；而液相逐渐减少，其成分沿液相线 *AC* 变化。到 2 点温度时，液相全部转变为奥氏体。从 2 点到 3 点温度范围内，合金的组织不变，直到冷却到 3 点（727℃）时，发生共析转变，即 $A_S \rightarrow F_P + Fe_3C$，形成珠光体。当温度继续下降时，铁素体的成分沿溶解度曲线 *PQ* 变化，析出三次渗碳体（Fe_3C_{III}）。三次渗碳体常与共析渗碳体连在一起，不易分辨，而且数量极少，故可忽略不计。

共析钢的室温组织为珠光体，它是由层状铁素体与渗碳体所组成的，其组织特征如图 2-39 所示。珠光体中铁素体与渗碳体的相对量可用杠杆定律求出，即

$$w_{F_P} = \frac{SK}{PK} = \frac{6.69 - 0.77}{6.69 - 0.0218} \times 100\% = 88.7\%$$

$$w_{Fe_3C} = \frac{PS}{PK} = \frac{0.77 - 0.0218}{6.69 - 0.0218} \times 100\% = 11.3\%$$

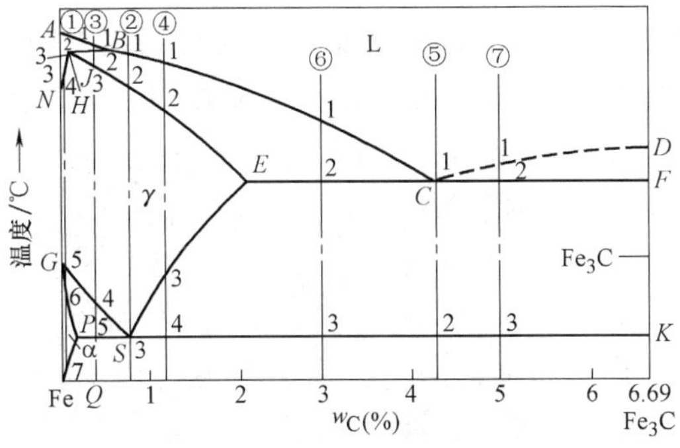

图 2-38　典型铁碳合金冷却时的组织转变示意图

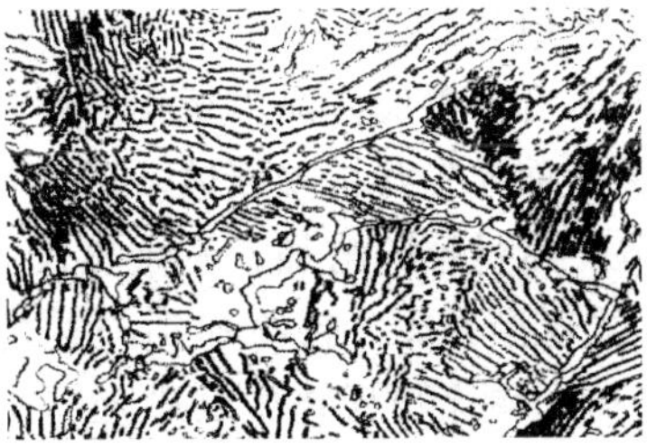

图 2-39　共析钢的显微组织

由于珠光体中渗碳体的数量少于铁素体，因此片状珠光体中渗碳体的层片比铁素体的层片薄。在低倍金相显微镜下观察时，由于渗碳体的边缘线无法分辨，结果只能看到白色基底的铁素体和呈黑色线条的渗碳体。当显微镜的放大倍数足够高，分辨能力又强时，就可以看到渗碳体是有黑色边缘围着的白色窄条。

2. 亚共析钢的结晶过程

图 2-38 中的合金③为碳的质量分数为 0.4% 的亚共析钢。亚共析钢在 1 到 2 点温度区间，合金按匀晶转变结晶出 δ 固溶体。当冷至 2 点时，液相和 δ 固溶体在 1495℃ 温度下发生包晶转变形成奥氏体。但由于钢中碳的质量分数为 0.4%，大于包晶点的碳的质量分数 0.17%，所以包晶转变终了后仍有液相存在。这些剩余液相在 2 到 3 点之间继续结晶，冷至 3 点时，合金全部转变成奥氏体。当合金冷却到与 *GS* 线相交于 4 点温度时，奥氏体开始转变成铁素体，称为先共析铁素体。随着温度的下降，铁素体量不断增加，其成分沿 *GP* 线改变，而奥氏体量就逐渐减少，其成分沿 *GS* 线改变。待冷却到与共析线 *PSK* 相交的 5 点温度时，铁素体碳的质量分数为 0.0218%，而剩余奥氏体碳的质量分数正好为共析成分（w_C = 0.77%）。此时，剩余的奥氏体发生共析转变形成珠光体。当温度继续下降时，铁素体中析出的三次渗碳体同样可以忽略不计，故亚共析钢的室温组织为铁素体 + 珠光体。

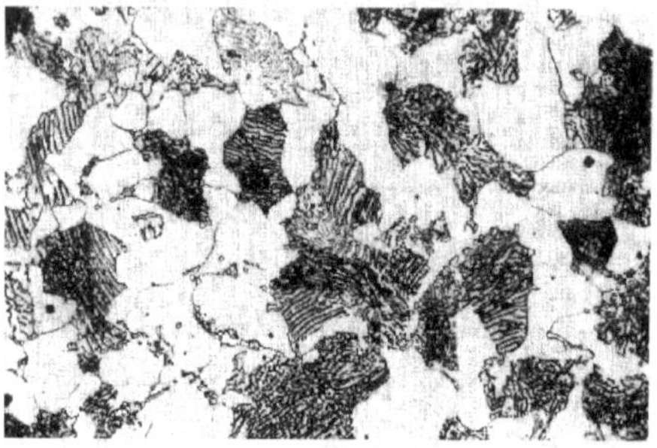
图 2-40 亚共析钢的显微组织

图 2-40 是亚共析钢的显微组织。图中黑色部分为珠光体，白色部分为铁素体。根据杠杆定律计算可得，凡碳的质量分数距共析成分越近的亚共析钢，组织中珠光体的数量就越多。

通常可以根据显微组织中珠光体所占的面积估算出亚共析钢中碳的质量分数，即

$$w_C = x_P \times 0.77\%$$

式中 w_C——钢的碳质量分数（%）。

x_P——珠光体所占的面积百分比（%）。

同理，根据亚共析钢中碳的质量分数，也可以估计出亚共析钢组织中珠光体所占的面积。显然，碳的质量分数越高，组织中珠光体所占面积便越大。

3. 过共析钢的结晶过程

图 2-38 中的合金④为碳的质量分数为 0.77% ~2.11% 的过共析钢。过共析钢在 1 到 3 点温度区间的结晶过程也与共析钢相同。待合金冷却到与 *ES* 线相交于 3 点温度时，奥氏体中的碳达到饱和，开始从奥氏体中析出二次渗碳体。二次渗碳体沿着奥氏体晶界析出，呈网状分布，这种二次渗碳体称为先共析渗碳体。随着温度的下降，二次渗碳体析出量不断增加，剩余奥氏体中的碳质量分数沿 *ES* 线逐渐减少。待冷却到与共析线 *PSK* 相交于 4 点温度时，剩余奥氏体中的碳质量分数正好为共析成分（w_C = 0.77%），因此，剩余奥氏体就发生共析

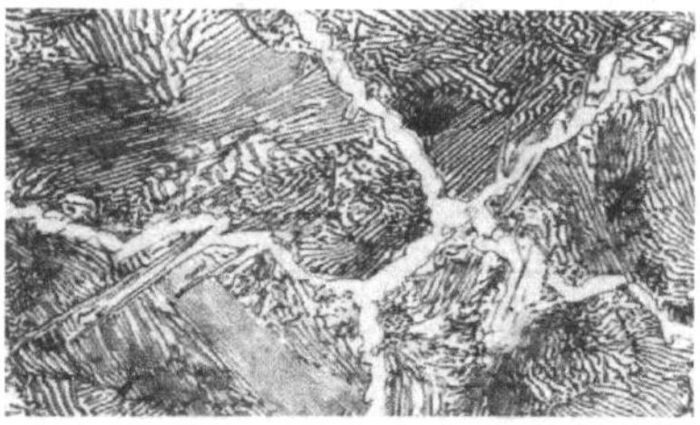
图 2-41 过共析钢的显微组织

转变形成珠光体。再继续降低温度，合金组织基本不变。所以过共析钢的显微组织为珠光体和网状二次渗碳体，如图 2-41 所示（图中白色为渗碳体，片状为珠光体）。

4. 共晶白口铸铁的结晶过程

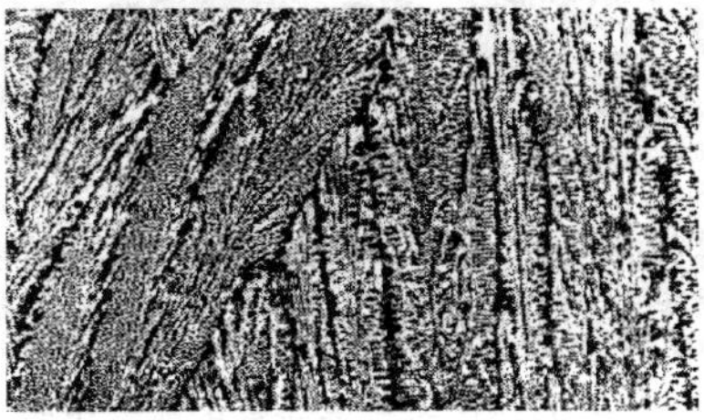

图 2-42 共晶铸铁的显微组织

图 2-38 中的合金⑤是碳质量分数为 4.3% 的共晶白口铸铁。共晶白口铸铁冷却到 1 点（共晶点）将发生共晶转变，形成高温莱氏体（Ld）。随着温度的下降，碳在奥氏体中的溶解度沿 *ES* 线降低，并不断从奥氏体中析出二次渗碳体。当温度下降到与共析线 *PSK* 相交于 2 点的温度时，奥氏体中碳质量分数正好是 0.77%，奥氏体发生共析转变，形成珠光体。因此，共晶白口铸铁的显微组织是由珠光体、二次渗碳体和共晶渗碳体（$P + Fe_3C_{II} + Fe_3C$）组成的，这种组织称为低温莱氏体 L′d。其中二次渗碳体与共晶渗碳体连在一起，难以分辨。图 2-42 为共晶白口铸铁的显微组织。图中黑色部分为珠光体，白色基体为渗碳体。

5. 亚共晶白口铸铁的结晶过程

图 2-38 中的合金⑥是碳质量分数为 2.11% ~4.3% 的亚共晶白口铸铁。当亚共晶白口铸铁冷却到 1 点温度时，开始从液相中结晶出奥氏体。随着温度的下降，奥氏体量不断增加，其成分沿固相线 *AE* 变化，而剩余液相量逐渐减少，其成分沿液相线 *AC* 变化。

当冷却到与共晶线 *ECF* 相交于 2 点温度时，已结晶的奥氏体中碳质量分数为 2.11%，液相的碳质量分数正好为共晶成分（$w_C = 4.3\%$），此时剩余的液相就发生共晶转变形成莱氏体。在 2 到 3 点之间冷却时，与共晶白口铸铁相同，奥氏体中不断析出二次渗碳体。到 3 点温度，奥氏体的碳质量分数正好是 0.77%，故发生共析转变形成珠光体。所以亚共晶白口铸铁的室温组织为珠光体、二次渗碳体和低温莱氏体。

6. 过共晶白口铸铁的结晶过程

图 2-38 中的合金⑦是碳质量分数为 4.3% ~6.69% 的过共晶白口铸铁。当过共晶白口铸铁冷却到 1 点温度时，液相中开始结晶出一次渗碳体。随着温度的下降，结晶出的渗碳体量不断增加，剩余的液相量逐渐减少，其成分沿液相线 *DC* 变化。当冷却到与共晶线 *ECF* 相交于 2 点的温度时，液相的碳质量分数正好为共晶成分，此时剩余的液相就发生共晶转变形成莱氏体。

在 2 到 3 点间冷却时，奥氏体中同样要析出二次渗碳体，并在到达 3 点的温度时，奥氏体发生共析转变形成珠光体。故过共晶白口铸铁的显微组织为一次渗碳体和低温莱氏体，如图 2-43 所示。图中亮白色板条状的为一次渗碳体，基体为低温莱氏体。

四、碳质量分数与铁碳合金的组织、性能之间的关系

1. 碳质量分数与平衡组织之间的关系

从以上分析的结果可以看出，不同碳质量分数的铁碳合金其室温组织是不同的。运用杠杆定律进行计算，可以求得在平衡条件下，碳质量分数与铁碳合金的组织组成及相组成物之间的定量关系，其关系可归纳总结于图 2-44 中。

应当指出，提高铁碳合金中的碳质量分数不仅会增加组织中渗碳体的相对量，而且渗碳体的形态和分布情况也有所变化。因此，铁碳合金中的碳质量分数对铁碳合金的性能影响很大。

图 2-43　过共晶铸铁的显微组织

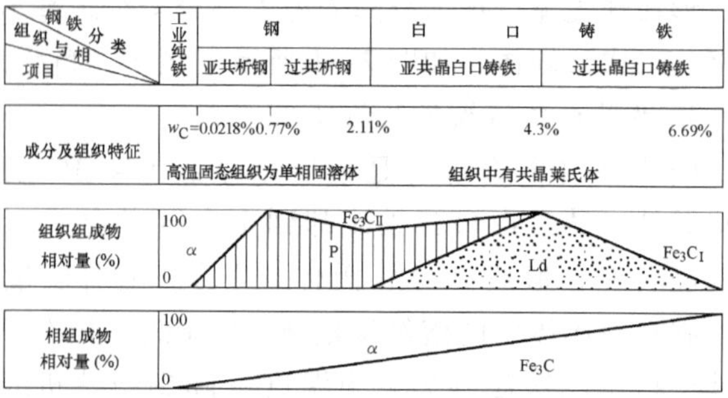

图 2-44　铁碳合金的成分与组织的关系

2. 碳质量分数与力学性能之间的关系

图 2-45 为碳质量分数对碳钢的力学性能的影响。由图可见，当钢的碳质量分数小于 0.9% 时，随着钢中碳质量分数的增加，钢的强度、硬度直线上升，而塑性、韧性不断降低；当钢中碳质量分数大于 0.9% 时，因网状渗碳体的存在，不仅使钢的塑性、韧性进一步降低，而且强度也明显下降。为了保证工业上使用的钢具有足够的强度，并具有一定的塑性和韧性，钢中的碳质量分数一般都不超过 1.3% ~1.4%。

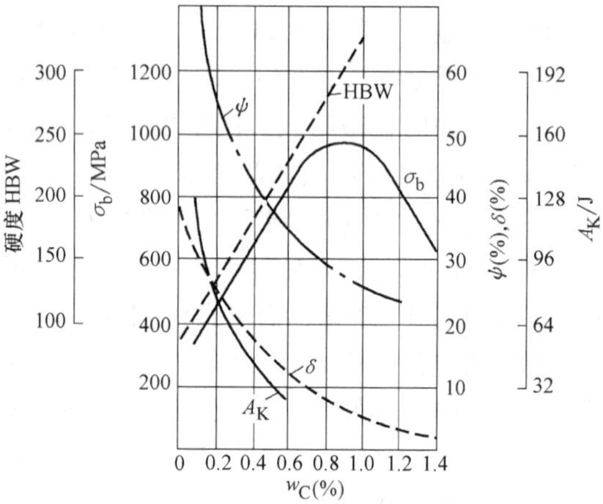

图 2-45　碳质量分数对钢力学性能的影响

由于碳质量分数大于 2.11% 的白口铸铁中存在较多的渗碳体，在性能上显得特别硬而脆，难以切削加工，因此在机械制造业中很少应用。

五、铁-渗碳体相图的应用

1. 在选材方面的应用

$Fe-Fe_3C$ 相图反映了铁碳合金的组织、性能随成分变化的规律，因此在选择材料时 $Fe-Fe_3C$ 相图就成为很重要的工具。例如，一般机械零件和建筑结构主要选用低碳钢和中碳钢制造，如果需要塑性、韧性好的材料，就应选用碳质量分数小于 0.25% 的低碳钢；若需要强度、塑性及韧性都好的材料，应选用碳的质量分数为 0.3% ~0.55% 的中碳钢；而一般弹簧应选用碳的质量分数为 0.6% ~0.85% 的钢。对于各种工具，主要选用高碳钢来制造，其中需要具有足够硬度和一定韧性的冲压工具，可选用碳质量分数为 0.7% ~0.9% 的钢制造；需要具有很高硬度和耐磨性的切削工具和测量工具，一般可选用碳质量分数为 1.0% ~1.3% 的钢制造。

白口铸铁中都存在莱氏体组织，具有很高的硬度和脆性，既难以切削加工，也不能锻造，因此白口铸铁的应用受到一定的限制。但白口铸铁具有很高的抗磨损能力，可用于制作需要耐磨而不受冲击载荷的工件，如拔丝模、球磨机的铁球等。此外，白口铸铁还用作生产可锻铸铁的毛坯。

2. 在制订热加工工艺方面的应用

$Fe-Fe_3C$ 相图除可作为选材的重要工具外，还可作为制订铸、锻、焊、热处理等热加工工艺的依据。

（1）铸造方面的应用　从 $Fe-Fe_3C$ 相图中的液相线 *ABC* 可以看出，随着合金中碳质量分数的增加，合金的熔点越来越低，所以铸钢的熔化温度与浇注温度都要比铸铁高得多。其次，由相图可见，共晶成分的铁碳合金，不仅其结晶温度最低，其结晶温度范围也最小（为零）。因此，共晶合金有良好的铸造性能，在铸造生产中获得广泛应用。

（2）锻造方面的应用　由 $Fe-Fe_3C$ 相图可知，钢在高温时为奥氏体组织，而奥氏体的强度低，塑性好，有利于塑性变形。因此，钢材的轧制或锻压，一般都选择在奥氏体区的适当温度范围内进行。

（3）焊接方面的应用　焊接时，焊缝与母材之间各个区域的加热温度是不同的。由 $Fe-Fe_3C$ 相图可知，在不同的加热温度下能获得不同的组织，并在随后的冷却过程中也可能出现不同的组织与性能，这就需要在焊接后采用不同的热处理方法加以调整和改善焊缝组织。

必须指出，在生产实践中使用 $Fe-Fe_3C$ 相图时还应注意以下两点：

1）通常使用的铁碳合金中，除含铁、碳两元素外，尚有其他多种合金元素或少量的杂质元素，这些元素对相图都有影响，应予以考虑。

2）$Fe-Fe_3C$ 相图虽然表示了铁碳合金在不同温度下的组织状态，但这种组织都是从高温以极其缓慢的冷却速度得到的，是一种平衡的组织。而实际生产中的冷却速度不可能如此缓慢。当冷却速度较快时，合金的临界点及其冷却后的组织都将可能与 $Fe-Fe_3C$ 相图中不同。

思 考 题

1. 计算体心立方晶格、面心立方晶格的致密度和原子半径。
2. 画出立方晶系中的（110）晶面和［110］晶向以及（101）晶面和［101］晶向，并说明它们之间存在的关系。
3. 纯金属结晶过程有何特点？
4. 什么是共晶转变？以铁碳合金为例说明共晶转变与共析转变有何区别。
5. 实际金属的晶体结构有哪些缺陷？举例说明位错对金属性能的影响。
6. 简述亚共析钢的结晶过程，说明冷却后的最终室温组织。
7. 简述固溶体、金属化合物的特点。
8. 根据下表，比较填写铁素体、珠光体、奥氏体、渗碳体、莱氏体的特点。

名称	晶格结构	表示方法	碳质量分数（%）	显微组织	力学性能	其他
铁素体						
奥氏体						
珠光体						
渗碳体						
莱氏体						

第三章　钢的热处理

热处理是将金属或合金在固态下经过加热、保温和冷却等三个步骤，以改变钢的内部组织结构，从而改善钢的性能的一种热加工工艺。机械零件通过适当的热处理可以调整材料的工艺性能和使用性能，充分发挥材料性能的潜力，以满足机械零件在加工和使用过程中对性能的要求。

热处理工艺也可以用于消除铸、锻、焊等工件在热加工过程中造成的各种缺陷，细化晶粒，消除偏析，降低内应力和硬度，改善机械加工性能。由此可见，热处理工艺在机械零件加工制造过程中占有重要的地位和作用。

随着现代工业技术的发展，对机械零件表面的性能要求越来越高，传统的热处理技术已满足不了要求。为了提高机械零部件运行的可靠性，延长其使用寿命，提高产品的市场竞争力，利用一些表面工程技术对这些机械零部件进行表面改性处理已是提高材料性能的重要措施之一。

钢经过热处理后性能之所以发生变化是由于钢经过不同的加热和冷却过程后，钢的内部组织结构发生了变化。因此，若要制订正确的热处理工艺规范，保证热处理质量，就必须了解钢在不同加热和冷却条件下的组织转变规律。

第一节　钢在加热时的组织转变

钢在热处理时，首先要将工件加热，使之转变成奥氏体组织，这一过程也称为奥氏体化。加热时奥氏体化的程度及晶粒大小，对其冷却转变过程及最终的组织和性能都有极大的影响。因此了解奥氏体形成的规律，是掌握热处理工艺的基础。

一、钢的临界温度

根据铁碳合金相图，共析钢加热到 A_1 线以上，亚共析钢和过共析钢加热到 A_3 线和 A_{cm} 线以上时才能完全转变为奥氏体。在实际的热处理过程中，按照热处理工艺的要求，加热或冷却都是按一定的速度进行的，因此相变是在非平衡条件下进行的，必然要产生滞后现象，即有一定的过热度或过冷度。在加热时，钢发生奥氏体转变的实际温度比相图中的 A_1、A_3、A_{cm}点高，分别用 Ac_1、Ac_3、Ac_{cm} 表示。同样，在冷却时，奥氏体分解的实际温度要比 A_1、A_3、A_{cm}点低，分别用 Ar_1、Ar_3、Ar_{cm} 表示，如图 3-1 所示。一般热处理手册中的数值都是以 30～50℃/h 的加热（或冷却）速度所测得的结果，供参考使用。

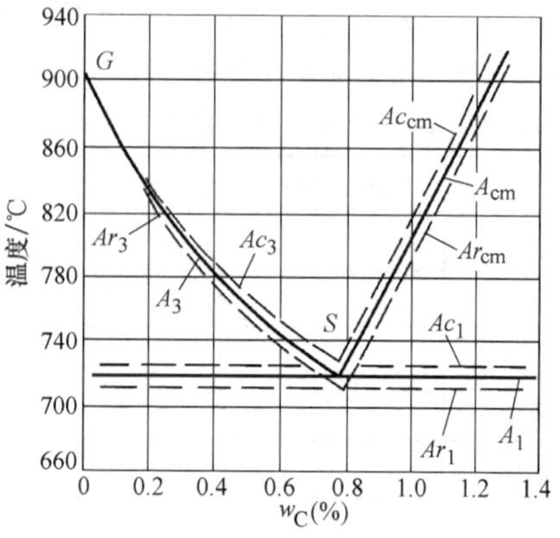

图 3-1　钢在加热或冷却时临界点在相图中的变化

二、奥氏体的形成

1. 奥氏体形成的基本过程

钢在加热时，奥氏体的形成过程符合相变的普遍规律，也是通过形核及核心长大来完成的。以共析钢为例，原始组织为珠光体，当加热到 Ac_1 温度以上时，发生珠光体向奥氏体的转变，即

$$F + Fe_3C \longrightarrow A$$

这一转变是由化学成分、晶格类型都不相同的两个相转变成为另一个成分和晶格类型的新相，在转变过程中要发生晶格改组和碳原子的重新分布，这一变化均需要通过原子的扩散来完成，所以奥氏体的形成属于扩散型转变。奥氏体的形成一般分为四个阶段，如图 3-2 所示。

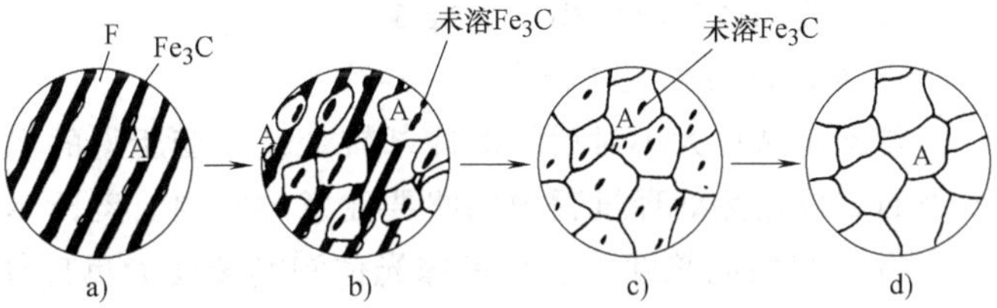

图 3-2 共析钢奥氏体形成过程示意图

a) A 形核 b) A 长大 c) 残留渗碳体溶解 d) A 均匀化

(1) 奥氏体晶核的形成 奥氏体晶核一般优先在铁素体与渗碳体的交界处形成。这是因为在交界处，原子排列紊乱，能量较高，能满足晶核形成的结构、能量和浓度条件。

(2) 奥氏体晶核的长大 奥氏体晶核形成后，它一面与铁素体相接，另一面和渗碳体相接，并在浓度上建立起平衡关系。由于和渗碳体相接的界面碳浓度高，而和铁素体相接的界面碳浓度低，这就使得奥氏体晶粒内部存在着碳的浓度梯度，从而引起碳不断从渗碳体界面通过奥氏体晶粒向低碳浓度的铁素体界面扩散。为了维持原来相界面碳浓度的平衡关系，奥氏体晶粒不断向铁素体和渗碳体两边长大，直至铁素体全部转变为奥氏体为止。

(3) 残留渗碳体的溶解 在奥氏体形成过程中，奥氏体向铁素体方向成长的速度远大于渗碳体的溶解速度，因此在奥氏体形成之后，还残留一定量的未溶渗碳体。这部分渗碳体只能在随后的保温过程中，逐渐溶入奥氏体中，直至完全消失。

(4) 奥氏体成分的均匀化 渗碳体完全溶解后，奥氏体中碳浓度的分布并不均匀，原来属于渗碳体的地方含碳较多，而属于铁素体的地方含碳较少。必须继续保温，通过碳的扩散，才能使奥氏体成分均匀化。

亚共析钢和过共析钢中的奥氏体形成过程与共析钢基本相同，当温度加热到 Ac_1 线以上时，首先发生珠光体向奥氏体的转变。对于亚共析钢，在 $Ac_1 \sim Ac_3$ 的升温过程中，先共析铁素体逐步向奥氏体转变，当温度升高到 Ac_3 以上时，才能得到单一的奥氏体组织。对于过共析钢，在 $Ac_1 \sim Ac_{cm}$ 的升温过程中，先共析相二次渗碳体逐步溶入奥氏体中，只有温度升高到 Ac_{cm} 以上时，才能得到单一的奥氏体组织。

2. 影响奥氏体形成的因素

钢的奥氏体形成主要是通过形核和长大实现的，凡是影响形核和长大的因素都影响奥氏体的形成速度。

(1) 加热温度 随着加热温度的提高，相变驱动力增大，原子扩散能力加大，碳原子在奥氏体中的扩散速度加快，提高了形核率和长大速度，加快了奥氏体转变速度。

(2) 加热速度 在实际热处理中，加热速度越快，产生的过热度就越大，转变的温度

范围也越宽，完成的时间也越短。

（3）钢中碳的质量分数　随着钢中碳质量分数的增加，铁素体和渗碳体的相界面增多，有利于加速奥氏体的形成。

（4）合金元素　钢中的合金元素不改变奥氏体形成的基本过程，但显著影响奥氏体形成速度。因为合金元素可以改变钢的临界点，并影响碳的扩散速度，它自身也在扩散和重新分布，因此合金钢的奥氏体形成速度一般比碳钢慢。所以在热处理时，合金钢的加热保温时间要长。

三、奥氏体晶粒大小及其控制

1. 奥氏体晶粒度的概念

奥氏体晶粒大小对后续的冷却转变及转变所得的组织与性能有着重要的影响，因此获得细小的晶粒是热处理过程中始终要注意的问题。奥氏体有三种不同概念的晶粒度。

（1）起始晶粒度　它是指珠光体刚刚转变为奥氏体的晶粒大小。起始晶粒度非常细小，在继续加热或保温过程中还要继续长大。

（2）本质晶粒度　冶金行业标准（YB/T 5148—1993）中规定，将钢试样加热到（930 ± 10)℃、保温 3 ~ 8h，冷却后制成金相试样。在显微镜下放大 100 倍观察，然后再和标准晶粒度等级图（图 3-3）比较，确定该试样的晶粒度，这个晶粒度即为该钢的本质晶粒度。晶粒度在 1 ~ 4 级范围内的钢称为本质粗晶粒钢，在 5 ~ 8 级范围内的钢称为本质细晶粒钢。

本质晶粒度代表着钢的晶粒长大倾向，它取决于钢的成分及冶炼方法。用铝脱氧的钢以及含钛、钒、锆等元素的合金钢都是本质细晶粒钢。用硅、锰脱氧的钢为本质粗晶粒钢。本质细晶粒钢在加热温度超过一定限度后，晶粒也会长大粗化。图 3-4 所示为本质细晶粒钢和本质粗晶粒钢加热时的晶粒长大倾向。

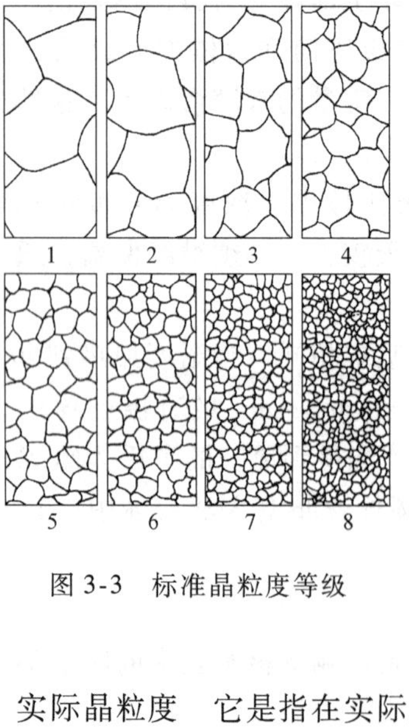

图 3-3　标准晶粒度等级

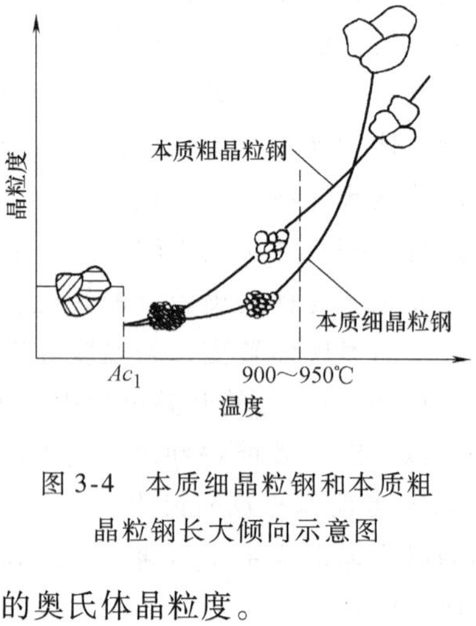

图 3-4　本质细晶粒钢和本质粗晶粒钢长大倾向示意图

（3）实际晶粒度　它是指在实际加热条件下得到的奥氏体晶粒度。

2. 影响奥氏体晶粒大小的因素

奥氏体晶粒越细，其冷却产物的强度、塑性和韧性越好。影响奥氏体晶粒大小的主要因素有：

（1）加热温度和保温时间　加热温度是影响奥氏体晶粒长大最主要的因素。随着加热温度的升高，奥氏体聚集长大。温度越高，奥氏体晶粒长大越剧烈。在一定温度下，保温时间越长，奥氏体晶粒就越粗大。

（2）钢的化学成分　增加奥氏体中的碳含量将增大奥氏体的晶粒长大倾向。当钢中含有形成稳定碳化物、氮化物的合金元素（如铬、钒、钛、钨、钼等）时，这些碳化物和氮化物弥散分布于奥氏体晶界上，将阻碍奥氏体晶粒长大。而磷、锰则有加速奥氏体晶粒长大的倾向。

第二节　钢在冷却时的组织转变

冷却条件也是热处理的关键工序，它决定钢在冷却后的组织和性能。表 3-1 列出了 40Cr 钢经 850℃加热到奥氏体后，不同冷却条件对其性能的影响。

表 3-1　40Cr 钢在不同冷却条件下的力学性能

冷却方式	σ_b/MPa	σ_s/MPa	δ(%)	ψ(%)	a_K/(J/cm^2)
炉冷	574	289	22	58.4	61
空冷	678	387	19.3	57.3	80
油冷并经 200℃回火	1850	1590	8.3	33.7	55

由 Fe-Fe$_3$C 相图可知，当温度处于临界点 A_1 以下时，奥氏体就变得不稳定，要发生分解和转变。但在实际冷却过程中，处在临界点以下的奥氏体并不立即发生转变，这种在临界点以下存在的奥氏体，称为过冷奥氏体。过冷奥氏体可以在等温条件下转变，也可以在连续冷却条件下进行转变。现以共析钢为例讨论过冷奥氏体的等温转变。

一、过冷奥氏体的等温转变

等温冷却转变就是把奥氏体迅速冷却到 Ar_1 以下某一温度保温，待其转变完成后再冷到室温的一种冷却方式。这是研究过冷奥氏体转变的基本方法。图 3-5 为共析钢过冷奥氏体等温转变曲线，也称为“TTT”曲线，根据曲线的形状一般也称为 C 曲线。它表明了过冷奥氏体转变温度、转变时间和转变产物之间的关系。

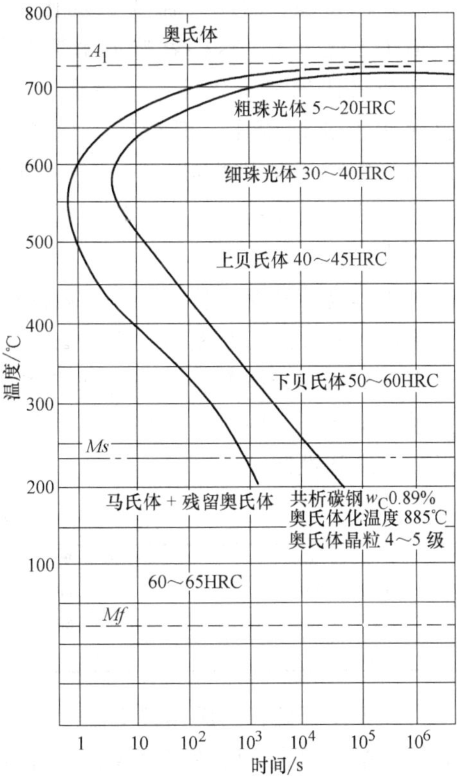

图 3-5　共析钢的过冷奥氏体等温转变曲线

在等温转变曲线的下面还有两条水平线，上面一条为马氏体开始转变的温度线，以 *Ms* 表示；下面一条为马氏体终止转变的温度线，以 *Mf* 表示。

由共析钢的等温转变曲线可以看出，在 A_1 以上是奥氏体的稳定区。在 A_1 以下，奥氏体不稳定，要发生转变，但过冷奥氏体要有一段稳定存在的时间，这段时间称为过冷奥氏体的孕育期。孕育期的长短不一，在曲线的鼻尖处（550℃时）孕育期最短，过冷奥氏体稳定性最小。鼻尖以上部分，随着过冷度的增大，孕育期变短，转变速度加快。鼻尖以下部分，随着过冷度的增大，孕育期增长，转变速度就变慢。过冷奥氏体转变速度随温度变化的规律是由两种因素造成的：一个是转变的驱动力（即奥氏体与转变产物的自由能差 ΔF），它随温度的降低而增大，从而加快转变速度；另一个是原子的扩散能力（扩散系数 D），温度越低原子的扩散能力就越弱，使转变速度变慢。因此，在鼻尖点以上的温度，原子扩散能力较大，但转变驱动力（ΔF）较小；而在550℃以下的温度，虽然转变驱动力足够大，但原子的扩散能力下降，此时的转变速度主要受原子扩散速度的制约，使转变速度变慢。所以在550℃时的转变条件最佳，转变速度最快。

二、过冷奥氏体等温转变产物的组织和性能

根据过冷奥氏体在不同温度下转变产物的不同，可分为三种不同类型的转变：珠光体转变、贝氏体转变和马氏体转变。

1. 珠光体转变——高温转变（A_1 ~550℃）

奥氏体向珠光体的转变是一种扩散型转变，它们也是以形核和核心长大，并通过原子扩散和晶格重构的过程来完成的，如图3-6所示。首先，新相的晶核优先在奥氏体的晶界处形成，一般认为形成珠光体的领先相是渗碳体。由于渗碳体中碳的质量分数（w_C = 6.69%）比奥氏体（w_C = 0.77%）高得多，因此它需要从周围的奥氏体中吸收碳原子才能长大，这样就造成附近的奥氏体贫碳，为形成铁素体创造了条件，于是在渗碳体两侧通过晶格改组形成铁素体。而在铁素体长大的过程中，不断向周围奥氏体排出碳，形成局部富碳区，又促进了另一片渗碳体的形成。这样不断交替地形核长大直到各个珠光体区相互接触，奥氏体全部消失为止。

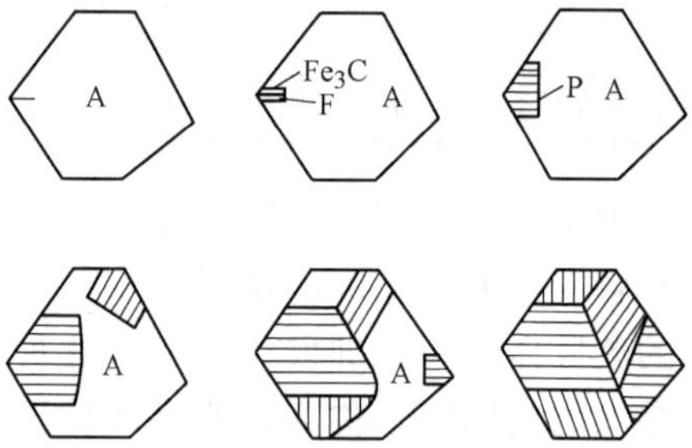

图3-6 珠光体形成示意图

奥氏体高温转变产物都是片层相间的珠光体，但由于转变温度不同，原子扩散能力及驱动力不同，其片层间距差别很大，一般转变温度越低，层间距越小。

习惯上把珠光体型组织分为珠光体（P）、索氏体（S）和托氏体（T），但它们从组织上并没有本质的区别，也没有严格的界限，只是在形态上其片层间距不同。表3-2为其大致的形成温度和性能。

表3-2 珠光体型组织的形成温度和性能

组织类型	形成温度/℃	片层间距/μm	硬度HRC
珠光体(P)	A_1 ~650	>0.4	15~27
索氏体(S)	650~600	0.4~0.2	27~38
托氏体(T)	600~550	<0.2	38~43

由表3-2可见，奥氏体转变温度较高，即过冷度较小时，铁、碳原子容易扩散，获得的珠光体片层较粗大。转变温度越低，过冷度越大，获得的珠光体组织就越细。珠光体的力学性能也随着片间距变小而提高。

2. 贝氏体转变——中温转变（550℃ ~ Ms）

过冷奥氏体在 550℃ ~ Ms 的中温区等温转变的产物称为贝氏体，用符号 B 表示。

在中温转变区，由于转变温度低，过冷度大，只有碳原子有一定的扩散能力，这种转变属于半扩散型转变。在这个温度下，有一部分碳原子在铁素体中已不能析出，形成过饱和的铁素体。由于碳化物的形成时间增长，渗碳体也已不能呈片状析出。因此，转变前的孕育期和进行转变的时间都随着温度的降低而延长。

贝氏体是渗碳体分布在过饱和碳的铁素体基体上的两相混合物。根据转变温度和转变产物组织形态的差异，贝氏体又分为上贝氏体和下贝氏体。在 550 ~ 350℃范围内形成的贝氏体称为上贝氏体（$B_{上}$）；在 350℃ ~ Ms 范围内形成的贝氏体称为下贝氏体（$B_{下}$）。

上贝氏体的形成过程如图 3-7a 所示。首先在奥氏体晶界上形成铁素体晶核，然后向晶内沿一定方向成排长大。在上贝氏体温度区内，碳原子有一定的扩散能力，铁素体片长大时，它能从铁素体中扩散出去，使周围的奥氏体富碳。当铁素体片间奥氏体的碳达到一定浓度时，便从中析出小条状或小片状渗碳体，断续地分布在铁素体片之间，形成羽毛状的上贝氏体，如图 3-8 所示。

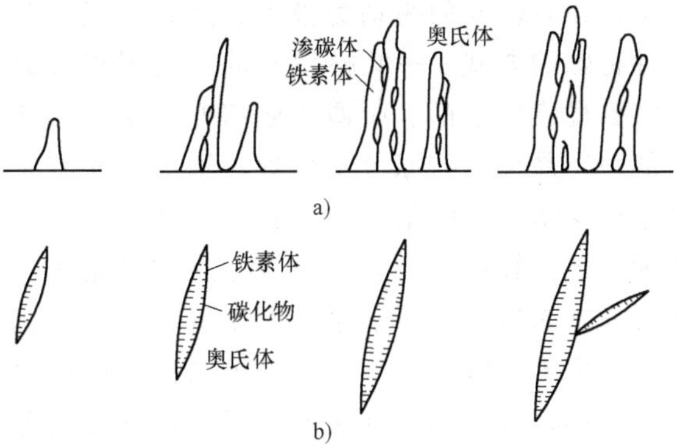

图 3-7　贝氏体形成机理示意图
a）上贝氏体　b）下贝氏体

由于上贝氏体中的铁素体条比较宽，抗塑性变形能力比较低，渗碳体分布在铁素体条之间容易引起脆断。因此，上贝氏体的强度较低，塑性和韧性都很差，这种组织一般不适用于机械零件。

下贝氏体的形成过程如图 3-7b 所示。铁素体晶核首先在奥氏体晶界或晶内某些畸变较大的地方生成，然后沿奥氏体的一定方向呈针状长大。由于下贝氏体转变温度较低，碳原子扩散能力较小，已不能长距离穿过铁素体扩散，只能在铁素体中沿一定晶面以细碳化物粒子的形式析出。在光学显微镜下，下贝氏体为黑色针状组织，很像回火马氏体，如图 3-9 所示。在电子显微镜下观察发现，铁素体内极细的碳化物粒子与铁素体轴呈 55° ~ 60°夹角。

图 3-8　上贝氏体

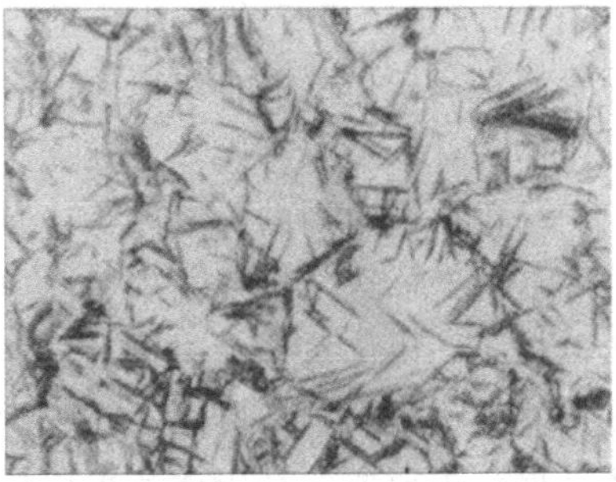

图 3-9　下贝氏体

由于下贝氏体组织中的针状铁素体细小且无方向性，碳的过饱和度大，碳化物分布均匀，弥散度大，所以它的强度和硬度高（50 ~ 60HRC），并且具有良好的塑性和韧性。因而许多机械零件经常选用等温淬火热处理工艺，以得到综合力学性能较好的下贝氏体组织。

3. 马氏体转变——低温转变（$Ms \sim Mf$）

过冷奥氏体以大于临界冷却速度 v_k 冷却到 Ms 点以下（230℃）时，将转变为马氏体（M）。与珠光体和贝氏体转变不同，马氏体转变不能在恒温下完成，而是在 $Ms \sim Mf$ 之间的一个温度范围内连续冷却完成。由于转变温度很低，铁和碳原子都失去了扩散能力，因此马氏体转变属于非扩散型转变。马氏体是碳在 α-Fe 中的过饱和固溶体。

（1）马氏体的形成　马氏体的形成也存在一个形核和长大的过程。马氏体晶核一般在奥氏体晶界、孪晶界、滑移面或晶内晶格畸变较大的地方形成。因为转变温度低，铁、碳原子不能扩散，而转变的驱动力极大，所以马氏体是以一种特殊的方式——共格切变的方式形成并瞬时长大到最终尺寸的。所谓共格切变是指沿着奥氏体的一定晶面，铁原子集体地、不改变相互位置关系地移动一定的距离（不超过一个原子间距），并随即进行轻微的调整，由面心立方晶格改组成体心立方晶格，碳原子原地不动留在新组成的晶胞中。由于溶解度的不同，钢中马氏体的碳总是过饱和的，这些碳原子溶于 α-Fe 晶格的间隙位置，使 c 轴伸长，形成体心正方晶格，如图 3-10 所示。马氏体中碳的质量分数越高，其正方度 c/a 越大。

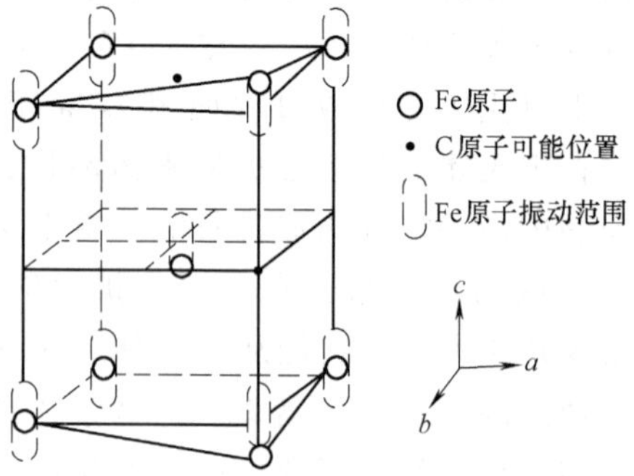

图 3-10　马氏体晶格示意图

在马氏体形核与长大过程中，马氏体和奥氏体的界面始终保持共格关系。即界面上的原子为两相共有，其排列方式既属于马氏体晶格也属于奥氏体晶格，同时依靠奥氏体晶格中产生弹性应变来维持这种关系。当马氏体片长大时，这种弹性变形就急剧增加，一旦与其相应的应力超过奥氏体的弹性极限，就会发生塑性变形，从而破坏其共格关系，使马氏体长大到一定尺寸就立即停止。

（2）马氏体的组织形态　马氏体的组织形态与钢的成分、原始奥氏体晶粒的大小以及形成条件有关。其形态主要分为两大类，即板条马氏体和片状马氏体。影响马氏体形态的主要因素是奥氏体中碳的质量分数。碳的质量分数低于 0.25% 时为典型的板条马氏体；碳的质量分数大于 1.0% 时，几乎全是片状马氏体；碳的质量分数在 0.25% ~1.0% 之间时，是板条状和片状两种马氏体的混合组织。

板条马氏体又称为低碳马氏体，在光学显微镜下它是一束束大致相同并几乎平行排列的细板条组织。马氏体束之间的角度较大，如图 3-11 所示。在一个奥氏体晶粒内，可以形成不同位向的许多马氏体区。通过高倍透射电镜观察表明，在板条马氏体内有大量位错缠结的亚结构，所以板条马氏体也称为位错马氏体。

片状马氏体又称为高碳马氏体，在光学显微镜下呈针状或双凸透镜状。马氏体片一般不穿越奥氏体晶界，先形成的马氏体片可以横贯整个奥氏体晶粒，尺寸较大，随后形成的马氏体片受到限制而越来越小。相邻的马氏体片一般互不平行，而是呈一定角度排列，如图3-12所示。通过高倍透射电镜观察表明，马氏体片内有大量细小的孪晶亚结构，所以片状马氏体也称为孪晶马氏体。

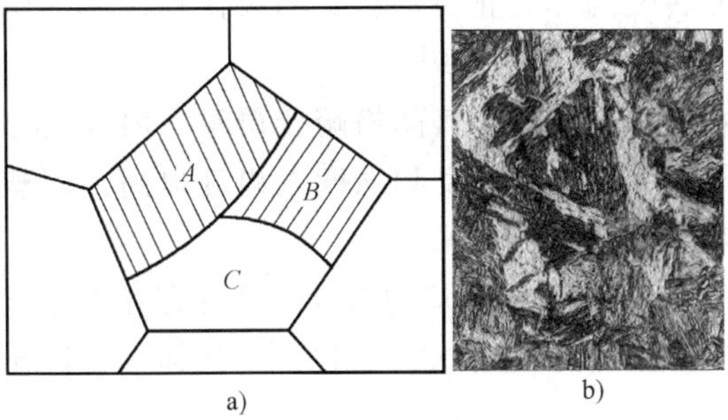

图 3-11 低碳马氏体的组织形态

a）板条马氏体示意图 b）低碳马氏体 500 ×

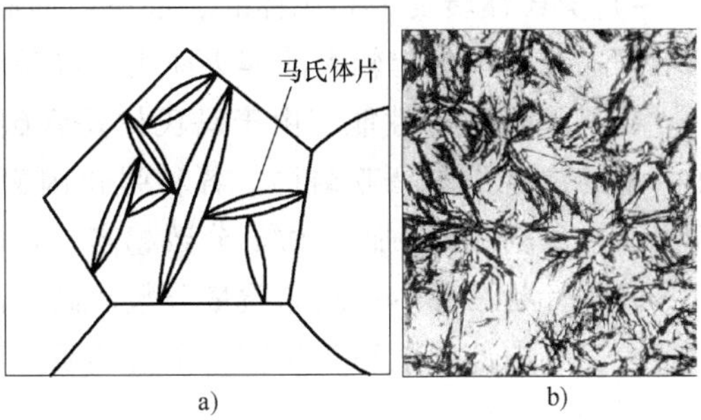

图 3-12 高碳马氏体的组织形态

a）针状马氏体示意图 b）高碳马氏体 400 ×

奥氏体晶粒越粗，形成的马氏体片越粗大，反之形成的马氏体片就越细小。在实际热处理加热时得到的奥氏体晶粒非常细小，淬火得到的马氏体片也非常细，以至于在光学显微镜下看不出马氏体晶体形态，这种马氏体也称为隐晶马氏体。

（3）马氏体转变的特点

1）马氏体转变为非扩散型相变，是碳在 α-Fe 中的过饱和固溶体。过饱和的碳在铁中造成很大的晶格畸变，产生很强的固溶强化效应，使马氏体具有很高的硬度。马氏体中含碳越多，其硬度越高。

2）马氏体以极快的速度（小于 10^{-7}s）形成。过冷奥氏体在 *Ms* 点以下瞬间形核并长大成马氏体。转变是在 *Ms* ~ *Mf* 温度范围内连续降温的过程中进行的，即随着温度的降低不断有新的马氏体形核并瞬间长大。停止降温，马氏体的增长也停止。由于马氏体的形成速度很快，后形成的马氏体会冲击先形成的马氏体，造成微裂纹，使马氏体变脆，在高碳钢中这种现象尤为严重。

3）马氏体转变是不完全的，总要残留少量的奥氏体。马氏体点（*Ms* 和 *Mf*）的位置决定于奥氏体的成分。由图 3-13 可知，随着碳质量分数的增加，*Ms* 和 *Mf* 点降低。碳的质量分数高于 0.5% 时，*Mf* 点已降至室温以下，这时奥氏体即使冷至室温也不能完全转变为马氏体，被保留下来的奥氏体称为残留奥氏体（Ar）。残留奥氏体量随碳质量分数的增加而增加，如图 3-14 所示。有时为了减少淬火至室温后钢中保留的残留奥氏体量，可将其连续冷到 0℃以下（通常冷到 －78℃或该钢的 *Mf* 点以下）进行处理，这种工艺称为冷处理。

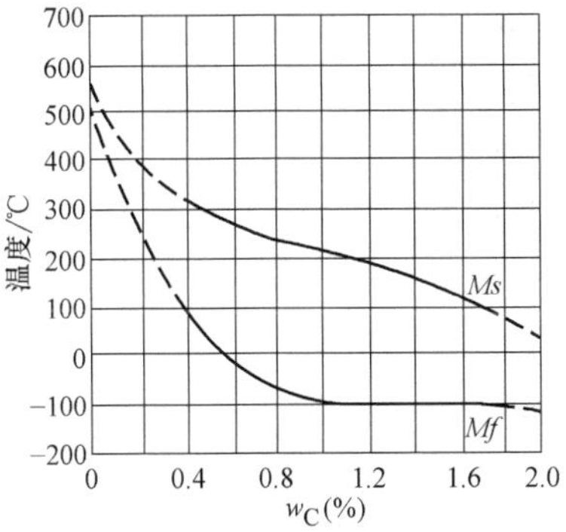

图 3-13 奥氏体中碳的质量分数对 *Ms* 和 *Mf* 点的影响

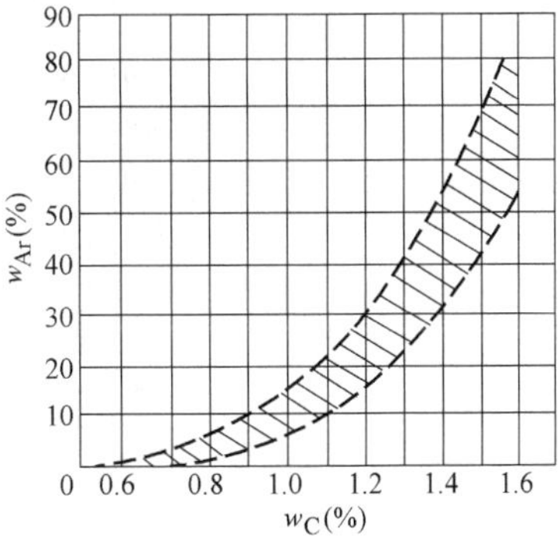

图 3-14 奥氏体中碳的质量分数对残留奥氏体量的影响

4）奥氏体转变为马氏体时，晶格由面心立方转变为体心正方晶格，结果使马氏体的体积增大，在钢中引起较大的淬火应力，导致淬火工件的变形和开裂。

（4）马氏体的性能　由于马氏体是含碳过饱和的固溶体，其晶格畸变严重，内部又存在大量的位错或孪晶亚结构。各种强化因素综合作用后，其硬度和强度大幅度提高，而塑性、韧性急剧下降，碳的质量分数越高，强化作用越显著。

高碳针状马氏体中碳的质量分数较高，晶格畸变严重，淬火应力较大，往往存在许多显微裂纹。其内部的微细孪晶破坏了滑移系，所以塑性和韧性都很差。但隐晶马氏体的韧性比前者要好。

低碳板条马氏体中碳的过饱和度小，淬火应力低，不存在显微裂纹。同时其亚结构为分布不均匀的位错，低密度的位错区为位错提供了活动余地，所以板条马氏体的硬度较高，强韧性也好，已得到了广泛的应用。

三、影响过冷奥氏体等温转变曲线的因素

过冷奥氏体等温转变曲线的形状和位置对奥氏体转变速度和转变产物的性能，以及热处理工艺具有十分重要的意义。影响过冷奥氏体等温转变曲线形状和位置的因素主要是奥氏体的成分和加热条件。

1．碳的质量分数

图3-15是亚共析钢、共析钢和过共析钢的过冷奥氏体等温转变曲线。与共析钢相比，

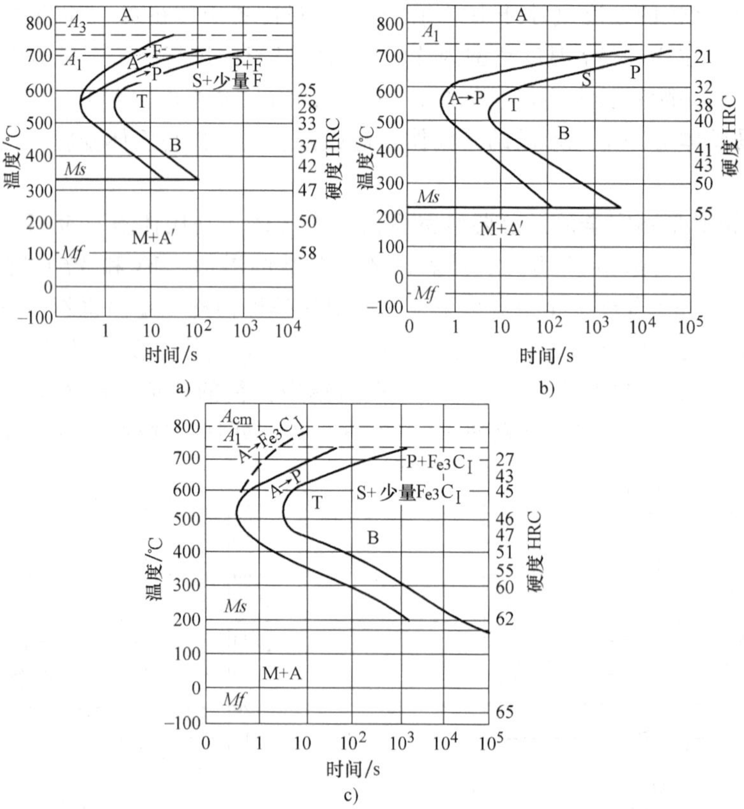

图3-15　碳的质量分数对过冷奥氏体等温转变曲线的影响

a）亚共析钢的等温转变图　b）共析钢的等温转变图　c）过共析钢的等温转变图

亚共析钢和过共析钢过冷奥氏体等温转变曲线的“鼻尖”上部区域分别多出一条先共析铁素体和渗碳体的析出线。它表示非共析钢在过冷奥氏体转变为珠光体前，有先共析相析出。

在一般热处理加热条件下，亚共析钢的过冷奥氏体等温转变曲线随着碳质量分数的增加而向右移，过共析钢的过冷奥氏体等温转变曲线随着碳质量分数的增加而向左移。所以在碳钢中，以共析钢过冷奥氏体最稳定，过冷奥氏体等温转变曲线最靠右边。

2. 合金元素

除了钴以外，所有的合金元素溶入奥氏体中都可增大过冷奥氏体的稳定性，使过冷奥氏体等温转变曲线右移。其中非碳化物形成元素或弱碳化物形成元素（如硅、镍、铜、锰等）只改变过冷奥氏体等温转变曲线的位置，不改变其形状。而碳化物形成元素（如铬、钼、钨、钒等）不仅使过冷奥氏体等温转变曲线的位置发生变化，还会改变其形状。图 3-16 为合金元素 Cr 对过冷奥氏体等温转变曲线的影响。

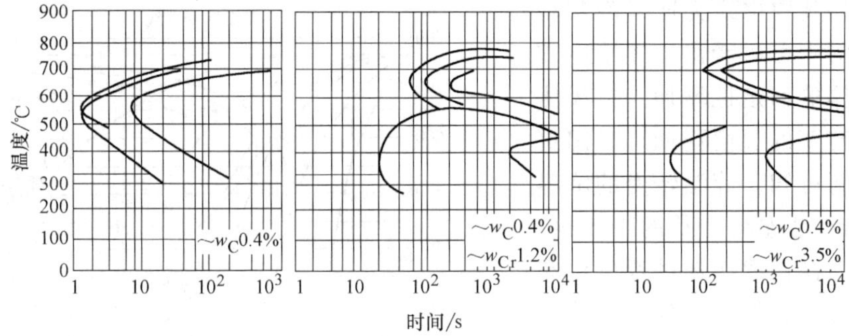

图 3-16　合金元素 Cr 对过冷奥氏体等温转变曲线的影响

应当指出，合金元素只有溶入奥氏体后，才能增加过冷奥氏体的稳定性。而未溶的合金化合物因有利于奥氏体的分解，则会降低过冷奥氏体的稳定性。

3. 加热温度和保温时间

加热温度越高，保温时间越长，碳化物溶解得越完全，奥氏体的成分越均匀，同时晶粒越粗大，晶界面积越小。这一切都有利于过冷奥氏体的稳定性，使过冷奥氏体等温转变曲线向右移。

四、过冷奥氏体的连续冷却转变

1. 过冷奥氏体的连续冷却转变曲线

大多数热处理工艺都是在连续冷却过程中完成的，所以钢的连续冷却转变曲线更具有实际意义。连续冷却转变曲线是用实验方法测定的。将一组试样加热到奥氏体后，以不同冷却速度连续冷却，测出其奥氏体转变开始点和终了点的温度和时间，并在温度-时间对数坐标系中，分别连接不同冷却速度的开始点和终了点，即可得到连续冷却转变曲线（也称 CCT 曲线）。图 3-17 为共析钢的连续冷却转变曲线，图中 *Ps* 和 *Pf* 分别为过冷奥氏体转变为珠光体的开始线和终了线，两线之间为转变的过渡区，*KK′* 线为转变的终止线，当冷却到达此线时，

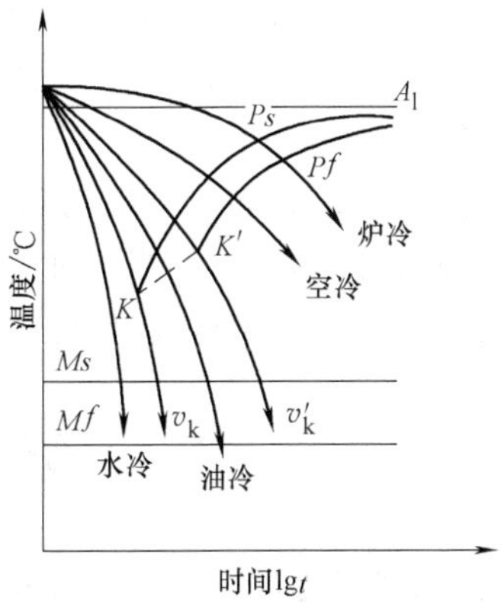

图 3-17　共析钢的连续冷却转变曲线

过冷奥氏体便终止向珠光体的转变，一直冷到 *Ms* 点又开始发生马氏体转变。所以共析钢在连续冷却过程中，不发生贝氏体转变，因而也没有贝氏体组织出现。

由连续冷却转变曲线图可知，共析钢以大于 v_k 的速度冷却时，由于遇不到珠光体转变线，得到的组织全部为马氏体，这个冷却速度称为上临界冷却速度。v_k 越大，钢越易得到马氏体。冷却速度小于 v_k' 时，钢全部转变为珠光体，v_k' 称为下临界冷却速度。v_k' 越小，退火所需的时间越长。冷却速度在 $v_k \sim v_k'$ 之间（如油冷）时，在到达 *KK'* 线之前，奥氏体部分转变为珠光体，从 *KK'* 线到 *Ms* 点，剩余奥氏体停止转变，直到 *Ms* 点以下，才开始马氏体转变。到 *Mf* 点，马氏体转变完成，得到的组织为 M + T，若冷却到 *Ms* 和 *Mf* 之间，则得到的组织为 $M + T + A_r$。

2. 连续冷却转变曲线和等温转变曲线的比较和应用

图 3-18 是把相同条件下奥氏体化冷却测得共析钢的连续冷却转变曲线和等温转变曲线叠加在一起，其中虚线为连续冷却转变曲线。从图中可以看出，连续冷却时过冷奥氏体的稳定性增加，奥氏体完成珠光体转变的温度更低，时间更长。根据实验可知，等温转变的临界冷却速度大约是连续冷却的 1.5 倍。另外，共析钢在连续冷却过程中没有贝氏体转变过程，即得不到贝氏体组织，只有等温冷却才能得到。

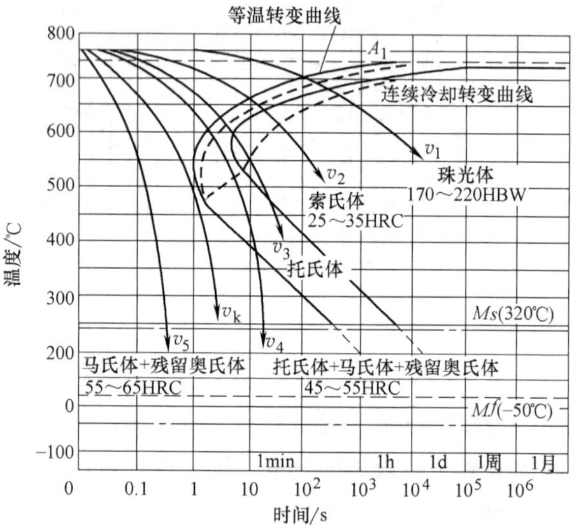

图 3-18 共析钢连续冷却转变曲线和等温转变曲线比较图

连续冷却转变曲线能准确地反映在不同冷却速度下，转变温度、时间及转变产物之间的关系，可直接用于制订热处理工艺规范。一般手册中给出的连续冷却转变曲线中除有曲线的形状及位置外，还给出该钢在几种不同冷却速度时，所经历的各种转变以及应得到的组织和硬度，还可以清楚地知道该钢的临界冷却速度等。这是制订淬火方法和选择淬火介质的重要依据。和连续冷却转变曲线相比，等温转变曲线比较容易测定，并可以用其制订等温退火、等温淬火等热处理工艺规范。目前等温转变曲线的资料比较充分，而相关的连续冷却转变曲线资料则比较缺乏，因此利用等温转变曲线估算连续冷却转变产物的组织和性能仍具有重要的现实意义。如图 3-18 中，v_1 相当于炉冷（退火），转变产物为珠光体。v_2 和 v_3 相当于不同速度的空冷（正火），转变产物为索氏体和托氏体。v_4 相当于油冷，转变产物为托氏体、马氏体和残留奥氏体。v_5 相当于水冷，转变产物为马氏体和残留奥氏体。

第三节 钢的退火和正火

在机械制造过程中，退火和正火经常作为预先热处理，用以消除铸造、锻造或焊接等热加工工件存在的晶粒粗大、组织不均匀、成分偏析和残留应力过大等缺陷，有时也为最终热处理作好组织上的准备。通过适当的退火和正火后，工件的组织细化，成分均匀，具有较好的力学性能和切削加工性能，对于一些普通的铸件、锻件、焊接件以及不重要的工件，退火和正火也可以作为最终热处理工序。

一、钢的退火

退火是将钢加热到一定温度并保温一定时间，然后随炉缓慢冷却的热处理工艺。根据退火的工艺特点和不同的目的，退火工艺可分为完全退火、等温退火、球化退火、去应力退火和均匀化退火等。各种钢的退火加热温度范围如图 3-19 所示。保温时间可参考经验数据。

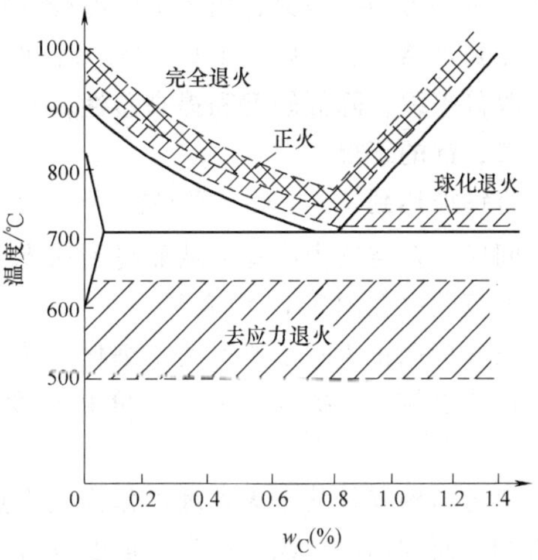

图 3-19　钢的退火和正火的加热温度范围

1. 完全退火

完全退火又称重结晶退火，一般简称退火。它是把钢加热至 Ac_3 以上 30～50℃，并保温一定时间，然后随炉缓冷的退火工艺。

完全退火的“完全”是指工件被加热到临界点以上获得完全的奥氏体组织，它主要用于亚共析钢和合金钢，目的是使热加工造成的粗大、不均匀的组织均匀细化；或使中碳以上的碳钢及合金钢降低硬度，改善切削加工性能。由于冷却缓慢，还可以消除残留应力。

2. 等温退火

等温退火的目的及加热过程与完全退火相同。其特点是在工件加热保温后，以较快的速度冷却到珠光体区的某一温度，在这一温度下使奥氏体转变为珠光体组织，然后再空冷。等温退火适用于处理需要降低硬度的碳钢和合金钢，转变比较容易控制。对于某些奥氏体比较稳定的合金钢，等温退火可以大大缩短工艺周期。图3-20为高速钢普通退火与等温退火的比较。

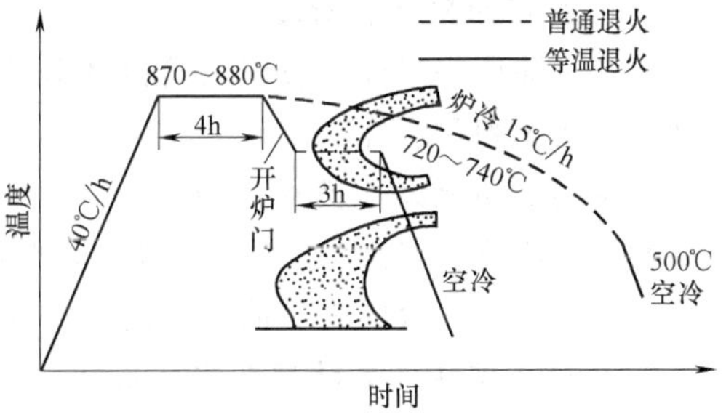

图 3-20　高速钢普通退火与等温退火的比较

3. 球化退火

球化退火属于不完全退火。它是将钢加热到略高于 Ac_1 的温度并保温，使钢中未溶碳化物自发地由片状变成球状。当冷却到 Ar_1 温度范围时，降低冷却速度（＜30℃/h），使奥氏体在共析转变时，渗碳体以球状析出。球化退火主要用于过共析钢及合金工具钢等的热处理，其目的是使二次渗碳体及珠光体中的片状渗碳体球化，以降低硬度，改善切削加工性能，并为以后的淬火作好组织准备。过共析钢球化退火的显微组织是在铁素体基体上分布着细小均匀的球状渗碳体（图 3-21）。

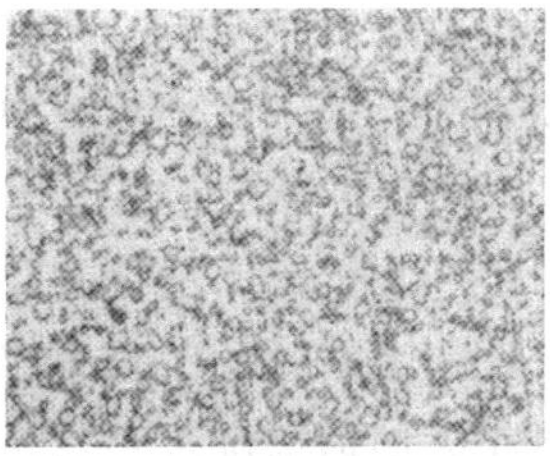

图 3-21　过共析钢球化退火的显微组织

4. 去应力退火

去应力退火又称低温退火。将钢加热至低于 A_1 的某一温度，保温后随炉缓冷。去应力退火常用于消除铸、锻、焊工件的残留应力。此外，还有与去应力退火类似的一种低温退火工艺——再结晶退火，用于消除冷变形加工产生的加工硬化现象。其工艺过程是将这类工件加热到再结晶温度以上150~250℃，保温后缓慢冷却。再结晶退火的目的是消除残留应力，改善组织，降低硬度和提高塑性。

二、钢的正火

将钢加热到 Ac_3（对于亚共析钢）或 Ac_{cm}（对于过共析钢）点以上30~50℃，保温一定时间后，在空气中冷却，从而得到珠光体类组织的热处理工艺称为正火。各种钢正火的加热温度范围也在图3-19中表明。

亚共析钢正火的主要目的是细化晶粒，消除组织中的缺陷。由于冷却较快，正火组织中珠光体片层较细，提高了钢的强度和硬度。过共析钢正火的主要目的是抑制或消除网状渗碳体。

普通结构零件的正火处理可作为最终热处理。合金钢在调质处理前均进行正火处理，以获得细密而均匀的组织。低碳钢或低碳合金钢正火后可提高硬度，改善切削加工性能。

由于正火比退火生产周期短，设备利用率高，节约能源，因此得到了广泛的应用。

第四节 钢的淬火

钢的淬火是以获得马氏体组织为目的的热处理工艺。它是将工件加热至奥氏体化或部分奥氏体化的温度，然后以大于临界冷却速度（v_k）的速度冷到 Ms 点以下，使钢发生马氏体转变。

一、淬火的目的

1. 提高钢的硬度和耐磨性

工具、轴承等工件一般用高碳钢制造并淬火得到马氏体或下贝氏体，再进行低温回火，以提高其硬度和耐磨性。

2. 获得优异的综合力学性能

齿轮（心部）、轴类、结构件等重要机器零件，都要求具有良好的综合力学性能，即高强度和高韧性。一般用中、低碳钢制造并淬火得到马氏体，再进行高温回火。

3. 获得某些特殊的物理和化学性能

例如不锈钢、耐热钢、磁钢等，都可通过淬火使之得到一定的物理或化学性能。

二、淬火的加热温度和加热时间

1. 淬火温度的选定

可利用铁碳合金相图来确定碳钢的淬火温度，如图3-22所示。对亚共析钢，适宜的淬火加热温度为 Ac_3 以上30~50℃，淬火后可获得细小均匀的马氏体组织。如果淬火加热温度不足（$<Ac_3$），则淬火后的组织中将会出现铁素体，造成硬度不足，强度降低。若淬火加热温度过高，淬火后获得粗大的马氏体组织，零件的性能变坏，同时容易引起零件变形和开裂。

对过共析钢，适宜的淬火加热温度为 Ac_1 以上30~50℃，淬火后可获得细小均匀的马氏体和粒状渗碳体的混合组织（图3-23），残留奥氏体比较少，钢的硬度和耐磨性都比较高。如果淬火加热温度过高（$>Ac_{cm}$），将获得粗大的马氏体组织，同时引起较严重的变形或开裂，而且由于二次渗碳体全部溶解，使奥氏体中碳的质量分数过高，从而降低了 Ms 点，增加了淬火钢中的残留奥氏体数量，使钢的硬度和耐磨性降低。

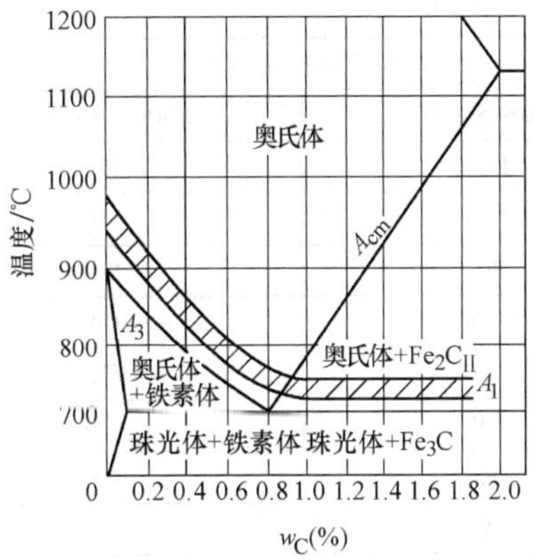

图 3-22 碳钢的淬火加热温度范围

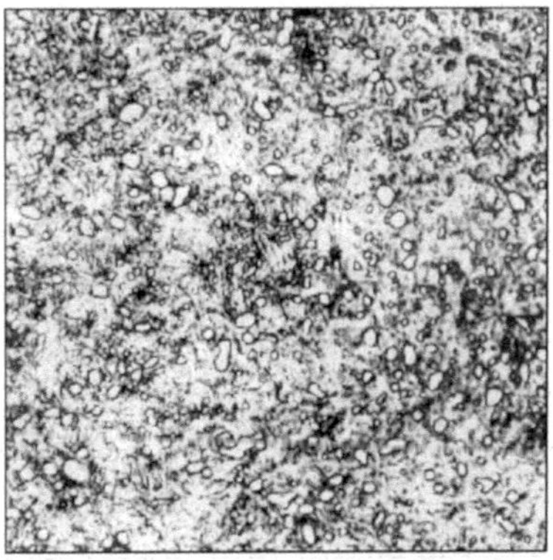

图 3-23 过共析钢正常淬火组织

对合金钢，也可参考其临界点的温度，用类似的方法确定淬火加热温度。由于合金碳化物难于溶解，所以合金钢的淬火加热温度要相应地提高，有时可达临界温度以上70～100℃。

2. 加热保温时间的确定

加热保温时间受钢的化学成分、工件尺寸形状、加热炉类型等多种因素的影响。一般来说，在保证工件热透和内部组织充分转变的前提下，应尽量缩短加热保温时间，以提高生产率，降低能源消耗，减少氧化脱碳，提高热处理质量。具体加热保温时间可根据经验公式估算，也可由试验来确定。

三、淬火介质

淬火是为了得到马氏体，这就要求淬火冷却速度必须大于临界冷却速度，但这不可避免地会引起很大的淬火应力，可能造成零件的变形或开裂。所以选择合适的淬火介质和淬火冷却方式是十分重要的。

从等温转变曲线可知，要淬成马氏体，首先要在400～650℃范围内快冷以避免碰上等温转变曲线的“鼻尖”。而在650℃以上，在保证不出现珠光体类组织的前提下，冷却速度应尽可能慢；在400℃以下则又要求慢冷，以减轻马氏体转变时的相变应力。图3-24为理想的淬火冷却曲线示意图。

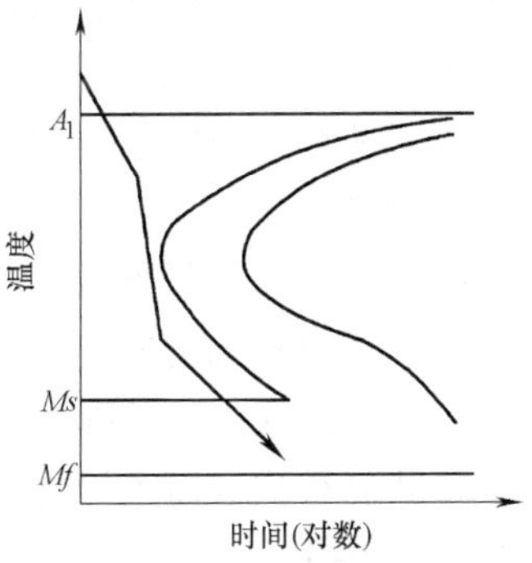

图 3-24 理想的淬火冷却曲线示意图

最常用的淬火介质是水和油。水在650～550℃范围冷却能力较大（135℃/s），在300～200℃范围内更大（450℃/s），容易引起零件变形或开裂，主要用于形状简单、截面较大的碳钢零件的淬火。水中加入NaCl、NaOH、Na_2CO_3和聚乙烯醇等，可改变水的冷却能力（见表3-3），以适应某些淬火操作的要求。

淬火用油为各种矿物油（或植物油），在200～300℃范围冷却能力较低，有利于减少工件的变形。但在550～650℃范围的冷却能力却不够大，不利于碳钢的淬硬，所以油一般可作为合金钢的淬火介质。淬火时油温对其冷却能力影响很大，一般油温越高，其粘度越低，流动性增大而冷却能力提高，超过油的燃点时会引燃着火。生产中一般油温以30～80℃为宜。油长期使用会老化，需要定期更换。

表 3-3 常用淬火介质的冷却能力

冷却介质	平均冷却速度/(℃/s)	
	650～550℃	300～200℃
静止自来水(20℃)	135	450
静止自来水(40℃)	110	410
静止自来水(60℃)	80	185
10% NaCl 水溶液(20℃)	1900	1000
15% NaOH 水溶液(20℃)	2750	775
5% Na_2CO_3 水溶液(20℃)	1140	820
全损耗系统用油 L-AN15 (20℃)	60	65
全损耗系统用油 L-AN15 (80℃)	70	55
0.1% 聚乙烯醇合成淬火介质(26℃)	85	30
0.3% 聚乙烯醇合成淬火介质(26℃)	50	100

注：表中百分数均为质量分数。

四、常用淬火方法

常用的淬火方法有单液淬火，双液淬火、分级淬火和等温淬火等（图 3-25），以满足不同淬火工艺的需要。

1. 单液淬火

将奥氏体化的工件放入一种介质中冷却至室温的操作方法，例如碳钢在水中淬火或合金钢在油中淬火。单液淬火法操作简单，易实现机械化，应用较广。缺点是水淬工件变形开裂倾向大，油淬冷却能力低，大件淬不硬。

2. 双液淬火

将奥氏体化的工件先在一种冷却能力较强的介质中冷却，当工件冷至 300℃ 左右时，再在另一种冷却能力较弱的介质中冷却，例如水淬后油冷、水淬后空冷。双液淬火的优点是淬火应力小，减少了工件变形和开裂的可能性；缺点是不易控制淬火工件在水中停留的时间，对操作技术要求较高。

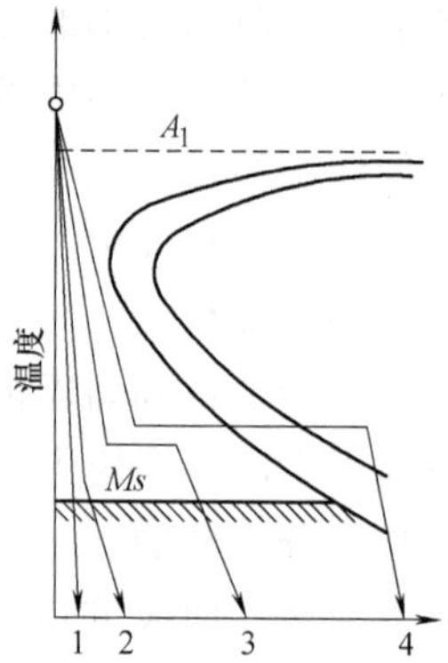

图 3-25 不同淬火方法示意图
1—单液淬火 2—双液淬火
3—分级淬火 4—等温淬火

3. 分级淬火

先将奥氏体化的工件淬入温度稍高于 *Ms* 点的盐浴（或碱浴）中，保温适当的时间，待工件里外都达到介质温度后出炉空冷。此法可以较好地克服单液淬火法的缺点，并弥补双液淬火法的不足。但受熔盐冷却能力的限制，只适用于尺寸较小、形状复杂或截面不均匀的零件。

4. 等温淬火

将奥氏体化的工件淬入温度稍高于 *Ms* 点的盐浴中，保温足够时间，直到过冷奥氏体完全转变为下贝氏体，然后出炉空冷。等温淬火能大幅度降低工件的淬火应力，工件变形小，适用于形状复杂、精度高、并要求具有较高硬度及冲击韧性的小件，如弹簧、板牙、小齿轮等，也可用于较大截面的高合金钢零件的淬火。缺点是生产周期长，生产效率低。

分级淬火与等温淬火有些相似，但实质却不同。主要区别是分级淬火的时间很短，随后空冷时发生马氏体转变；而等温淬火的等温时间长（一般在半小时以上），以保证完成贝氏体的转变。

5. 冷处理

高碳钢和合金钢的 Mf 点可降至 0℃以下，为了减少残留奥氏体以获得最大数量的马氏体，应进行冷处理，即把淬冷至室温的钢继续冷却到 -80℃或更低的温度，保持一段时间使残留奥氏体转变为马氏体。因此，冷处理可以认为是在 0℃以下温度的淬火。这种处理可提高钢的硬度和耐磨性，并稳定工件的尺寸，适用于量具、滚动轴承等精密零件。

五、钢的淬透性与淬硬性

1. 淬透性的概念

钢的淬透性是指钢在淬火后的淬硬层深度（又称为淬透层深度）。如图 3-26 所示，一定尺寸的圆柱形工件，淬火时工件表面冷却较快，心部冷却较慢，如果工件表面和心部冷却速度 $v_{表}$ 和 $v_{心}$ 都大于临界冷却速度 v_k，则整个工件的截面上都可转变为马氏体，即被淬透了。如果工件心部的冷却速度小于 v_k，心部就不能转变为马氏体，而是索氏体或托氏体组织，则没有被淬透。通常规定，从表面至半马氏体（即马氏体与非马氏体组织各占一半）的距离为淬透层的深度（图 3-27）。

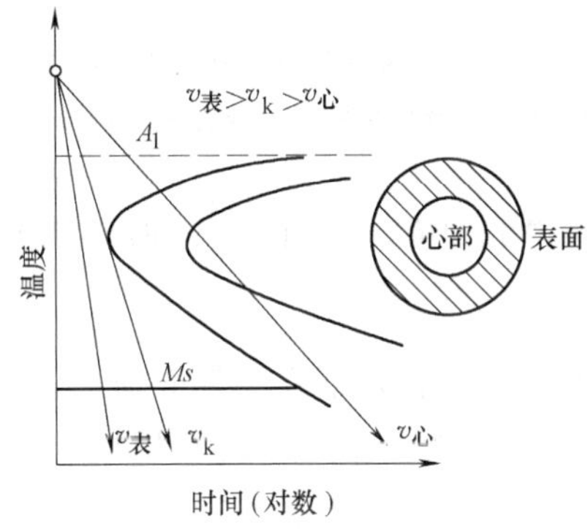

图 3-26　表面与心部不同冷却速度及未淬透工件示意图

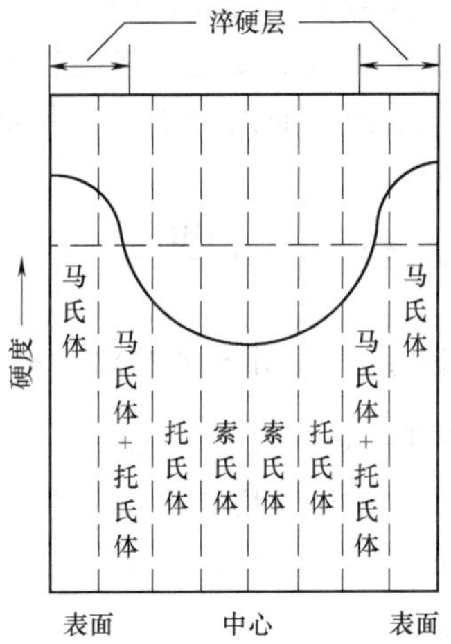

图 3-27　钢的淬透层示意图

2. 影响淬透性的因素

凡是能提高过冷奥氏体的稳定性，使等温转变曲线右移，从而降低临界冷却速度的因素，都能提高钢的淬透性。

(1) 碳的质量分数　在正常加热条件下，亚共析钢的等温转变曲线随着碳质量分数的增加向右移，临界冷却速度降低，淬透性增大；过共析钢的等温转变曲线随碳质量分数的增加向左移，临界冷却速度增大，淬透性降低。

(2) 合金元素　除钴以外，大多数合金元素溶入奥氏体后均使等温转变曲线向右移，降低临界冷却速度，提高钢的淬透性。

(3) 奥氏体化温度　提高奥氏体化温度将使奥氏体晶粒长大，成分更均匀化，从而减少了形核率，使过冷奥氏体更稳定，等温转变曲线向右移，提高钢的淬透性。

(4) 钢中未溶第二相　未溶入奥氏体的碳化物、氮化物及其他非金属夹杂物，由于能促进奥氏体转变产物的形核，因此会减少过冷奥氏体的稳定性，使淬透性降低。

需要指出，工件淬火时实际得到的淬硬层深度，不仅取决于钢的淬透性，而且还受工件本身尺寸大小和淬火介质冷却能力的影响。显然工件尺寸越大，实际冷却速度就越小，故淬硬层越浅。又如，在不同介质（水或油）中淬火，由于冷却能力不同，工件得到的淬硬层深度也不同。所以，同一种钢制成的工件，水淬要比油淬的淬硬层深，小件要比大件的淬硬层深。但绝不能说水淬比油淬、小件比大件的淬透性好。只有在相同尺寸、形状及淬火条件下，才可以依据淬硬层的深度来判定钢的淬透性好坏。

3. 淬透性的测定方法

按 GB/T 225—2006 标准，测定钢的淬透性可采用“末端淬火试验法”，图 3-28a 为末端淬火试验法示意图。其要点是：将标准试样（ϕ25mm × 100mm）加热至奥氏体温度后，迅速喷水冷却。显然，喷水端冷却速度最大，距试样末端沿轴向距离增大，冷却速度逐渐减小；因此，末端组织应为马氏体，硬度最高；随着离水冷端的距离增大，组织和硬度也发生相应的变化。将硬度与水冷端距离的变化绘成的曲线称为淬透性曲线，如图 3-28b 所示。

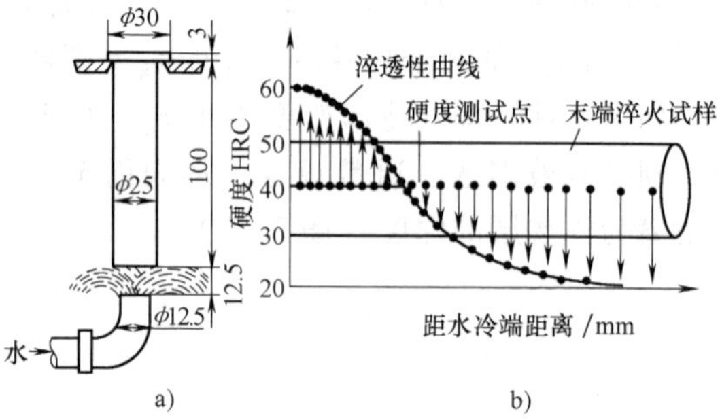

图 3-28 用末端淬火法测定钢的淬透性

a）试样尺寸及冷却方法 b）淬透性曲线的确定

钢的淬透性值用 J $\frac{HRC}{d}$ 表示。其中 J 表示末端淬透性，d 表示至水冷端距离，HRC 为在该处测得的硬度。例如 J $\frac{45}{5}$，即表示距水冷端 5mm 处试样硬度为 45HRC。

实际生产中也常用临界淬火直径 D_0 来衡量钢的淬透性。它是钢在某种介质中淬火时，中心可获得半马氏体的最大直径。D_0 越大表示钢的淬透性越好。表 3-4 为常用钢的临界淬火直径 D_0。

表 3-4 常用钢的临界淬火直径 D_0

钢号	半马氏体区硬度 HRC	D_0（水 20℃）/mm	D_0（油）/mm	钢号	半马氏体区硬度 HRC	D_0（水 20℃）/mm	D_0（油）/mm
35	38	8 ~ 13	4 ~ 8	38CrMoAl	43	100	80
45	42	13 ~ 16.5	6 ~ 9.5	65Mn	53	25 ~ 30	17 ~ 25
60	47	11 ~ 17	6 ~ 12	60Si2Mn	52	55 ~ 62	32 ~ 46
20Cr	38	12 ~ 19	6 ~ 12	50CrVA	48	55 ~ 62	32 ~ 40
20CrMnTi	38	22 ~ 35	15 ~ 24	T10	55	10 ~ 15	< 8
40Cr	44	30 ~ 38	19 ~ 28	GCr9	55	33	20
40MnB	44	50 ~ 55	28 ~ 40	GCr15	55	36 ~ 41	25 ~ 26
40MnVB	44	60 ~ 76	40 ~ 58	9Mn2V	55	52 ~ 57	37 ~ 38
35CrMo	43	36 ~ 42	25 ~ 34	9SiCr	55	47 ~ 51	34 ~ 36
40CrMnMo	44	> 150	> 110	CrWMn	55	52 ~ 57	37 ~ 38

4. 钢的淬硬性

钢在淬火后的马氏体组织所能达到的最高硬度称为钢的淬硬性。钢的淬硬性主要取决于马氏体中碳的质量分数，也就是淬火前奥氏体中碳的质量分数。

5. 钢的淬透性的应用

淬透性是机械零件设计时选材和制订热处理工艺的重要依据。

淬透性不同的钢淬火后得到的淬硬层深度就不同，所以沿截面的组织和力学性能差别很大。图 3-29 为淬透性不同的钢制成直径相同的轴，经调质处理后力学性能的对比。其中图 3-29a 表示全部淬透，整个截面为回火索氏体组织，力学性能沿截面是均匀一致的；图3-29b 和图 3-29c 表示仅部分淬透，心部为片状珠光体，强度较低，冲击性能更低。由此可见，淬透性越低，钢的综合力学性能越差。

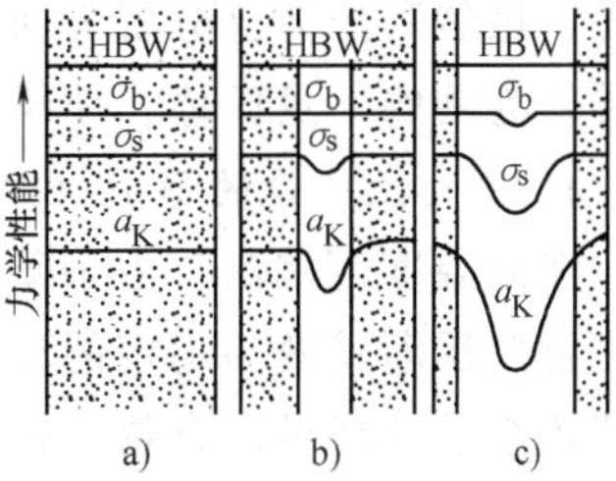

图 3-29　淬透性不同的钢调质处理后的力学性能

因此，对于截面尺寸较大或形状复杂的重要零件，以及应力状态较复杂的螺栓、连杆等零件，要求截面力学性能均匀时应选用淬透性较好的钢。对于承受弯曲和扭转力的轴类零件，在横截面上的应力分布是不均匀的，其外层受力较大，心部受力较小，可考虑选用淬透性较低、淬硬层较浅（如为半径的 1/3 ~ 1/2）的钢。

另外需要注意的是，工件淬火时，由于心部的热量要从表面散出，使得心部和表面的冷却速度不同，而且截面尺寸越大，其冷却速度越低。这表明，截面尺寸不同的工件，实际淬透深度是不同的。这种随工件尺寸增大而热处理强化效果逐渐减弱的现象叫做尺寸效应。在机械设计中引用手册中的数据时，必须对此加以注意。

第五节　钢 的 回 火

将淬火钢加热到 Ac_1 以下某一温度，经适当保温后冷却到室温的热处理工艺称为回火。

一、回火的目的

钢淬火后获得马氏体组织不是最终目的，而是通过随后的回火使马氏体发生转变，并控制转变的程度以获得不同的回火组织，使钢具有不同的性能，以满足各类零件及工具的使用要求。

另外，淬火钢硬度高，脆性大，存在着淬火内应力。淬火马氏体和残留奥氏体也都是亚稳态的组织，在一定条件下，经过一定时间，它们有可能向平衡组织转变。淬火钢在组织和性能上的这些特征不仅限制了其使用，而且还会造成零件形状、尺寸和使用性能的不稳定性，甚至使零件变形、开裂，因此钢淬火后必须进行回火处理。

二、淬火钢在回火时的组织和性能变化

淬火钢在回火过程中，随着加热温度的提高，其组织和力学性能都会发生变化。根据转变的过程和形成的组织，一般把回火转变分为四个阶段。

1. 马氏体的分解（<200℃）

在 200℃以下加热时，马氏体中的碳以 ε碳化物的形式析出，马氏体开始分解，其过饱和度减小，晶格的正方度降低，钢的体积收缩。ε碳化物是一个非平衡的过渡相，分子式为 $Fe_{2.4}C$，它以极细的片状分布在马氏体片内，并与母体保持共格关系。这种过饱和度有所降低的 α 固溶体和与其共格弥散分布的 ε碳化物组成的组织，称为回火马氏体，用 $M_{回}$ 表示。

在这个阶段，内应力有所减小，淬火钢的力学性能变化不大。

2. 残留奥氏体的转变（200～300℃）

马氏体分解为$M_{回}$后因体积收缩，减小了对残留奥氏体的压力，在此温度范围内，残留奥氏体可以转变成下贝氏体。残留奥氏体的转变从200℃开始，到300℃基本完成。在这个阶段，虽然马氏体已分解为回火马氏体，降低了钢的硬度，但由于原来比较软的残留奥氏体已转变为硬的下贝氏体，使钢的硬度下降并不显著，屈服强度反而略有上升。

3. 回火托氏体的形成（250～400℃）

在此温度范围内，由于碳原子扩散能力的增大，过饱和的固溶体很快转变为铁素体，ε碳化物也逐渐转变为稳定的渗碳体，由最初的薄片状变成细粒状。这种针状铁素体和细粒状渗碳体组成的机械混合物，称为回火托氏体，用$T_{回}$表示。在这个阶段，淬火应力大部分消除，钢的硬度、强度下降，塑性、韧性提高。

4. 碳化物的聚集长大（400℃以上）

回火托氏体中的铁素体已达到平衡浓度，但此时铁素体仍保留着原马氏体的针状外形，其内部的位错密度也很高，因此具备回复和再结晶的条件，所以在回火时针状的铁素体也会发生回复和再结晶过程。当温度超过400℃时，回复已很明显。随着温度的升高，逐渐发生再结晶过程，最后形成等轴晶粒的铁素体。与此同时，渗碳体粒子也不断聚集长大，在500℃以上呈颗粒状或球状。这种由多边形的铁素体和粒状渗碳体组成的回火组织称为回火索氏体，用$S_{回}$表示。在这个阶段，钢的强度、硬度进一步下降，塑性、韧性进一步上升。

在回火过程中，马氏体中碳的质量分数、残留奥氏体数量、内应力和碳化物尺寸的变化如图3-30所示。淬火钢的力学性能随回火温度的变化规律如图3-31所示。

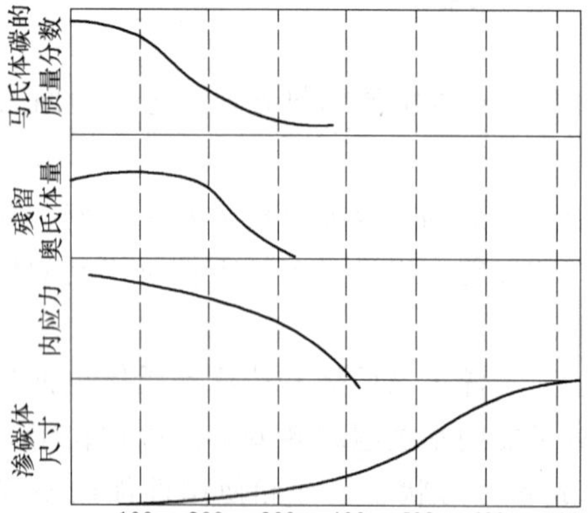

图3-30 马氏体中碳的质量分数、残留奥氏体量、内应力和碳化物尺寸的变化

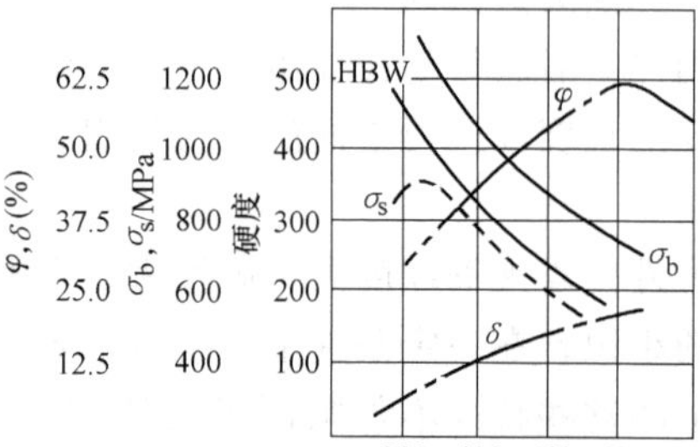

图3-31 40钢力学性能与回火温度的关系

三、回火的分类和应用

根据回火温度和对淬火钢力学性能的要求，一般将回火分为三类：

1. 低温回火（150～250℃）

低温回火的目的是在保证淬火后工件的高硬度和耐磨性的基础上，降低淬火应力，提高工件韧性。低温回火得到的是回火马氏体组织，硬度可达58～64HRC。它常用于处理高碳工具钢、模具钢、滚动轴承钢及渗碳钢等零件。

2. 中温回火（350～500℃）

中温回火得到的组织为回火托氏体，它具有高的弹性极限、屈服强度及屈强比，同时具有一定的塑性和韧性，硬度一般为35～45HRC。中温回火常作为各种弹簧的热处理。

3. 高温回火（500～650℃）

通常把淬火后再进行高温回火的处理称为调质处理。调质处理得到的是回火索氏体组织，具有良好的综合力学性能。在许多重要的机械结构件，如受力比较复杂的连杆，重要的螺栓、齿轮及轴类零件中，得到了广泛应用。中碳钢调质处理后的硬度一般为200～350HBW。

调质处理后的力学性能与正火相比，不仅强度高，而且塑性和韧性也较好。这是因为调质后得到的回火索氏体中渗碳体呈颗粒状，而正火得到的索氏体中渗碳体则呈片状，颗粒状的渗碳体对阻止断裂过程中裂纹的扩展比片状渗碳体更有利。

四、钢的回火脆性

淬火钢随着回火温度的升高，在某些温度范围内有冲击韧性下降的现象，称为钢的回火脆性。按出现回火脆性的温度范围可分为低温回火脆性和高温回火脆性。

1. 低温回火脆性

淬火钢在250～400℃之间回火时出现的回火脆性称为低温回火脆性，又称为第一类回火脆性。几乎所有的钢都存在这类脆性，是一种不可逆的回火脆性，其产生的原因目前还不清楚。一般不在此温度范围内回火，以避免这类回火脆性的产生。

2. 高温回火脆性

一些合金钢，尤其是含Ni、Cr、Mn等合金元素的合金钢，淬火后在400～550℃之间回火时出现的脆性现象称为高温回火脆性，又称为第二类回火脆性。关于高温回火脆性的原因，一般认为是Sb、Sn、P等杂质元素在原奥氏体偏聚，钢中的Ni、Cr、Mn等合金元素促进杂质的偏聚，而且这些元素也向晶界偏聚，从而加大了这类回火脆性的倾向。对有高温回火脆性的钢，高温回火后宜快冷来抑制回火脆性。在钢中加入W、Mo等合金元素也可以有效地抑制这类回火脆性的产生。

五、淬火、回火时常见的工艺缺陷及防止措施

在淬火和回火过程中常见的几种缺陷如下：

1. 氧化和脱碳

氧化是工件表面与加热介质中的氧或氧化性气体（如CO_2和H_2O等）作用，在金属表面生成氧化皮的现象。氧化使工件尺寸减小，表面粗糙，甚至成为废品。

脱碳是指钢表层中的碳被氧化，使钢表面的碳质量分数减少。钢的脱碳将使钢的表面硬度、耐磨性和疲劳强度下降，对工件的使用寿命影响很大。

保温时间过长或加热温度过高也能引起工件表面的氧化和脱碳。防止氧化和脱碳最有效的方法是使工件脱离氧化性介质，如采用保护气氛或真空热处理。

2. 变形与开裂

热处理变形与开裂是由淬火应力引起的，淬火应力包括热应力和组织应力。热应力是在淬火冷却时，工件表面和心部形成温差，产生不同步的收缩引起的；组织应力是在淬火过程中，工件各部分转变马氏体时，因体积膨胀不均匀引起的内应力。当淬火应力超过钢的屈服强度时，会引起工件变形；当淬火应力超过钢的抗拉强度时，则引起工件开裂。

变形不大的零件，可在淬火和回火后进行矫直处理；但工件变形较大或出现裂纹时，零件只能报废。

减少零件变形、防止开裂的主要措施是：淬火前的组织应细小均匀；合理设计零件的形状和结构；采用适当的冷却方法（如采用双液淬火、分级淬火或等温淬火等）；淬火后应及时回火等。

3. 软点与硬度不足

淬火后零件的硬度不足一般是由于淬火加热温度偏低、表面脱碳、钢的淬透性不高或冷却速度过慢等因素造成的。

淬火后工件表面局部未被淬硬的区域称为软点。造成软点的原因可能是原始组织粗大不均、冷却水中混有油、零件表面有氧化皮或不清洁、零件在冷却介质中未能适当运动等致使局部区域冷却速度过低，出现了非马氏体组织。

产生软点或硬度不足的零件应重新淬火，但重新淬火前要进行退火或正火处理。

此外，若加热温度过高或保温时间过长，将引起零件过热或过烧现象。过热是指晶粒过分长大，致使零件力学性能明显降低的现象。过烧是指组织中沿晶界产生了氧化或熔化的现象，零件一旦产生过烧即成为废品。

第六节　可控气氛热处理和化学热处理

一、可控气氛热处理和真空热处理

由于大多数的钢铁热处理是在空气中进行的，所以氧化与脱碳是热处理常见的缺陷之一。它不但造成钢铁材料的大量损耗，而且也使产品质量及使用寿命下降。据统计，在汽车制造业中，在氧化介质中热处理造成的烧损量占整个热处理零件重量的7.5%。另外，热处理过程中产生的氧化皮也需要在后序的加工中清理掉，既增加了工时又浪费了材料。目前防止氧化和脱碳最有效的方法是采用可控气氛热处理和真空热处理。

1. 可控气氛热处理

向炉内通入一种或几种一定成分的气体，通过对这些气体成分的控制，使工件在热处理过程中不发生氧化和脱碳，这就是可控气氛热处理。

采用可控气氛热处理是当前热处理的发展方向之一，它可以防止工件在加热时的氧化脱碳，实现光亮退火、光亮淬火等先进热处理工艺，节约钢材，提高产品质量；也可以通过调整气体成分，在光亮热处理的同时，实现渗碳和碳氮共渗。可控气氛热处理便于实现热处理过程的机械化和自动化，改善了工作环境，提高了劳动生产率。

根据气体与钢及钢中化合物的化学反应不同，可分为：

（1）具有氧化与脱碳作用的气体（如 O_2、CO_2 和 H_2O 等）　它们在高温下都会使工件表面产生强烈的氧化和脱碳，在气氛中应严格控制。

（2）具有还原作用的气体（如 H_2 和 CO）　它们不仅能保护工件在高温下不发生氧化，而且还能将已氧化的铁还原。另外，CO 还具有弱渗碳的作用。

（3）中性气体（如 N_2）　中性气体在高温下与工件既不发生氧化、脱碳，也不增碳，一般作保护气氛使用。

（4）具有强烈渗碳作用的气体（如 CH_4 及其他碳氢化合物）　CH_4 在高温下能分解出

大量的碳原子，渗入钢表面使之增碳。

一般可控气氛往往是由 CO、H_2、N_2 及微量的 CO_2 和 H_2O 与 CH_4 等多种气体混合而成的。适当调整混合气体的成分，可以控制气氛的性质，达到无氧化脱碳或渗碳的目的。

目前用于热处理的可控气氛名称和种类很多，我国目前常用的可控气氛主要有以下四大类：

（1）放热式气氛　用煤气或丙烷等与空气按一定比例混合后进行燃烧反应而制成，由于反应时放出大量的热，故称为放热式气氛。它主要用于防止零件加热时的氧化，如低、中碳钢的光亮退火或光亮淬火等。

（2）吸热式气氛　用煤气、天然气或丙烷等与空气按一定比例混合后通入发生器，混合气体在外加热的环境中反应而制成，故称为吸热式气氛。其碳势（碳势是指炉内气氛与奥氏体之间达到平衡时，钢表面的碳质量分数）可以调节和控制，可用于防止工件的氧化和脱碳，或用于渗碳处理。它适用于各种碳质量分数较高工件的光亮退火、淬火，或低碳钢的渗碳或碳氮共渗。

（3）氨分解气氛　将氨气加热分解为氮和氢，可用来代替价格较高的纯氢作为保护气氛。它主要应用于含铬较高的合金钢，如不锈钢、耐热钢的光亮退火、淬火和钎焊等。

（4）滴注式气氛　用液体有机化合物，如甲醇、乙醇、丙酮和三乙醇氨等，混合滴入热处理炉内所得到的气氛称为滴注式气氛。它只需要在原有的井式炉、箱式炉或连续炉上稍加改造即可使用。如滴注式可控气氛渗碳就是向井式渗碳炉内同时滴入两种有机液体，如甲醇和丙酮。甲醇分解后作为稀释气氛的载流体，丙酮分解后形成渗碳能力很强的渗碳气体。调节两种液体的滴入比例可以控制渗碳气氛的碳势。滴注式气氛主要应用于渗碳、碳氮共渗、软氮化、保护气氛淬火和退火等。

2. 真空热处理

虽然真空热处理设备的投资比较大，但金属和合金在真空热处理时会产生一些常规热处理技术所没有的作用，是一种能得到高的表面质量的热处理新技术，目前越来越受到重视。

（1）真空热处理的效果

1）真空的保护作用。真空加热时，由于氧的分压很低，可以有效防止氧化和脱碳。同时真空热处理属于无污染的洁净热处理。

2）表面净化作用。在高真空中氧的分压很低，加热可以加速金属氧化物分解，从而获得光亮的表面。

3）脱脂作用。在机械加工时，工件不可避免地沾有油污。在真空加热时，这些油污迅速分解为氢、水蒸气和二氧化碳，很容易蒸发而被排出炉外。所以在真空热处理中，即使工件表面有轻微的油污也会得到光亮的表面。

4）脱气作用。在真空中长时间加热能使溶解在金属中的气体逸出，有利于提高钢的韧性。

5）工件变形小。在真空中加热，升温速度慢，工件截面温差小，所以处理时变形小。

（2）真空热处理的应用

1）真空退火。利用真空无氧加热的效果，进行光亮退火。它主要应用有冷拉钢丝的中间退火、不锈钢的退火以及有色合金的退火等。

2）真空淬火。真空淬火已广泛应用于各种钢的淬火处理，尤其是高合金工具钢的淬火处理，保证了热处理工件的质量，大大提高了工件的性能。

二、钢的化学热处理

对于一些既要有高的表面硬度和耐磨性，心部又要有足够高的韧性的机械零件，如齿轮、轴等，若仅从选材方面去考虑，是难以兼顾的。如高碳钢的硬度虽然比较高，但韧性不足；而低碳钢的韧性比较好，但表面的硬度和耐磨性又太低。通过化学热处理可以使性能和价格都比较低的低碳钢获得比较高的表面性能，所以化学热处理在实际生产中得到了广泛的应用。

化学热处理是将工件置于一定的介质中加热和保温，使介质中的活性原子渗入工件表层，改变其表面层的化学成分、组织和性能的热处理工艺。

根据渗入元素的类别，化学热处理可分为渗碳、渗氮、碳氮共渗、渗硼、渗铝等。化学热处理的主要目的是提高工件的表面硬度、耐磨性以及疲劳强度，有时也用于提高零件的耐腐蚀性、抗氧化性，以替代昂贵的合金钢。

1. 化学热处理的一般过程

任何化学热处理的物理化学过程都基本相同，都要经过分解、吸收和扩散三个阶段。

（1）介质分解　加热分解化合物介质，释放出欲渗入元素的活性原子，如 $CH_4 \longrightarrow [C]+2H_2$，分解出的［C］就是具有活性的碳原子。

（2）吸收　活性原子被工件表面吸收，吸收的条件是被处理材料对这种活性原子具有一定的溶解度或能形成化合物。

（3）原子扩散　工件表面吸收的元素原子浓度逐渐升高，在浓度梯度的作用下不断向工件内部扩散，形成具有一定厚度的渗层。一般原子在金属中扩散速度比较慢，往往成为影响化学热处理速度的控制因素。因此，对一定介质而言，渗层的厚度主要取决于加热温度和保温时间。

在生产中最常用的化学热处理工艺是渗碳、渗氮和碳氮共渗。

2. 钢的渗碳

渗碳是将工件置于渗碳介质中，在一定的温度下使其表面层渗入碳原子形成渗碳层的化学热处理工艺。

渗碳可以使工件的表面具有高硬度和高耐磨性，并具有较高的疲劳极限，而心部仍保持良好的塑性和韧性。渗碳主要用于表面要求耐磨，并在较大冲击载荷、交变载荷及较大接触应力条件下工作的零件，如齿轮、活塞销、套筒等。

渗碳件一般采用低碳钢或低碳合金钢，如 20、20Cr、20CrMnTi 等。渗碳层厚度一般在 0.5～2.5mm，渗碳层的碳浓度一般控制在 1% 左右。

（1）渗碳方法　根据渗碳介质的不同，渗碳可分为固体渗碳、气体渗碳和液体渗碳几种，常用的是气体渗碳和固体渗碳。

1）气体渗碳。将工件装在密封的渗碳炉中（图 3-32），加热到 900～950℃，向炉内滴入易分解的有机液体（如煤油、丙酮、甲醇等），或直接通入渗碳气体（如煤气、石油液化气等）。在炉内发生化学反应，产

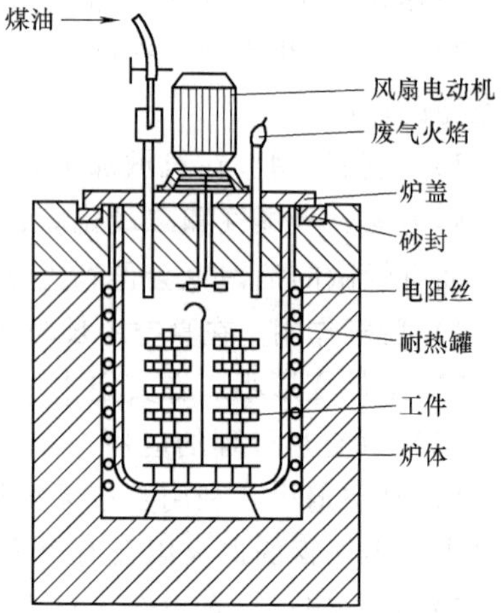

图 3-32　气体渗碳法示意图

生活性碳原子，使工件表面渗碳，反应式为：

$$2CO \longrightarrow CO_2 + [C]$$
$$CO + H_2 \longrightarrow H_2O + [C]$$
$$C_nH_{2n} \longrightarrow nH_2 + n[C]$$

气体渗碳的优点是生产效率高，劳动条件较好，渗碳气氛容易控制，渗碳层比较均匀，渗碳后可直接淬火，是目前应用最多的渗碳方法。

2）固体渗碳。将工件埋入填满固体渗碳剂的渗碳箱中，加盖并用耐火泥密封，然后放入热处理炉中加热至900～950℃，保温渗碳。固体渗碳剂一般由一定粒度的木炭和15%～20%的碳酸盐（$BaCO_3$ 或 Na_2CO_3）组成。木炭提供活性碳原子，碳酸盐则起催化作用，反应式为

$$C + O_2 \longrightarrow CO_2$$
$$BaCO_3 \longrightarrow BaO + CO_2$$
$$CO_2 + C \longrightarrow 2CO$$

在高温下 CO 是不稳定的，在与钢表面接触时，分解出活性碳原子（$2CO \longrightarrow CO_2 + [C]$），并被工件表面吸收。

固体渗碳的优点是设备简单，尤其是在小批量生产的情况下具有一定的优越性。但生产效率低，劳动条件差，质量不易控制，目前用得不多。

（2）渗碳后的热处理　渗碳后的零件要进行淬火和低温回火处理，常用的淬火方法有三种，如图3-33所示。

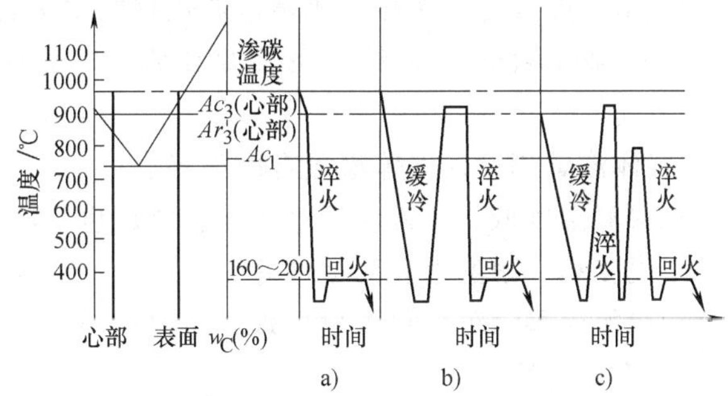

图3-33　渗碳后的热处理

a）直接淬火　b）一次淬火　c）二次淬火

1）直接淬火。这种方法工艺简单，经济，脱碳倾向小，生产效率高。但由于渗碳温度高，奥氏体晶粒粗大。淬火后马氏体粗大，残留奥氏体较多，所以工件表面耐磨性较低，变形较大。一般只用于合金渗碳钢或耐磨性要求比较低和承载能力低的工件。为了减少变形，渗碳后常将工件冷至830～850℃后再淬火。

2）一次淬火。一次淬火法是工件渗碳后缓冷到室温，再重新加热到临界点以上保温淬火。一般对心部组织性能要求较高的工件，一次淬火加热温度为 Ac_3 以上30～50℃，主要是使心部晶粒细化。对于承载不大而表面性能要求较高的工件，加热温度为 Ac_1 以上30～50℃，使表面晶粒细化，而心部组织变化不大。

3）二次淬火。二次淬火法适用于本质粗晶粒钢或要求表面耐磨性高、心部韧性好的重负荷零件。第一次淬火加热到 Ac_3 以上30～50℃，目的是细化心部组织并消除表面的网状渗碳体。第二次淬火加热到 Ac_1 以上30～50℃，目的是细化表面层组织，获得细马氏体和均匀分布的粒状渗碳体。二次淬火法工艺复杂，生产周期长，成本高，变形大，一般只用于少数要求表面耐磨性好和心部韧性高的零件。

渗碳淬火后的工件要进行150～200℃的低温回火，以消除淬火应力，提高韧性。

（3）渗碳钢淬火、回火后的性能

1）表面硬度高，可达58～64HRC以上，耐磨性好。

2）心部塑性、韧性好。未淬硬时，心部为138～185HBW；淬硬后的心部为低碳马氏体组织，硬度可达30～45HRC。

3）渗碳钢的表面层为高碳马氏体，体积膨胀大，心部为低碳马氏体（淬透时）或铁素体+托氏体（未淬透时），体积膨胀小。结果在表面层造成残留压应力，提高了工件的疲劳强度。

3. 钢的渗氮

向工件表面渗入氮，形成含氮硬化层的化学热处理工艺称为渗氮。渗氮的目的是提高工件表面的硬度、耐磨性、耐蚀性及疲劳强度。常用的渗氮方法有气体渗氮和离子渗氮。

（1）气体渗氮　把工件放入密封的井式炉内加热保温，并通入氨气，其分解反应为

$$2NH_3 \longrightarrow 2[N] + 3H_2$$

分解出的活性氮原子被工件表面吸收并向内扩散，形成一定厚度的渗氮层。渗氮层是由ε化合物层和$\alpha + \gamma'$的扩散层组成的。

气体渗氮是在500～570℃之间进行的。渗氮后的工件表面具有很高的硬度（850～1100HV），而且可以在600℃以下保持硬度不降，所以渗氮层具有很高的耐磨性和热硬性。

渗氮表面形成的致密的渗氮层具有较高的耐磨性和耐蚀性。同时，因为渗氮后工件的表面层体积膨胀，形成较大的残留压应力，使渗氮件具有较高的疲劳强度。

为了保证渗氮后的工件表面具有较高的硬度和耐磨性，同时心部也具有强而韧的组织，所以渗氮钢一般都是采用能形成稳定氮化物的中碳合金钢，如38CrMoAlA钢。Cr、Mo、W、V、Al等合金元素能与N结合形成氮化物，起到弥散强化的作用，使渗氮层达到很高的硬度。

与气体渗碳相比，气体渗氮有以下特点：

1）渗氮温度低，工件变形很小，渗氮后也不需要再进行其他热处理。

2）硬度高，耐磨性和耐蚀性好。

3）渗氮前零件可进行调质处理，获得均匀的回火索氏体组织，可使渗氮后的工件具有较高的强度和韧性。

4）渗氮时间长，一般需要20～50h才能使氮化层厚度达到0.3～0.5mm。

由于渗氮工艺复杂，周期长，成本高，一般常用于耐磨性和精度都要求较高的零件，如发动机的气缸、排气阀、精密机床丝杠、镗床主轴等。

（2）离子渗氮　离子渗氮是利用直流辉光放电的物理现象来实现渗氮的，所以又称为辉光离子渗氮，图3-34是离子渗氮装置的示意图。

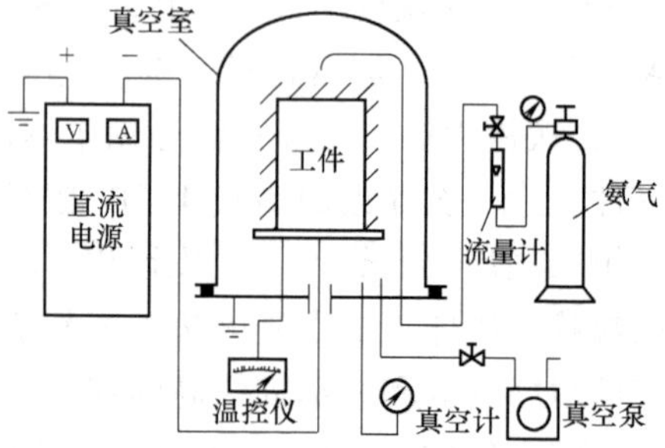

图3-34　离子渗氮装置示意图

离子渗氮的基本原理是：将工件放入真空炉内，抽至真空度1～10Pa，然后向炉内通入氨气，使炉内的气压保持在133～1330Pa之间。工件接直流电源的负极（阴极），炉体接直流电源的正极（阳极），并在阴阳极之间接通500～900V的高压电。氨气在高压电场的作用下，部分被电离成氮和氢的正离子及电子。氮的正离

子轰击工件的表面，将离子的动能转化为热能，使工件表面温度升至渗氮的温度（500～650℃）。同时，离子的轰击还能产生阴极溅射效应，溅射出的铁离子在等离子体中与氮原子结合形成氮化铁（FeN）。在高温的作用下，FeN 分解为 Fe_2N、Fe_3N 和 Fe_4N，并放出氮原子向工件内部扩散，于是在工件表面就形成了渗氮层。随着时间的增加，渗氮层逐渐加深。

离子渗氮的特点是：

1）生产周期短。以 38CrMoAl 为例，氮化层厚度要求 0.6mm 时，气体渗氮周期为 50h 以上，而离子渗氮只需 15～20h，节省了能源并减少了气体的消耗。

2）渗氮质量好。由于离子渗氮的阴极溅射有抑制脆性层的作用，因此明显提高了氮化层的韧性和疲劳强度。

3）工件变形小。特别适用于处理精密零件和形状复杂的零件。

4）渗氮前不需去钝处理。对于一些含 Cr 的钢，如不锈钢，表面有一层稳定致密的钝化膜，能阻止氮的渗入。利用离子渗氮的阴极溅射可有效地去除不锈钢表面的钝化膜，弥补气体渗氮不能处理这类钢的不足。

4. 钢的碳氮共渗

钢的碳氮共渗是同时向工件表面渗入碳和氮元素的化学热处理工艺。根据碳氮共渗的温度不同，分为中温碳氮共渗和低温氮碳共渗。

（1）中温气体碳氮共渗　中温碳氮共渗是以渗碳为主的，又称为氰化处理。与气体渗碳一样，碳氮共渗是将工件放入密封炉内，加热到共渗温度，向炉内滴入煤油，同时通入氨气。保温后一段时间后，工件的表面就获得一层一定深度的共渗层。

中温碳氮共渗温度一般在 820～880℃范围内，保温时间 1～2h 可获得共渗层厚度0.2～0.5mm，渗层中的氮质量分数为 0.2%～0.3%，碳质量分数为 0.85%～1.0%。

由于碳氮共渗温度低，奥氏体晶粒较细，所以中温碳氮共渗后可直接淬火并低温回火。工件经淬火和回火后，共渗层的组织由细片状回火马氏体、适量的粒状碳氮化物以及少量的残留奥氏体组成。

与气体渗碳相比，中温气体碳氮共渗具有以下优点：

1）渗入速度快，生产周期短，生产效率高。

2）加热温度低，工件变形小。

3）在渗层表面碳的质量分数相同的情况下，共渗层的硬度高于渗碳层，因而耐磨性更好。

4）共渗层比渗碳层具有更高的压应力，因而有更高的疲劳强度，耐蚀性也比较好。

中温气体碳氮共渗主要应用于形状复杂、要求变形小的耐磨零件。

（2）低温气体氮碳共渗　低温氮碳共渗是以渗氮为主的，又称为气体软氮化。气体软氮化可以在普通气体渗氮设备中进行，软氮化温度在 520～570℃之间，时间一般为 1～6h。常用的软氮化介质为尿素。尿素在 500℃以上发生分解，反应式为

$$(NH_2)_2CO \longrightarrow CO + 2H_2 + 2[N]$$

$$2CO \longrightarrow CO_2 + [C]$$

由于软氮化处理温度比较低，在上述反应中，活性氮原子多于活性碳原子，加之碳在铁

素体中的溶解度小，因此气体软氮化以渗氮为主。

软氮化的特点是：

1）处理速度快，生产周期短。

2）处理温度低，零件变形小，处理前后零件精度没有显著变化。

3）渗层具有一定韧性，不易发生剥落。

与气体渗氮相比，软氮化层的硬度比较低（一般为 400～800HV），但能赋予零件表面耐磨、耐疲劳、抗咬合和抗擦伤等性能。软氮化的缺点是渗层较薄，仅为 0.01～0.02mm，一般用于机床、汽车的小型轴类和齿轮等零件的表面硬化处理，也可用于工具、模具的最终热处理。

第七节 表面热处理及表面工程技术

据统计，约有 80% 失效的机械零件都是因为磨损、腐蚀等表面损伤造成的。随着现代工业技术的发展，对金属材料表面性能的要求越来越高。为了提高机械零件运行的可靠性，延长其使用寿命，提高产品的市场竞争力，利用表面工程技术对这些机械零部件进行表面改性处理已是提高材料性能的主要措施之一。

表面工程技术由众多表面技术组成，工程技术人员应根据被处理工件的材质、性能要求、使用工况、经济性等项指标，制订一套合理的技术方案，以达到事半功倍的效果。

一、钢的表面淬火

表面淬火是将工件的表面层淬硬到一定深度，而心部仍保持未淬火状态的一种局部淬火法。它利用快速加热使工件表面奥氏体化，然后迅速予以冷却，这样工件的表层组织为马氏体，而心部仍保持原来的退火、正火或调质状态的组织。

表面淬火一般适用于中碳钢和中碳合金钢，也可用于高碳工具钢、低合金工具钢以及球墨铸铁等的表面硬化处理。目前应用比较多的是火焰淬火、感应淬火和激光淬火。

1. 火焰淬火

火焰淬火是用氧乙炔高温火焰（～3000℃）加热工件表面，使其快速升温，到温后立即喷水冷却的一种热处理工艺方法（图 3-35）。调节喷嘴到工件表面的距离和移动速度，可获得不同厚度的淬硬层。

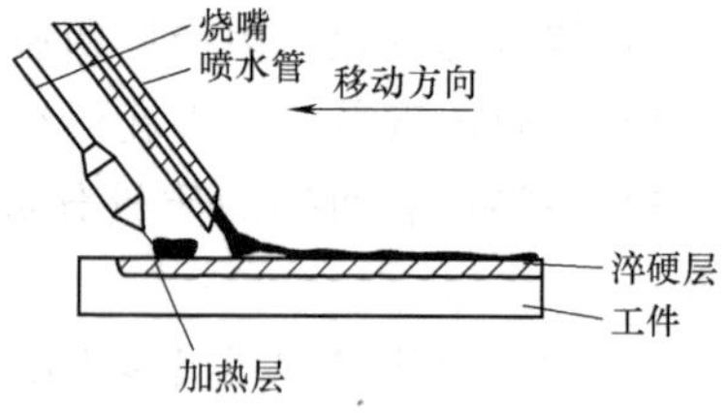

图 3-35 火焰淬火示意图

火焰淬火的淬硬层厚度一般为 2～6mm。它具有工艺及设备简单、成本低等优点，但生产效率低，工件表面易过热，淬火质量不稳定，主要用于单件、小批量生产及大型零件（如大型的轴、齿轮、轧辊等）的局部表面淬火。

2. 感应淬火

（1）感应加热的基本原理 在感应线圈中通以高频率的交流电，线圈内外即产生高频交变磁场。若把钢制工件置于感应线圈内，在高频磁场的作用下，钢的内部将产生感应电流（涡流），在本身电阻的作用下工件被加热。这种感应电流密度在工件的横截面上分布是不均匀的，即在工件表面电流密度极大，而心部电流密度几乎为零，这种现象称为集肤效应。频率越高，加热层越薄。感应加热的速度很快，几秒钟内即可使工件表面温度上升至 800～1000℃，而心部仍接近室温。当表层温度达到淬火温度时，立即喷水冷却，使工件表层淬硬（图 3-36）。

感应淬火的淬硬层深度除与加热功率、加热时间有关外，还取决于电流的频率。频率越高，淬硬层越浅。生产中常用的感应淬火设备按输出频率高低可分为高频、中频和工频三大类，其交流电频率范围和淬硬深度见表 3-5。

（2）感应淬火的特点　与一般淬火相比，感应淬火有以下特点：

1）感应加热到相变温度的速度极快，一般只有几秒或几十秒钟。

2）由于加热速度快，过热度大，形成的奥氏体晶粒细小，淬火后得到的是细小隐晶马氏体组织，因而表面硬度高，比一般淬火高 2～3HRC，而且脆性较低。

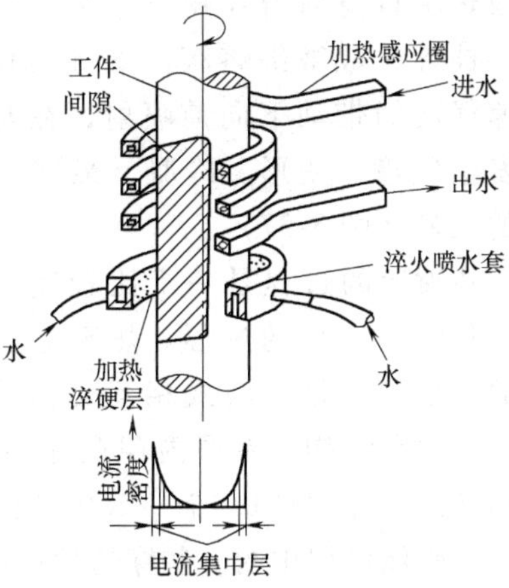

图 3-36　感应淬火示意图

表 3-5　感应淬火用交流电频率和淬硬深度

名称	频率范围/Hz	淬硬深度/mm	名称	频率范围/Hz	淬硬深度/mm
高频	$(100\sim500)\times10^3$	0.5～2	工频	50	10～15
中频	$(1.5\sim10)\times10^3$	2～5			

3）表面淬火后，工件的表层残留压应力较高，可提高工件的疲劳强度。小工件可提高 2～3 倍，大工件也可提高 20%～30%。

4）工件表面氧化和脱碳少，而且由于心部未被加热，淬火变形小。

5）加热温度和淬硬层厚度易于控制，便于实现机械化和自动化。

感应加热的缺点是设备较贵，当零件形状复杂时，感应圈的设计和制造难度较大，所以生产成本比较高。

感应淬火后要进行 180～200℃的低温回火，以降低淬火应力，保持高硬度和耐磨性。

3. 激光淬火

激光是一种具有极高能量密度、极高亮度、单色性和方向性很强的强光源。激光束可以在极短的时间（1/100～1/1000s）内将工件表面加热到相变温度，然后依靠工件本身的传热实现快速冷却淬火。随着激光技术的发展，大功率激光器在生产中的应用，激光热处理工艺的应用也越来越广泛。

激光淬火的特点是：

1）加热时间短，相变温度高，形核率高，淬火得到隐晶马氏体组织，因而表面硬度高，耐磨性好。

2）加热速度快，表面氧化与脱碳极轻，同时靠自冷淬火，不用冷却介质，工件表面清洁，无污染。

3）工件变形小。它特别适于形状复杂的零件，尤其是零件的拐角、沟槽、盲孔等部位的局部热处理。

二、热喷涂技术

1. 涂层的形成与涂层结构

热喷涂是利用热能（火焰、电弧、等离子弧等）将喷涂材料加热熔化，然后在压缩气流或热源自身射流作用下，熔化的喷涂材料被雾化成微细熔滴，熔融的粒子在高速气流的带动下向前喷射，在基体表面发生碰撞、变形、冷凝，最终形成涂层的工艺（图 3-37）。

热喷涂的过程是一个比较复杂的物理、化学和冶金的过程。热喷涂层是由无数变形粒子呈波浪式相互交错堆叠在一起的层叠结构，涂层内存在许多孔隙。热喷涂的孔隙率在 0.1% ~20% 之间，取决于喷涂的方法和喷涂工艺。

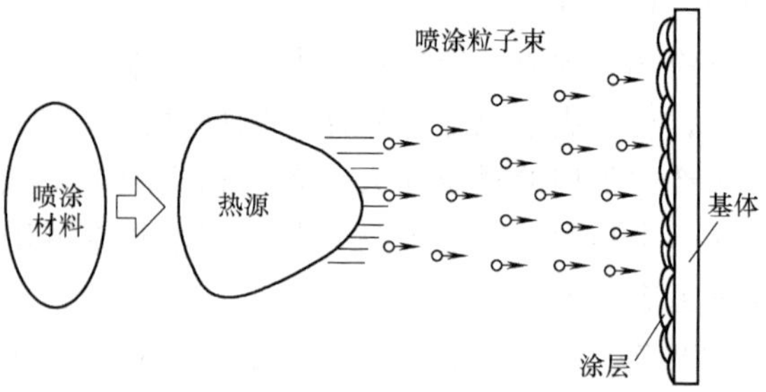

图 3-37 热喷涂示意图

热喷涂涂层中的一些穿透性孔隙将降低涂层的耐腐蚀性能，对于一些需要在腐蚀条件下使用的喷涂件，喷涂后要进行封闭处理。

2. *涂层的结合强度*

热喷涂的涂层结合强度包括涂层与基材之间的结合强度以及涂层内颗粒之间的结合强度。在热喷涂涂层中存在以下几种结合形式：

1）颗粒与颗粒之间、颗粒与基体之间因撞击成扁平状，并相互嵌合形成的机械结合。

2）熔融粒子高速撞击基体表面的瞬间，高温熔融粒子与基体之间发生的元素扩散和焊合形成的冶金结合。

3）熔融粒子撞击到基材表面时，局部接触的紧密程度可以达到晶格常数的范围，这时就会产生范德华力形成的物理结合。

一般来说，热喷涂的涂层与基体之间的结合主要以机械结合为主，结合强度比较差，最高也只能达到几兆帕。

在热喷涂过程中，当熔融粒子撞击基体表面瞬间，由于快速凝固和冷却会在涂层的内部产生一定的内应力。当内应力过大时，就可能使涂层产生裂纹，严重时可能导致涂层剥离。涂层厚度越大，内应力也就越大。喷涂前对基体进行预热处理和降低喷涂后的冷却速度都是减小涂层内应力、防止涂层开裂的有效措施。

3. *热喷涂材料*

热喷涂材料按其形态可分为线材和粉末两大类，表 3-6 是常用热喷涂线材和粉末。

表 3-6 常用热喷涂线材和粉末

类别	分 类	品 种
线材	金属及其合金	Zn、Al、Cu、Mo、Zn-Al、碳钢、不锈钢
粉末	金属及其合金	Zn、Al、Ni、Mo、Ni-Cr、NiCrAlY、FeCrAlY
	自熔性合金	Ni 基自熔性合金、Co 基自熔性合金、Fe 基自熔性合金
	金属氧化物	Al_2O_3、ZrO_2、Cr_2O_3、TiO_2
	包覆粉	镍包铝、铝包镍
	塑料	聚乙烯、尼龙、EVA 树脂

线材喷涂设备简单，涂层质量稳定，喷涂效率高，成本低。喷涂用的线材直径一般为 $\phi1$ ~ $\phi3$mm。

粉末喷涂的优点在于它不受线材成形工艺的限制，各组元间可按任意比例进行调配，组成各种组合粉和复合粉。喷涂用的粉末粒度在 40～120μm 之间。

自熔性合金粉末是在铁、镍、钴基合金中加入 B 和 Si 等强脱氧元素。粉末熔融后，B 和 Si 扩散到颗粒的表面与氧直接进行反应生成熔点低、密度小、易于浮出的硼酸盐复合物，可起到脱氧、造渣和提高润湿性的作用，有利于提高涂层的质量和性能。

4. 热喷涂工艺流程

热喷涂工艺流程包括工件表面的预处理——→预热——→喷涂打底层——→喷涂工作层——→喷涂的后处理等。

（1）工件表面的预处理　它包括工件表面的净化处理和工件表面的粗化处理。

1）净化处理。清除表面油脂和锈斑。

2）粗化处理。工件表面粗化处理可以增大基体与涂层之间的结合面积，提高涂层与基体之间的结合牢度。常用的粗化方法有喷砂处理、车削加工和喷涂粘结底层等。

（2）涂层的后处理　由于喷涂层中存在大量的孔隙，对于一些需要在腐蚀条件下使用的喷涂件要在喷涂后对涂层进行封孔处理。常用的封孔剂有石蜡、树脂、硅酸钠等。

5. 热喷涂方法

根据所用热源不同，热喷涂可分为火焰喷涂、电弧喷涂、等离子喷涂和超声速喷涂等。

（1）火焰喷涂　火焰喷涂是用氧乙炔作为加热源，用燃气或惰性气流雾化并加速喷涂材料，在基体上沉积形成涂层的方法。火焰喷涂包括线材火焰喷涂和粉末火焰喷涂。

1）线材火焰喷涂。图 3-38 是线材火焰喷涂原理图。喷涂用的线材被连续输送到喷嘴，在喷嘴前端被同轴火焰加热熔化并被高速气流雾化加速，喷射在基体表面形成涂层。

2）粉末火焰喷涂。图 3-39 是粉末火焰喷涂原理图。喷涂粉末通过送粉管进入火焰，粉末被加热到熔融状态。在气流及焰流带动下，熔融粒子喷射到基体表面形成涂层。

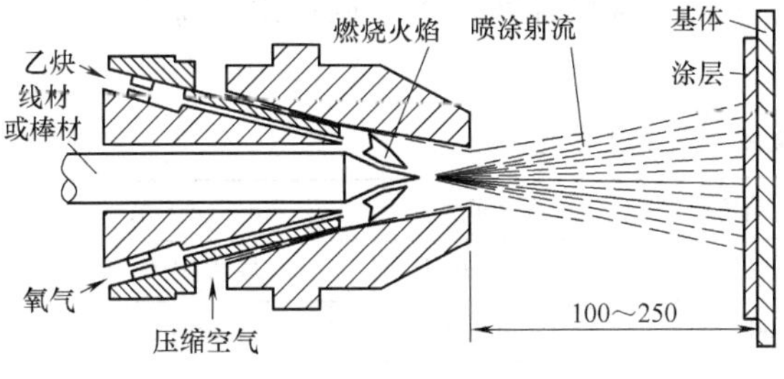

图 3-38　线材火焰喷涂原理图

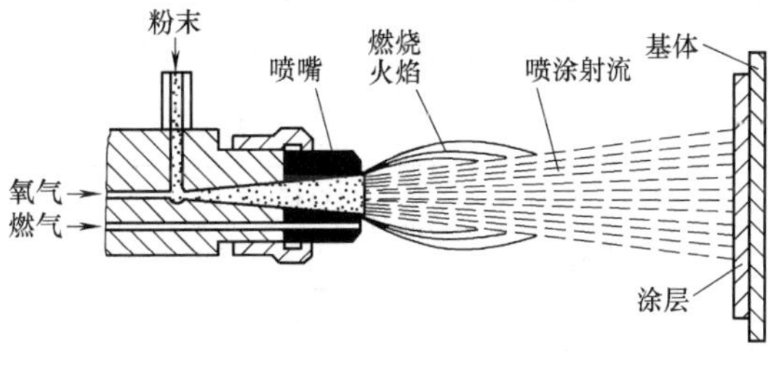

图 3-39　粉末火焰喷涂原理图

火焰喷涂的焰流温度比较低，可用于金属材料和塑料的喷涂。

（2）电弧喷涂　图 3-40 是电弧喷涂原理图。送丝机构将两根彼此绝缘的线材成一定角度输送到电弧喷涂枪内，两根线分别与直流低压电源的正负极相接。在喷嘴处，两根线材的顶端产生电弧使其熔化，同时压缩空气使熔融的液滴雾化并形成喷涂束流沉积在工件表面。

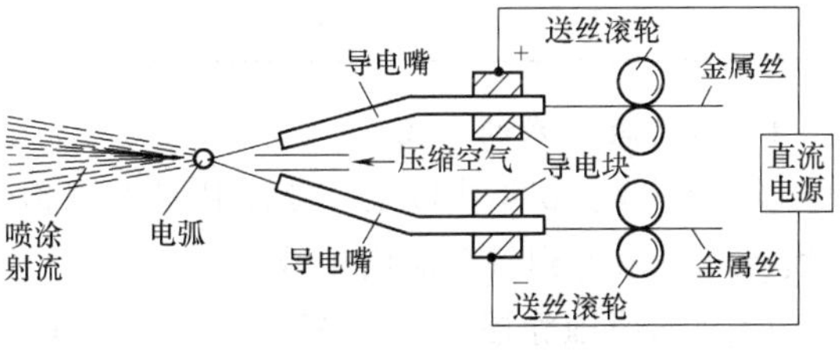

图 3-40　电弧喷涂原理图

电弧喷涂的涂层结合强度高，设备简便，生产率高，成本低，但它只能用于喷涂能导电的金属线材。电弧喷涂适合在大批量钢铁构件上喷涂锌、铝等防护涂层。

(3) 等离子喷涂　等离子喷涂是采用非转移等离子弧作为热源对粉末喷涂材料进行喷涂的工艺方法，图3-41是等离子喷涂原理图。由于等离子火焰温度高达数万摄氏度，几乎可以熔化所有难熔的金属和非金属材料，等离子弧焰流速度也很高，通常为每秒数百米，因此特别适合喷涂一些高熔点的材料，如 Al_2O_3、ZrO_2、WC 等。等离子喷涂的质量远优于火焰喷涂层，但喷涂效率比较低，设备费用比较高，工作中噪声也比较大。

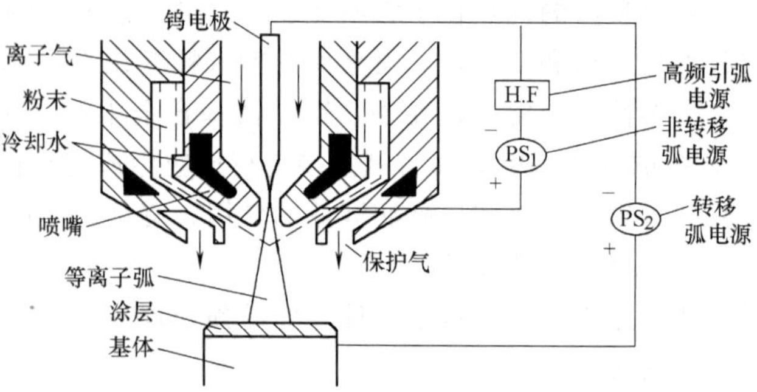

图 3-41　等离子喷涂原理图

(4) 超声速火焰喷涂　超声速火焰喷涂（简称 HVOF）是 20 世纪 60 年代初期美国 Browning 工程公司研究开发的喷涂新技术。由于超声速火焰喷涂的涂层非常致密，结合强度很高，已在工业中得到了越来越广泛的应用。

超声速火焰喷涂的核心是能使喷涂火焰达到超声速的机构。一定比例的燃料（煤油、乙炔、丙烯和氢气）和氧气在反应腔内燃烧形成高压气流，沿轴向送入的喷涂粉末和燃气一起穿过一个拉瓦尔（Laval）型喉颈进入长枪管，此时熔融粉末被加速，以 3 倍声速以上的速度喷向基板形成涂层（图 3-42）。

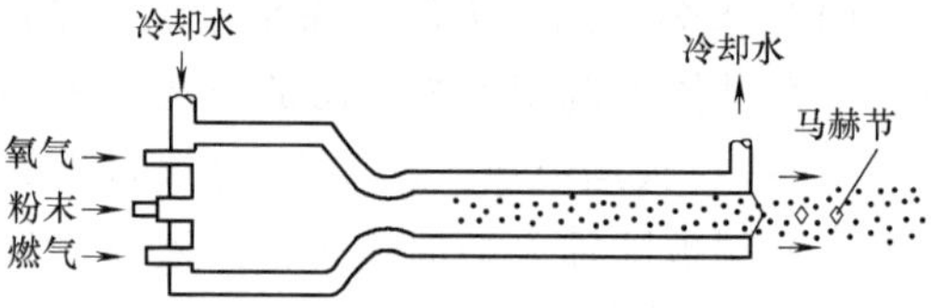

图 3-42　超声速火焰喷涂原理图

超声速火焰喷涂的射流速度高，但焰流的温度相对比较低，喷涂的质量高于等离子喷涂，但超声速喷涂噪声大，成本比较高。

表 3-7 是常用热喷涂方法的工艺特性比较。

表 3-7　常用热喷涂技术的工艺特性

比较项目	火焰喷涂	电弧喷涂	等离子喷涂	超声速火焰喷涂
热源	$O_2+C_2H_4$	电弧加热	压缩电弧	煤油、丙烯、H_2
焰流温度/℃	850~2000	8000	20000	1400~2500
颗粒速度/(m/s)	20~80	20~300	30~800	100~1000
结合强度/MPa	>7	>10	>35	>70
最小孔隙(%)	<12	<10	<2	<0.1
最大涂层厚度/mm	0.2~1.0	0.1~3.0	0.05~0.5	0.1~1.2
喷涂成本	低	低	高	较高

6. 热喷涂技术的应用

自 20 世纪 50 年代以来，喷涂技术发展很快，每年全球热喷涂的产值按 5%~10% 递增，热喷涂几乎渗透到每个应用领域。

(1) 耐腐蚀涂层　喷涂 Al、Zn 及 Al-Zn 合金涂层，用于桥梁、铁塔等大型构件的防腐处理，防腐寿命可达几十年。

(2) 耐磨涂层 喷涂各种铁基、镍基和钴基耐磨合金涂层或氧化铝耐磨陶瓷涂层，用于提高零件表面耐磨性能，延长其使用寿命，也可用于修复因磨损失效的机械零部件。

(3) 耐高温涂层 它用于改善金属材料的抗高温氧化性能，如用等离子喷涂陶瓷涂层。

(4) 功能涂层 如喷涂生物相容性好的羟基磷灰石涂层，使人体生物组织与种植体形成紧密的结合。

三、电刷镀技术

电刷镀也叫无槽电镀，电化学原理与电镀相同。电刷镀与传统槽镀最大的区别是工件不需要浸泡在装有电镀液的镀槽中，蘸有镀液的镀笔只需在工件表面作往复运动即可实现涂镀。镀笔通常由高纯石墨制成并与刷镀电源的阳极相接，石墨外面包裹一层可以储存电镀液的绝缘布套。被镀工件接刷镀电源的负极。刷镀时，浸满镀液的镀笔以一定的压力和速度在工件表面往复移动，工件与镀笔之间的镀液中的金属离子在电场作用下迁移到工件的表面，金属离子获得电子后还原成金属原子，并在工件表面沉积结晶，形成金属镀层（图 3-43）。

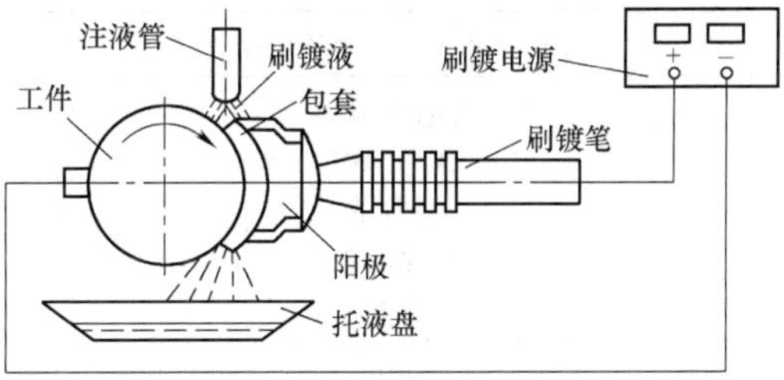

图 3-43 电刷镀原理图

常用的刷镀液有快速镀镍、酸性镀镍、中性镀镍、低应力镍等。与普通电镀液相比，刷镀液中的金属离子浓度比较高，可以使用比较大的电流密度，因此电刷镀的沉积速度比较快。

电刷镀设备包括刷镀电源、刷镀笔等。刷镀电源为直流电源，输出电压可在 0~50V 内连续可调。电源具有输出极性换向、过电流保护和电量计量等功能，以满足刷镀工艺的要求。刷镀笔一般用高纯度石墨制造，将其加工成各种形状，以便与被镀工件的外形相吻合。为了防止短路和储存刷镀液，石墨外包有阳极包套。阳极包套可用涤纶布包裹棉花制成。

由于电刷镀具有设备简便、工艺灵活、镀层质量好、沉积速度快和环境污染小等优点，所以电刷镀技术一问世就得到了迅速的发展。

电刷镀主要用于以下的领域：

1）对磨损零件、加工超差零件以及表面局部损伤零件的修复，修复工作可以直接在现场进行，大大缩短了维修工期。

2）强化工件表面，使工件表面具有耐磨、耐蚀和减小摩擦因数等特殊性能，如用于模具的修理和表面强化处理。

3）完成一些槽镀难以完成的工作，如对大型构件的局部进行电镀处理。

四、化学镀技术

化学镀是在没有外电流通过的状态下，借助还原剂，通过可控制的氧化还原反应，使镀液中的金属离子还原成金属沉积在零件表面的一种涂覆方法。

化学镀是一个催化还原的过程，还原作用仅仅发生在催化的表面上。如果被镀金属本身就是反应的催化剂，则化学镀的过程就具有自催化的作用。通过反应生成物本身对反应的催化作用使反应不断继续下去，所以化学镀又称自催化镀。

目前，用化学镀的方法可以获得镍、铜、银等单金属镀层和合金镀层，其中以化学镀镍应用最为普遍。由于化学镀镍层内含有质量分数为 4%~12% 的磷，所以化学镀镍也被称之为化学镀镍-磷合金。

化学镀镍层是一种无磁性的非晶态镀层，镀后的硬度比较低（~500HV）。将化学镀镍层在一定的温度范围加热，非晶态镀镍层会转变为晶态组织，镀层的硬度也随着加热温度的升高而增加。在加热温度为400℃时，镀层的硬度达到最大值（约1000HV）。

1. 化学镀镍溶液

化学镀镍溶液分为酸性镀液和碱性镀液两大类。酸性镀液比较稳定，易于控制，沉积速度较快，镀层中磷的质量分数比较高（2%~11%）。几种典型酸性化学镀镍溶液的组成、工艺及性能见表3-8。

表3-8 几种酸性化学镀镍溶液的组成、工艺及性能

镀液成分/(g/L)及工艺条件	1	2
硫酸镍	20~30	20
次磷酸钠	20~25	24
醋酸钠	5	
柠檬酸钠	5	
乳酸		25
pH	4~5	4.4~4.8
温度/℃	80~90	90~94
沉积速度/(μm/h)	10	10~13

2. 化学镀镍工艺

镀液温度是影响化学镀镍沉积速度的重要因素之一。镀液温度低于65℃时，沉积速度很慢。随着镀液温度的升高，沉积速度加快，但镀层中的含磷量降低。温度过高或加热不均匀还会引起镀液的自发分解。

镀液的pH值也是化学镀镍过程中重要的控制参数。化学镀镍的沉积速度随着镀液pH值的下降而降低。但当镀液pH值大于6时，易产生亚磷酸镍沉淀，引起镀液自发分解。酸性化学镀镍液最佳的pH值通常在4.2~5.0之间。

在化学镀镍过程中，镀液的主盐、还原剂不断地消耗，pH值逐渐降低，亚磷酸根逐渐增多，这些都会破坏镀液的化学平衡，影响沉积速度、镀层的质量和镀液的稳定性。因此，在化学镀过程中要经常监测镀液的变化，按消耗量定期补充镍盐、还原剂，调整pH值到设定范围。为保持镀液的稳定性，定期过滤镀液也是必要的。

3. 化学镀的应用

化学镀具有一些电镀无法相比拟的特点，如优良的均镀能力和深镀能力，可在形状复杂的工件表面上沉积厚度均匀的镀层。另外，化学镀Ni-P层具有优良的耐磨性能和耐蚀性能，已被广泛用于压力泵、纺织机械零件、气缸、阀门和磨损件的修复等。尤其是对非金属材料制成的零件，经过化学镀镍后可以再用电镀的方法在其上沉积任何金属镀层。

五、气相沉积技术

气相沉积技术是利用气相中发生的物理、化学反应，生成的反应物在工件表面形成一层具有特殊性能的金属或化合物的涂层。自20世纪80年代以来，气相沉积技术发展迅猛，成为材料科学中最活跃的研究领域，并已经形成一个产业。

气相沉积按涂层的制备方法分为三大类：化学气相沉积技术（简称CVD法）、物理气相沉积技术（简称 PVD 法）和等离子体化学气相沉积技术（简称 PCVD 法）。

1. 化学气相沉积技术（CVD）

化学气相沉积是利用气态物质在固态表面进行化学反应，使生成固态物质沉积在被镀工件的表面从而形成镀层的工艺方法。若在钢的表面沉积氮化钛或碳化钛涂层，可将 $TiCl_4$、H_2、N_2、CH_4 等反应气体通入到加热温度为 900～1100℃的反应室内，经数小时沉积后，在工件表面就形成几微米厚的氮化钛或碳化钛薄膜。其反应式为

$$TiCl_4 + 2H_2 + \frac{1}{2}N_2 \longrightarrow TiN + HCl$$

$$TiCl_4 + CH_4 \longrightarrow TiC + 4HCl$$

由于 CVD 涂层在高温下形成，形成的涂层致密耐磨，厚度均匀，涂层与基体之间为冶金结合，可提高工模具的使用寿命数倍至十几倍。但由于 CVD 沉积温度高，工件变形大，所以只有少数的几种工模具材料能适合 CVD 工艺要求。目前 CVD 技术主要用于在硬质合金和 Cr12 型模具钢表面涂镀硬质涂层。

2. 物理气相沉积技术（PVD）

物理气相沉积是在高真空条件下，通过蒸发或溅射等物理方法使欲镀金属以原子或分子团的形式与反应气体反应，使生成的化合物沉积在工件的表面形成涂层的工艺方法。

按采用的物理方法不同，物理气相沉积可分为蒸发镀膜、溅射镀膜和离子镀膜。由于离子镀膜具有沉积速率快、涂层结合强度高、工件装载量大等特点，在工业上得到越来越广泛的应用。其中多弧离子镀膜是目前物理气相沉积的主流技术，图 3-44 是多弧离子镀膜装置的示意图。

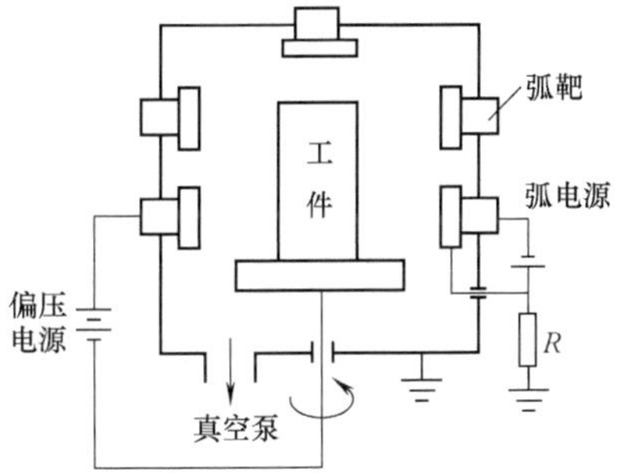

图 3-44　多弧离子镀膜装置示意图

多弧离子镀是利用真空弧光放电作为蒸发源的镀膜技术。镀膜室内设有一个或多个由镀膜材料制成的弧靶，弧靶接阴极并用水冷却构成冷阴极，炉体接阳极，工件接负偏压。当工作压强达到 1Pa 时，用引弧电极引燃弧靶，弧靶表面产生大量随机运动的弧光斑点，这时弧光放电电压降至 20V，电流为几百安，电流密度高达 $10^6 A/cm^2$。电弧使金属蒸发，金属粒子通过电弧弧柱时被电离，在偏压作用下沉积在基片上。

多弧离子镀的膜层均匀致密，结合牢固，真空室装载量大，沉积速率快（每秒可达几百纳米）。这项技术发展速度很快，已广泛用于装饰镀和工具镀，经济效益十分可观。

3. 等离子体化学气相沉积技术（PCVD）

PCVD 技术是在 CVD 技术的基础上，将等离子体引入到反应室内，使沉积温度从 CVD 的 1000℃降到了 600℃以下，扩大了其应用范围。

在常规的化学气相沉积中，促使其化学反应的能量来源是热能，反应是在平衡条件下按普通化学和热力学的条件实现的。而在等离子体化学气相沉积过程中，除热能外还借助外加电场的作用，使气体放电产生非平衡的等离子体。等离子体激活了反应气体，使反应气体处于高度活性状态，大大降低了化学反应温度，实现了能在低温下进行气相沉积的目标。

PCVD 技术具有沉积温度低、均镀性好、膜与基材结合强度高、设备简单等特点，比较适合模具、刀具等的表面硬化处理。

思考题

1. 何谓钢的热处理？试说明热处理同其他工艺过程的关系及其在机械制造中的地位和作用。

2. 比较说明亚共析钢、共析钢和过共析钢完全奥氏体化的过程。

3. 说明共析钢过冷奥氏体等温转变曲线的各个区、各条线的物理意义，并指出影响过冷奥氏体等温转变曲线形状和位置的主要因素。

4. 试比较共析钢过冷奥氏体等温转变曲线和过冷奥氏体连续冷却转变曲线的异同点。

5. 钢获得马氏体组织的条件是什么？与钢的珠光体及贝氏体相变比较，马氏体相变有何特点？

6. 退火的主要目的是什么？生产上常用的退火操作有哪几种？指出退火操作的应用范围。

7. 退火和正火的主要区别是什么？生产中应如何选择正火及退火？

8. 淬火的目的是什么？亚共析钢和过共析钢淬火加热温度应如何选择？试从获得的组织和性能等方面加以说明。

9. 试比较钢的表面淬火和化学热处理（渗碳、渗氮）的异同点，试从组织及性能等方面分析。

10. 表面工程技术在金属材料中应用的意义是什么？

第四章　金属材料

第一节　工业用钢

一、钢的分类和牌号

1. 钢的分类

钢的分类方法很多，最常用的分类方法如图4-1所示，按钢的化学成分、用途、质量或热处理金相组织等进行分类。除此之外，还可以按冶炼方法分为平炉钢、转炉钢和电炉钢；按钢的脱氧程度分为沸腾钢、镇静钢和半镇静钢。

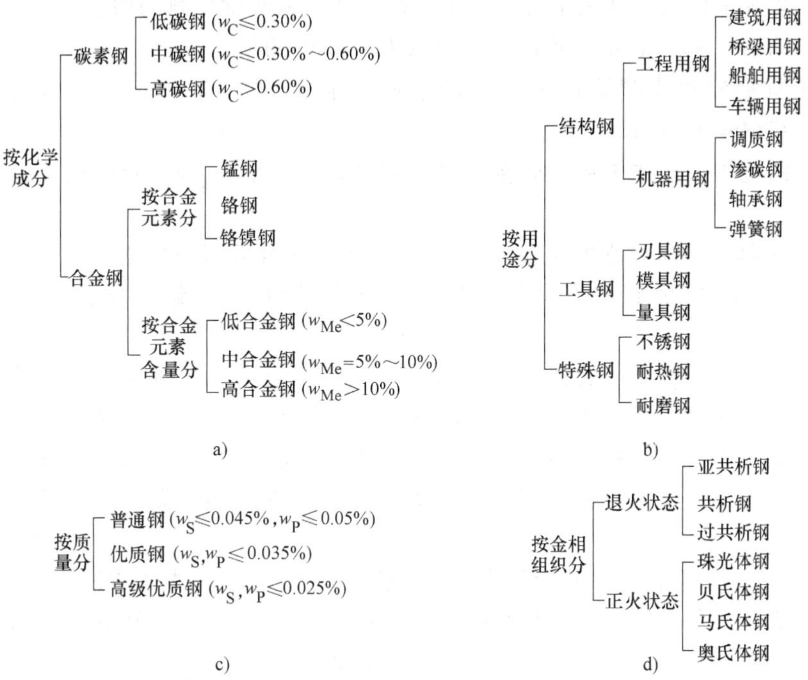

图4-1　钢的常用分类方法

2. 钢的牌号

我国钢材的编号是按碳的质量分数、合金元素的种类和数量以及质量级别来编号的。依据国家标准规定，钢号中的化学元素采用国际化学元素符号表示，如Si、Mn、Cr，稀土元素用“RE”表示。产品名称、用途、冶炼和浇注方法等则采用汉语拼音字母表示。表4-1是部分钢的名称、用途、冶炼方法及浇注方法用汉字或汉语拼音字母表示的代号。

（1）普通碳素结构钢　这类钢是用代表屈服强度的字母Q、屈服强度值、质量等级符号（A、B、C、D）以及脱氧方法符号（F、b、Z）等四部分按顺序组成的。如Q235-AF，表

表 4-1 部分钢的名称、用途、冶炼方法及浇注方法代号

名称	牌号表示		名称	牌号表示	
	汉字	汉语拼音字母		汉字	汉语拼音字母
平炉	平	P	高温合金	高温	GH
酸性转炉	酸	S	磁钢	磁	C
碱性侧吹转炉	碱	J	容器用钢	容	R
沸腾钢	沸	F	船用钢	船	C
半镇静钢	半	b	矿用钢	矿	K
碳素工具钢	碳	T	桥梁钢	桥	q
滚动轴承钢	滚	G	锅炉钢	锅	g
高级优质钢	高	A	钢轨钢	轨	U
易切钢	易	Y	焊条用钢	焊	H
铸钢		ZG	电工用纯铁	电铁	DT

示屈服强度为235MPa的A级沸腾钢。质量等级符号反映碳素结构钢中硫、磷含量的多少，按A、B、C、D质量依次增高。

（2）优质碳素结构钢　这类钢的钢号是用钢中平均碳质量分数的两位数字表示的，单位为万分之一。如钢号45，表示平均碳质量分数为0.45%的钢。

对于锰的质量分数比较高的钢，需将锰元素标出，如 $w_C=0.50\%$、$w_{Mn}=0.70\%\sim1.00\%$ 的钢，其钢号为50Mn。

专门用途的优质碳素结构钢，应在钢号后特别标出，如 $w_C=0.15\%$ 的锅炉用钢，其钢号为15g。

（3）碳素工具钢　这类钢的钢号前加“T”，其后是表示钢中平均碳质量分数的千分数的数字。如 $w_C=0.8\%$ 的碳素工具钢，其钢号记为“T8”。高级优质钢则在钢号末端加“A”，如“T8A”。

（4）合金结构钢　该类钢的钢号由“数字＋元素＋数字”三部分组成。前两位数字表示钢中平均碳质量分数的万分数；合金元素用化学元素符号表示，元素符号后面的数字表示该元素平均质量分数的百分数。当合金元素的平均质量分数 $<1.5\%$ 时，一般只标出元素符号而不标数字，当其质量分数 $\geqslant1.5\%$、$\geqslant2.5\%$、$\geqslant3.5\%$…时，则在元素符号后相应地标出2、3、4…

如果钢中加有V、Ti、Al、B、RE等合金元素，尽管它们在钢中的质量分数很低，但对钢的性能影响很大，故仍应在钢号中标出它们的元素符号。如 $w_C=0.16\%$、$w_{Mn}=1.0\%\sim1.4\%$、$w_{Nb}=0.015\%\sim0.05\%$ 的钢，其钢号为“16MnNb”。

（5）合金工具钢　该类钢号前用一位数字表示平均碳质量分数的千分数；当平均碳质量分数 $w_C\geqslant1\%$ 时，不标出其碳质量分数。如9CrSi钢，表示平均碳质量分数 $w_C=0.9\%$，合金元素Cr、Si的平均质量分数都小于1.5%的合金工具钢；Cr12MoV钢表示平均碳质量分数 $w_C>1\%$、$w_{Cr}\approx12\%$，w_{Mo}和 $w_V<1.5\%$ 的合金工具钢。

高速钢的钢号中一般不标出碳质量分数，仅标出合金元素平均质量分数的百分数，如W6Mo5Cr4V2。

（6）滚动轴承钢　这类钢的钢号前冠以“G”，其后为“Cr＋数字”，数字表示铬质量分数的千分数。如GCr15钢，表示铬平均质量分数 $w_{Cr}=1.5\%$ 的滚动轴承钢。

（7）不锈钢及耐热钢　这类钢钢号前面的数字表示碳质量分数的千分数，如“9Cr18”

表示钢的平均碳质量分数 $w_C=0.9\%$。但当钢的碳质量分数 $w_C \leqslant 0.03\%$ 及 $\leqslant 0.08\%$ 时，钢号前应分别冠以 00 及 0，如 00Cr18Ni10、0Cr19Ni9 等。

（8）铸钢　铸钢的牌号由字母“ZG”后面加两组数字组成。第一组数字代表钢的屈服强度值，第二组数字代表钢的抗拉强度值。例如 ZG270—500 表示屈服强度为 270MPa、抗拉强度为 500MPa 的铸钢。

二、合金元素在钢中的作用

合金元素在钢中的作用是极为复杂的，当钢中含有多种合金元素时更是如此。下面是合金元素在钢中的几个最基本的作用。

1. 强化铁素体

大多数合金元素都能溶于铁素体，产生固溶强化作用，使其强度、硬度升高，塑性和韧性下降。图 4-2 和图 4-3 为几种合金元素的质量分数对铁素体硬度和韧性的影响。由图可见，Mn、Si 能显著提高铁素体的硬度，但当 $w_{Mn}>1.5\%$、$w_{Si}>0.6\%$ 时，其韧性急剧降低。只有 Cr 和 Ni 比较特殊，在适当的质量分数范围内（$w_{Cr}\leqslant 1\%$、$w_{Ni}\leqslant 3\%$），不仅能提高铁素体的硬度，而且还能提高其韧性。

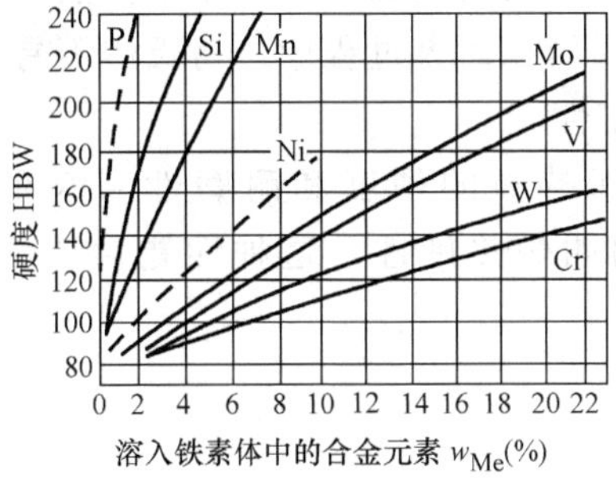

图 4-2　合金元素对铁素体硬度的影响

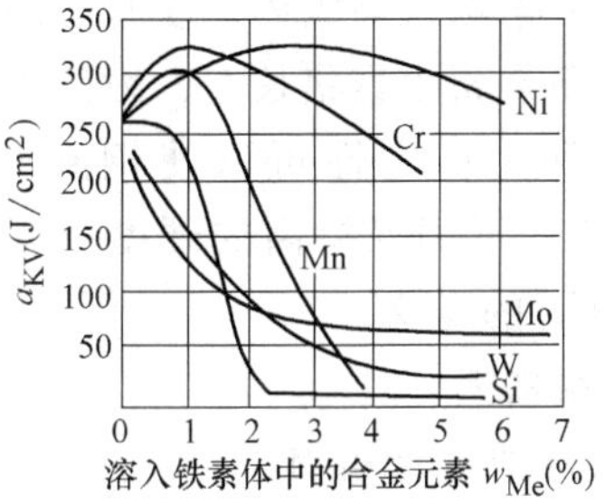

图 4-3　合金元素对铁素体韧性的影响

2. 形成合金碳化物

合金元素按其与钢中碳的亲和力大小可分为非碳化物形成元素和碳化物形成元素两大类。常见的非碳化物形成元素有：Ni、Co、Cu、Si、Al、N、B 等；常见的碳化物形成元素按照与碳的亲和力由弱到强的排列依次是：Fe、Mn、Cr、Mo、W、V、Nb、Zr、Ti 等。钢中形成的合金碳化物主要有以下两类：

（1）合金渗碳体　合金元素置换 Fe_3C 中的铁原子，形成合金渗碳体，如 $(FeMn)_3C$、$(FeCr)_3C$ 等。合金渗碳体与 Fe_3C 的晶体结构相同，但比 Fe_3C 略稳定，硬度也略高，是一般低合金钢中碳化物的主要存在形式。

（2）特殊碳化物　中强或强碳化物形成元素与碳形成的化合物，其晶格类型与合金渗碳体完全不同。它主要有两种类型：

1）具有简单晶格的间隙相碳化物，如 WC、VC、TiC、Mo_2C 等。

2）具有复杂晶格的碳化物，如 $Cr_{23}C_6$、Fe_3W_3C、Cr_7C_3 等。

特殊碳化物，特别是间隙相碳化物，比合金渗碳体具有更高的熔点、硬度与耐磨性，也更稳定，不易分解。

3. 阻碍奥氏体晶粒长大

钢在加热时，几乎所有的合金元素（除 Mn 外）都能阻碍奥氏体晶粒长大，但影响的程度不同。强碳化物形成元素容易形成特殊碳化物，也比较稳定，不容易分解溶入奥氏体中，可以对奥氏体晶粒长大起到机械阻碍作用。

4. 提高钢的淬透性

合金元素（除 Co 外）溶入奥氏体后，都能降低原子的扩散速度，提高过冷奥氏体的稳定性，使其等温转变曲线位置向右移动（图 4-4），临界冷却速度减小，从而提高钢的淬透性。

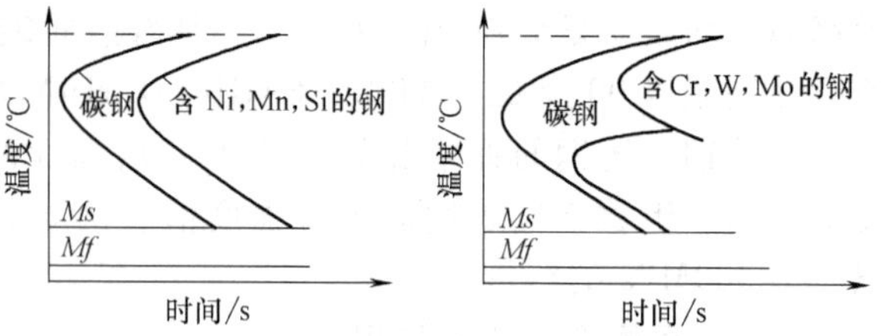

a) b)

图 4-4 合金元素对 C 曲线的影响

a）非碳化物形成元素 b）碳化物形成元素

能显著提高钢淬透性的合金元素有 Mo、Mn、Cr、Ni 等，微量的 B（w_B < 0.005%）即能显著提高钢的淬透性。多种元素同时加入要比各元素单独加入更为有效，所以淬透性好的钢多采用“多元少量”的合金化原则。

5. 提高回火稳定性

淬火钢在回火时抵抗软化的能力称为回火稳定性。回火是靠固态下的原子扩散完成的。由于合金元素溶入马氏体，使原子的扩散速度减慢，因而在回火过程中，马氏体不易分解，碳化物也不易析出聚集长大，因而提高了钢的回火稳定性。

高的回火稳定性可以使钢在较高温度下仍能保持高的硬度和耐磨性。钢在高温（>550℃）下仍保持高的硬度（≥60HRC）的能力叫做热硬性。这种性能对切削工具钢具有重要的意义。

三、结构钢

1. 普通碳素结构钢

这类碳钢中的碳质量分数一般在 0.06% ~ 0.38% 范围内，钢中有害杂质相对较多，但价格便宜，多用于要求不高的机械零件和一般的工程构件。通常轧制成钢板或各种型材供应。表 4-2 为碳素结构钢的牌号、主要成分、力学性能及用途。

表 4-2 碳素结构钢的牌号、主要成分、力学性能及用途

牌号	等级	化学成分（质量分数，%）			力学性能			用途
		C	S (≤)	P (≤)	σ_s /MPa	σ_b /MPa	δ_5 (%) (≥)	
Q195	—	0.06 ~ 0.12	0.050	0.045	195	315 ~ 390	33	塑性好，有一定的强度，用于制造受力不大的零件，如螺钉、螺母、垫圈等，还有焊接件、冲压件及桥梁建设等金属结构件
Q215	A	0.09 ~ 0.15	0.050	0.045	215	335 ~ 410	31	
	B		0.045					
Q235	A	0.14 ~ 0.22	0.050	0.045	235	375 ~ 460	26	
	B	0.12 ~ 0.20	0.045					
	C	≤0.18	0.040	0.040				
	D	≤0.17	0.035	0.035				
Q255	A	0.18 ~ 0.28	0.050	0.045	255	410 ~ 510	24	强度较高，用于制造承受中等载荷的零件，如小轴、销子、连杆等
	B		0.045					
Q275	—	0.28 ~ 0.38	0.050	0.045	275	490 ~ 610	20	

2. 优质碳素结构钢

这类钢有害杂质比较少，强度、塑性、韧性均比普通碳素结构钢好，主要用于制造较重要的机械零件。

表 4-3 为常用优质碳素结构钢的牌号、主要成分、力学性能及用途。

表 4-3 常用优质碳素结构钢的牌号、主要成分、力学性能及用途

牌号	主要成分(质量分数,%)			力学性能			用途
	C	Si	Mn	σ_b/MPa	σ_s/MPa	δ_5(%)	
				≥			
08F	0.05~0.11	≤0.03	0.25~0.50	295	175	35	受力不大但要求高韧性的冲压件、焊接件、紧固件等，渗碳淬火后可制造要求强度不高的耐磨零件，如凸轮、滑块活塞销等
08	0.05~0.12	0.17~0.37	0.35~0.65	325	195	33	
10	0.07~0.14	0.17~0.37	0.35~0.65	335	205	31	
15	0.12~0.19	0.17~0.37	0.35~0.65	375	225	27	
20	0.17~0.24	0.17~0.37	0.35~0.65	410	245	25	
30	0.27~0.35	0.17~0.37	0.50~0.80	490	295	21	负荷较大的零件，如连杆、曲轴、主轴、活塞销、表面淬火齿轮、凸轮等
35	0.32~0.40	0.17~0.37	0.50~0.80	530	315	20	
40	0.37~0.45	0.17~0.37	0.50~0.80	570	335	19	
45	0.42~0.50	0.17~0.37	0.50~0.80	600	355	16	
50	0.47~0.55	0.17~0.37	0.50~0.80	630	375	14	
55	0.52~0.60	0.17~0.37	0.50~0.80	645	380	13	
65	0.62~0.70	0.17~0.37	0.50~0.80	695	410	10	要求弹性极限或强度较高的零件，如轧辊、弹簧、钢丝绳、偏心轮等
65Mn	0.62~0.70	0.17~0.37	0.90~1.2	735	430	9	
70	0.67~0.75	0.17~0.37	0.50~0.80	715	420	9	
75	0.72~0.80	0.17~0.37	0.50~0.80	1080	880	7	

3. 普通低合金结构钢

普通低合金结构钢的成分特点是低碳（w_C < 0.20%）、低合金（一般合金元素总量 w_{Me} < 3%）、以 Mn 为主加元素。Mn、Si 的主要作用是强化铁素体；V、Ti、Nb 等主要是细化晶粒，提高钢的塑性和韧性；少量的 Cu 和 P 可以提高钢的耐蚀性；加入少量的稀土元素主要是起脱硫、除气的作用，进一步改善钢的性能。

这类钢具有高的屈服强度、良好的韧性和塑性，其屈服强度比碳钢提高 30% ~50% 以上。这类钢还具有良好的焊接性能，用它来制作金属结构可以减轻重量，节约钢材。

这类钢通常在热轧退火（或正火）状态下使用，其组织为铁素体 + 珠光体。它被广泛用于桥梁、船舶、车辆、建筑、锅炉、高压容器、输油输气管道等很多场合。

表 4-4 列出了我国生产的几种常用普通低合金结构钢的牌号、性能及用途。

4. 渗碳钢

渗碳钢通常是指经渗碳、淬火、低温回火后使用的钢，主要用于制造表面承受强烈摩擦和磨损，同时承受动载荷，特别是冲击载荷的机器零件。这类零件都要求表面具有高的硬度、耐磨性和接触疲劳强度，心部要有较高的强度和足够的韧性。

表 4-4 常用普通低合金结构钢的牌号、性能及用途

牌号	钢材厚度或直径/mm	力学性能			使用状态	用途
		σ_b/MPa	σ_s/MPa	δ_5(%)		
09MnV	≤16	430~580	≥295	≥23	热轧或正火	车辆中的冲压件、建筑金属构件、冷弯型钢
	16~25		≥275			
09Mn2	≤16	440~590	≥295	≥22	热轧或正火	低压锅炉、中低压化工容器、输油管道、储油罐等
	16~30	420~570	≥275	≥22		
16Mn	≤16	510~660	≥345	≥22	热轧或正火	各种大型钢结构、桥梁、船舶、锅炉、压力容器、电站设备等
	16~25	490~640	≥325	≥21		
15MnV	4~16	530~680	≥390	≥18	热轧或正火	中高压锅炉、中高压石油化工容器、车辆等焊接构件
	16~25	510~660	≥375	≥18		
16MnNb	≤16	530~680	≥390	≥20	热轧	大型焊接结构，如容器、管道及重型机械设备、桥梁等
	16~20	510~660	≥375	≥19		
14MnVTiRE	≤12	550~700	≥440	≥19	热轧或正火	大型船舶、桥梁、高压容器、重型机械设备等焊接结构件
	12~20	530~680	≥410	≥19		

渗碳钢可分为碳素渗碳钢和合金渗碳钢。碳素渗碳钢的平均碳质量分数一般在 0.10% ~ 0.20% 之间，淬透性低，仅能在表面获得高的硬度，而心部得不到强化，只适用于截面比较小的渗碳件。合金渗碳钢的平均碳质量分数一般在 0.10% ~0.25% 之间，加入 Ni、Mn、B 等合金元素，以提高钢的淬透性，使零件在渗碳淬火后表面和心部都能得到强化。加入少量的 V、W、Mo、Ti 等碳化物形成元素，可防止高温渗碳时晶粒长大，起到细化晶粒的作用。

合金渗碳钢热处理后渗碳层的组织由回火马氏体 + 粒状合金碳化物 + 少量残留奥氏体组成，表面硬度一般为 58 ~64HRC。心部组织与钢的淬透性及工件截面尺寸有关，完全淬透时为低碳回火马氏体，硬度为 40 ~48HRC；多数情况下，由托氏体 + 回火马氏体 + 少量铁素体组成，硬度为 25 ~40HRC，这样就可以达到“表硬里韧”的性能。

常用渗碳钢的牌号、热处理、性能及用途见表 4-5。

表 4-5 常用渗碳钢的牌号、热处理、性能及用途

牌号	试样尺寸/mm	热处理/℃				力学性能(≥)					用途
		渗碳	第一次淬火	第二次淬火	回火	σ_b/MPa	σ_s/MPa	δ_5(%)	ψ(%)	a_K/(J/cm^2)	
20Cr	15	930	880 水油	780 ~ 820 水油	200	835	540	10	40	60	用于 30mm 以下受力不大的渗碳件
20CrMnTi	15	930	880 油	870 油	200	1080	853	10	45	70	用于 30mm 以下承受高速中载荷的渗碳件
20SiMnVB	15	930	850 ~ 880 油	780 ~ 800 油	200	1175	980	10	45	70	代替 20CrMnTi
20Cr2Ni4	15	930	880 油	780 油	200	1175	1080	10	45	80	用于承受高负荷的重要渗碳件，如大型齿轮

5. 调质钢

调质钢一般指经过调质处理后使用的碳素结构钢和合金结构钢。大多数调质钢属于中碳钢。调质处理后，钢的组织为回火索氏体。调质钢具有高的强度和良好的塑性与韧性，常用于制造一些要求具有良好综合力学性能的重要零件，如轴类、齿轮等。

（1）调质钢的化学成分特点

1）碳质量分数介于0.27%～0.50%之间。碳质量分数过低时不易淬硬，回火后不能达到所需要的强度；碳质量分数过高将造成韧性偏低。

2）合金调质钢中的主加合金元素有Cr、Mn、Ti、Si等，目的是提高调质钢的淬透性。

3）加入能防止第二类回火脆性的合金元素，如Mo、W等。

（2）调质钢的淬透性　按钢的淬透性高低，合金调质钢大致可分为三大类：

1）低淬透性合金调质钢。这类钢的油淬临界直径为30～40mm，典型的钢种是40Cr，广泛用于制造一般尺寸的重要零件。

2）中淬透性合金调质钢。这类钢的油淬临界直径为40～60mm，典型钢种有35CrMo等，用于制造截面较大的零件，如曲轴、连杆等。

3）高淬透性合金调质钢。这类钢的油淬临界直径为60～100mm，如40CrNiMo，用于制造大截面、重载荷的重要零件，如汽轮机和航空发动机轴等。

（3）调质钢的热处理特点　将调质钢加热至850℃左右（$>Ac_3$），然后淬火。淬火介质可以根据钢件尺寸大小和钢的淬透性高低加以选择。除碳钢外，一般合金调质钢零件可以在油中淬火；合金元素的质量分数较高、淬透性特别大的钢件，甚至在空冷都能获得马氏体组织。

淬火后的调质钢必须进行回火处理，以便消除应力，增加韧性。调质钢一般在500～650℃的高温进行回火处理。

常用合金调质钢的牌号、热处理、性能及用途见表4-6。

表4-6　常用合金调质钢的牌号、热处理、性能及用途

牌号	试样尺寸/mm	热处理/℃		力学性能(不小于)					用途
		淬火	回火	σ_b/MPa	σ_s/MPa	δ_5(%)	ψ(%)	a_K/(J/cm^2)	
40Cr	25	850 油	520 水油	980	785	9	45	60	作重要调质件，如轴类、连杆螺栓、汽车转向节、齿轮等
40MnB	25	850 油	500 水油	930	785	10	45	60	代替40Cr
30CrMnSi	25	880 油	520 水油	1100	900	10	45	50	用于飞机重要件，如起落架、螺栓、对接接头、冷气瓶等
35CrMo	25	850 油	550 水油	980	835	12	45	80	用作重要的调质件，如锤杆、轧钢曲轴，是40CrNi的代用钢
38CrMoAlA	25	940 水油	640 水油	980	835	14	50	90	作需渗氮的零件，如镗杆、磨床主轴、精密丝杠、量规等
40CrMnMo	25	850 油	600 水油	1000	800	10	45	80	作受冲击载荷的高强度件，是40CrNiMo钢的代用钢
40CrNiMoA	25	850 油	600 水油	980	835	12	55	78	作重型机械中高负荷的轴类、直升飞机的旋翼轴、汽轮机轴等

（4）应用实例　连杆螺栓是发动机中一个重要的连接零件，要承受周期冲击性的载荷，因此需要有足够的强度、冲击韧性和抗疲劳强度。连杆螺栓一般用 40Cr 钢制作，其生产工艺路线如下：

下料→锻造→退火（或正火）→粗机械加工→调质→精加工→装配

调质热处理工艺如图 4-5 所示。经调质热处理后金相组织应为回火索氏体，硬度大约为 30～38HRC。

6. 弹簧钢

弹簧是各种机械和仪表中的重要零件。由于弹簧都是在动负荷下使用的，因此要求弹簧钢必须有高的抗拉强度、高的屈强比（σ_s/σ_b）和高的疲劳强度，同时还要求有较好的淬透性和低的脱碳敏感性，在冷热状态下容易卷绕成形。

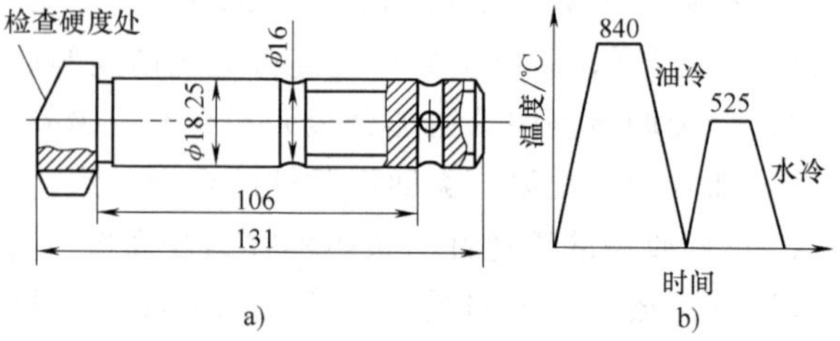

图 4-5　连杆螺栓及其热处理工艺

a）连杆螺栓零件图　b）热处理工艺流程图

（1）弹簧钢的化学成分　弹簧钢的碳质量分数一般在 0.6%～0.9%之间。碳素弹簧钢（如 65、75 钢等）的淬透性比较差，当其截面尺寸超过 12mm 时，在油中就不能淬透；若用水淬则容易产生裂纹。因此，对于截面尺寸较大、承受较重负荷的弹簧都是用合金弹簧钢制造的。

合金弹簧钢的碳质量分数一般在 0.45%～0.75%之间，钢中合金元素有 Si、Mn、Cr、W、V 等，其主要作用是提高钢的淬透性和回火稳定性，强化铁素体和细化晶粒，提高弹性极限和屈强比。

（2）弹簧钢的种类　弹簧钢按加工工艺可分为热成形弹簧和冷成形弹簧两种：

1）热成形弹簧。在加热状态下成形，成形后利用余热立即淬火。淬火后的弹簧根据使用要求采用 450～550℃中温回火处理，最终得到回火托氏体组织。热成形法一般用来制作截面比较大的弹簧。

2）冷成形弹簧。小尺寸弹簧通常用冷拔弹簧钢丝（片）绕制而成。用这种钢丝冷绕制成的弹簧只需进行一次 200～300℃的去应力回火，使弹簧定型即可使用。

常用合金弹簧钢的牌号、热处理、性能和用途见表 4-7。

表 4-7　常用合金弹簧钢的牌号、热处理、性能和用途

牌　号	热处理/℃		力学性能（≥）				用　　途
	淬火	回火	σ_b/MPa	σ_s/MPa	δ_{10}（%）	ψ（%）	
55Si2Mn	870 油	480	1300	1200	6	30	用于工作温度低于 230℃、φ20～φ30mm 的减振弹簧、螺旋弹簧
60Si2Mn	870 油	480	1300	1200	5	25	同上
50CrVA	850 油	500	1300	1150	10（δ_5）	40	用于 φ30～φ50mm、工作温度低于 400℃的弹簧、板簧
60Si2CrVA	850 油	410	1900	1700	6（δ_5）	20	用于 φ<50mm 的弹簧或工作温度低于 250℃的重型板簧与螺旋弹簧
55SiMnMoVNb	880 油	550	1400	1300	7	35	用于 φ<75mm 的弹簧或重型汽车板簧

7. 滚动轴承钢

滚动轴承在工作时，滚动体（滚珠或滚柱）和轴承内外套圈均承受周期性交变载荷，循环受力次数每分钟可达数万次。由于它们之间接触面积很小，接触应力可高达数千兆帕。另外，轴承的滚动体和套圈之间不仅存在着滚动摩擦，而且也存在相对滑动摩擦。因此，滚动轴承一般都是因为疲劳破坏或磨损而失效的。另外，滚动轴承一般工作在润滑油中，所以要具有一定的耐蚀能力。

（1）化学成分　滚动轴承钢一般都是高碳铬钢，其 $w_C \approx 0.95\% \sim 1.10\%$，$w_{Cr} \approx 0.40\% \sim 1.65\%$，尺寸较大的轴承可采用铬锰硅钢。

碳质量分数高是为了保证轴承钢的高强度、高硬度和高耐磨性。铬的主要作用是增加钢的淬透性，铬与碳所形成的 $(FeCr)_3C$ 能阻碍奥氏体晶粒长大，减小钢的过热敏感性，使淬火后能获得细针状或隐晶马氏体组织。铬还有利于提高回火稳定性。

对于大型轴承钢，在 GCr15 的基础上加入适量的 Si（质量分数 0.40% ~0.65%）和 Mn（质量分数 0.90% ~1.20%），可以进一步改善钢的淬透性，在提高钢的强度和弹性极限的同时，不降低韧性。

（2）热处理特点　轴承钢的热处理工艺主要为球化退火、淬火和低温回火。

球化退火的目的是使锻造后的轴承钢降低硬度，以利于切削加工，并为零件的最终热处理作组织准备。退火后的金相组织为球状珠光体和均匀分布的细粒状碳化物，硬度低于 210HBW。

轴承钢对淬火温度要求十分严格，淬火温度过高将会增加残留奥氏体量，并会因过热而得到粗片状马氏体，以致急剧降低钢的冲击韧性和疲劳强度（图 4-6）。

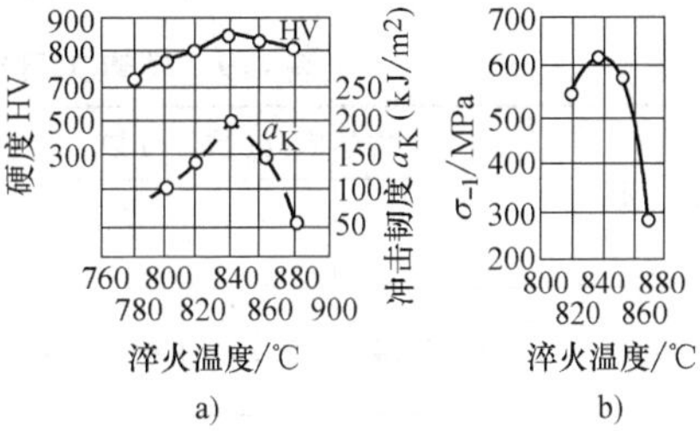

图 4-6　GCr15 钢淬火温度对力学性能的影响

a）硬度和冲击韧度　b）疲劳强度

轴承钢淬火 + 低温回火后的金相组织为极细的回火马氏体、分布均匀的细粒状碳化物和少量的残留奥氏体，硬度为 61 ~65HRC。

常用滚动轴承钢的牌号、成分、热处理工艺及用途见表 4-8。

表 4-8　常用滚动轴承钢的牌号、成分、热处理工艺及用途

牌号	化学成分（质量分数，%）				热处理/℃		硬度 HRC	用途
	C	Cr	Si	Mn	淬火	回火		
GCr9	1.00 ~ 1.10	0.90 ~ 1.20	0.15 ~ 0.35	0.25 ~ 0.45	810 ~ 820 水油	150 ~ 170	62 ~66	直径小于 20mm 的滚动体及轴承内、外圈
GCr9SiMn	1.00 ~ 1.10	0.90 ~ 1.25	0.45 ~ 0.75	0.95 ~ 1.25	810 ~ 830 水油	150 ~ 160	62 ~ 64	直径小于 25mm 的滚柱，壁厚小于 14mm、外径小于 250mm 的套圈
GCr15	0.95 ~ 1.05	1.40 ~ 1.65	0.15 ~ 0.35	0.25 ~ 0.45	820 ~ 840 油	150 ~ 160	62 ~ 64	同 GCr9SiMn

（续）

牌号	化学成分（质量分数，%）				热处理/℃		硬度 HRC	用途
	C	Cr	Si	Mn	淬火	回火		
GCr15SiMn	0.95～1.05	1.40～1.65	0.45～0.75	0.95～1.25	810～830 油	160～200	61～65	直径大于50mm的滚柱，壁厚≥14mm、外径大于250mm的套圈，φ25mm以上的滚柱
GMnMoVRE	0.95～1.05		0.15～0.40	1.10～1.40	770～810 油	170±5	≥62	代替GCr15钢用于军工和民用方面的轴承

四、工具钢

用于制造各种刃具、模具、量具和其他工具的钢称为工具钢。

1. 碳素工具钢

碳素工具钢的平均碳质量分数比较高（w_C=0.65%～1.35%），S、P杂质的质量分数比较低。经淬火、低温回火后钢的硬度比较高，耐磨性好，但塑性比较低。它主要用于制造各种低速切削的刀具、量具和模具。

表4-9为碳素工具钢的牌号、主要成分、力学性能及用途。

表4-9 碳素工具钢的牌号、主要成分、力学性能及用途

牌号	化学成分（质量分数，%）			硬度		用途
	C	Mn	Si	退火后 HBW（≤）	淬火后 HRC（≥）	
T7	0.65～0.74	0.20～0.40	0.15～0.35	187	62	用作受冲击的工具，如锤子、螺钉旋具等
T8	0.75～0.84	0.20～0.40	0.15～0.35	187	62	用作低速切削刀具，如锯条、木工刀具、虎钳钳口、饲料机刀片等
T10	0.95～1.04	0.15～0.35	0.15～0.35	197	62	低速切削刀具、小型冷冲模、形状简单的量具
T12	1.15～1.24	0.15～0.35	0.15～0.35	207	62	用作不受冲击，但要求硬、耐磨的工具，如锉刀、丝锥、板牙等

2. 合金刃具钢

这类钢比碳素工具钢具有更高的硬度、耐磨性，淬透性和热硬性。此外，合金刃具钢还具有一定的强度、韧性和塑性，可以避免刃具在使用过程中受压力、冲击力或震动而发生断裂。因而合金刃具钢可以用于制造截面大、形状复杂、性能要求高的工具。

（1）低合金刃具钢

1）成分特点。碳质量分数为0.80%～1.50%，以保证刃具有高的硬度和耐磨性。合金元素总质量分数<5%。其中Cr、Mn、Si主要作用是提高钢的淬透性，Si还能提高回火稳定性；W、V能提高钢的硬度和耐磨性，并防止淬火加热时过热，阻止晶粒长大。

2）热处理特点。低合金刃具钢的热处理主要有球化退火、淬火和低温回火。

以9SiCr钢制造的圆板牙为例，其生产过程的工艺路线如下：

下料→球化退火→机械加工→淬火＋低温回火→磨平面→开槽→开口

球化退火采用的是图 4-7 所示的等温退火工艺。淬火 + 低温回火的热处理工艺如图 4-8 所示。

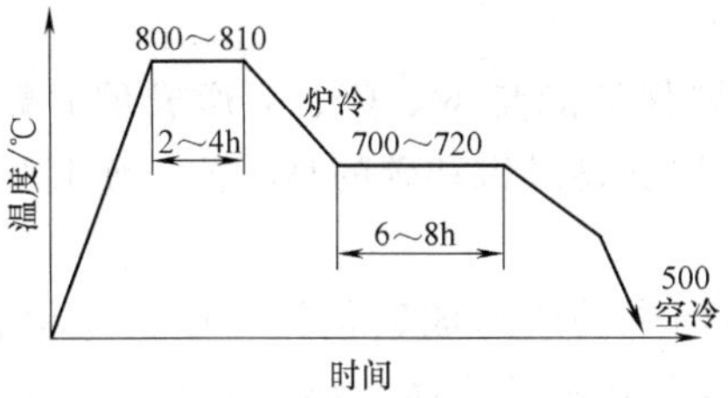

图 4-7　9SiCr 钢等温球化退火工艺

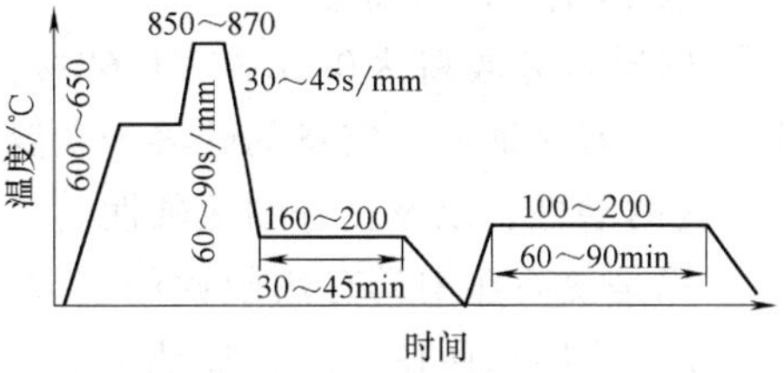

图 4-8　9SiCr 钢圆板牙淬火回火工艺

淬火加热过程中要在 600 ~ 650℃ 保温预热一段时间，以减少高温停留时间，降低板牙的氧化脱碳倾向。加热到 850 ~ 870℃ 后，在 180℃ 左右的硝盐浴中进行等温淬火，以减小变形。淬火后在 190 ~ 200℃ 进行低温回火，使其达到所要求的硬度（60 ~ 63HRC），并降低残留应力。

常用低合金刃具钢的牌号、成分、热处理及用途见表 4-10。

表 4-10　常用低合金刃具钢的牌号、成分、热处理及用途

牌号	化学成分(质量分数,%)					热处理				用途
						淬火		回火		
	C	Si	Mn	Cr	其他	温度/℃	HRC(≥)	温度/℃	HRC(>)	
9Mn2V	0.85 ~ 0.95	≤0.40	1.70 ~ 2.00		V0.10 ~ 0.25	780 ~ 810 油	62	150 ~ 200	60 ~ 62	丝锥、板牙、铰刀、量规、量块、精密丝杠
9CrSi	0.85 ~ 0.95	1.20 ~ 1.60	0.30 ~ 0.60	0.95 ~ 1.25		820 ~ 860 油	62	180 ~ 200	60 ~ 63	耐磨性高、切削不剧烈的刀具，如板牙、齿轮铣刀等
CrWMn	0.90 ~ 1.05	≤0.40	0.80 ~ 1.10	0.90 ~ 1.20	W1.20 ~ 1.60	800 ~ 830 油	62	140 ~ 160	62 ~ 65	要求淬火变形小的刀具，如拉刀、长丝锥、量规等
Cr2	0.95 ~ 1.10	≤0.40	≤0.40	1.30 ~ 1.65		830 ~ 860 油	62	150 ~ 170	60 ~ 62	低速、切削量小、加工材料不很硬的刀具，测量工具，如样板
CrW5	1.25 ~ 1.50	≤0.30	≤0.30	0.40 ~ 0.70	W4.50 ~ 5.50	800 ~ 820 水	65	150 ~ 160	64 ~ 65	低速切削硬金属用的刀具，如车刀、铣刀、刨刀
9Cr2	0.85 ~ 0.95	≤0.40	≤0.40	1.30 ~ 1.70		820 ~ 850 油	62			主要作冷轧辊、钢印冲孔凿、尺寸较大的铰刀

（2）高速钢　高速钢是一种高合金工具钢。钢中包含 W、Cr、Mo、V 等合金元素，总质量分数超过 10%。它的主要特性是具有良好的热硬性，当切削温度高达 600℃ 时硬度仍无

明显下降。高速钢切削时能长时间保持刃口锋利，故又称为“锋钢”。高速钢具有高淬透性，淬火时在空气中冷却即可得到马氏体组织，因此又俗称为“风钢”。

1）高速钢的成分特点

① 碳质量分数高达0.70%～1.60%。它一方面要保证能与W、Cr、V形成足够数量的碳化物，又要保证有一定量的碳溶于高温奥氏体中，以获得过饱和碳的马氏体，使其具有高硬度和高耐磨性，以及良好的热硬性。

② 钨是使高速钢具有热硬性的主要元素，它与钢中的碳形成碳化钨。在退火状态下，钨以Fe_4W_2C形式存在。淬火加热时，一部分Fe_4W_2C溶入奥氏体，淬火后存在于马氏体中，提高钢的回火稳定性。在560℃的回火过程中，一部分钨以W_2C形式弥散沉淀析出，造成“二次硬化”。淬火加热时未溶的Fe_4W_2C能阻止高温下的奥氏体晶粒长大，可减小其过热敏感性。铬可以增加钢的淬透性，提高硬度，改善耐磨性。钒与碳的亲和力比钨与碳或钼与碳的亲和力都强，它所形成的V_4C_3（或VC）比钨的碳化物更稳定。

2）高速钢的锻造。高速钢的铸态组织中存在鱼骨状碳化物（图4-9）。这些粗大的碳化物无法用热处理的方法消除，只有通过锻造的方法将其击碎，并使它分布均匀。如果碳化物分布不均匀，将使刀具的强度、硬度、耐磨性、韧性和热硬性都下降，在使用过程中容易发生崩刃或加速磨损，导致刀具早期失效。

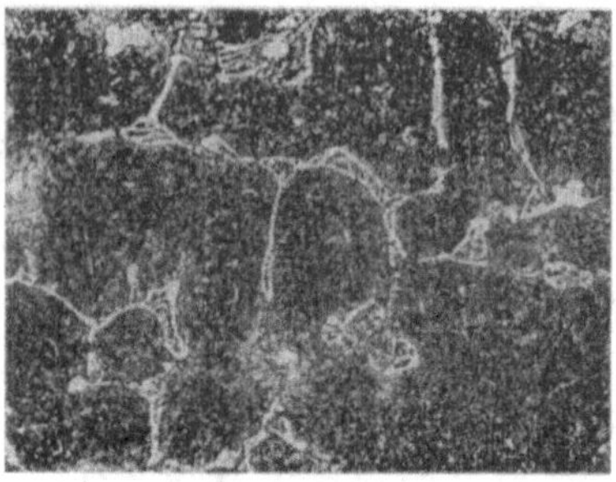

图4-9 高速工具钢的铸态组织

3）高速钢的热处理

① 高速钢锻造后应进行球化退火处理，以降低硬度，消除应力，便于机械加工，并为随后的淬火回火作好组织准备。

② 高速钢导热性比较差，淬火温度又高，所以淬火加热时必须进行一次或两次预热（见图4-10）。高速钢中含有大量W、Mo、Cr、V的难溶碳化物，它们只有在1200℃以上才能大量地溶于奥氏体中，因此高速钢的淬火加热温度非常高，一般为1220～1280℃。淬火后组织为淬火马氏体、碳化物和大量残留奥氏体。

③ 高速钢的硬度与回火温度的关系见图4-11。由图可知，在回火温度为560℃左右时，高速钢的硬度最高。这种回火时出现的硬度回升现象称为钢的“二次硬化”。

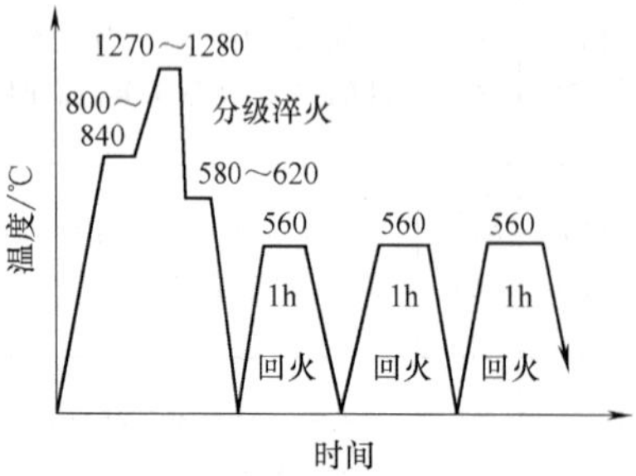

图4-10 W18Cr4V高速钢淬火回火工艺曲线图

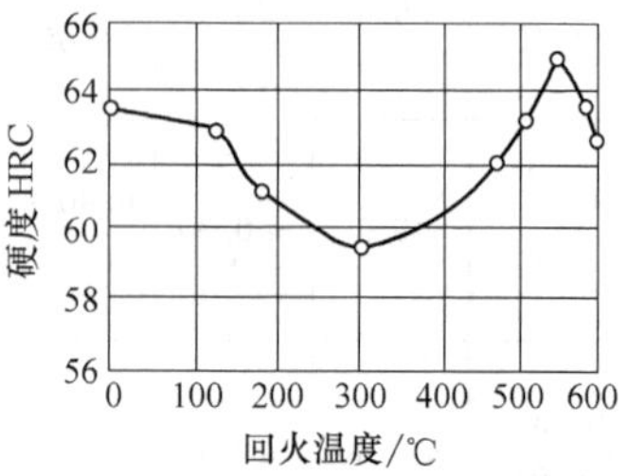

图4-11 W18Cr4V高速钢回火温度与硬度的关系

高速钢通常在二次硬化峰值温度回火三次。在此回火温度范围内，钨及钒的碳化物呈弥散状从马氏体中沉淀析出，使钢的硬度明显上升。高速钢在淬火后约有20%～25%的残留奥氏体，一次回火后，仍有约15%的残留奥氏体。通过三次回火，高速钢内的残留奥氏体基本全部转变为马氏体。

高速钢淬火、回火后的组织由回火马氏体+少量残留奥氏体+碳化物组成。

我国常用的高速钢有两种：一种是钨系W18Cr4V；另一种是钨-钼系W6Mo5Cr4V2。W6Mo5Cr4V2钢的热塑性、韧性、耐磨性和热硬性均优于W18Cr4V钢，并且碳化物细小，分布均匀，比重小，价格也比较便宜，但磨削加工性不如W18Cr4V钢，热处理时的脱碳敏感性也较大。这种钢可用于制造耐磨性和韧性很好配合的高速切削刀具如丝锥、钻头等；尤其是适合用热轧制、扭制变形加工成形工艺制造的钻头等刀具。W18Cr4V钢用于制造一般高速切削车刀、刨刀、铣刀、插齿刀等。

3. 模具钢

模具钢分为冷作模具钢和热作模具钢。冷作模具钢用于制造各种冷冲模、冷挤压模和拉丝模等，工作温度不超过200～300℃。热作模具钢用于制造各种热锻模、压铸模、高速锻模等，工作时型腔表面温度可达600℃以上。

（1）性能要求　冷作模具工作时要承受很大的压力、冲击载荷和摩擦。主要损坏形式是磨损，也常出现断裂和变形等。因此冷作模具钢应具有高硬度、高耐磨性、高韧性和疲劳强度，热处理变形要小。

热作模具钢在工作中承受较大的冲击载荷和塑变摩擦，以及强烈的冷热循环所引起的不均匀热应力以及高温氧化，使模具常出现龟裂、塌陷、磨损等失效现象。因此对热作模具钢性能的要求是要有高的热硬性和高温耐磨性、高的抗氧化能力、高的热强性和足够高的韧性。由于热作模具的体积一般比较大，还要求有较高的淬透性和导热性。

（2）成分特点

1）冷作模具钢的碳质量分数多在1.0%以上，有时高达2.0%以上。它既要保证能与Cr、Mo、V形成足够数量的碳化物，又要使一定的碳溶于高温奥氏体中，获得过饱和碳的马氏体，以保证模具钢的高硬度和高耐磨性。加入Cr、Mo、W、V等合金元素可以强化基体，形成碳化物，提高钢的硬度和耐磨性等。

2）热锻模具钢中的碳质量分数不能过高，否则将降低钢的导热性和韧性；但又不能过低，否则就不能保证所需的强度、硬度和耐磨性，所以热作模具钢的碳质量分数一般在0.50%～0.60%的范围内。加入Cr、Ni、Mn等元素可以提高钢的淬透性和强度等性能。加入W、Mo、V等元素可以防止回火脆性，提高热稳定性及热硬性。适当提高Cr、Mo、W在钢中的质量分数还可以提高钢的抗热疲劳性。

（3）热处理特点　冷作模具钢的热处理特点与低合金刃具钢类似。

热作模具钢的最终热处理一般为淬火后高温（或中温）回火，以获得均匀的回火索氏体组织，硬度在40HRC左右，以保证有较高的韧性。

表4-11是各类常用模具钢的牌号、成分、热处理、性能及用途。

4. 量具钢

（1）对量具钢的要求

1）量具的工作部分应有高的硬度（≥56HRC）和耐磨性。

2）热处理变形要小。在存放和使用的整个过程中，尺寸不发生变化，始终保持其高精度。

表 4-11 常用模具钢的牌号、成分、热处理、性能及用途

类别	牌号	化学成分(质量分数,%)							热处理				应用举例
									淬火		回火		
		C	Mn	Si	Cr	W	V	Mo	温度/℃	硬度HRC	温度/℃	硬度HRC	
冷模具钢	Cr12	2.00~2.30	≤0.35	≤0.40	11.5~13.00	—	—		980油	62~65	180~220	60~62	冷冲模、冲头、冷切剪刀
									1080油	45~50	520(三次)	59~60	
	Cr12MoV	1.45~1.70	≤0.35	≤0.40	11.0~12.5	—	0.15~0.30	0.40~0.60	1030油	62~63	160~180	61~62	冷切剪刀、拉丝模
									1120油	41~50	510(三次)	60~61	
热模具钢	5CrNiMo	0.50~0.60	0.50~0.80	≤0.35	0.50~0.80	镍1.40~1.80	—	0.15~0.30	830~860油	≤47	530~550	364~402HBW	大型锻模
	5CrMnMo	0.50~0.60	1.20~1.60	0.25~0.60	0.60~0.90	—	—	0.15~0.30	820~850油	≥50	560~580	324~364HBW	中型锻模
	6SiMnV	0.55~0.65	0.90~1.20	0.80~1.10	—	—	0.15~0.30	—	820~860油	≥56	490~510	374~444HBW	中小型锻模
	3Cr2W8V	0.30~0.40	0.20~0.40	≤0.35	2.20~2.70	7.50~9.00	0.20~0.50	—	1050~1100油	>50	560~580(三次)	44~48	螺钉或铆钉热压模、热剪切刀

3）一般量具工作面的表面粗糙度值比较低，所以要求量具钢有较好的加工工艺性。

（2）成分特点

1）碳质量分数为0.90%～1.50%，以保证高硬度和耐磨性。

2）加入合金元素Cr、W、Mn等提高钢的淬透性，减小淬火变形。这些合金元素还可以形成合金渗碳体，提高钢的硬度和耐磨性。

（3）热处理特点　量具钢热处理的关键在于减少热处理变形和提高尺寸稳定性。因此，在淬火和低温回火时要采取措施提高组织的稳定性。

1）在保证硬度的前提下，尽量降低淬火温度，以减少残留奥氏体量。

2）淬火后立即进行－70～－80℃的冷处理，使残留奥氏体尽可能地转变为马氏体，然后再进行低温回火处理。

3）精度要求高的量具，在淬火、冷处理和低温回火后，尚需进行120～130℃、几小时至几十小时的时效处理，使马氏体正方度降低、残留奥氏体稳定和消除残留应力。为了去除磨削加工中所产生的应力，有时还要在磨削加工后进行120～130℃、保温8h的时效处理，甚至要反复进行多次。

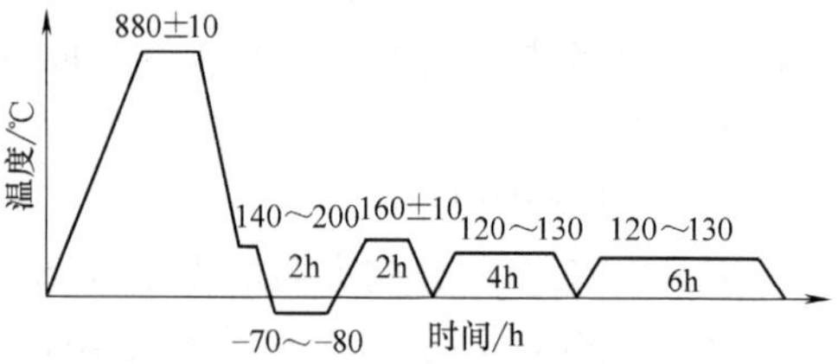

图4-12　GCr15钢量块热处理工艺曲线

图4-12是用GCr15（或CrWMn）钢制造高精度量块的热处理工艺曲线。处理后的

量块，一年内每 10mm 长度的尺寸变量不超过 0.1～0.2μm。

常用量具用钢的选用见表 4-12。

表 4-12 量具用钢的选用举例

量　　具	钢　　号
平样板或卡板	10、20 或 50、55、60、60Mn、65Mn
一般量规与量块	T10A、T12A、9CrSi
高精度量规与量块	Cr、CrMn、GCr15
高精度且形状复杂的量规与量块	CrWMn（低变形钢）
抗蚀量具	4Cr13、9Cr18（不锈钢）

五、特殊性能钢

特殊性能钢是指不锈钢、耐热钢、耐磨钢等一些具有特殊的化学和物理性能的钢。

1. 不锈钢

不锈钢是指在腐蚀介质中具有耐蚀性能的钢。据不完全统计，全世界因腐蚀而损坏的金属制件约占其产量的 10%，因此采取必要的措施提高金属耐蚀性具有非常重要的现实意义。

（1）金属腐蚀的概念　腐蚀一般分为化学腐蚀和电化学腐蚀。金属在电解质中的腐蚀，称为电化学腐蚀；金属在非电解质中的腐蚀，称为化学腐蚀。如钢在室温时的氧化属于电化学腐蚀；而钢在高温下的氧化则属于典型的化学腐蚀。在通常情况下，金属的腐蚀一般以电化学腐蚀为主。

电化学腐蚀实际上是微电池的作用。例如珠光体组织在硝酸酒精溶液中的腐蚀就是一种微电池电化学腐蚀作用的结果。

珠光体中的铁素体和渗碳体有着不同的电极电位，铁素体的电极电位要比渗碳体的电极电位低。若将珠光体置于硝酸酒精溶液中，铁素体将成为阳极而被腐蚀，而作为阴极的渗碳体则不被腐蚀。这样就使原来已经被抛光的平面变得凹凸不平，如图 4-13 所示。

从电化学腐蚀基本原理看出，若要提高金属的耐蚀性，可以采取以下措施：

1）提高合金本身的电极电位。在钢中加入某些合金元素后可显著提高钢中基本相的电极电位。如在铁中加入质量分数大于 13% 的铬后，铁的电极电位由 －0.56V 突然升高至 0.2V（图 4-14），其耐蚀性能也显著提高。常加入的合金元素有 Cr、Ni、Si 等。

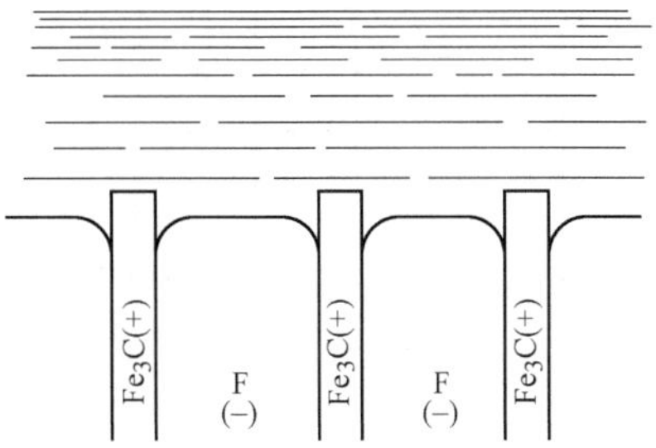

图 4-13　片状珠光体电化学腐蚀示意图

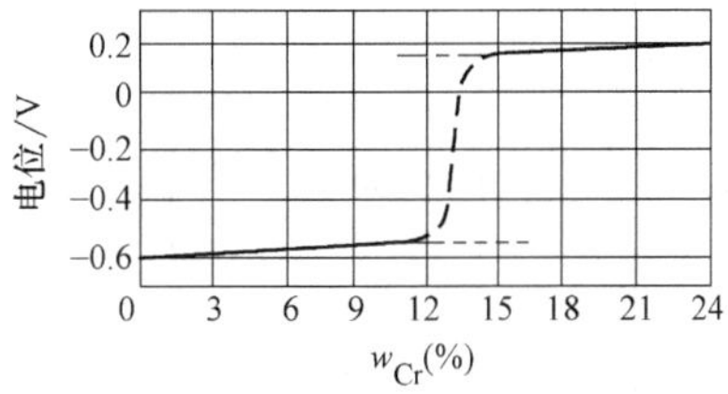

图 4-14　铁铬合金的电极电位

2）尽量使钢在室温下呈均匀的单相组织。合金元素加入钢中后，使钢形成单相的铁素体、单相的奥氏体或单相的马氏体组织，这样可减少构成微电池的条件，从而提高钢的耐蚀性。

3）形成氧化膜。合金元素加入钢中后，可以在钢的表面形成一层致密的、结合牢固的氧化膜（又称钝化膜），使钢与周围介质隔绝，提高钢的耐蚀能力。常加入的合金元素有 Cr、Si、Al 等。

（2）不锈钢的分类　常用不锈钢按组织可分为奥氏体不锈钢、铁素体不锈钢和马氏体不锈钢等三种类型，表 4-13 是这些不锈钢的牌号、成分、热处理、力学性能及用途。

表 4-13　常用不锈钢的牌号、成分、热处理、力学性能及用途

类别	牌号	主要化学成分(质量分数,%)				热处理/℃	力学性能					用途
		C	Cr	Ni	Ti		σ_b/MPa	σ_s/MPa	δ(%)	ψ(%)	HRC	
奥氏体型	0Cr18Ni9	≤0.08	17~19	8~12		1050~1100 水淬	≥490	≥180	≥40	≥60		具有良好的耐蚀及耐晶间腐蚀性能，是化工行业良好的耐蚀材料
	1Cr18Ni9	≤0.12	17~19	8~12		1100~1150 水淬	≥550	≥200	≥45	≥55		制作耐硝酸，冷磷酸，有机酸及盐、碱溶液腐蚀的设备零件
	1Cr18Ni9Ti	≤0.12	17~19	8~11	≤0.8	1100~1150 水淬	≥550	≥200	≥40	≥50		耐酸容器及设备衬里，输送管道等设备和零件，抗磁仪表、医疗器械
马氏体型	1Cr13	0.08~0.15	12~14			1000~1050 油或水淬 700~790 回火	≥600	≥420	≥20	≥60	—	制作能抗弱腐蚀性介质、能承受冲击负荷的零件，如汽轮机叶片、水压机阀、结构架、螺栓、螺母等
	2Cr13	0.16~0.24	12~14			1000~1050 油或水淬 700~790 回火	≥660	≥450	≥16	≥55	—	
	3Cr13	0.25~0.34	12~14			1000~1050 油淬 200~300 回火	—	—	—	—	48	制作具有较高硬度和耐磨性的医疗工具、量具、滚珠轴承等
	4Cr13	0.35~0.45	12~14			1000~1050 油淬 200~300 回火	—	—	—	—	50	同 3Cr13

（续）

类别	牌号	主要化学成分（质量分数，%）				热处理/℃	力学性能					用途
		C	Cr	Ni	Ti		σ_b /MPa	σ_s /MPa	δ (%)	ψ (%)	HRC	
铁素体型	1Cr17	≤0.12	16～18			750～800 空冷	≥400	≥250	≥20	≥50	—	制作硝酸工厂设备如吸收塔、热交换器、酸槽、输送管道及食品工厂设备等
	Cr25Ti	≤0.12	25～27		0.6～0.8	700～800 空冷	450	300	20	45		制作硝酸、磷酸及氮肥等工业设备

1）奥氏体不锈钢。奥氏体不锈钢属于铬镍钢，也称为18-8型不锈钢。这类钢的强度、硬度比较低，而塑性、韧性比较好，可进行各种冷塑性变形加工。但18-8型钢对加工硬化很敏感，这类钢唯一的强化方法就是加工硬化。因为18-8型不锈钢的塑性高，易加工硬化，加之导热性差，故切削加工性能比较差。

18-8型不锈钢中的碳质量分数比较低，为0.08%～0.15%，高的碳质量分数不利于其耐蚀性能。Cr和Ni的质量分数很高（$w_{Cr}=15\%\sim24\%$，$w_{Ni}=13.5\%\sim22\%$）。Cr主要是起钝化作用，提高阳极电极电位；Ni可以扩大γ区，使钢的*Ms*点降低至室温以下，所以18-8型不锈钢在室温时具有单相奥氏体组织。强碳化物形成元素Ti可以在钢中抑制 $(CrFe)_{23}C_6$ 在晶界上析出，消除钢的晶间腐蚀倾向。

18-8型不锈钢常用的热处理工艺方法有固溶处理、稳定化处理及去应力处理等几种。

固溶处理是将钢加热至1100℃左右，使钢中碳化物充分溶解，随后通过水淬快冷，把单相奥氏体组织保留至室温。对奥氏体钢来讲，固溶处理的目的是提高钢的耐蚀性。

对于含Ti或Nb的奥氏体不锈钢，经固溶处理后还要再进行一次稳定化处理（850～880℃，6h，缓冷），其目的在于消除晶间腐蚀的倾向。

经过冷加工或焊接的18-8型不锈钢都会存在残留应力，容易引起应力腐蚀，导致早期断裂。若单纯地要消除冷加工的残留应力，可加热至300～350℃，然后冷却。若要消除焊件的残留应力，则应加热至850℃以上，使 $(CrFe)_{23}C_6$ 完全溶解，并且通过扩散使贫铬区消失，消除应力的同时还可以起到减轻晶间腐蚀的作用。

2）马氏体不锈钢。马氏体不锈钢 w_{Cr} 为11.5%～18%，属于铬不锈钢。铬不锈钢要有高的耐蚀性，其基体中的铬质量分数至少要在11.7%以上，使其在阳极区域的基体表面上形成一层富铬的氧化物保护膜。这层膜将阻碍阳极区域的反应，并提高电极电位，减缓基体的电化学腐蚀速度。但是这层致密的氧化膜只有用在氧化性介质中才能起到防锈的作用，例如1Cr13及2Cr13钢在大气、水蒸气中具有良好的耐蚀性，但在硫酸、盐酸、熔融碱中，由于不能很好地建立钝化状态，所以耐蚀性很低。

铬不锈钢的碳质量分数为0.08%～1.2%，随着钢中碳质量分数的增加，钢的强度、硬度、耐磨性提高，但耐蚀性下降。因碳与铬形成碳化铬，降低了铁素体中铬的质量分数，使其电极电位不能跃升。这类钢多用于力学性能要求较高、而耐蚀性要求较低的零件，如汽轮机叶片、各种泵的零件、弹簧、滚动轴承以及一些医疗器械。

马氏体不锈钢最终热处理是淬火+回火，有时在空气中即可淬硬，但一般采用油冷。1Cr13、2Cr13 常用于综合力学性能与耐蚀性要求较高的零件，应采取淬火和高温回火的调质处理，得到回火索氏体组织。3Cr13 常用于要求高硬度的医疗器械、量具等，应采取淬火+低温回火，得到回火马氏体组织。

马氏体不锈钢在锻后需要退火，以降低硬度，改善切削加工性。在冲压后也需退火，消除加工硬化，恢复塑性，以便进一步加工。

3）铁素体不锈钢。铁素体不锈钢中的碳质量分数低于 0.12%，w_{Cr} 为 11.5%～32%，也属于铬不锈钢。由于铬元素对 γ 区的影响作用，这类钢呈单相铁素体组织。它从室温加热到 1100℃也不会发生 $\alpha\rightarrow\gamma$ 相变，因而不能用热处理的方法强化。如果在热加工中发生晶粒粗化，也不能用热处理方法细化晶粒，只能通过塑性变形及再结晶来细化晶粒。

铁素体不锈钢抗大气腐蚀和耐酸能力强，具有良好的抗高温氧化性。其塑性、焊接性均优于马氏体不锈钢，主要用于制造耐蚀性要求很高而强度要求不高的构件，如硝酸、氮肥、磷酸等化学工业中在氧化性腐蚀介质中工作的构件。

2. 耐热钢

许多机械零部件需要在高温下工作，要求具有高耐热性的钢称为耐热钢。耐热钢包括抗高温氧化钢和热强钢。

（1）抗氧化钢　在高温下有较好的抗氧化性并具有一定强度的钢称为抗氧化钢，又叫耐热不起皮钢。在高温下，抗氧化钢表面能迅速氧化形成一层致密的氧化膜覆盖在金属表面，使其不再继续氧化。而碳钢在高温下表面生成的 FeO 疏松多孔，氧原子容易通过 FeO 进行扩散，使内部继续氧化。FeO 与基体的结合强度也比较弱，容易剥落，结果钢的表面不断发生锈蚀，最终导致零件破坏。

抗氧化钢是在钢中加入 Cr、Si、Al 等合金元素，使钢在高温下与氧接触时，在表面上形成致密、结合牢固、熔点高、化学稳定性好的 Cr_2O_3、SiO_2、Al_2O_3 等氧化膜，有效地阻挡了外界的氧原子继续向里扩散。如在钢中加入 15%（质量分数）Cr，其抗氧化温度可达 900℃；在钢中加 20%～25%（质量分数）Cr，其抗氧化温度可达 1100℃。它多用来制造加热炉用部件和热交换器，如燃气轮机燃烧室、锅炉吊挂和加热炉底板等。

实际应用的抗氧化钢，大多数是在铬钢、铬镍钢、铬锰钢的基础上加入硅、铝制成的。和不锈钢一样，随着碳质量分数的增多，钢的抗氧化性能下降，故一般抗氧化钢为低碳钢，如 2Cr25Ni20、3Cr13Mn12Si2N、0Cr23Ni13、00Cr12 等钢。

（2）热强钢　在高温下有一定抗氧化能力和较高强度以及良好组织稳定性的钢称为热强钢。金属在高温下承受载荷时，即使负荷远低于钢在该温度下的强度值，但随着时间的延长，零件也将缓慢地发生塑性变形，直到断裂，这种现象称为蠕变。金属材料在高温下抵抗蠕变的能力称为热强度。为了提高钢的热强度，通常采取以下措施：

1）固溶强化。固溶体的热强性首先取决于固溶体自身的晶体结构。由于面心立方的奥氏体比体心立方的铁素体排列得更紧密，不易发生蠕变，因此奥氏体钢有更高的热强度。

2）强化晶界。高温下晶界的强度比较低，有利于蠕变。为了提高热强性，应当减少晶界，采用粗晶粒钢。但晶粒不宜过分粗化，否则会损害钢的高温塑性和韧性。通过加入 Mo、Zr、B、RE 等晶界吸附元素，可降低晶界表面能，使晶界强化，从而提高钢的热强性。

3）沉淀强化。从过饱和固溶体中沉淀析出第二相也是提高耐热钢热强性的重要途径之一。如加入Nb、V、Ti，形成NbC、VC、TiC等，在晶内弥散析出，可阻碍位错的滑移，提高塑变抗力，从而提高热强性。

4）提高再结晶温度。在钢中加入Mo、W、Cr等合金元素，能提高钢的再结晶温度，从而改善钢的抗蠕变能力，提高钢的热强度。

5）热处理。热强钢可以通过热处理获得所需要的晶粒度，改善强化相的分布状态，调整基体和强化相的成分，从而提高钢的热强度。

常用的热强钢按正火状态组织主要分为：珠光体、马氏体和奥氏体三个类型。

1）珠光体钢。这类热强钢含合金元素最少，其总量一般不超过3%～5%，可以在600℃以下温度范围内使用，广泛用于动力、石油等工业部门作为锅炉及管道用钢。常用的珠光体热强钢有15CrMo、12Cr1MoV等。

2）马氏体钢。这类钢在小于620℃范围内使用。Cr13型马氏体不锈钢除具有较高的耐蚀性外，还具有一定的耐热性。所以1Cr13及2Cr13也可以作为热强钢使用。1Cr13可用作工作温度低于475℃的汽轮机叶片，2Cr13只能在400～450℃以下使用。常用的马氏体热强钢还有4Cr9Si2、4Cr10Si2Mo、1Cr13Mo等。

3）奥氏体钢。这类热强钢含大量合金元素，尤其是含有较多的Cr和Ni，其总的质量分数量超过10%，可以在600～700℃范围内使用。奥氏体可应用于汽轮机、燃气轮机、航空、电炉等设备中。常用的奥氏体热强钢有1Cr18Ni9Ti、4Cr14Ni14W2Mo等。

3. 耐磨钢

耐磨钢是指在强烈冲击载荷作用下才能产生硬化的钢。它的主要成分是C和Mn，w_C = 1.0%～1.3%，w_{Mn} = 11%～14%（w_{Mn}/w_C = 10～12），所以耐磨钢又称为高锰钢，钢号为Mn13。由于这类钢的机械加工比较困难，一般都是铸造后直接使用，因而其钢号写成ZGMn13。

高锰钢的铸态组织是奥氏体+碳化物（沿晶界析出）。实践证明，高锰钢只有在全部获得奥氏体组织时才能呈现出最为良好的韧性和耐磨性。为了使高锰钢全部获得奥氏体组织，需要对高锰钢进行“水韧处理”。

水韧处理类似于淬火处理，它是把高锰钢加热至临界点温度以上（约在1000～1100℃），保温一段时间后，使钢中的碳化物全部溶解到奥氏体中，然后立即将钢浸于水中。由于冷却速度非常快，钢中的碳化物来不及从奥氏体中析出，因而保持了单一的奥氏体状态。水韧处理后的高锰钢硬度并不高，但是当它受到剧烈冲击或较大压力作用时，表面的奥氏体迅速产生加工硬化，并有马氏体及碳化物沿滑移面形成，从而提高了表面层的硬度，使表面层获得高的耐磨性。其心部则仍维持原来状态。

水韧处理后的高锰钢不能再加热，因为当加热温度超过300℃时，即使很短的时间也能析出碳化物，使钢的性能变坏，所以高锰钢铸件水韧处理后一般不进行回火处理。为了防止产生淬火裂纹，应考虑改进铸件的设计。

需要强调的是，高锰钢只有在受到强烈冲击和摩擦的条件下工作才能表现出高的韧性和耐磨性。如果在一般工作条件下，它的耐磨性甚至不及碳钢。

高锰钢不仅具有良好的耐磨性，而且它材质坚韧，即使有裂纹开始发生，由于加工硬化作用，也会抵抗裂纹的继续扩展。因此，高锰钢可应用于一些既要耐磨又要耐冲击的一些工作条件比较恶劣的场合，如铁道上的辙岔、辙尖、转辙器，挖掘机的铲斗，碎石机的颚板、衬板等。高锰钢在受力变形时，能吸收大量的能量，因此高锰钢也用于制造防弹板以及保险箱钢板等。另外高锰钢在寒冷气候条件下还有良好的力学性能，不会发生冷脆。

第二节 铸　　铁

铸铁是碳质量分数大于2.11%的铁碳合金，主要由Fe、C、Si、Mn、S、P以及其他微量元素组成。铸铁具有优良的铸造性、切削加工性、减摩性、吸振性和低的缺口敏感性，加之其熔炼铸造工艺简单，价格低廉，所以铸铁是机械制造业中最重要的材料之一。

一、铸铁的分类、代号及牌号

1. 铸铁的分类

铸铁的分类方法较多，可按铸铁的使用性能、断口特征或成分特征进行分类，常用的方法是将铸铁分为五大类。

(1) 灰铸铁　铸铁中的碳全部或大部分以片状石墨形式存在，其断口呈暗灰色。

(2) 球墨铸铁　铁液经过球化处理，石墨全部或大部分呈球状，分布于基体中。

(3) 可锻铸铁　白口铸铁通过石墨化或氧化脱碳的可锻化处理，石墨呈团絮状。必须指出，虽然可锻铸铁有较高的韧性，但是不能锻造。

(4) 白口铸铁　碳除少量溶于铁素体外，其余全部以铁的渗碳体的形式存在于铸铁中，其断口呈银白色。

(5) 合金铸铁　一般是指铸铁内除碳以外还含有其他合金元素。总的合金元素质量分数小于5%的铸铁称为低合金铸铁；总的合金元素质量分数在5%～10%的铸铁称为中合金铸铁；总的合金元素质量分数大于10%的铸铁称为高合金铸铁。

2. 铸铁的代号及牌号

铸铁的代号由表示该铸铁特征的汉语拼音的第一个大写字母组成，当两种铸铁名称的代号字母相同时，可在该大写字母后加小写字母来区别，同一名称的铸铁需要细分时，取其细分特点的汉语拼音的第一个大写字母排列在后面。

铸铁的牌号由铸铁代号、合金元素符号及质量分数、力学性能所组成。牌号中第一位是铸铁的代号，其后为合金元素的符号及其质量分数，最后为铸铁的力学性能。常规元素C、Si、Mn、S、P一般不标注。其他合金元素的质量分数大于或等于1%时，用整数表示；小于1%时，一般不标注，只有对该合金特性有较大影响时才予以标注。当铸铁中有几种合金化元素时，按其质量分数递减的顺序排列，质量分数相同时按元素符号的字母顺序排列。力学性能标注部分为一组数据时表示其抗拉强度值；为两组数据时，第一组表示抗拉强度值，第二组表示断后伸长率值，两组数字之间用“—”隔开。常见铸铁名称、代号及牌号表示方法如表4-14所示。

表4-14　铸铁名称、代号及牌号表示方法

铸铁名称	代　号	牌号表示方法实例
灰铸铁	HT	HT100
蠕墨铸铁	RuT	RuT400
球墨铸铁	QT	QT400—17

（续）

铸铁名称	代 号	牌号表示方法实例
黑心可锻铸铁 白心可锻铸铁 珠光体可锻铸铁	KTH KTB KTZ	KTH300—06 KTB350—04 KTZ450—06
耐磨铸铁	MT	MTCu1PTi—150
抗磨白口铸铁 抗磨球墨铸铁	KmTB KmTQ	KmTBMn5Mo2Cu KmTQMn6
冷硬铸铁	LT	LTCrMoRE（RE 表示稀土元素）
耐蚀铸铁 耐蚀球墨铸铁	ST STQ	STSi15R STQAl5Si5
耐热铸铁 耐热球墨铸铁	RT RTQ	RTCr2 RTQAl6

二、铸铁的石墨化

铸铁中石墨形成的过程称为石墨化。在铸铁中，碳可能以渗碳体和石墨两种形式存在，其中渗碳体是一个亚稳定相，而石墨则是稳定相。因此，根据铸铁结晶条件的不同，铁碳二元合金可能会出现铁-渗碳体和铁-石墨两种不同的结晶方式。图 4-15 就是绘制在同一坐标系统中的铁-渗碳体和铁-石墨双重相图。图中实线表示 Fe-Fe_3C 相图，虚线表示 Fe-G 相图。虚实线重合的线条用实线表示。根据铁液从高温冷却的情况，可以把铸铁的石墨化分为三个阶段：

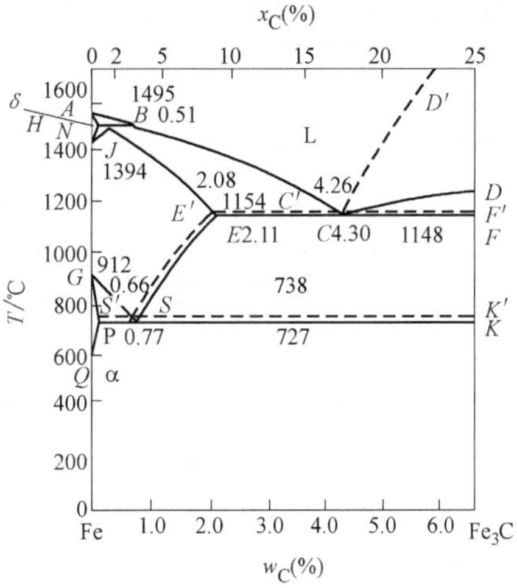

图 4-15 铁碳合金双重相图

第一阶段：液相冷却至 $C'D'$线后，开始从液相中析出一次石墨（G_{I}）。随着温度的降低，一次石墨的数量不断增多，液相相应减少，在共晶温度（1154℃）剩余的液相发生共晶转变，析出奥氏体和共晶石墨（$G_{共晶}$），反应式为

$$L_{C'} \xrightarrow{1154℃} A_{E'} + G_{共晶}$$

第二阶段：在共晶温度和共析温度之间（1154～738℃），碳在奥氏体中的溶解度随着温度的降低沿 $E'S'$线减少，过饱和的碳以二次石墨（G_{II}）形式析出，反应式为

$$A_{E'} \xrightarrow{1154\sim738℃} A_{S'} + G_{\text{II}}$$

第三阶段：在共析温度（738℃）时，发生共析转变

$$A_{S'} \xrightarrow{738℃} F_{P'} + G_{共析}$$

通常，铸铁在高温冷却过程中，由于原子扩散能力比较强，第一、第二阶段石墨化容易进行，即能按照 Fe-G 相图进行结晶，但在石墨化转变的第三阶段，由于温度比较低，石墨化过程被部分或全部抑制。因而，根据铸铁成分及冷却速度等条件的不同，可以获得不同基体组织的铸铁。

铸铁中的 C 和 Si 是强烈促进石墨化进程的元素，生产中为了避免产生白口，铸铁中必须加入足够量的 C、Si 等元素促进石墨化。通常用碳当量 CE 代替 Fe-G 相图横坐标的碳质量分数，$CE = w_C + 0.3w_{Si}$。碳当量高，铁液的流动性好，但铸铁强度低；碳当量低，铸铁的强度高，但铸造性能差。一般应使灰铸铁铸件的碳当量接近共晶成分。

在同一化学成分的铸铁中，结晶时的冷却速度对其组织影响很大。冷却速度越慢，过冷度越小，越有利于按照 Fe-G 相图结晶和转变，析出稳定石墨相的可能性就越大。但如果冷却速度较快，过冷度较大，原子扩散能力减弱，铸铁的结晶和转变则按照 $Fe\text{-}Fe_3C$ 系相图进行，不利于石墨化的进行。铸铁的冷却速度还与铸件的壁厚有关，铸件越厚，冷却速度越慢，铸铁的石墨化进行得就越充分。

三、常用铸铁

1. 灰铸铁

灰铸铁的生产成本低，铸造性能优良，具有减振、耐磨和缺口敏感性小等特点，是机械制造业中应用最广泛的一种铸铁材料。其牌号、抗拉强度及应用范围如表 4-15 所示。

表 4-15 灰铸铁的牌号、不同壁厚铸件的抗拉强度及应用范围

牌 号	铸件壁厚/mm	抗拉强度/MPa	应用范围
HT100	2.5 ~ 10	130	用于制造盖、外罩、手轮、支架、重锤等承受低负荷、不重要的零件
	10 ~ 20	100	
	20 ~ 30	90	
	30 ~ 50	80	
HT150	2.5 ~ 10	175	用于制造支柱、底座、齿轮箱、工作台等承受中等负荷的零件
	10 ~ 20	145	
	20 ~ 30	130	
	30 ~ 50	120	
HT200	2.5 ~ 10	220	用于制造气缸、活塞、齿轮、床身、轴承座、联轴器等承受较大负荷和较重要的零件
	10 ~ 20	195	
	20 ~ 30	170	
	30 ~ 50	160	
HT250	4.0 ~ 10	270	
	10 ~ 20	240	
	20 ~ 30	220	
	30 ~ 50	200	
HT300	10 ~ 20	290	用于制造齿轮、凸轮、车床卡盘、高压液压筒和滑阀壳体等承受高负荷的零件
	20 ~ 30	250	
	30 ~ 50	230	
HT350	10 ~ 20	340	
	20 ~ 30	290	
	30 ~ 50	260	

（1）灰铸铁的成分、组织和性能 灰铸铁中碳的质量分数大多在 2.7% ~3.8%，硅的质量分数在 0.9% ~2.7%。碳和硅对灰铸铁力学性能的影响可用碳当量 CE 表示（图 4-16）。根据所希望获得的力学性能，可以选取合适的碳当量。

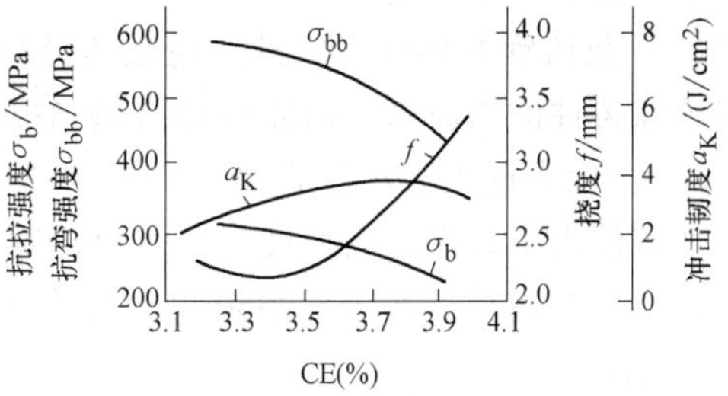

图 4-16 碳当量对灰铸铁力学性能的影响

硫在铸铁中是有害元素。硫可以完全溶解于铁液中，但在奥氏体和铁素体中的溶解度却极小。当硫的质量分数超过 0.02% 时，就能形成独立的硫化物。根据结晶条件和锰的质量分数不同，硫的存在形式也不同。当铸铁中无锰或锰的质量分数较低而且冷却速度较大时，在晶粒边界处能形成三元共晶体或二元共晶体以及其他富铁硫化物。当锰的质量分数较高时，则能形成高熔点的 MnS（1650℃）或（FeMn)S。

硫在铸铁中不仅阻碍石墨化过程，而且还恶化了铸铁的铸造性能，如降低流动性，容易产生裂纹等。因此，硫在灰铸铁中的质量分数应限制在 0.12% 以下。

锰在铸铁中是有益合金元素。铸铁中的锰可以和硫作用生成 MnS，削弱硫在铸铁中的有害作用，而且 MnS 还可成为石墨的非自发性晶核。

锰只有在与硫发生化学反应后，剩余的锰才能发挥其独立的作用。锰既可以溶解在基体中，也可以溶解在渗碳体中形成 $(FeMn)_3C$。溶解在渗碳体中的锰可增强铁与碳的结合力，阻碍石墨化过程，增加铸铁白口深度。所以铸铁中锰的质量分数一般控制在 0.6% ~1.2% 范围内。

磷是微弱促进石墨化的元素，但当磷的质量分数超过 0.3% 时，会在铸铁中出现低熔点的二元或三元磷共晶存在于晶界，增加铸铁的冷脆倾向。所以应严格控制铸铁中磷的质量分数，一般小于 0.20%。

灰铸铁的基体组织对性能有着很大的影响。按基体组织不同，可将灰铸铁分为铁素体灰铸铁、铁素体-珠光体灰铸铁和珠光体灰铸铁，图 4-17 是这三种灰铸铁的显微组织金相照片。铁素体灰铸铁的强度、硬度和耐磨性都比较低，但塑性比较高，多用于制造低负荷不太重要的零件。珠光体，特别是细小粒状珠光体灰铸铁强度和硬度高，耐磨性好，但塑性比铁素体灰铸铁低，多用于受力较大、耐磨性要求高的重要铸件，如气缸套、活塞、轴承座等。在实际生产过程中，难以获得基体全部为珠光体的铸态组织，常见的是铁素体＋珠光体组织，其性能也介于铁素体灰铸铁和珠光体灰铸铁之间。

a) b) c)

图 4-17 灰铸铁的显微组织
a）铁素体基体 200× b）铁素体和珠光体混合基体 200× c）珠光体基体 200×

灰口铸铁的力学性能比较低。为了提高灰铸铁的力学性能，生产上常进行孕育处理。孕育处理就是在浇注前向铁液中加入少量孕育剂（如硅铁、硅钙合金)，使铸铁在凝固过程中产生大量的人工晶核，以促进石墨的形核和结晶，使石墨以较细小的片状均匀分布在细片状珠光体的基体上。孕育处理后的铸铁称为孕育铸铁，它比普通灰铸铁具有更高的强度、硬度、耐磨性、韧性及塑性。

（2）灰铸铁的热处理　虽然通过热处理不能改变灰铸铁中片状石墨的形状和分布，但可以消除铸件的内应力，消除白口组织和提高铸件表面的耐磨性。

1）去应力退火。铸件在凝固及冷却过程中，由于各部位的收缩和组织转变的速度不同，使铸件内部存在不同程度的内应力，容易使铸件发生变形甚至开裂。因此，铸件在切削加工前通常要进行一次去应力退火，称为人工时效处理。其典型时效热处理工艺曲线如图4-18 所示。

2）降低硬度的高温退火。为了消除自由渗碳体，降低硬度，改善铸件的切削性能和力学性能，可以对铸铁进行高温退火处理，使渗碳体在高温下分解成铁和石墨。图 4-19 是高温石墨化退火热处理曲线。

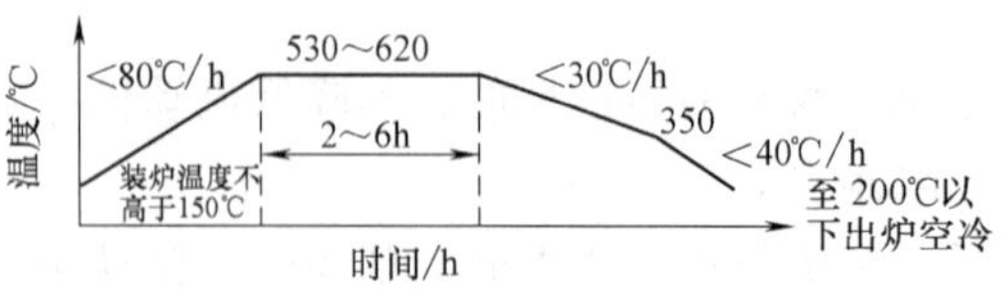

图 4-18　铸铁典型的时效热处理工艺曲线

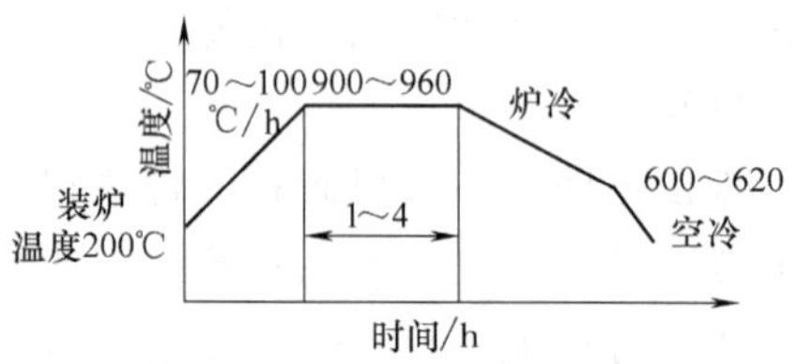

图 4-19　高温石墨化退火工艺

3）表面淬火。对于需要提高表面耐磨性的铸铁，在机械加工后可以用快速加热的方法对铸铁表面进行淬火热处理。淬火后铸铁表面为马氏体＋石墨的组织。珠光体基体铸铁淬火后的表面硬度可以达到 50HRC 左右。

2. 球墨铸铁

铁液经过球化处理后，石墨可以呈球状分布于基体中。球状石墨应力集中小，对金属基体的削弱少，基体强度利用率可达 70% ~90% 。和灰铸铁相比，球墨铸铁具有高得多的强度、韧性和塑性，同时还保留了灰铸铁所具有的耐磨、消振、易切削、对缺口不敏感等特性。球墨铸铁在工业中得到广泛应用，可以替代碳钢和合金钢制造一些受力复杂，强度、韧性和耐磨性要求高的零件，如曲轴、缸套等。球墨铸铁的牌号及力学性能如表 4-16 所示。

表 4-16　球墨铸铁牌号及力学性能

牌　　号	抗拉强度/MPa	屈服强度/MPa	断后伸长率(%)	供　参　考	
	最小值			硬度 HBW	主要金相组织
QT400—18	400	250	18	130 ~ 180	铁素体
QT400—15	400	250	15	130 ~ 180	铁素体
QT450—10	450	310	10	160 ~ 210	铁素体
QT500—7	500	320	7	170 ~ 230	铁素体 + 珠光体
QT600—3	600	370	3	190 ~ 270	珠光体 + 铁素体
QT700—2	700	420	2	225 ~ 305	珠光体
QT800—2	800	480	2	245 ~ 335	珠光体或回火组织
QT900-2	900	600	2	280 ~ 360	贝氏体或回火马氏体

(1) 球墨铸铁的生产方法　在球墨铸铁的生产过程中，能使石墨结晶成球状的物质称为球化剂。我国常用的球化剂有镁、稀土硅铁和稀土硅铁镁合金三种。使用纯镁作球化剂时，由于镁的密度小，沸点远低于铁液温度，将纯镁加入铁液后立即气化、沸腾，造成铁液飞溅，所以用纯镁作球化剂时常采用压力加镁法和钟罩加镁法进行球化处理。采用其他球化剂时，可采用冲入法、转包法、盖包法等球化处理工艺。近年来，型内球化法因镁的吸收率高、无烟尘等优点得到了一些企业的应用。但型内球化对铁液中硫的质量分数、球化剂的粒度及过滤浇道有严格的要求，主要用于生产高强度、高韧性的球墨铸铁件。

铁液中加入球化剂之后，过冷倾向增大，必须要进行孕育处理，抑制渗碳体的析出，促进析出大量细小圆整的石墨球。球墨铸铁常用的孕育剂有硅铁和硅钙合金，可采用倒包孕育、浇口杯孕育和型内孕育等工艺进行孕育处理。

(2) 球墨铸铁的成分、组织和性能　对球墨铸铁力学性能和基体组织影响最大的两个化学元素是碳和硅，球墨铸铁的碳当量一般在 4.5% ~4.7%，等于或略高于共晶成分，这样可以有利于球化和防止出现白口。增加碳当量可以增加球墨铸铁铸态铁素体量，减少珠光体量，此时硅的质量分数一般为 2.4% ~2.9%。如果要求珠光体基体时，硅的质量分数应控制在 2.0% ~2.6%。

在球墨铸铁中，球化元素（一般用镁或稀土镁合金）的脱硫能力比锰强得多，所以锰在球墨铸铁中主要起合金化作用，一般 w_{Mn} 为 0.3% ~0.8%。对于铁素体球墨铸铁，w_{Mn} 在 0.3% ~0.5%。贝氏体球墨铸铁的 w_{Mn} 也应在 0.5% 以下。

磷能剧烈降低球墨铸铁的强度、冲击韧性和断后伸长率，一般将 w_P 控制在 0.1% 以下，高韧性球墨铸铁 w_P 应低于 0.08%。

镁或稀土与硫有很强的亲和力，一旦将球化剂加入铁液中就会和硫发生剧烈的反应，只有当硫在铁液中的质量分数降到了 0.04% 以下时，剩余的镁和稀土元素才能对石墨起到球化作用。所以铁液中硫的质量分数越高，剩余的球化剂就越少，球化率就越低，甚至不能球化。所以球墨铸铁原铁液中的硫越少越好，w_S 最好控制在 0.05% 以下。

为了提高球墨铸铁的力学性能，改善热处理效果，有时在球墨铸铁中还常加入 Mo、Cu、V 等合金元素。一般钼加入量 w_{Mo} 为 0.3% ~0.5%，铜加入量 w_{Cu} 为 0.2% ~0.6%，钒加入量 w_V 为 0.1% 左右。

球墨铸铁中的球状石墨直径越小、越分散，球墨铸铁的力学性能越好。球墨铸铁的力学性能还与其基体组织有关。铁素体球墨铸铁具有高的塑性和韧性，但强度与硬度较低；而珠光体球墨铸铁强度较高，但塑性和韧性较低；贝氏体球墨铸铁则具有较好的综合力学性能。但是在铸态下，球墨铸铁的基体往往是由不同数量的铁素体、珠光体，甚至还有自由渗碳体同时存在的混合组织组成的，通常要进行热处理才能得到所需要的基体组织。图 4-20 是球墨铸铁几种不同显微组织的金相照片。

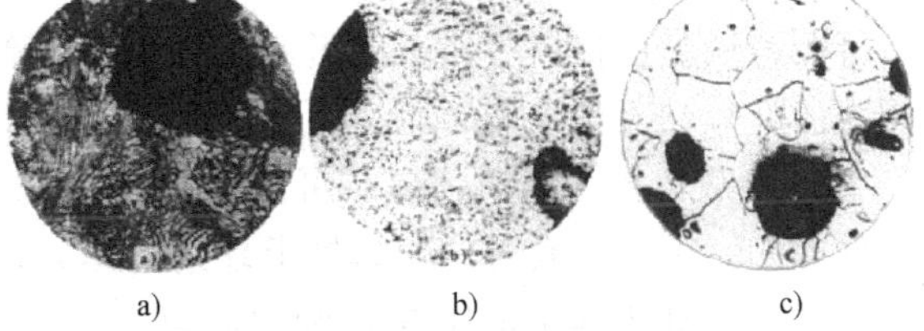

a)　　b)　　c)

图 4-20　球墨铸铁显微组织

a) 中片状珠光体基体球墨铸铁 500× b) 粒状珠光体基体球墨铸铁 500× c) 铁素体基体球墨铸铁 500×

(3) 球墨铸铁的热处理

1) 球墨铸铁的石墨化退火。石墨化退火的目的主要是使铸态组织中的自由渗碳体和珠光体中的共析渗碳体分解，从而得到高塑性的铁素体球墨铸铁。石墨化退火工艺有两种：高温石墨化退火和低温石墨化退火。当铸态组织中不仅有珠光体，而且渗碳体的质量分数≥3%时，应进行高温退火，其退火工艺曲线如图4-21所示。当铸态组织仅为铁素体+珠光体时，为获得铁素体基体，则只需进行低温石墨化退火，其工艺如图4-22所示。

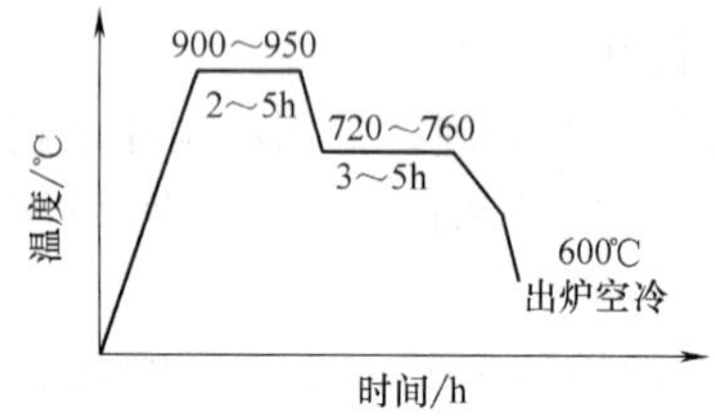

图4-21 高温石墨化退火工艺

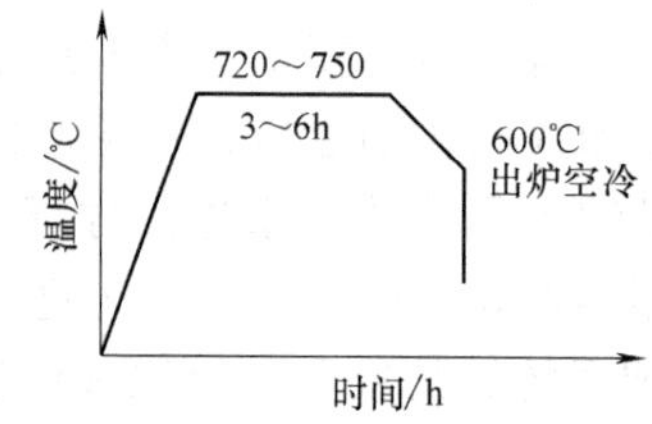

图4-22 低温石墨化退火工艺

2）球墨铸铁的正火。正火的目的是为了得到以珠光体为主的基体组织，并细化晶粒，提高球墨铸铁的强度和硬度。铸态组织无渗碳体时，可采用图4-23所示的正火工艺，使其获得珠光体球墨铸铁。当铸态组织中渗碳体的质量分数≥3%时，应采用高温分解碳化物，使基体组织全部奥氏体化，然后再出炉空冷，得到珠光体球墨铸铁（图4-24）。正火后，为了消除内应力，可增加一次消除内应力的退火或回火处理。

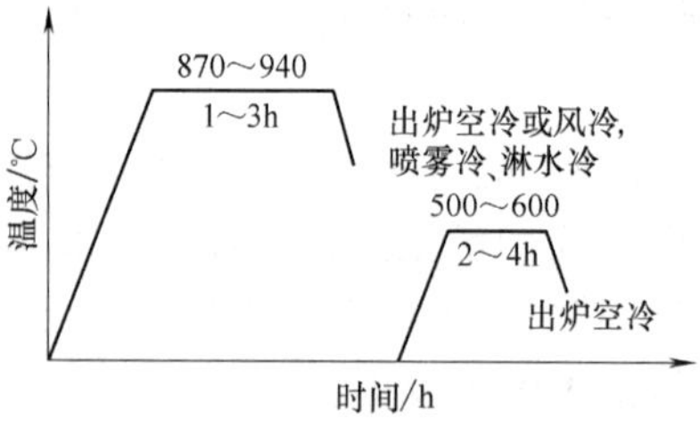

图4-23 无渗碳体时的正火工艺

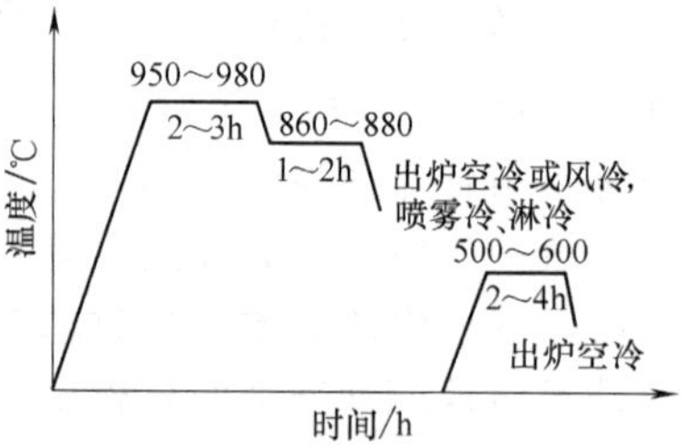

图4-24 有渗碳体时的正火工艺

3）球墨铸铁的淬火和回火。球墨铸铁淬火和回火的目的是为了得到回火马氏体、回火托氏体或回火索氏体组织，提高球墨铸铁的强度、硬度和耐磨性。球墨铸铁的淬火是将铸件加热到860～880℃保温1～4h，然后放入油或水中淬至200～300℃立即取出。复杂铸件可淬入80～100℃油中，以防止出现裂纹。为了获得所需要的基体组织，对淬火后的球墨铸铁要进行回火处理。

3. 可锻铸铁

可锻铸铁是白口铸铁经退火后而获得的一种铸铁，可锻铸铁又称为玛钢。表4-17是可锻铸铁的牌号和力学性能。

（1）可锻铸铁的生产过程　可锻铸铁的生产可分为两个步骤：第一步是浇注白口铸铁的铸件毛坯；第二步是对白口铸铁毛坯进行热处理，按热处理条件的不同，可以获得黑心可锻铸铁（包括珠光体可锻铸铁）和白心可锻铸铁。目前我国以生产黑心可锻铸铁为主。黑心可锻铸铁是由白口铸铁经长时间的高温石墨化退火而制成的。如果白口铸铁中的渗碳体在退火过程中完全石墨化，则退火后的组织为铁素体基体上分布着团絮状石墨（图4-25a），称为铁素体可锻铸铁。因其断口中心呈暗灰色，故有“黑心可锻铸铁”之称。如果冷却速

表 4-17　黑心可锻铸铁、珠光体可锻铸铁和白心可锻铸铁的牌号及力学性能

组别	牌号		试样直径 d/mm	σ_b/MPa	$\sigma_{0.2}$/MPa	断后伸长率(%) (≥)($L_0=3d$)	硬度 HBW
	新牌号	过渡牌号		(≥)			
黑心可锻铸铁	KTH300—06	—	12 或 15	300	—	6	≤150
		KTH330—08		330	—	8	
	KTH350—10	—		350	200	10	
		KTH370—12		370	—	12	
珠光可锻铸铁	KTZ450—06	—		450	270	6	150～200
	KTZ550—04	—		550	340	4	180～230
	KTZ650—02	—		650	430	2	210～260
	KTZ700—02	—		700	530	2	240～290
白心可锻铸铁	KTB350—04		9	340	—	5	230
			12	350	—	4	
			15	360	—	3	
	KTB380—12		9	320	170	15	200
			12	380	200	12	
			15	400	210	8	
	KTB400—05		9	360	200	8	220
			12	400	220	5	
			15	420	230	4	
	KTB450—07		9	400	230	10	220
			12	450	260	7	
			15	480	280	4	

注：1. 黑心可锻铸铁、珠光体可锻铸铁试样直径 12mm，只适用于铸件主要壁厚小于 10mm 的铸件。
2. 牌号 KTH300—06 适用于气密性零件。
3. 白心可锻铸铁试样直径，应尽可能与铸件的主要壁厚相近。

度较快，共析渗碳体来不及分解，则退火组织为珠光体基体上分布着团絮状石墨（图 4-25b），称为珠光体可锻铸铁。其断口虽呈灰色，但习惯上仍称其为“黑心可锻铸铁”。

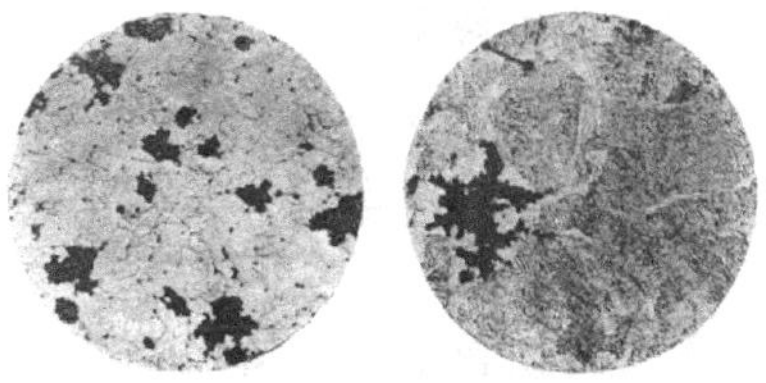

a)　　b)

图 4-25　可锻铸铁显微组织

a）铁素体 + 团絮状石墨 100 ×

b）片状珠光体 + 团絮状石墨 500 ×

白心可锻铸铁是由白口铸铁经石墨化退火和氧化脱碳而制得的。白心可锻铸铁的中心基体组织为珠光体，表层由于完全脱碳形成单一的铁素体组织。由中心到表面，珠光体和团絮状石墨的量逐渐减少，而铁素体量逐渐增加。这种铸铁的断口特征是：中心呈灰白色，表面层呈暗灰色，故称之为“白心可锻铸铁”。

（2）可锻铸铁的成分、组织和性能　得到合乎要求的白口铸铁坯件是生产可锻铸铁的第一步。要保证白口铸铁坯件的质量，首先要保证铸铁的化学成分。一般可锻铸铁的 $w_C=2.4\%\sim2.8\%$，$w_{Si}<1.4\%$，$w_{Mn}<0.5\%\sim0.7\%$，$w_S<0.20\%$，w_{Mn}/w_S 控制在 2.5 左右，$w_P<0.1\%$，$w_{Cr}<0.06\%$。

各种可锻铸铁的基体组织不同，其性能和应用场合也不同。黑心可锻铸铁基体为铁素体，具有较高的塑性和韧性，主要用于管路零件、建筑扣件以及汽车、拖拉机上的差速器壳、支架等。珠光体可锻铸铁的基体为珠光体，具有高的强度和耐磨性，可用于发动机的曲轴、连杆等零件。白心可锻铸铁焊接性较好，国内较少使用，国外主要用作水暖管件。

（3）可锻铸铁的退火处理

1）铁素体可锻铸铁的石墨化退火处理。铁素体可锻铸铁退火的目的是把共晶渗碳体、二次渗碳体和共析渗碳体全部分解为铁素体和石墨，其退火过程和组织转变，可用图 4-26 所示的退火曲线及组织变化示意图来说明。

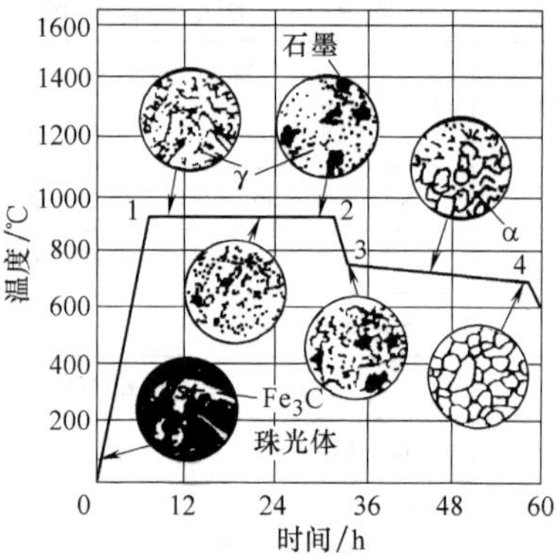

图 4-26 铁素体可锻铸铁退火曲线及组织变化示意图

当白口铸铁加热到 950℃或稍高些时，基体组织开始由珠光体 + 莱氏体转变成奥氏体 + 莱氏体。1-2 为保温阶段，此时自由渗碳体不断分解而消失，逐渐形成团絮状石墨，完成第一阶段的石墨化。2-3 为中间阶段，随着温度的下降，过饱和的碳从奥氏体中脱溶，附着在已形成的团絮状石墨上，使石墨长大，此时的组织为珠光体 + 团絮状石墨。3-4 是第二阶段石墨化，温度为 710 ~ 730℃，共析珠光体逐渐分解成铁素体 + 石墨，石墨继续在已有的团絮状石墨上附着生长。第二次保温结束后，随炉快速冷却到 500 ~ 600℃，然后出炉空冷。

2）珠光体可锻铸铁的石墨化退火。第一阶段石墨化之前的工艺操作和铁素体可锻铸铁相同，后续的热处理规范有以下几种：

① 第一阶段石墨化之后，随炉冷至 820 ~ 880℃出炉空冷，可得到片状珠光体可锻铸铁。

② 第一阶段石墨化之后，随炉冷至 680℃，保温 6 ~ 8h。在含有珠光体稳定作用较强的化学成分条件下（如含有微量的锡、锑或铜、锰量较高时），可以获得粒状珠光体可锻铸铁。

③ 第一阶段石墨化之后，淬火形成马氏体，再高温回火（590 ~ 630℃）获得回火粒状珠光体。

四、合金铸铁

合金铸铁就是向铸铁中加入数量不等的合金元素，从而改善铸铁的物理、化学和力学性能，如耐磨性、耐蚀性和耐热性等。

1. 耐磨铸铁

耐磨铸铁包括减摩铸铁和抗磨铸铁两大类。减摩铸铁是指在有润滑的条件下工作的耐磨铸铁，如机床的导轨、发动机的气缸套及活塞等。抗磨铸铁是指在干摩擦条件下工作的各种耐磨铸铁，如轧辊、球磨机的磨球等。

减摩铸铁在工作时，不仅要求磨损少，而且还要有较小的摩擦因数、较高的导热性以及良好的加工性。为了满足以上的要求，减摩铸铁一般是在较软的基体上分布着硬质相，在摩擦副的相互作用下，较软的基体下凹，保持着油膜；坚硬的硬质相起到耐磨的作用。常见的减摩铸铁有：

（1）磷铸铁　它的主要成分含量为 $w_C = 2.9\% \sim 3.2\%$，$w_{Si} = 1.2\% \sim 1.7\%$，$w_P = 0.40\% \sim 0.65\%$，$w_{Mn} = 0.5\% \sim 1.0\%$，$w_S \leqslant 0.12\%$。它主要用作车床、铣床、镗床等的床身及工作台。

（2）铬钼铜铸铁 它的主要成分含量为 $w_C=3.2\%\sim3.9\%$，$w_{Si}=1.8\%\sim2.0\%$，$w_P\leq0.15\%$，$w_{Mn}=0.5\%\sim0.7\%$，$w_S\leq0.12\%$，$w_{Cr}=0.3\%$，$w_{Cu}=0.6\%$，$w_{Mo}=0.4\%$。它主要用于制造汽车、拖拉机的气缸套及活塞环等零件，以及精密机床零件。

抗磨铸铁要求铸件的硬度高，组织均匀，通常采用莱氏体、马氏体、贝氏体或奥氏体组织。常见的抗磨铸铁有：

（1）合金白口铸铁 它是在普通白口铸铁的基础上加入少量的 Cr、Mo、Cu、V、B 等形成的，常用于制造复杂的泵类零件。

（2）中锰球墨铸铁 它是将锰的质量分数提高为 5%～9% 形成的，Mn 促进了碳化物的形成，使奥氏体区扩大，增加了奥氏体的稳定性，也提高了淬透性，可获得“马氏体＋碳化物＋球状石墨”或“奥氏体＋碳化物＋球状石墨”的组织。它适宜制造有冲击载荷的耐磨损零件，如农机上的犁铧、拖拉机上的履带板等。

（3）冷硬铸铁 将含有少量 B、Cr、Mo、Ni 等元素的低合金铁液，注入放有冷铁的金属模中成形，使表面获得有一定深度的白口层，而内部为灰口铸铁的组织叫做冷硬铸铁。冷硬铸铁表面具有高硬度、高耐磨性，心部具有一定的韧性和强度，主要用于制造冶金轧辊、发动机凸轮轴等。

2. 耐热铸铁

在高温下工作的铸件由于氧化性气体容易通过微孔、裂纹或沿石墨边界渗入铸件的内部，生成密度小的氧化物，结果引起体积增大。经过反复的受热，膨胀的体积不能复原，这种现象叫铸铁的生长。铸件抗氧化与抗生长的性能称为耐热性。具备良好耐热性的铸铁叫做耐热铸铁。为了提高铸铁的耐热性，一种方法是在铸铁中加入 Si、Al、Cr 等合金元素，使铸件表面形成一层致密的 SiO_2、Al_2O_3、Cr_2O_3 氧化膜，保护内层组织不被继续氧化；另一种方法是提高铸铁的相变点，使基体组织为单相铁素体，不会发生石墨化过程，因而提高了铸铁的耐热性。

我国的耐热铸铁分为硅系、铝系、低铬系及铝硅系等，常用的耐热铸铁化学成分和力学性能如表 4-18 所示。

表 4-18 常用耐热铸铁的化学成分和力学性能

牌号	化学成分（质量分数，%）							σ_b /MPa	硬度 HBW
	C	Si	Mn	P	S	Cr	Al		
			≥						
RTCr2	3.0～3.8	2.0～3.0	1.0	0.20	0.12	1.0～2.0	—	150	207～288
RTCr16	1.6～2.4	1.5～2.2	1.0	0.10	0.05	15.0～18.0	—	340	400～450
RTSi5	2.4～3.2	4.5～5.5	0.8	0.20	0.12	0.50～1.00	—	140	160～270
RQTSi4Mo	2.7～3.5	3.5～4.5	0.5	0.10	0.03	Mo 0.3～0.7	—	540	197～280
RQTAl4Si4	2.5～3.0	3.5～4.5	0.5	0.10	0.02	—	4.0～5.0	250	285～341
RQTAl5Si5	2.3～2.8	4.5～5.2	0.5	0.10	0.02	—	5.0～5.8	200	302～363

3. 耐蚀铸铁

在浸蚀性介质中仍具有高度化学稳定性能的铸铁叫做耐蚀铸铁。为了提高铸铁的耐蚀能力，一是可以向铸铁中加入 Si、Al、Cr 等元素，使铸件表面形成连续、致密、牢固的保护膜；二是可以加入 Cr、Ni、Cu、Mo 等元素，提高铸铁基体的电极电位，降低原电池的电动势，从而提高铸铁抗电化学腐蚀的能力。常用耐蚀铸铁及应用范围如表 4-19 所示。

表 4-19 常用耐蚀铸铁的类型

名称	化学成分(质量分数,%)									应用范围
	C	Si	Mn	P	Ni	Cr	Cu	Al	其他	
高硅铸铁(Si15)	0.5~1.0	14.0~16.0	0.3~0.8	≤0.08	—	—	3.5~8.5	—	Mo 3.0~5.0	除还原性酸以外的酸。加 Cu 适用于碱，加 Mo 适用于氯
稀土中硅铸铁	1.0~1.2	10.0~12.0	0.3~0.6	≤0.045	—	0.6~0.8	1.8~2.2	—	稀土 0.04~0.10	硫酸、硝酸、苯磺酸
高镍奥氏体球墨铸铁	2.6~3.0	1.5~3.0	0.70~1.25	≤0.08	18.0~32.0	1.5~6.0	5.50~7.5	—	—	高温浓烧碱、海水(带泥砂团粒)、还原酸
高铬奥氏体白口铸铁	0.5~2.2	0.5~2.0	0.5~0.8	≤0.1	0~12.0	24.0~36.0	0~6.0	—	—	盐浆、盐卤及氧化性酸
铝铸铁	2.0~3.0	6.0	0.3~0.8	≤0.1	—	0~1.0	—	3.15~6.0	—	氨碱溶液
含铜铸铁	2.5~3.5	1.4~2.0	0.6~1.0	—	—	—	0.4~1.5	—	Sb0.1~0.4 Sn0.4~1.0	污染的大气、海水、硫酸

第三节 非铁金属及其合金

非铁金属及其合金又称有色金属，是指除 Fe、Cr、Mn 之外的其他所有金属材料。非铁金属及其合金具有钢铁材料所没有的许多特殊的力学、物理和化学性能，在机械、交通、石油化工、电力、航空等领域得到广泛的应用。本节主要介绍机械工业中常用的铝、铜、钛、镁及其合金和滑动轴承合金。

一、铝及铝合金

铝及铝合金在工业生产中的应用量仅次于钢铁，居非铁金属的首位，其最大特点是质量轻，比强度和比刚度高，导热、导电性好，耐腐蚀，广泛用于食品、电力和飞机制造业，是航空工业的主要原材料。

1. 工业纯铝

铝约占地壳总重量的 8.2%，是地壳中储量最多的一种元素。纯铝呈银白色，有金属光泽，密度小（$2.7g/cm^3$），熔点为 660℃。纯铝具有良好的导电性和导热性，其导电性仅次于 Ag、Cu、Au。因此，可用来制造电线、电缆等各种导电材料和各种散热器等导热元件。

纯铝为面心立方晶格，无同素异构转变。纯铝的强度低，塑性好（$\delta = 25\% \sim 40\%$）。

通过冷变形虽可提高强度，但塑性降低。

铝和空气中的氧作用，在表面生成一层牢固、致密的氧化膜，阻止了铝继续被氧化。但纯铝在碱、盐的溶液及稀酸中，其氧化膜很易破坏，使耐蚀性变坏。

工业纯铝含有 Fe 和 Si 等杂质，随着杂质质量分数的增高，纯铝的强度提高，塑性、导电性和耐蚀性降低。

工业纯铝分铸造纯铝（铝锭）和变形铝（铝材）两种。按 GB/T 8063—1994 规定，铸造纯铝牌号由“Z”和铝的化学符号及表示铝纯度百分含量的数字组成，如 ZAl99.5 表示 $w_{Al}=99.5\%$ 的铸造纯铝。按 GB/T 16474—1996 规定，变形铝的牌号采用 4 位字符牌号命名，即用“1×××”表示。牌号的最后两位数字表示铝质量百分数中，小数点后面的两位数字。牌号第二位的字母表示原始纯铝的改型情况，如果字母为 A，则表示原始纯铝。若为其他字母，则表示为原始纯铝的改型。如 1A30 表示 $w_{Al}=99.30\%$ 的原始纯铝。

工业纯铝的原代号是用“铝”的汉语拼音字首“L”加顺序号数字表示，牌号有 L1、L2、L3、L4、L5、L6 六种，数字越大，表示杂质的含量越高。

大部分工业纯铝用来配制铝合金，L1、L2 牌号的工业纯铝可作为导线或电缆材料。纯铝不能热处理强化，冷加工是提高纯铝强度的唯一手段。因此，工业纯铝通常是按冷作硬化或半冷作硬化状态提供使用的。

2. 铝合金的分类

二元铝合金相图如图 4-27 所示。根据铝合金的成分和生产加工方法，可以把铝合金分为变形铝合金和铸造铝合金。

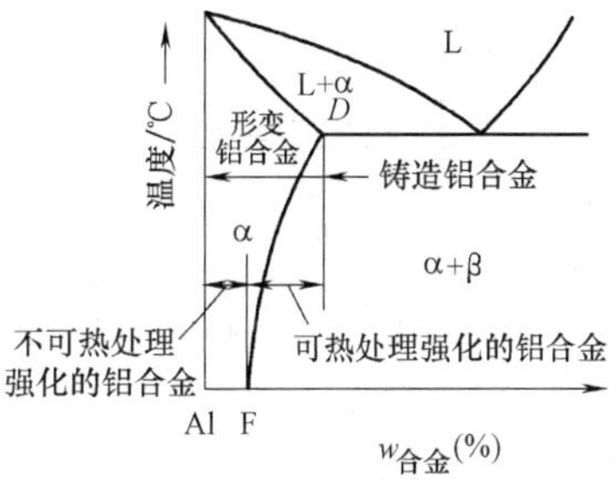

图 4-27 二元铝合金相图

（1）变形铝合金 成分位于 *D* 点以左的合金加热到固溶线以上时，可得到均匀的单相固溶体，其塑性变形能力很好，适宜于压力加工，因此这种铝合金称为变形铝合金。

根据变形铝合金的强化特点，可将其分为两类，即可热处理强化的变形铝合金和不能热处理强化的变形铝合金。成分在 *F* 点以左的铝合金，因其固溶体成分不随温度而变化，不能通过时效处理强化，称为不可热处理强化的变形铝合金。成分在 *F*、*D* 之间的合金，其固溶体的成分将随温度而变化，可以进行时效处理强化，称为可热处理强化的变形铝合金。

（2）铸造铝合金 成分位于 *D* 点以右的合金，由于有共晶组织存在，具有良好的铸造性能，但压力加工性能很差，这类合金称为铸造铝合金。铸造铝合金用于直接铸成各种形状复杂的部件，不适合于压力加工。

3. 铝合金的强化

固态铝无同素异构转变，因此不能像钢一样借助于热处理相变强化。在铝中加入适量的合金元素，如 Cu、Zn、Mg、Ti 等配制成铝合金，可以改变铝的组织结构，提高其力学性能。合金元素对铝的强化作用主要表现为固溶强化、时效强化和细化组织强化。

（1）固溶强化 铝中的合金元素与铝形成有限固溶体，导致晶格畸变，增加位错运动阻力，提高了铝合金的强度，但这种固溶强化的效果是有限的。

（2）时效强化　铝合金淬火固溶处理后再进行时效处理，可以大幅度提高铝合金的强度。

时效处理的铝合金中的合金元素应在铝中有较高的极限溶解度，并且该溶解度能随温度降低而显著地减小，使淬火后形成过饱和固溶体。在随后的时效处理过程中，从过饱和的固溶体中析出均匀、弥散的共格或半共格过渡的强化相。

图 4-28 是 Al-Cu 合金二元相图。由图可见，铜在铝中有较大的固溶度（548℃时为 5.65%），且固溶度随温度下降而骤减（室温时为 0.05%）。以 Al-4% Cu 合金为例，将其加热到固溶线与固相线之间保温，使 θ 相（$CuAl_2$）溶入 α 固溶体中，然后快速淬火冷至室温，获得铜在铝中的过饱和单相 α 固溶体。α 相属于亚稳态组织，在一定的温度和时间条件下可以分解析出强化相，过渡到稳定状态。淬火后的铝合金放置在室温下产生的强化效应称为自然时效；在低温加热过程中使合金产生的强化效应称为人工时效。

时效强化的效果与时效强化温度和保温时间有关。每一种铝合金都有其最佳的时效温度和时效时间。若时效温度偏低，同时时效时间又短，铝合金就达不到时效强化的最佳效果，此时称为欠时效；若时效温度过高，同时时效时间过长，则铝合金就开始软化，此时称为过时效（图 4-29）。一般时效温度越高，时效强化速度就越快。

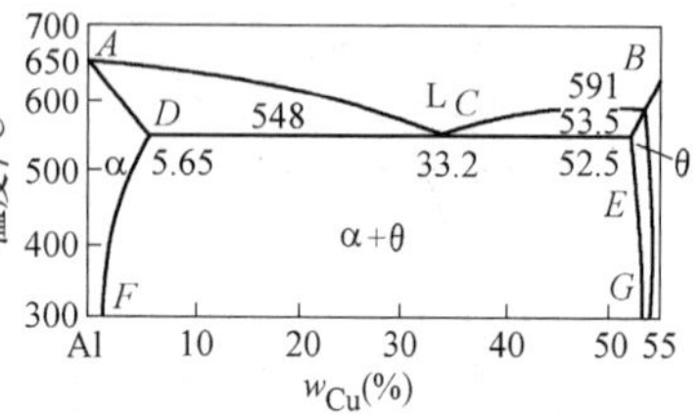

图 4-28　Al-Cu 合金二元相图

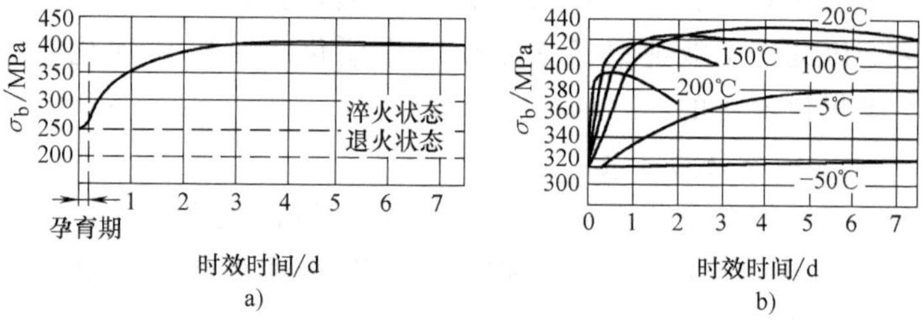

图 4-29　铝合金时效硬化曲线示意图

a）自然时效曲线　b）不同温度下的时效曲线

（3）细化组织强化　对于不能时效强化或时效强化效果不大的铝合金，常采用加入微量合金元素（称为变质剂）进行变质处理，利用细化组织的方法来提高合金的强度和塑性。在铝合金中加入微量元素 Ti、Zr、Be、RE 等后，可形成一些难熔化合物，在合金结晶时作为非自发晶核，起到细化晶粒的目的。

4. 变形铝合金

变形铝合金按性能和用途可分为防锈铝合金、硬铝合金、超硬铝合金和锻铝合金等。按 GB/T16474—1996 规定，变形铝合金牌号用 2××× ~ 8×××系列表示。牌号的第一位数字表示组别，按 Cu、Mn、Si、Mg、Mg + Si、Zn、其他元素的顺序来表示；牌号第二位的字母表示原始合金的改型情况，如果字母是 A，表示为原始合金，如果是其他字母，则表示为原始纯铝的；牌号的最后两位数字用来区分同一组中不同的铝合金。如 2A11 表示以铜为主要合金元素的变形铝合金。

表 4-20 是常用变形铝合金的牌号、化学成分、力学性能和用途。

（1）防锈铝合金　防锈铝合金主要有 Al-Mn 系和 Al-Mg 系两种，属于不能热处理强化的变形铝合金，只能通过加工硬化方法来提高强度。这类铝合金塑性高，强度低，焊接性好，且有优良的耐蚀性能，因此称为防锈铝。

表 4-20 常用变形铝合金的牌号、化学成分、力学性能和用途

组别	牌号（代号）	化学成分（质量分数,%）					热处理状态①	力学性能			用途
		Cu	Mg	Mn	Zn	Al		σ_b/MPa	δ（%）	HBW	
防锈铝	3A05（LF5）		4.5～5.5	0.3～0.6		余量	T1	270	23	70	中载零件、铆钉、焊接油管
	3A21（LF21）			1.0～1.6		余量		130	23	30	管道、容器、铆钉及轻载零件
硬铝	2A01（LY1）	2.2～3.0	0.2～0.5			余量	T2	300	24	70	工作温度＜100℃，常用作铆钉
	2A11（LY11）	3.8～4.8	0.4～0.8	0.4～0.8		余量		420	18	100	中等强度构件和零件
	2A12（LY12）	3.8～4.9	1.2～1.8	0.3～0.9		余量		480	11	131	高强度构件及150℃下工作的零件
超硬铝	7A04（LC4）	1.4～2.0	1.8～2.8	0.2～0.6	5.0～7.0	余量	T3	600	12	150	飞机主要受力构件及高载荷零件
	7A06（LC6）	2.2～2.8	2.5～3.2	0.2～0.5	7.6～8.6	余量		680	7	190	同上
锻铝	2A05（LD5）	1.8～2.6	0.4～0.8	0.4～0.8		余量		420	13	105	形状复杂、中等强度的锻件
	2A70（LD7）	1.9～2.5	1.4～1.8			余量		440	13	120	高温下工作的复杂锻件和结构件
	2A10（LD10）	3.9～4.8	0.4～0.8	0.4～1.0		余量		480	10	135	承受重载荷的锻件

① T1——退火；T2——固溶处理＋自然时效；T3——固溶处理＋人工时效。

（2）硬铝合金　硬铝合金属于 Al-Cu-Mg 系合金，根据硬铝合金的特性和用途，可将其分为低强度硬铝（2A01、2A10）、中强度硬铝（2A11）、高强度硬铝（2A12、2A06）、耐热硬铝（2A02）等。

硬铝合金属于可热处理强化的变形铝合金，可以通过时效处理进行强化。但是硬铝固溶处理的加热温度范围很窄，一般温度范围不超过±5℃。若淬火加热温度过高，零件容易过烧；若淬火加热温度过低，则固溶体过饱和程度不足，不能获得良好的时效强化效果。

硬铝的耐蚀性比较差，在海水中使用时尤为严重。为了提高硬铝在海水中的耐蚀性，通常在硬铝的外面包上一层纯铝进行保护。

（3）超硬铝合金　超硬铝合金属于 Al-Zn-Mg-Cu 系合金。它的强度在变形铝合金中最高，可达 600～700MPa，超过高强度的硬铝 2A12，故称之为超硬铝。

在超硬铝合金中有 θ 相（$CuAl_2$）、S 相（$CuMgAl_2$）、η 相（$MgZn_2$）和 T 相（$Al_2Mg_3Zn_3$）等四种强化相，因而具有显著的时效强化效果。

超硬铝合金经时效处理后强度和硬度都很高，但耐热、耐蚀性较差，一般也采用包铝的办法提高其耐蚀性。

（4）锻造铝合金　锻造铝合金属于 Al-Cu-Mg-Si 系合金，这类合金加入的合金元素种

类多，但含量少，因而具有良好的热塑性，适于锻造，故称之为锻铝。

锻造铝的主要强化相为 Mg_2Si，有较好的锻压性能和耐蚀性能，力学性能与硬铝相似。热处理常采用淬火 + 人工时效处理，淬火后在室温停留的时间不宜过长，否则会显著降低人工时效强化效果。

5. 铸造铝合金

铸造铝合金具有良好的铸造性能、耐蚀性能和切削加工性能，可制成各种形状复杂的零件，并可通过热处理改善铸件的力学性能。

根据主加合金元素的不同，铸造铝合金一般分为四大类，即 Al-Si 系、Al-Cu 系、Al-Mg 系和 Al-Zn 系，其代号用“铸”、“铝”二字的汉语拼音字首“ZL”加三位数字表示，第一位代表合金系，后两位为顺序号。表 4-21 是铸造铝合金的代号、化学成分、力学性能和用途。

表 4-21 铸造铝合金的代号、化学成分、力学性能及用途

组别	代号	化学成分(质量分数,%)		力学性能				用途
		第一主加元素	其他	铸造方法与合金状态①	σ_b/MPa	δ(%)	HBW	
铝硅合金	ZL101	Si6.0~8.0	Mg0.20~0.40 Al余量	S,T3 J,T3	190 210	4 2	50 60	飞机、仪器零件
	ZL102	Si11.0~13.0	Al余量	SB JB	143 153	4 2	50 50	形状复杂的铸件，抽水机壳体
	ZL104	Si8.0~10.5	Mg0.17~0.30 Mn0.20~0.50 Al余量	J,T3 J,T4	200 240	1.5 2	70 70	电动机壳体、气缸体等
	ZL105	Si4.5~5.5	Cu1.00~1.50 Mg0.35~0.60 Al余量	J,T3 J,T4	240 180	0.5 1	70 65	风冷发动机气缸头、油泵壳体
	ZL109	Si11.0~13.0	Cu0.50~1.50 Mg0.80~1.30 Al余量	J,T3 J,T4	200 250	0.5 —	90 100	活塞及高温下工作的零件
铝铜合金	ZL201	Cu4.5~5.3	Mn0.60~1.0 Ti0.15~0.35 Al余量	S,T2 S,T3	300 340	8 4	70 90	内燃机气缸头、活塞
	ZL202	Cu9.0~11.0	Al余量	S,T4 J,T4	170 170	— —	100 100	高温下工作不受冲击的零件
铝镁	ZL301	Mg9.5~11.5	Al余量	S,T2	280	9	60	海水中工作的零件，如舰船配件
铝锌合金	ZL401	Zn9.0~13.0	Si6.0~8.0 Al余量	J,T1	250	1.5	90	结构形状复杂的汽车、仪表配件

① J—金属模；S—砂模；B—变质处理；T1—人工时效；T2—淬火 + 自然时效；T3—淬火 + 不完全时效；T4—淬火 + 人工时效。

（1）Al-Si 系铸造铝合金 Al-Si 系铸造铝合金俗称硅铝明，是一种应用最广的铸造铝合金。这类合金具有优良的铸造工艺性能，收缩率较小，强度中等，并可以焊接，适于铸造在常温下工作、形状复杂的零件。

图 4-30 是 Al-Si 二元合金相图，合金的共晶成分为 $w_{Si}=11.7\%$，共晶温度 557℃。其中 α 相为硅溶入铝中形成的固溶体。含有 $w_{Si}=11\%\sim13\%$ 的 Al-Si 合金称为简单硅铝明（ZL102），具有优良的铸造性能，铸造后几乎全部得到共晶体组织（α+Si）。但在一般情况下，ZL102 的共晶体由粗大针状硅晶体和 α 固溶体组成（图 4-31a），合金的力学性能不高。通常要对 ZL102 合金进行变质处理，浇注前向合金液中加入质量分数为 2%～3% 的变质剂，使硅的形状发生变化。常用的变质剂是 40% NaF + 45% NaCl + 15% Na_3AlF_6 钠盐混合物。经变质处理后的组织是细小均匀的共晶体加初生 α 固溶体（图 4-31b）。另外，由于硅在铝中的溶解度变化很小，所以 ZL102 合金不能采用热处理进行强化。但可以在 Al-Si 二元合金中添加合金元素 Cu、Mg、Mn，即可以进行固溶时效强化处理，这类合金称为特殊硅铝明。

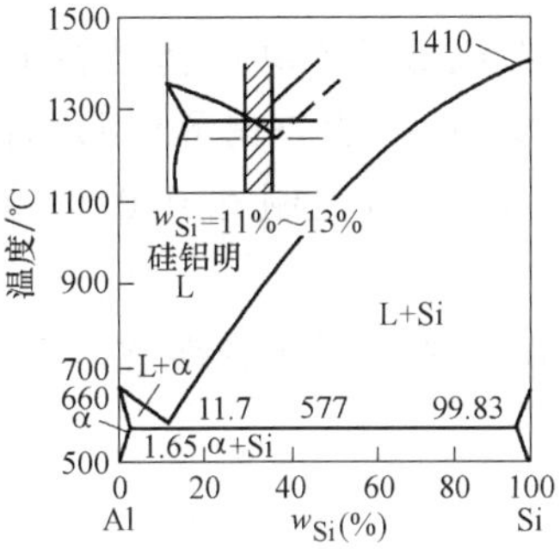

图 4-30 Al-Si 二元合金相图

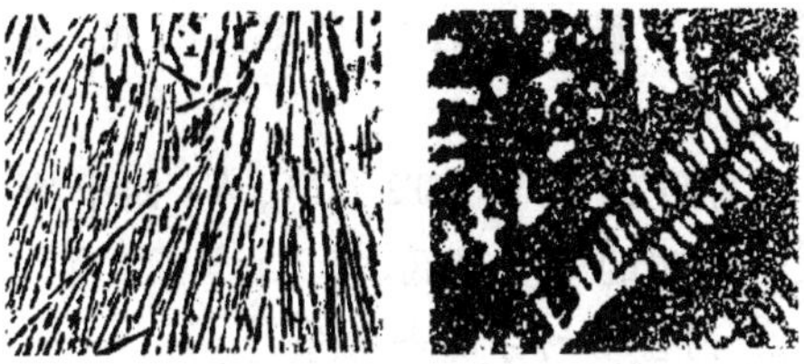

a) b)

图 4-31 Al-Si 二元合金的显微组织

a）未经变质处理 b）变质处理

（2）Al-Cu 系铸造铝合金 这类合金的耐热性高，但铸造性能和耐蚀性较差，易产生热裂和缩松倾向。由于铜在铝中具有较大固溶度，并随着温度变化而变化，因此这类合金可以通过固溶时效强化提高其强度。由于随着铜质量分数的增加，合金的脆性增加，因此 w_{Cu} 一般不超过 14%。它一般多用来制造在 200～300℃ 条件下工作、要求强度比较高的零件，如内燃机气缸头、活塞等。

（3）Al-Mg 系铸造铝合金 这类合金又称耐蚀铸造铝合金。特点是密度小，强度高，耐蚀性好，具有良好的切削性能；缺点是铸造性能和耐热性能差。

铝镁系合金一般不在铸态下使用，而是经过淬火处理。因为在淬火状态下，镁可以全部溶入固溶体，使合金获得最佳的强度和耐蚀性。该合金多用于制造在腐蚀介质条件下承受较大载荷的零件，也可用来代替某些耐酸钢及不锈钢。

（4）Al-Zn 系铸造铝合金 Al-Zn 系铸造铝合金是最便宜的一种铸造铝合金，常用的牌号为 ZL401。这类合金的主要特点是具有良好的铸造性能和固溶时效强化能力，在铸态下有较高的机械强度，缺点是耐蚀性差。这类合金可以在铸态下不经热处理直接使用，多用于制造工作温度低于 200℃、形状复杂的压铸件及模具、型板、设备支架等。

二、铜及铜合金

铜是重非铁金属，世界上铜的产量仅次于钢和铝。铜及铜合金是人类最早使用、至今也是应用最广泛的金属材料之一。铜的导电性和导热性好，耐腐蚀，有优良的塑性，可以焊接或冷、热压力加工成形。

铜及铜合金按其表面颜色，分为纯铜（紫铜）、黄铜、青铜和白铜。除纯铜之外，其他三种为铜合金。

1. 纯铜

纯铜的颜色为玫瑰红色，在大气中表面形成的氧化亚铜呈紫色，故称为紫铜。纯铜的密度为8.96g/cm^3，熔点为1083℃，具有面心立方晶格，塑性极好，无同素异构转变。纯铜的导电性和导热性仅次于银而居第二位。

纯铜的塑性好，但强度、硬度低。冷塑变形可以使铜的强度提高到400~500MPa，但断后伸长率降为6%左右。退火可消除铜的冷加工硬化，工业纯铜的退火温度范围在500~700℃。

工业纯铜中常含有0.1%~0.5%（质量分数）的杂质元素（Pb、Bi、O、S、Se、P等），使铜的导电性下降。另外，Pb、Bi等杂质能与铜形成低熔点共晶体，在铜加热时，这些共晶体脆化，破坏了晶界的结合，容易造成热脆。S、O也能与铜形成共晶体，冷加工时易产生破裂，造成冷脆。因此，铜材中w_S和w_O应分别控制在0.01%和0.05%以下。

工业纯铜有T1、T2、T3、T4四个牌号，“T”为“铜”的汉语拼音字首，后面的数字越大表示铜的纯度越低。

2. 铜合金的分类和牌号

纯铜的强度低，不宜直接用作结构材料，常加入合金元素来改善其性能。根据铜合金的表面颜色，铜合金分为黄铜、青铜和白铜三大类。

黄铜是以锌为主加元素的铜合金，加锌后呈金黄色，故称为黄铜。根据黄铜中所含其他元素的种类，黄铜分为普通黄铜和特殊黄铜。只含锌的黄铜称为普通黄铜，用“黄”字汉语拼音字首“H”表示，其后数字表示铜的平均质量分数。如H62，表示铜的平均质量分数为62%的普通黄铜。特殊黄铜的牌号表示方法是“H”加上除锌以外的主加元素符号，再加上铜的质量分数和主加元素的质量分数。如HSi80-3表示w_{Cu}为80%、w_{Si}为3%、其余为锌的硅黄铜。

白铜是以镍为主加元素的铜合金，以“白”字的汉语拼音字首“B”表示，后面的数字为镍的平均质量分数，如B19表示w_{Ni}为19%的普通白铜。

青铜是除锌和镍以外的其他元素作为主加元素的铜合金。根据添加的元素不同，青铜分为锡青铜、铝青铜、铍青铜等。青铜的牌号表示方法是用“青”字的汉语拼音字首“Q”，加上主加元素的化学符号和其质量分数。如QAl5表示w_{Al}为5%的铝青铜。

按成形方法可将铜合金分为变形铜合金和铸造铜合金。铸造铜合金的牌号表示方法与上述变形铜合金的方法基本相同，仅在牌号的前面冠以“铸”字的汉语拼音字首“Z”表示。如ZCuSn10Pb1表示w_{Sn}为10%、w_{Pb}为1%的铸造锡青铜。

3. 黄铜

黄铜分为普通黄铜、特殊黄铜和铸造黄铜三大类。表4-22是常用黄铜的牌号、成分、力学性能及用途。

表 4-22　常用黄铜的牌号、成分、力学性能及用途

类别	牌号	化学成分(质量分数,%) Cu	化学成分(质量分数,%) 其他	力学性能 铸造方法①	力学性能 σ_b/MPa	力学性能 δ(%)	力学性能 HBW	用途
普通黄铜	H70	69.0～72.0	Zn 余量		660	3	150	弹壳、机械及电器零件
	H62	60.5～63.5	Zn 余量		500	3	164	螺母、垫圈、散热器
	H59	57.0～60.0	Zn 余量		500	10	103	热轧及热压零件同上
特殊黄铜	HPb59-1	57.0～60.0	Pb0.8～1.90 Zn 余量		650	16	140	销子、螺钉等冲压或加工件
	HAl59-3-2	57.0～60.0	Al2.5～3.50 Ni2.0～3.0 Zn 余量		650	15	150	船舶、化工机械等常温下工作的高强度耐蚀零件
	HMn58-2	57.0～60.0	Mn1.0～1.20 Zn 余量		700	10	175	船舶零件及轴承等耐磨零件
铸造黄铜	ZCuZn38	60.0～63.0	Zn 余量	S J	295 295	30 30	590 685	机械、热轧制零件
	ZCuZn33Pb2	63.0～67.0	Pb1.0～3.0 Zn 余量	S	180	70	490	
	ZCuZn40Pb2	58.0～63.0	Pb0.50～2.50 Al0.20～0.80 Zn 余量	S J	220 280	150 20	785 885	制作化学稳定的零件
	ZCuZn16Si4	79.0～81.0	Si2.50～4.50 Zn 余量	S J	345 390	15 20	885 980	轴承、轴套

① J—金属模；S—砂模。

（1）普通黄铜　普通黄铜是铜和锌的二元合金。该合金中的 α 相是锌在铜中的固溶体，晶格类型与纯铜相同，为面心立方晶格。α 相具有优良的塑性、焊接性和锻造性，适宜于冷加工。β 相是以电子化合物 CuZn 为基的固溶体，呈体心立方晶格，β 相在 453～468℃时，将发生有序化转变，成为有序固溶体 β′。β 相塑性良好，适于热压力加工，但 β′相塑性低，硬而脆，冷加工困难。

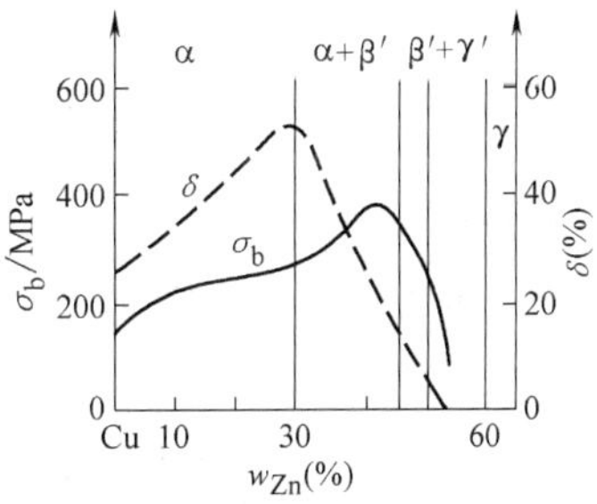

图 4-32　黄铜中锌的质量分数与力学性能的关系

黄铜中锌的质量分数对铜合金的力学性能有很大影响（图 4-32）。当 $w_{Zn}<32\%$ 时，由于锌完全融入 α 固溶体中，产生固溶强化，使黄铜的强度和塑性都随着锌质量分数的增加而增加；当 $w_{Zn}>32\%$ 时，由于组织中出现硬脆的 β′相，使塑性降低，但强度继续升高；当 $w_{Zn}>45\%$ 时，由于组织全部为硬脆的 β′相，因而强度和塑性急剧降低。

工业上应用的黄铜按组织可分为 α 单相黄铜、β′单相黄铜和 α + β 双相黄铜（图4-33）。α 单相黄铜耐蚀性和室温塑性好，但强度低，适宜进行冷变形加工；α + β 双相黄铜和 β′单相黄铜室温塑性较差，需要加热到高温后再进行热加工。

黄铜在干燥的大气和一般介质中的耐蚀性比铁和钢好。但是，经过冷变形的黄铜制品在潮湿的大气中，特别是在含有氨气的大气或海水中容易发生自动破裂，这种现象称为黄铜的“季裂”。黄铜的季裂是冷加工变形后的黄铜制品中存在残留应力，在介质的作用下，腐蚀沿着应力分布不均匀的晶粒边界进行，导致制品破裂，所以季裂又称为“应力破裂”。黄铜的季裂倾向随着锌质量分数的增加而增大，特别是在 $w_{Zn}>20\%$ 时危险性更大。防止季裂的方法有低温去应力退火或加入适量的 Si、Al 等合金元素以降低黄铜季裂的敏感性。

a) b)

图 4-33 铜锌合金的显微组织

a) 单相黄铜 b) 双相黄铜

（2）特殊黄铜 在铜锌二元合金的基础上再加入 Al、Si、Pb、Sn、Ni、Mn 等合金元素就形成特殊黄铜，分别称为铝黄铜、硅黄铜、铅黄铜等。加入 Al、Sn、Ni、Mn 可以提高耐蚀性和耐磨性，Mn 能提高耐热性，Pb 可以改善切削性能，Si 能改善铸造性能。

4. 青铜

根据添加的元素不同，青铜分为锡青铜、铝青铜和铍青铜等。表 4-23 是常用青铜的牌号、成分、力学性能及用途。其中，工业用量最大的是锡青铜和铝青铜，强度最大的是铍青铜。

表 4-23 常用青铜的牌号、成分、力学性能及用途

组别	牌号	化学成分（质量分数，%）		力学性能				用途
		第一主加元素	其他	加工状态	σ_b/MPa	δ(%)	HBW	
锡青铜	QSn6.5-0.4	Sn6.0～7.0	P0.1～0.5 Cu 余量	软	400	65	80	精密仪器中的耐磨零件和抗磁元件、弹簧、艺术品
				硬	750	10	180	
	QSn4-3	Sn3.5～4.5	Zn2.7～3.3 Cu 余量	软	350	40	60	弹簧、化工机械耐磨零件和抗磁零件
				硬	550	4	160	
铝青铜	QAl10-3-1.5	Al8.5～10.0	Fe2.0～4.0 Mn1.0～2.0 Cu 余量	退火	600～700	20～30	125～140	飞机、船舶用高强度、高耐磨性耐蚀零件，齿轮、轴承
				冷加工	700～900	9～12	60～200	
	QAl7	Al6.0～8.0	Cu 余量	退火	470	70	70	重要的弹簧及弹性元件
				冷加工	980	3	154	
铍青铜	QBe2	Be1.9～2.2	Ni0.2～0.5 Cu 余量	淬火	500	35	100	重要的弹簧及弹性元件，耐磨零件，高压高速高温轴承，钟表齿轮，罗盘零件
				时效	1250	2～4	330	
铸造青铜	ZQSn10-2	Sn9.0～11.0	Zn 1.5～3.5 Cu 余量	S①	200	10	70	阀门、泵体等载荷零件
				J①	250	6	80	
	ZQAl10-3-15	Al9.0～11.0	Fe2.0～4.0 Mn1.0～2.0 Cu 余量	S	450	10	110	较高载荷的轴承、轴套和齿轮
				J	500	20	120	
	ZQPb10-10	Pb8.0～11.0	Sn8.0～11.0 Cu 余量	S	150	3	65	冷轧机轴承、中等载荷轴承、双金属耐磨零件、耐酸铸件
				J	200	5	70	

① 铸造：S—砂模；J—金属模。

(1) 锡青铜 锡青铜中的 α 相是锡溶于铜中形成的固溶体，晶格类型为面心立方晶格，具有优良的塑性，适宜于冷、热加工变形。δ 相是以 $Cu_{31}Sn_8$ 为基的固溶体，具有复杂立方晶格，它在常温下是硬脆相。

锡的质量分数对锡青铜力学性能的影响见图 4-34。由图可见，w_{Sn} 小于 6% ~7% 时，随着锡的质量分数增加，强度和塑性增加。当 w_{Sn} 超过 6% ~7% 时，由于组织中出现了硬脆相 δ，塑性急剧下降，但由于少量 δ 相的弥散强化作用，强度仍然上升。当 w_{Sn} 大于 20% 时，由于出现过多的 δ 相而使强度显著下降，塑性极低，合金变得硬而脆，无使用价值。因此，工业用锡青铜的 w_{Sn} 一般在3% ~14% 范围内，w_{Sn} 小于 7% 的锡青铜适于压力加工，w_{Sn} 大于 10% 的锡青铜适于铸造。

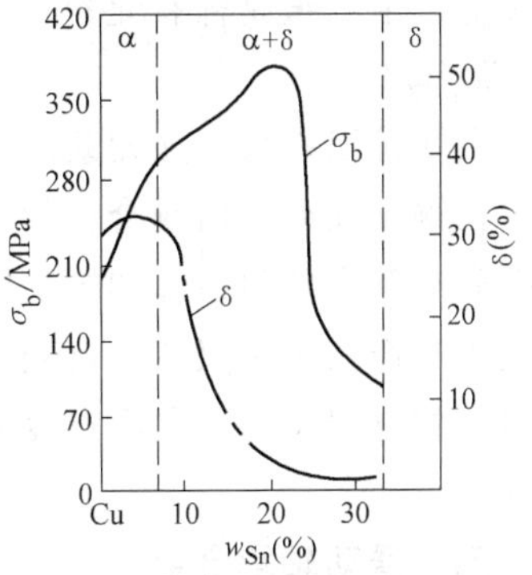

图 4-34 锡的质量分数对锡青铜力学性能的影响

锡青铜铸造时的特点是体积收缩小，这有利于制造尺寸要求精确的复杂铸件和花纹清晰的工艺美术品。锡青铜凝固时不形成集中缩孔，只形成沿铸件断面均匀分布枝晶间的分散缩孔。所以，铸件致密性差，在高压下易渗漏，不适于铸造密度要求高的零件。锡青铜的耐蚀性比纯铜和黄铜都高，在湿气、蒸汽、海水和淡水中都具有良好的耐蚀性。

为了改善锡青铜的工艺性能和使用性能，常加入 P、Zn、Pb 等元素，成为多元锡青铜。P 可提高合金的流动性和耐磨性；Zn 可改善合金强度和铸造性能。

锡青铜具有良好的力学性能和耐蚀性能，可用于制造弹簧等弹性元件和化工器件等。锡铅青铜可以提高耐磨性和切削加工性，用于制造轴套、轴承内衬等零件。

(2) 铝青铜 它是以铝作为主加元素的铜基合金。工业上使用的铝青铜 w_{Al} 一般不超过 12%，铸造性能也很好。但铸件收缩率大，且在过热蒸汽中不稳定。

铝青铜的强度、硬度、耐磨性和耐蚀性能都超过锡青铜和黄铜。铝青铜流动性好，几乎不生成分散缩孔，但容易产生集中缩孔，形成粗大柱状晶，使压力加工变得困难。为防止铝青铜晶粒粗大，除严格控制铝的质量分数外，可同时加入复合变质剂（如 Ti + V + B 等），使晶粒细化。铝青铜中加入 Fe、Mn、Ni 等元素，可进一步提高合金的强度、耐磨性及耐蚀性能。

铝青铜主要用来制造耐磨、耐蚀和弹性零件，如齿轮、蜗轮、弹簧等。

(3) 铍青铜 它是以铍作为主加元素的铜基合金。工业用铍青铜的 w_{Be} 一般在 1.7% ~2.5% 范围内。铍青铜是铜合金中性能最好的一种，除具有很高的强度和弹性外，还具有很好的耐磨性、耐蚀性及耐低温等特性，且导电性、导热性能优良，无磁性，受冲击时不产生火花。

铍青铜的淬火温度为 780 ~800℃，淬火介质为水，时效温度为 300 ~350℃。铍青铜淬火后得到的过饱和固溶体很软，在室温下放置不会发生自然时效过程，可以方便地进行拉拔、轧制等冷加工，因此铍青铜的半成品多在淬火态供应，制成零件后不需再淬火，直接进行时效。淬火态铍青铜的塑性较高，切削性能不好，有时为改善切削性能，可在淬火后先进行一次半时效处理，切削加工后再进行完全时效。

铍青铜在工业上用来制造高级弹簧、膜片、膜盒等弹性元件的重要材料，还可用于制作高速、高温和高压下工作的轴承、衬套、仪表齿轮等耐磨零件及换向开关、电接触器和防爆工具等。由于铍是稀有元素，故铍青铜的价格比较高，使用受到限制。

5. 白铜

白铜是以镍为主加元素的铜合金。白铜分为简单白铜和特殊白铜，Cu-Ni 二元合金称为简单白铜，在简单白铜合金的基础上添加其他合金元素的 Cu-Ni 基合金称为特殊白铜。简单白铜具有较高的耐蚀性和抗腐蚀疲劳性能，冷、热加工性能优良，主要用于制造蒸汽和海水环境中工作的精密仪器、仪表零件、冷凝器和热交换器。特殊白铜主要为锌白铜和锰白铜，锰白铜的电阻率高，电阻温度系数小，是制造低温热电偶、热电偶补偿导线及电阻器的理想材料。

三、滑动轴承合金

与滚动轴承相比，滑动轴承具有承压面积大、工作平稳、无噪声以及拆卸方便等优点，广泛用于机床主轴、发动机轴承以及其他动力设备的轴承。

1. 滑动轴承对材料性能的要求

滑动轴承合金是用来制造滑动轴承中的轴瓦及内衬的合金。当轴在滑动轴承内旋转时，轴承内表面承受周期性的交变载荷，并发生强烈摩擦，造成轴与轴承的磨损。由于轴是机器的重要零部件，加工复杂，价格较贵，并且更换困难，所以要求轴承合金的硬度要比轴颈的硬度低得多，使轴承对轴的磨损最小，同时要尽可能提高轴承合金的耐磨性。为此，轴承合金应具备以下基本性能：

1）常温下具有足够的强度、硬度、冲击韧性和疲劳极限，以承受周期性交变载荷，并抵抗冲击和震动。

2）耐磨性好，与轴的摩擦因数小，热膨胀因数小，导热性能好，以免因工作温度升高而与轴咬合。

3）有良好的磨合性和耐蚀性能，能耐润滑油中有机酸的腐蚀。

为了使轴承合金具备上述性能，其组织特点应是在软基体上均匀分布着硬质点或硬基体上分布着软质点。这样，当轴在轴承中转动时，软基体（或软质点）被磨损形成凹坑，可以储存润滑油，降低摩擦因数，减小磨损。同时，软基体（或软质点）还能嵌藏外来硬质点，以避免这些外来硬质点擦伤轴颈。软基体（或软质点）下凹后，轴承的硬质点（或硬基体）凸起，支承轴所施加的压力，减少轴与轴瓦的接触面积，阻止轴承进一步的磨损。图 4-35 是轴与轴承滑动面的结构示意图。

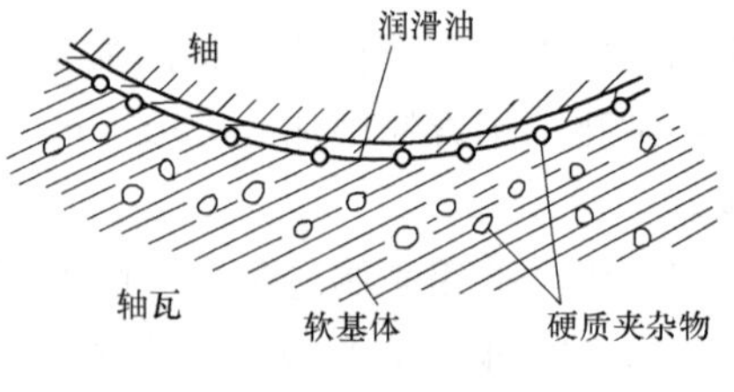

图 4-35 轴与轴承滑动面的结构示意图

2. 滑动轴承的分类及牌号

滑动轴承按其主要化学成分可分为锡基、铅基、铝基、铜基和铁基轴承合金。以锡或铅为基的轴承合金又称为巴氏合金，应用最为广泛。

轴承合金的牌号为：ZCh + 基本元素符号 + 主加元素符号 + 主加元素质量分数 + 辅加元素质量分数，其中“Z”和“Ch”分别是“铸”和“承”的汉语拼音首字母，如 ZCh-

SnSb11-6 表示 $w_{Sb}=11\%$、$w_{Cu}=6\%$ 的锡基铸造轴承合金。

表 4-24 是常用滑动轴承合金的牌号、成分与用途。

表 4-24 常用滑动轴承合金的牌号、成分与用途

组别	代号	化学成分(质量分数,%)					力学性能			用途
		Sn	Sb	Pb	Cu	其他	σ_b /MPa	δ(%)	HBW	
锡基	ZChSnSb11-6	余量	10 ~ 12		5.5 ~ 6.5		90	6	30	较硬,适用于 1500kW 以上的高速汽轮机、400kW 的涡轮机、高速内燃机轴承
锡基	ZChSnSb8-4	余量	7.8 ~ 8.0		3.6 ~ 4.0		80	10.6	24	大型机械轴承及轴套
铅基	ZChPb16-16-2	15.0 ~ 17.0	15.0 ~ 17.0	余量	1.5 ~ 2.0		78	0.2	30	汽车、轮船、发动机等轻载荷高速轴承
铅基	ZChPb15-5-3	5.0 ~ 6.0	14.0 ~ 16.0	余量	2.5 ~ 3.0				32	机车车辆、拖拉机轴承
铜基	ZCuPb30			27.0 ~ 33.0	余量		60	4	25	高速高压航空发动机、高压柴油机轴承
铜基	ZCuSn10P1	9.0 ~ 11.0			余量	P0.6 ~ 1.2	250	5	90	高速高载荷柴油机轴承

3. 锡基轴承合金

锡基轴承合金是在锡锑合金的基础上添加铜而形成的一种合金,又称锡基巴氏合金。它是以锑在锡中形成的 α 固溶体作为软基体,以化合物 SnSb 为基的 β′固溶体和化合物 Cu_3Sn 作为硬质点的一种典型软基体、硬质点的轴承合金,其主要牌号有 ZChSnSb11-6、ZChSnSb8-4 等。

锡基轴承合金的摩擦因数和线膨胀系数小,有良好的加工性、耐蚀性、导热性和镶嵌性。其主要缺点是疲劳极限较低,工作温度不能超过 150℃,价格较贵。它一般用来制造比较重要的轴承,如汽轮机、发动机等大型机器的高速轴承。

4. 铅基轴承合金

铅基轴承合金是在铅锑合金的基础上加入锡、铜等元素形成的合金,又称为铅基巴氏合金。图 4-36 为铅锑合金的显微组织。它是以(α + β)共晶体作为软的基体(图 4-36中暗黑色部分),以初生的 β 相(图 4-36 中白色块状)和化合物 Cu_2Sb(图 4-36 中白色针状)为硬质点所形成的一种软基体硬质点轴承合金。

图 4-36 铅基轴承合金显微组织

虽然铅基轴承合金的强度、硬度、耐磨性以及冲击韧性都不如锡基轴承合金,工作温度一般不能超过 120℃,但价格便宜。铅基轴承合金一般用来制造速度比较低、负载比较小的轴承,如汽车、拖拉机曲轴的轴承以及电动机的轴承等。

由于锡基轴承合金和铅基轴承合金的强度比较低,不能承受大的压力。为了提高其强度和寿命,可采用离心浇注的办法将它们镶铸在钢质轴瓦套的内壁上。这种结构的轴承能承受较大的压力，并可节省大量昂贵的轴承合金。

5. 铜基轴承合金

铜基轴承合金有锡青铜、铅青铜等铸造铜基合金。锡青铜是以锡溶入铜中所形成的 α 固溶体为软基体，以 δ 相和其他化合物为硬质点的一种软基体硬质点轴承合金。这种合金的强度高，承受载荷较大，一般用来制作中速、高载荷下工作的轴承，如电动机轴承等。锡青铜的强度高，使用时可直接制作成轴承。

铅青铜是以铜为硬基体、以铅粒为软质点的一种硬基体软质点合金。这种合金的耐磨性和导热性好，摩擦因数小，疲劳极限高，承载能力大，可在较高的工作温度下正常工作。铅青铜一般用来制造高速、大载荷下工作的轴承，如航空发动机、高速柴油机的轴承，使用时一般与钢复合制成双金属结构。

四、钛及钛合金

钛在地球中的储藏量居铝铁镁之后，占第四位，钛及钛合金的主要特点是比强度高，耐腐蚀，在航空、化工、电力、医疗等领域得到日益广泛的应用。

1. 工业纯钛

钛是一种银白色金属，熔点为 1668℃，相对密度 $4.5g/cm^3$，导热性能差。钛具有同素异构转变，在 882.5℃ 以下为密排六方晶格的 α-Ti 相，在该温度以上为体心立方晶格的 β-Ti相。

钛具有优良的耐蚀性能，在大气、海水、氧化性酸和大多数有机酸中，其耐蚀性能超过不锈钢。但钛不耐热强碱、氢氟酸以及还原性酸（硫酸、盐酸等）的腐蚀。

工业纯钛中含有少量的氧、氮、碳等杂质，提高了钛的强度，但塑性急剧下降。根据杂质含量的不同，工业纯钛分为 TA1、TA2、TA3 三种牌号。“T” 为 “钛” 字的拼音首字母；A 表示其退火组织为 α 单相组织；后面的数字为顺序号，顺序号越大，杂质含量越高。

工业纯钛的强度很低，但耐蚀性最好。它主要用于热交换器、管道、反应器和一些在 350℃ 以下工作的受力小的零件和冲压件。

2. 钛合金

钛中的合金元素可提高钛的强度，也会影响到钛的同素异构转变温度。根据钛在室温下的组织，钛合金可以分为三大类：α 钛合金、β 钛合金和（α + β）钛合金。表 4-25 是部分钛及钛合金的牌号、成分和性能。

表 4-25　部分钛和钛合金的牌号、成分和力学性能

组别	代号	化学成分	室温力学性能			高温力学性能		
			热处理[①]	σ_b/MPa	δ(%)	试验温度/℃	σ_b/MPa	σ_{100}/MPa
工业纯钛	TA1	Ti(杂质极微)	T1	300 ~ 500	30 ~ 40			
	TA2	Ti(杂质微)	T1	450 ~ 600	25 ~ 30			
	TA3	Ti(杂质微)	T1	550 ~ 700	20 ~ 25			
α 钛合金	TA4	Ti-3Al	T1	700	12			
	TA5	Ti-4Al-0.005B	T1	700	15			
	TA6	Ti-5Al	T1	700	12 ~ 20	350	430	400

（续）

组别	代号	化学成分	室温力学性能			高温力学性能		
			热处理①	σ_b/MPa	δ(%)	试验温度/℃	σ_b/MPa	σ_{100}/MPa
β钛合金	TB1	Ti-3Al-8Mo-11Cr	T1	1100	16			
			T2	1300	5			
	TB2	Ti-5Mo-5V-8Cr-3Al	T1	1000	20			
			T2	1350	8			
（α+β）钛合金	TC1	Ti-2Al-1.5Mn	T1	600～800	20～25	350	350	350
	TC2	Ti-4Al-1.5Mn	T1	700	12～15	350	430	400
	TC3	Ti-5Al-4V	T1	900	8～10	500	450	200
	TC4	Ti-6Al-4V	T1	950	10	400	630	580

① T1—退火；T2—退火＋时效。

（1）α钛合金　当钛中加入Al、O、N、C等α相稳定化合金元素时，可以提高钛的同素异构转变温度，扩大α相区，使钛合金在室温为单相α固溶体组织，故称为α钛合金。

α钛合金的稳定性好，耐热性高，焊接性能好。但常温强度没有其他两种钛合金高，并且不能进行热处理强化。

α钛合金的牌号用“TA”加顺序号表示，A表示室温下合金的组织为α单相组织。α钛合金主要用来制作超声速飞机的涡轮机匣以及使用温度不超过500℃的其他部件。

（2）β钛合金　当钛中加入Cr、Mo、V、Fe、Ni等β相稳定化合金元素时，可以降低钛的同素异构转变温度，扩大钛的β相区，合金在退火或淬火状态下的组织为单相的β固溶体，故称之为β钛合金。

β钛合金具有良好的塑性，易于冲压加工成形。β钛合金的焊接性能好，但热稳定性较差。β钛合金都要经过固溶处理，淬火时效后具有很高的强度。

β钛合金的牌号用“TB”加顺序号表示，B表示室温下合金的组织为β单相组织。β钛合金主要用于压气机叶片、轴等重载荷的旋转件及构件等。

（3）（α＋β）钛合金　（α＋β）钛合金的室温组织为α固溶体和β固溶体的混合组织，故称为（α＋β）钛合金。（α＋β）钛合金具有较高的力学性能和优良的高温抗变形能力，并可进行淬火时效强化，是应用最广泛的一种钛合金。

（α＋β）钛合金的牌号用“TC”加顺序号表示，“C”表示室温下合金的组织为（α＋β）两相组织。TC4是当前国内外应用最多的（α＋β）型钛合金，其名义成分为Ti-6Al-4V。钒不仅在β相中能完全固溶，而且在α相中也有较大固溶度，提高了钛合金的强度和塑性。TC4合金可以在－196～400℃范围内使用，可用于制造火箭发动机外壳、航空发动机压气机叶片和在低温下使用的压力容器。

3. 钛合金的热处理

常用的钛合金的热处理方法有退火、淬火＋时效和化学热处理等。

（1）退火　钛合金退火的目的是稳定组织，消除内应力，降低硬度和提高塑性。退火的形式有去应力退火、再结晶退火和真空去氢退火。

1）去应力退火：目的是消除复杂零件的加工和焊接应力，退火温度一般在450～650℃范围内，保温时间对机械加工工件一般为0.25～2h，对焊接工件一般为2～3h，然后空冷。去应力退火对钛合金的强度和塑性影响不大。

2）再结晶退火：目的是消除加工硬化，恢复塑性，得到稳定的组织和均匀的力学性能。工业纯钛的再结晶退火温度一般为550～690℃，钛合金的退火温度一般为750～800℃。保温时间应根据工件尺寸大小和装炉量多少来定，一般为1～3h，然后空冷。

3）真空去氢退火：目的是消除钛合金的氢脆。由于氢在钛合金中可形成TiH_2化合物，或在位错等缺陷处富集形成柯垂尔气团，使钛合金的塑性及冲击韧性显著降低。真空退火可以降低钛中的氢浓度，退火的温度一般为650～850℃，保温时间为1～6h，真空度一般不低于133Pa。

（2）淬火＋时效　淬火＋时效是钛合金的主要热处理强化方法。它利用加热后快速冷却（淬火），使β相转变成介稳定相，然后在时效过程中，介稳定相分解析出α相弥散质点，从而达到强化的目的。在钛合金中，只有β钛合金和（α＋β）钛合金可进行淬火时效处理。

（α＋β）钛合金淬火温度一般选在两相区的上部温度范围，但未达到β单相区，以防止晶粒粗大，导致合金的韧性、塑性下降。对于β型钛合金，淬火加热温度一般选择在临界温度附近，若加热温度过低，β相固溶合金元素不够充分，原始α相多，合金经时效后的强度低；温度过高，则晶粒粗大，导致合金时效后的强度、韧性降低。β钛合金的淬火温度一般为850～950℃，保温时间一般都为15～60min，然后在水中冷却。

钛合金的时效温度一般在425～550℃范围内。温度过低会产生ω相，导致塑性下降，使合金脆化；温度过高，则会从β相直接分解出粗大的α相，使合金的强度降低，强化效果不好。具体的时效温度应根据合金成分以及零件性能要求来进行调整。

（3）化学热处理　钛合金渗氮可以改善钛合金表面的耐磨性和耐蚀性，渗氮后的表层组织为钛的氮化物，硬度提高7～9倍，耐蚀性提高2～4倍，但塑性和疲劳性能降低。

思 考 题

1. 合金元素在钢中的基本作用有哪些？按其与碳的作用如何分类？
2. 钢中S、P的质量分数对钢的质量有何影响？
3. 下列牌号是何材料？说明其符号、数字所代表的意义。

T10A、55、Q235、ZG270—550、40Cr、20CrMnTi、60Si2Mn、9CrSi、GCr15、W6Mo5Cr4V2、Cr12MoV、1Cr13、0Cr19Ni9、5CrMnMo

4. 合金结构钢按其用途和热处理特点可分为哪几种？试说明它们的碳质量分数范围及主要用途。
5. 试比较碳素工具钢、低合金工具钢和高速钢的热硬性，并说明高速钢热硬性高的主要原因。
6. 高速钢经铸造后为什么要反复锻造？为什么选择高的淬火温度和三次560℃回火的最终热处理工艺？
7. 常见的不锈钢有哪几种？其用途如何？
8. 白口铸铁、灰铸铁和钢，这三者的成分、组织和性能有何主要区别？
9. 为什么一般机器的支架、机床的床身常用灰铸铁制造？
10. 举例说明灰铸铁、可锻铸铁和球墨铸铁的牌号。

11. 下列工件宜选择何种特殊铸铁制造？

（1）磨床导轨；（2）1000 ~ 1100℃加热炉底板；（3）曲轴。

12. 不同铝合金可通过哪些途径达到强化目的？

13. 何谓硅铝明？它属于哪一类铝合金？为什么硅铝明有良好的铸造性能？

14. 黄铜属于什么合金？举例说明简单黄铜和复杂黄铜的牌号。

15. 轴瓦材料必须具有什么特性？对轴承合金的组织有什么要求？

第五章　铸造成形技术

铸造成形是将金属熔化成液态后，浇注到与拟成形零件的形状及尺寸相适应的铸型型腔中，待其冷却凝固后获得零件毛坯的生产方法。

铸造是历史最悠久的金属材料成形方法，直到今天仍然是机械零件毛坯生产的主要方法之一。这种成形方法能够制成形状复杂、特别是具有复杂内腔的零件，而其大小几乎不受限制，重量可从几克到上百吨。铸件在机械产品中所占的比例很大，例如内燃机中的关键零件，如缸体、缸盖、活塞、曲轴、进/排气管等，都是铸件，占内燃机总重量的80%～90%；在机床、泵和阀等通用机械中，铸件要占60%～80%。

由于铸造时金属液的凝固收缩、金属液与铸型表面的相互作用以及工艺需要等方面的原因，往往使所获得的铸件较实际零件的尺寸、形状有些差别，因此铸造成形所提供的铸件往往是半成品的坯件，需要再进一步进行机械加工。但随着铸造成形技术的不断发展，少、无切削的精密铸造成形技术，如熔模铸造、金属型铸造、压力铸造、离心铸造等，已得到成功的应用，从而使零件的生产工序、生产周期和生产成本大大减少，提高了产品的竞争能力。

第一节　铸造成形基本原理

铸造合金除应具有符合要求的力学性能和必要的物理、化学性能外，还必须具有良好的铸造性能。合金的铸造性能主要有液态合金的充型能力、流动性以及凝固过程中铸件的收缩、应力、变形等。

一、液态合金的充型能力

液态合金经浇注系统充满铸型全部型腔，并获得形状完整、轮廓清晰铸件的能力，称为液态合金的充型能力。

液态合金的充型能力主要受金属液本身的流动性、铸型性质、浇注条件以及铸件结构等因素的影响，是一个复杂的物理、化学和流体力学的问题。液态合金充型能力的好坏直接影响到铸件的成形。充型能力差的合金难以获得大型、薄壁和结构复杂的完整铸件。为了保证铸件的成形，必须知道铸造合金在液态时的性质，如密度、粘度、表面张力、氧化性及润湿性等。

由于液态合金的充型能力与铸件的成形及质量有着密切的关系，所以它是铸造合金的重要性能指标之一。根据铸造合金的充型能力，并采取相应的铸造工艺措施，才能获得完整的优质铸件。

1. 液态合金的流动性

液态合金自身的流动能力，称为液态合金的流动性，是铸造合金的主要铸造性能之一。流动性好的液态合金有利于液态合金中的非金属夹杂物和气体上浮与排除，并能对铸造合金在冷凝过程所产生的收缩进行补缩。液态合金的流动性越好，其充型能力越强，越有利于浇铸出尺寸准确、外形完整、轮廓清晰的优质铸件。

液态合金的流动性通常以图 5-1 所示的“螺旋形流动试样”的长度来衡量。在相同的浇注条件下，所浇出的试样越长，说明液态合金的流动性越好。表 5-1 列出了几种常用铸造合金的流动性，其中灰铸铁、硅黄铜的流动性最好，铸钢的流动性最差。

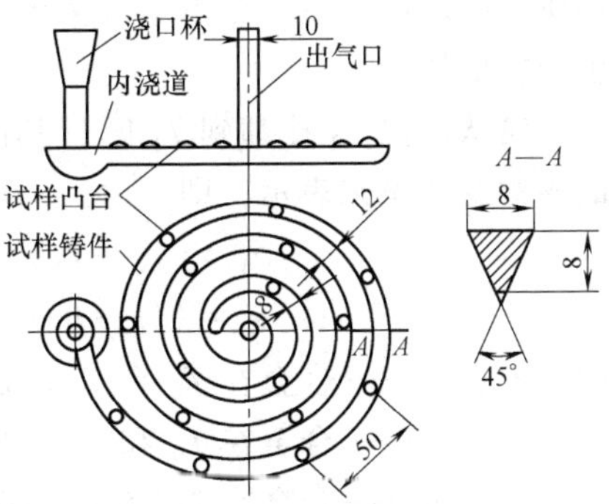

图 5-1　螺旋形流动试样

影响液态合金流动性的因素很多，但以合金化学成分的影响最为大（图 5-2）。纯金属和共晶成分合金的结晶是在恒温下进行的，液态合金从表面逐层向中心凝固。已结晶的固体内表面比较光滑，对尚未凝固的液态金属流动阻力小，故流动性最好。而其他成分合金的结晶则是在一定的温度范围内进行的，由于初生的枝晶阻碍液态金属的流动，所以合金的流动性变差。合金的结晶温度范围越宽，其流动性越差。

表 5-1　常用铸造合金的流动性

合金种类及成分	造 型 材 料	浇注温度/℃	螺旋线长度/mm
灰铸铁　$w_{C+Si}=6.2\%$ $w_{C+Si}=5.2\%$ $w_{C+Si}=4.2\%$	砂型	1300	1800 1000 600
铸钢　$w_C=0.4\%$	砂型	1600 1640	100 200
铝合金(硅铝明)	金属型(300℃)	680 ~ 720	700 ~ 800
镁合金(Mg-Al-Zn)	砂型	700	400 ~ 600
锡青铜　$w_{Sn}=9\%\sim11\%$ $w_{Zn}=2\%\sim4\%$ 硅黄铜　$w_{Si}=1.5\%\sim4.5\%$	砂型	1040 1100	420 1000

2. 浇注温度

浇注温度对合金充型能力的影响很大。提高浇注温度可以降低液态金属的粘度，而且可以提高液态金属的含热量，使液态金属冷却速度变慢，因而可以提高合金的充型能力。所以，适当提高合金的浇注温度是防止铸件产生浇不到、冷隔和夹渣等缺陷的重要工艺措施。但若浇注温度过高，铸件容易产生缩孔、缩松、粘砂、气孔和粗晶等缺陷，故在满足充型能力要求的前提下，应尽量降低浇注温度。因此，每种铸造合金都有规定的浇注温度范围，薄壁复杂件可取上限，厚大件取下限。

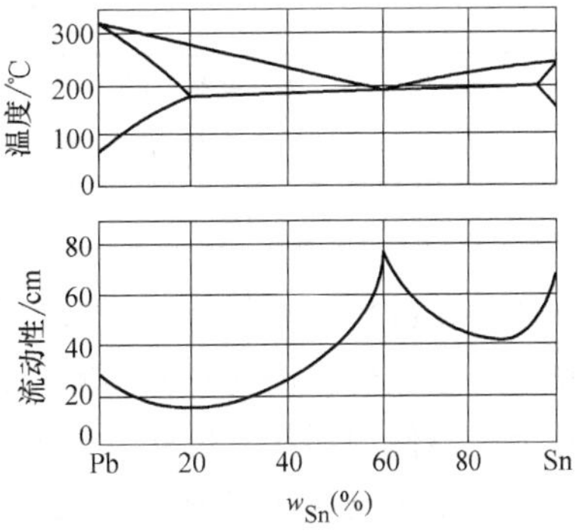

图 5-2　合金流动性与成分的关系

二、合金的收缩

1. 合金的收缩及其影响因素

合金从液态冷却至室温的过程中，体积或尺寸缩小的现象称为收缩，它是金属固有的物理性质。收缩给铸造工艺带来许多困难，是多种铸造缺陷（如缩孔、缩松、裂纹、变形等）产生的主要原因。

金属从高温 T_0 冷却到 T_1 时，其体收缩率 ε_V 和线收缩率 ε_L 分别以其单位体积和单位长度的相对变化量来表示，即

$$\varepsilon_V = (V_0 - V_1)/V_0 \times 100\% = \alpha_V(T_0 - T_1) \times 100\%$$

$$\varepsilon_L = (L_0 - L_1)/L_0 \times 100\% = \alpha_L(T_0 - T_1) \times 100\%$$

式中 V_0、V_1——合金在 T_0 和 T_1 时的体积（cm^3）；

L_0、L_1——合金在 T_0 和 T_1 时的长度（cm）；

α_V、α_L——合金在 T_0 和 T_1 温度范围内的平均体收缩系数和线收缩系数（1/℃）。

液态金属注入铸型以后，从浇铸温度冷却到室温都要经历以下三个相互关联的收缩阶段：

（1）液态收缩　液态收缩是指液态金属从浇注温度冷却到凝固开始温度（液相线温度）之间所产生的收缩。此阶段金属体积的缩小仅表现为型腔内液面的降低，并且浇注温度越高，过热度越大，液态收缩越严重。因此，在满足充型能力要求的前提下，尽可能采用“高温出炉，低温浇注”的方法。

（2）凝固收缩　凝固收缩是指从凝固开始温度到凝固终止温度（固相线温度）之间所产生的收缩。凝固收缩的大小与凝固温度范围有关，凝固温度范围越大，凝固收缩越严重。

（3）固态收缩　固态收缩是指合金从凝固终止温度冷却到室温之间所产生的收缩。此阶段的收缩表现为铸件外形尺寸的减小，故一般用线收缩率表示。固态收缩对铸件的形状和尺寸影响很大，也是铸件产生应力、变形和裂纹等缺陷的主要原因。

铸造时合金总的收缩为上述三个阶段收缩之和，它与合金的化学成分、浇注温度、铸型条件和铸件结构等因素有关。由表 5-2 可知，铸钢的收缩率最大，并随着碳质量分数的增加而增加；而灰铸铁因在结晶过程中析出了比容较大的石墨（每析出 1% 的石墨，铸铁的体积约膨胀 2%），所产生的体积膨胀抵消了灰铸铁的部分收缩，所以灰铸铁收缩最小，且碳质量分数越高，灰铸铁收缩率越小。

表 5-2　几种铁碳合金的收缩率

合金种类	体收缩率(%)	线收缩率(%)	合金种类	体收缩率(%)	线收缩率(%)
碳素铸钢	10～14.5	～2	灰铸铁	5～8	～1
白口铸铁	12～14	～2			

铸件在铸型中冷却时，因形状和尺寸的不同，造成各部分的冷却速度不同，结果对铸件的收缩产生阻碍，因此铸件实际的线收缩率小于其自由收缩率。在设计模样时，应根据合金的种类、铸件的形状、尺寸等因素选取合适的收缩率。

2. 缩孔与缩松及其防止措施

铸件在凝固过程中，由于金属的液态收缩和凝固收缩，往往在铸件最后凝固的部位出现孔洞。容积大而集中的孔洞称为缩孔；细小而分散的孔洞称为缩松。图 5-3 和图 5-4 分别为铸造缩孔和缩松形成过程的示意图。

缩孔和缩松能减小铸件的有效面积，并在该处产生应力集中，降低其机械性能，缩松还可使铸件因渗漏而报废，因此必须采取适当的工艺措施，尽量减少铸件的缩孔和缩松。

图 5-3 缩孔形成过程示意图

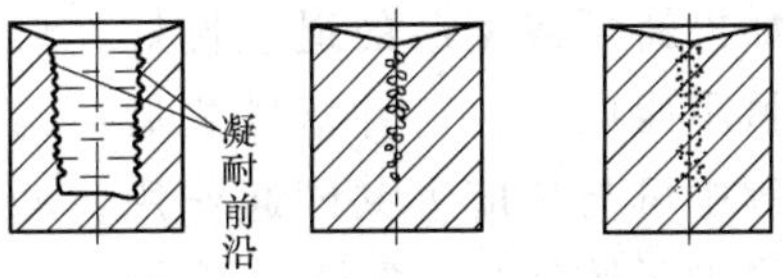

图 5-4 缩松形成过程示意图

（1）顺序凝固法 顺序凝固是采用各种措施，使铸件从冒口到远离冒口之间的温度梯度逐渐递减（图 5-5），使远离冒口的部分先凝固，然后向冒口的方向顺序地凝固。这样，铸件上先凝固部分的收缩能得到稍后凝固部分的合金液的补充，缩孔则产生在最后凝固的冒口内。冒口属于铸件多余的部分，切除后便得到致密的铸件。

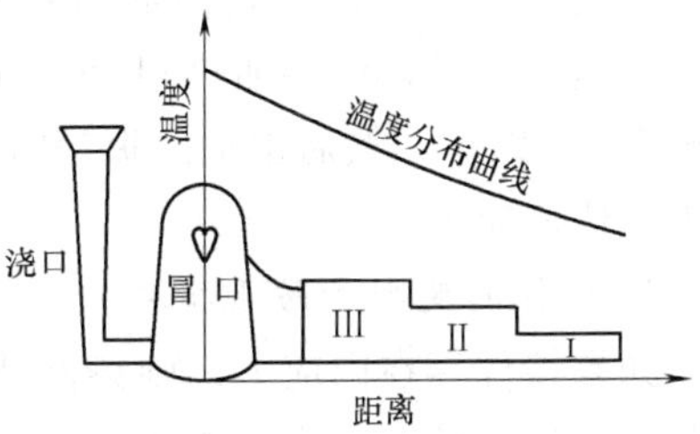

图 5-5 顺序凝固法示意图

（2）合理确定内浇道位置及浇注工艺 内浇道的引入位置对铸件各部分的温度分布有明显的影响，应按照顺序凝固的原则确定。例如，内浇道应从铸件的厚实处引入，并尽可能靠近冒口或由冒口引入。

（3）冒口和冷铁联合补缩 在铸件的厚大部位放置冷铁可加快这一部位的冷却速度，冷铁通常用钢或铸铁制成。冒口与冷铁一起使用，可实现顺序凝固。图 5-6 是铸造时用冒口和冷铁联合补缩铸钢缸体的铸造工艺示意图。

三、铸造应力及铸件的变形和裂纹

铸件在凝固和随后的冷却过程中，因收缩受到阻碍而引起的内应力称为铸造应力。这些内应力有时是在冷却过程中暂存的，有时则一直保留到室温，后者称为残留内应力。应力是铸件发生变形和裂纹的主要原因。

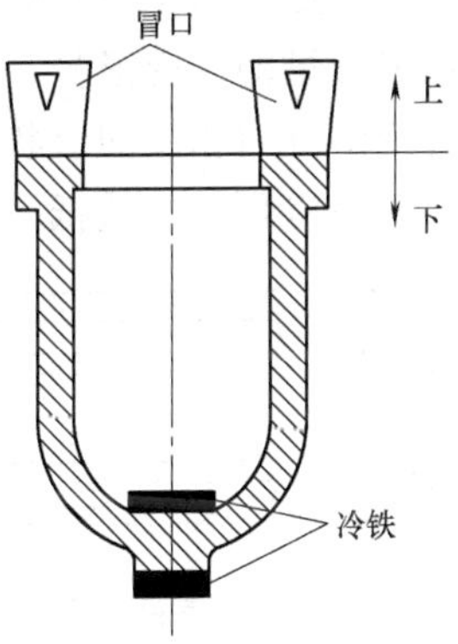

图 5-6 用冒口和冷铁联合补缩

1. 铸造应力

按照铸造内应力的产生原因，可分为热应力、相变应力和机械阻碍应力。

（1）热应力 铸件在凝固和其后的冷却过程中，因种种原因可能使各部分的冷却速度不同，结果造成铸件各部分收缩量不一致，因此在铸件内产生热应力。

铸件在冷却过程中，从凝固终止温度到再结晶温度阶段，金属的塑性比较好，这个阶段产生的热应力会因塑性变形而自行消除。待冷至再结晶温度以下，金属则处于弹性状态，因此冷至室温后的铸件内部就会形成残留应力。

固态收缩使铸件厚壁或心部受拉，薄壁或表层受压。合金的固态收缩率越大，铸件壁厚差别越大，形状越复杂，所产生的热应力就越大。因此，预防热应力的基本思路是尽量减少铸件各个部位间的温度差，使其均匀地冷却。

（2）相变应力 铸件冷却过程中，有的合金要经历固态相变，此时比容发生变化。新旧两相的比容差越大，相变应力就越大。

（3）机械阻碍应力 铸件在冷却过程中，收缩会受到铸型、型芯及浇注系统的机械阻碍，因此而产生的应力称为机械阻碍应力，如图 5-7 所示。

如果铸型或型芯的退让性好，机械阻碍应力则小。铸件的机械阻碍应力在铸件落砂之后可自行消除，但它在铸件冷却过程中可与热应力共同起作用，增大了铸件某些部位的应力，增加了铸件产生裂纹的可能性。

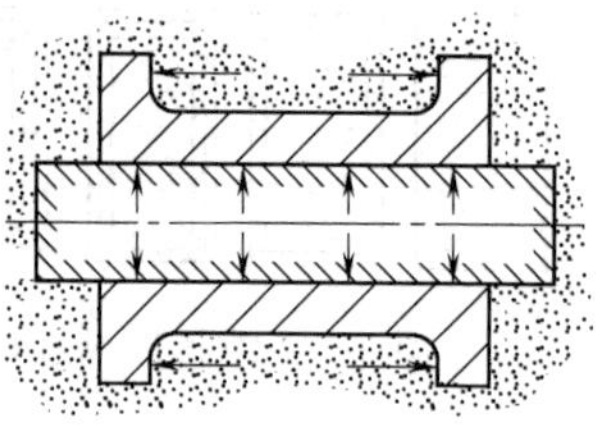
图 5-7 受铸型和型芯机械阻碍的铸件

对铸件进行时效处理是消除铸造应力的有效措施。时效分自然时效、人工时效和振动时效。自然时效是将铸件置于露天场地一年以上，让其内应力自行消除。人工时效又称为去应力退火，是将铸件加热到550～650℃，保温2～4h，随炉冷至200℃以下，然后出炉。振动时效是将铸件在共振频率下振动10～60min，即可消除铸件中的残留应力。

2. 铸件的变形和防止措施

如果铸件存在内应力，则铸件处于不稳定状态，它将自发地通过变形来减小其内应力，使其趋于稳定状态。当铸造残留应力超过金属的屈服强度时，往往会产生变形。

如前所述，在热应力作用下，铸件厚的部分受拉应力，薄的部分受压应力，因此变形总是朝着冷却慢的厚部方向凹陷，而薄的部分发生外凸。如图5-8的T形梁，当板Ⅰ厚、板Ⅱ薄时，浇注后板Ⅰ受拉，板Ⅱ受压。若铸件的刚度不够，将发生板Ⅰ内凹、板Ⅱ外凸的变形。反之，当板Ⅰ薄、板Ⅱ厚时，将发生反向翘曲。

为了防止铸件产生变形，除在铸件设计时尽可能使铸件的壁厚均匀、形状对称外，还可以采用反变形法防止铸件的变形。反变形法是根据铸件的变形规律，在模样上预先作出相当于铸件变形量的反变形量，以抵消铸件的变形。图5-9为铸造的车床床身，预先将模样做成与铸件变形方向相反的形状，模样的预变形量（反挠度）与铸件变形量相等，待铸件冷却后变形正好将预变形量抵消。

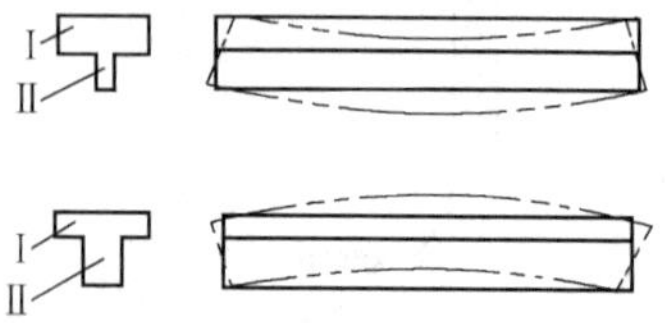

图 5-8 T形梁铸钢件变形示意图

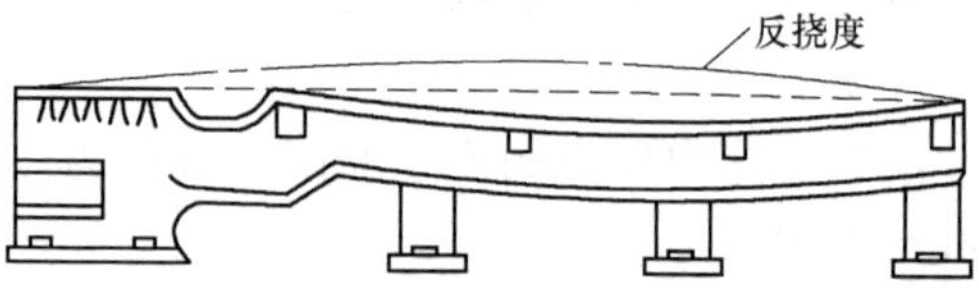

图 5-9 床身导轨面的挠曲变形

3. 铸件的裂纹和防止措施

当铸造内应力超过金属的抗拉强度时，铸件将产生裂纹。按裂纹形成的温度范围分为热裂纹和冷裂纹两种。

（1）热裂纹　热裂纹是铸件在凝固后期高温下形成的裂纹，裂纹沿晶粒边界产生并扩展，外观形状曲折而不规则，裂纹周边呈氧化色。

由于热裂纹是在合金凝固后期的高温下形成的，此时金属绝大部分已成固体，但其强度很低，这时铸件中有较小的铸造应力就可能引起热裂。尤其是当铸造合金含硫时，容易形成低熔点FeS共晶（988℃）。这些低熔点共晶呈液态薄膜状存在于晶界上，削弱了晶粒间的结合强度，在铸造应力作用下极易沿晶界产生裂纹。

热裂纹一般分布在有尖角或断面突变的应力集中部位或热节处。合金的收缩率大、高温强度低、铸件结构不合理、铸型和型芯机械阻力大及铸造工艺不合理等原因都易使铸件产生热裂纹。此外，尽量降低金属中硫的含量，减少低熔点化合物，可显著提高金属的抗热裂能力。

（2）冷裂纹　冷裂纹是铸件冷却到较低温度时形成的裂纹。裂纹特征是穿过晶内和晶界，呈连续直线状，表面光滑且有金属光泽。

冷裂纹常出现在铸件受拉应力的部位，尤其是在应力集中的部位。脆性大、塑性差的金属，如白口铸铁、高碳钢及某些合金钢铸件最易产生冷裂纹，大型复杂的铸件也易形成冷裂纹。防止冷裂的方法是尽量减小铸造应力，还应控制铸造合金中的含磷量，避免生成冷脆的铁磷共晶物 Fe_3P。

四、常用合金的铸造性能

常用的铸造合金有铸铁、铸钢、铸造铝合金和铸造铜合金。

1. 铸铁

常用的铸铁有灰铸铁、球墨铸铁和可锻铸铁。

（1）灰铸铁　灰铸铁一般是共晶型合金，具有良好的流动性。由于灰铸铁结晶时伴有石墨化，石墨析出时体积发生膨胀而抵消了部分收缩，因此灰铸铁的线收缩较小，可以浇注出形状复杂的优质铸件。灰铸铁的铸造工艺也较为简单。

（2）球墨铸铁　球墨铸铁一般为过共晶型合金，其流动性比灰铸铁差，收缩也较大，因此球墨铸铁在熔炼技术、处理工艺上都比灰铸铁的要求高。因为球墨铸铁的球化处理和孕育处理是在浇注过程中完成的（图 5-10），这将使铁液的温度大大下降，因此球墨铸铁的浇注温度要比灰铸铁高。

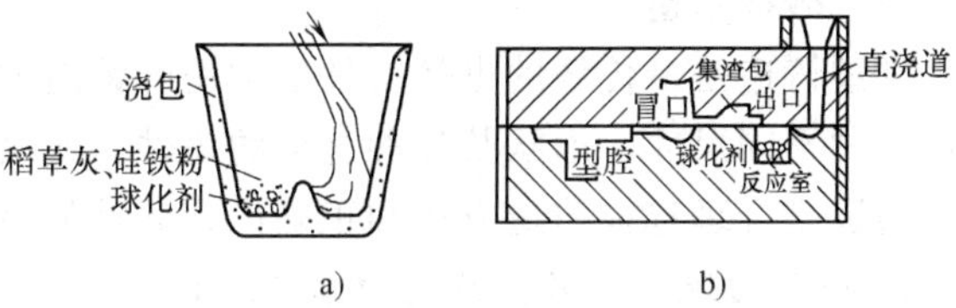

图 5-10　球墨铸铁的球化处理方法

a）冲入法　b）型内球化

（3）可锻铸铁　为获得可锻铸铁，首先必须获得 100% 的白口铸铁坯件。白口铸铁的碳、硅含量比较低，铁液流动性差，收缩大，容易产生缩孔、缩松和裂纹等缺陷。铸造时应提高铁液的温度（>1360℃），砂型应有较好的退让性，以降低铸造应力，避免产生裂纹。

2. 铸钢

铸钢的浇注温度高，过热度小，凝固温度范围宽，所以其流动性差，收缩大，钢液易氧化、吸气，易产生粘砂、冷隔、浇不到、缩孔、变形、裂纹等缺陷。因此，在铸造工艺上应采取相应措施，以确保铸钢件的质量。

铸钢所用型砂和型芯必须具有较高的耐火性、良好的透气性和退让性，因此型砂中常加入糖浆、木屑等。为了防止粘砂，铸型表面要涂以耐火度较高的硅砂粉或锆砂粉涂料。为防止铸件产生缩孔、缩松，可采用顺序凝固法，并可用较多的冒口和冷铁。壁厚均匀的大型薄壁铸件，可开设多道内浇道，让钢液均匀、迅速地充满铸型。浇注时必须严格掌握铁液温度，防止过高或过低，以免产生缺陷。

铸钢件铸后晶粒粗大，组织不均，有较大的残留内应力，致使铸钢件的强度，特别是塑性、韧性不高，所以铸钢件在铸后必须进行热处理。

3. 铸造铝合金

铝在熔融状态容易氧化和吸收气体，氧化生成的 Al_2O_3 熔点高（2050℃），容易在铸件中形成夹渣，影响铸件的致密性和力学性能。铝在熔炼时，常用熔点低的熔剂（NaCl、KCl、Na_3AlF_6 等）将铝液与空气隔绝，尽量减少搅拌，并在熔炼后期对铝液进行去气精炼。

常用的铸造铝合金有 Al-Si 合金、Al-Cu 合金、Al-Mg 合金和 Al-Zn 合金等（见表 4-21），其中 Al-Si 合金具有优良的铸造工艺性能，收缩率小，经变质处理和时效处理可以获得良好的力学性能，是一种应用最广的铸造铝合金。Al-Cu 合金和 Al-Mg 合金因其远离共晶成分，所以铸造性能较差，应适当提高浇注温度和浇注速度，增设冒口，提高型砂和砂芯的退让性，防止产生铸造缺陷。

4. 铸造铜合金

铸造用的铜合金有黄铜和青铜两大类，一般采用细砂造型铸造以降低铸件表面粗糙度。多数铸造铜合金收缩性较大，需要设置冒口和冷铁，采用顺序凝固法防止缩孔。铸造时需解决的主要问题是防止氧化和吸气，通常采取木炭覆盖铜液表面、沸腾法除气和用氟石或冰晶石等精炼除渣等措施。

第二节 铸造成形方法

一、砂型铸造

砂型铸造是最传统的也是一种最常用的铸造方法，它适用性强，工艺设备简单，可用于生产各种不同尺寸、形状及各种合金的铸件，尤其适合批量小、大型复杂铸件的生产。掌握砂型铸造是合理选择铸造方法和正确设计铸件的基础。

1. 砂型的造型和砂型铸造的工艺过程

为了获得合格的铸件，必须制订出可行的铸造工艺方案，制造出合理的砂型，如铸型的分型面、型芯的形状及其固定方法、拔模斜度、浇注系统、冒口与冷铁的尺寸和布置等。砂型的主要组成部分如图 5-11 所示。

砂型铸造的工艺过程如图 5-12 所示。首先，根据零件的形状和尺寸设计并制造出模样和芯盒，配制好型砂和芯砂，用型砂和模样在砂箱中制造砂型，用芯砂在芯盒中制造型芯。

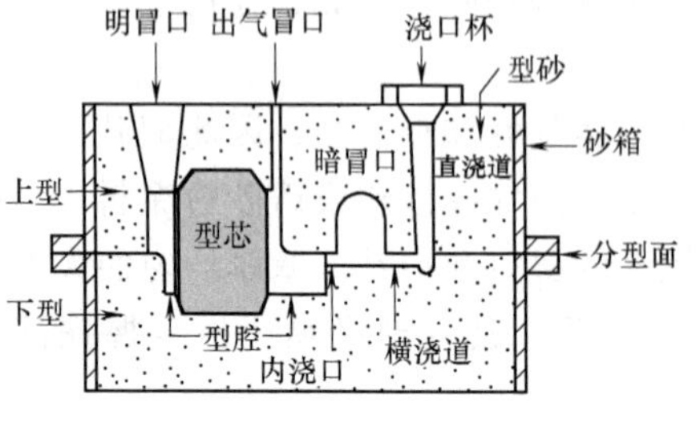

图 5-11 砂型剖面示意图

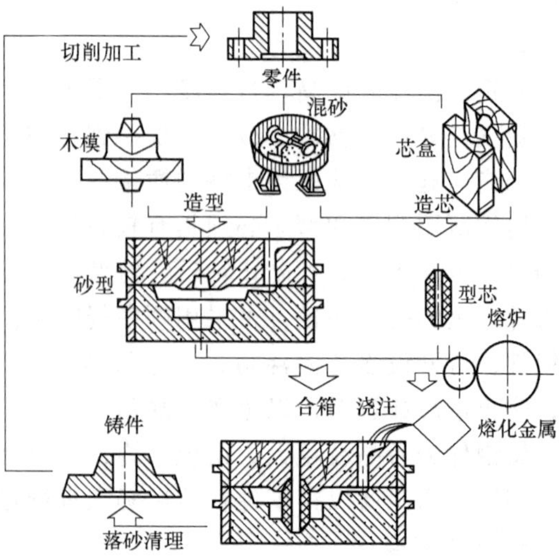

图 5-12 砂型铸造工艺过程

将砂芯装入砂型中，合箱即得完整的铸型，然后将金属液浇入铸型型腔，冷却凝固后落砂清理即可得到所需的铸件。

2. 造型材料和造型方法

制作砂型和型芯的材料称为造型材料，生产上习惯称为型砂和芯砂。它主要是由硅砂（SiO_2）、粘结剂和水按一定比例混制而成的。根据粘结剂的种类不同，可分为粘土砂、水玻璃砂、油砂和树脂砂等。

型砂的质量对铸件质量有很大的影响，为了保证铸件的质量，型砂要有“一强三性”，即要有一定的强度、透气性、耐火性和退让性等性能。

造型是根据零件的形状和尺寸设计并制造出模样和芯盒，用以配制好型砂和芯砂，在砂箱中制造砂型。造型可分为手工造型和机器造型，前者用于小批量或大型铸件的生产，后者用于大批量的机械化生产。

（1）手工造型　手工造型是一种最基本的造型方法，它适应面广，不需要特别复杂的设备。在单件、小批量生产中，手工造型占有相当大的比重。

手工造型的方法很多，表 5-3 为各种手工造型方法的特点和适用范围。

表 5-3　各种手工造型方法的特点和适用范围

造型方法	简　图	特　点	适 用 范 围
整模造型	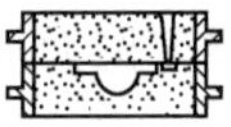	模样是整体的，分型面为平面，铸型型腔全部在半个铸型内。其造型简单，不会发生错箱	铸件最大截面在端部，且为平面铸件
分模造型	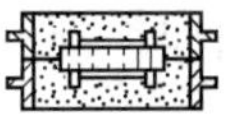	模样沿最大截面处分为两半，型腔位于上、下两个半箱内，其造型简单，节省工时	用于铸件最大截面在中部（或圆形）的铸件
挖砂造型	最大截面　分型面 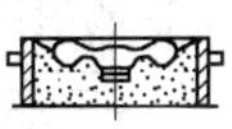	模样虽是整体的，但铸件的分型面为曲面。造型时挖掉阻碍起模的型砂。其造型费工，生产率低	用于单件、小批量、分型面不是平面的铸件
假箱造型	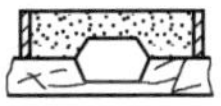	在造型前预制一个底胎（假箱），然后在底胎上造下型，底胎不参加浇注。比挖砂造型操作简便，且分型面整齐	用于批量生产需挖砂的铸件
活块造型	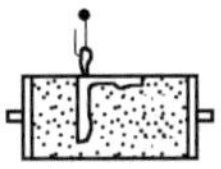	铸件上有妨碍起模的小凸台、肋板等，制模时将这些作成活动部分，起模时，先起出主模，再从侧面取出活块。其造型费时，操作水平要求高	用于单件、小批量、带有突出部分不易起模的铸件
三箱造型	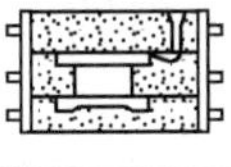	铸型由上、中、下三箱构成。中箱的高度须与铸件两个分型面的间距相适应。三箱造型操作费工，且需有适合的砂箱	用于单件、小批量、具有两个分型面的铸件
地坑造型	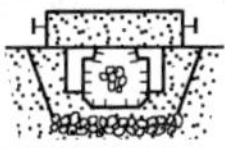	利用车间地面砂床作为铸型的下箱，仅用上箱便可造型，节约生产成本。但造型费工，且要求技术较高	用于单件、小批量的大、中型铸件

（2）机器造型　与手工造型相比，机器造型可以提高生产率和铸件质量，减轻工人劳动强度。但设备及工装模具投资比较大，生产准备周期较长，主要用于批量生产的中、小型铸件。

机器造型是用机器来完成填砂、紧实和起模等造型操作过程的。机器造型中铸型的紧实方法很多，震实、压实、震压和抛砂紧实为四种最基本的方式。中小型铸件多以震压式紧实方法造型；大型铸件多以抛砂式紧实方法造型。

1）震压造型。这种造型方法是利用震实和压实力对型砂进行紧实的，如图5-13所示。砂箱填砂后，震实活塞将工作台连同砂箱举起一定的高度，然后快速下落，与震实缸体撞击，依靠型砂下落时的冲击力使型砂紧实。然后将压头落下并施加压力，使型砂进一步紧实，紧实度分布更加均匀。

2）抛砂造型。图5-14为抛砂紧实工作原理图。它是利用抛砂头内高速旋转的叶片将传送带运来的型砂呈团状以30～60m/s的速度高速抛入砂箱，使型砂逐层地紧实，同时完成填砂和紧实两个工序。

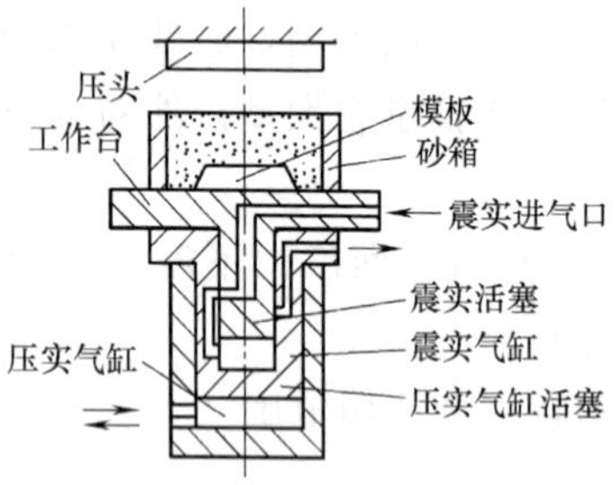

图5-13 震压紧实示意图

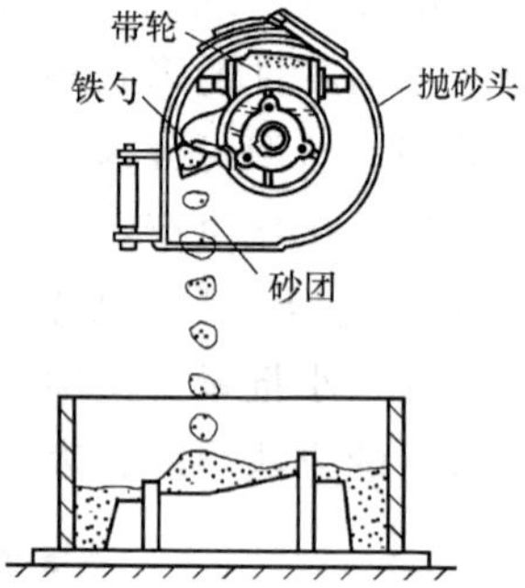

图5-14 抛砂紧实示意图

型砂紧实后要把模样从型砂中起出，使砂箱内留下完整的型腔。造型机大都装有起模机构，常用起模方式有顶箱起模、顶箱漏模和翻转起模（图5-15）。

1）顶箱起模，如图5-15a所示。型砂紧实后，开动顶箱机构，用四根顶杆顶住砂箱的四角慢速上升完成起模。顶箱起模机构比较简单，适用于型腔简单且高度较小的铸型。

2）顶箱漏模，如图5-15b所示。待型砂紧实后，将活动模样从漏板中向下拔出。这种起模方法适用于高度较大的铸型。

3）翻转起模，如图5-15c所示。待型砂紧实后，砂箱连同模样一起翻转180°，放在接箱台上，随后接箱台下落与模板脱离而起模。这种起模方法适用于型腔较深、形状复杂的铸型。

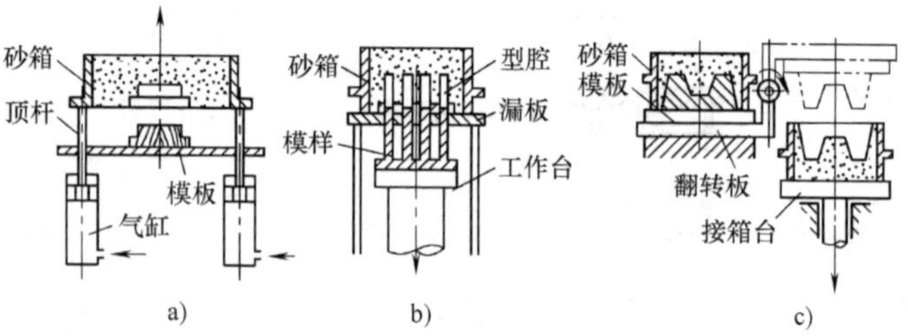

图5-15 起模方法示意图

a）顶箱起模 b）顶箱漏模 c）翻转起模

二、特种铸造

虽然砂型铸造是铸造生产中最基本的方法，应用也十分广泛，但铸件质量差，生产效率低，劳动条件差。为了克服砂型铸造的缺点，人们在生产实践中不断探求新的铸造方法，如金属型铸造、熔模铸造、压力铸造、低压铸造和离心铸造等，这些除砂型铸造以外的铸造方法统称为特种铸造。

1. 金属型铸造

金属型铸造是将液态金属浇入金属铸型中获得铸件的铸造方法。由于金属铸型可反复使用许多次，故又称其为永久型铸造。

图 5-16 为用于铝活塞铸造的金属铸型结构示意图。该金属型采用垂直分型式，活塞的内部由组合式型芯构成。待铸件冷却凝固后，先抽出中间型芯，再取出左右两侧型芯，然后沿水平方向拔出左右圆孔型芯，最后分开左右两个半型即可取出铸件。

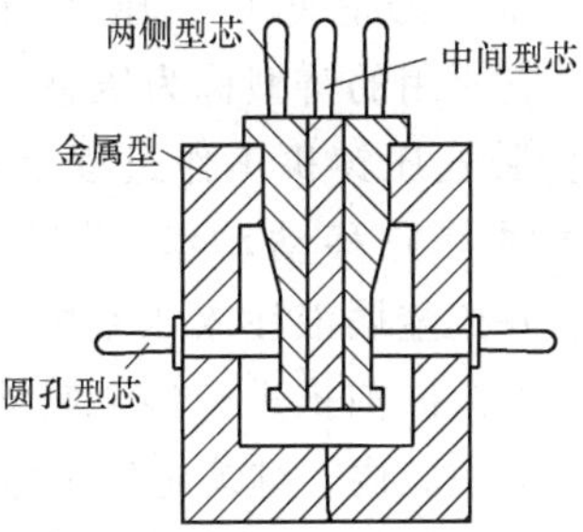

图 5-16 铝活塞金属铸型的结构

金属铸型导热速度快，没有退让性和透气性。由于在高温金属液的冲刷下型腔易损坏，为了保证铸件质量和延长金属铸型寿命，需要采取型腔内涂耐火涂料、严格控制合金的浇注温度和浇注速度、浇注前预热金属型、适当减慢铸型的冷却速度和开型时间等工艺措施。

金属型铸造实现了“一型多铸”，提高了生产效率，铸件尺寸精度高，表面质量好。由于金属型铸件冷却速度快，铸件晶粒细小，从而提高了铸件的力学性能。但金属型制造周期长，成本高，不适合单件、小批量生产，也不适合生产形状复杂和薄壁的铸件。

金属型铸造主要用于形状简单的非铁金属合金铸件的大批量生产，如铝活塞、气缸体、缸盖、铜合金轴瓦和轴套等。

2. 熔模铸造

熔模铸造是用易熔材料制成模样，然后在模样上涂挂若干层耐火材料，硬化后熔去模样制成型壳，再经焙烧、浇注后得到无分型面铸件的一种铸造方法。由于熔模一般采用蜡质材料制成，故又称其为“失蜡铸造”。

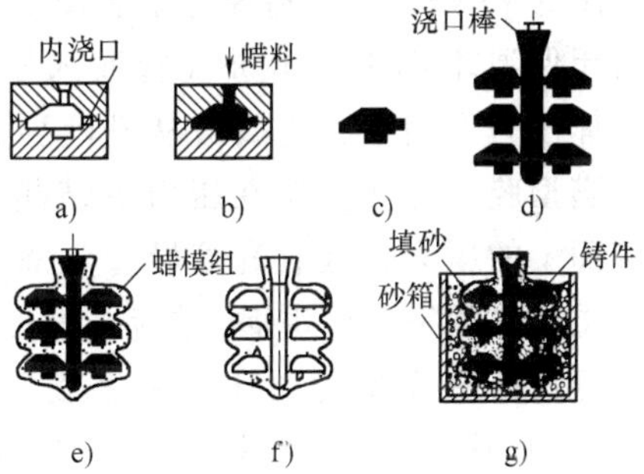

图 5-17 熔模铸造的工艺过程

a）压型 b）注蜡 c）单个蜡模 d）蜡模组 e）结壳 f）脱蜡、焙烧 g）填砂、浇注

图 5-17 是熔模铸造过程示意图。先将糊状的蜡料压入由钢、青铜或石膏等材料根据零件图制成的压型中，待其冷却后取出便得单个蜡模样。把若干个蜡模样焊合在一个浇注系统上，就构成了蜡模组。把蜡模组放入硅砂粉和粘结剂配制的耐火涂料中浸渍，然后在上面均匀地撒一层硅砂，再放入硬化剂中硬化。如此重复 4 ~ 6 次，最后在蜡模组外表面形成 5 ~ 10mm 厚的硬壳。将结了壳的蜡模组浸入 85 ~ 95℃ 的热水中，使蜡料熔化倒出即得型壳。为进一步去除型壳内的残蜡和水分，增加型壳的强度，将型壳埋在铁箱内的砂粒中，直接装炉在 800 ~ 950℃ 下进行焙烧。为提高液态合金的充型能力，防止浇不足，常在焙烧后型壳冷至 600 ~ 700℃ 时即进行浇注。待合金冷却凝固后，打碎型壳即得铸件。

由于熔模铸造没有分型面，型壳内表面极光洁，故有“精密铸造”之称。铸件尺寸精度可达 IT10 ~ IT14 级，表面粗糙度可达 R_a2.5 ~ 3.2μm。但熔模铸造工艺过程复杂，生产周期长，铸件成本高，铸件的质量一般小于 25kg。

熔模铸造主要用于生产小型精密铸件，尤其是适合生产形状复杂的薄壁铸件和一些高熔点、难切削加工的合金铸件，如汽轮机的叶片、成形刀具、汽车和拖拉机上的小型零件等。

3. 压力铸造

压力铸造是在高压下（30 ~ 100MPa）将液态金属快速压入铸型型腔，并在压力作用下凝固而获得铸件的方法。

压力铸造通常在压铸机上进行，它所用的铸型称为压型，图5-18为卧式压铸机工作过程示意图。压铸时首先移动动型，使压型闭合，并把金属液注入压室中；然后压射冲头向前推进，将金属液压入压型的型腔内，继续施加压力直至金属凝固；最后将压射冲头退回，打开压型取出铸件。

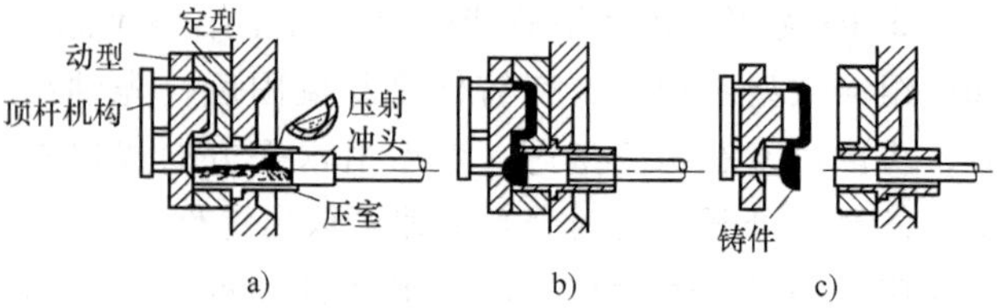

图5-18 压铸机工作过程示意图

a）合型 b）压射 c）开型

压力铸造是在高速、高压下成形的，可铸出形状复杂、轮廓清晰的薄壁铸件，铸件的尺寸精度高，表面质量好，组织细密，力学性能高。压力铸造生产率高，劳动条件好，易实现自动化或半自动化生产，但压铸设备投资大，压型制造周期长，费用高，压型工作条件恶劣，易损坏。

压力铸造主要用于生产大批量、低熔点合金的中小型铸件，在汽车、拖拉机、仪表、电器、日用五金等行业得到了广泛的应用。

4. 低压铸造

低压铸造是液态金属在低于0.1MPa气体压力的作用下，由下而上地填充铸型型腔，并在压力下结晶凝固而获得铸件的铸造方法。

图5-19是低压铸造原理示意图。在一个盛有液态金属的密闭保温坩埚中，由进气管通入压缩空气或惰性气体，在气体压力作用下，金属液从升液导管内自下而上平稳上升充满型腔，并使金属在压力下结晶。当铸件凝固后，解除液面上的压力，这时升液导管和浇口中尚未凝固的金属液在重力作用下流回坩埚，然后打开铸型取出铸件。

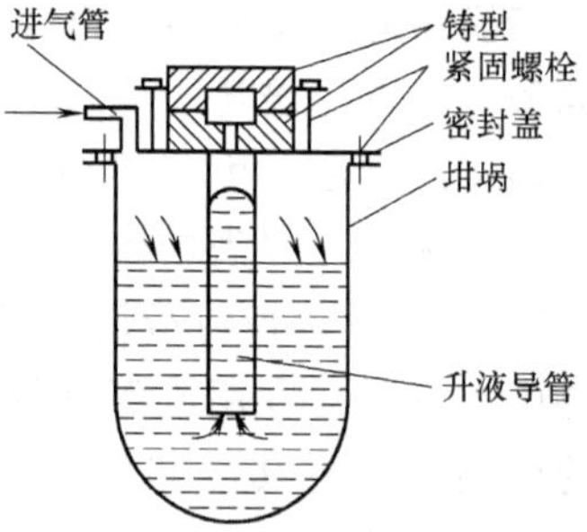

图5-19 低压铸造示意图

低压铸造充型时的压力和速度容易控制，充型平稳，对型腔的冲刷力小。金属在压力下结晶，故铸件组织致密，力学性能高。另外，低压铸造设备投资较少，劳动条件好，易于实现机械化和自动化操作。

低压铸造广泛用于生产质量要求高的铝合金、铜合金和镁合金铸件，如气缸体、缸盖、活塞、叶轮等。

5. 离心铸造

离心铸造是将液态金属浇入高速旋转的铸型中，使其在离心力作用下填充铸型并凝固成形的一种铸造方法。离心铸造主要用于生产圆筒形铸件。

离心铸造是在离心铸造机上进行的，根据铸型旋转轴空间位置的不同，可分为立式和卧式两大类。立式离心铸造机的铸型是绕垂直轴旋转的，主要用来生产高度小于直径的圆环形铸件（图5-20a）；卧式离心铸造机的铸型是绕水平轴旋转的，主要用来生产长度大于直径的套类和管类铸件（图5-20b）。

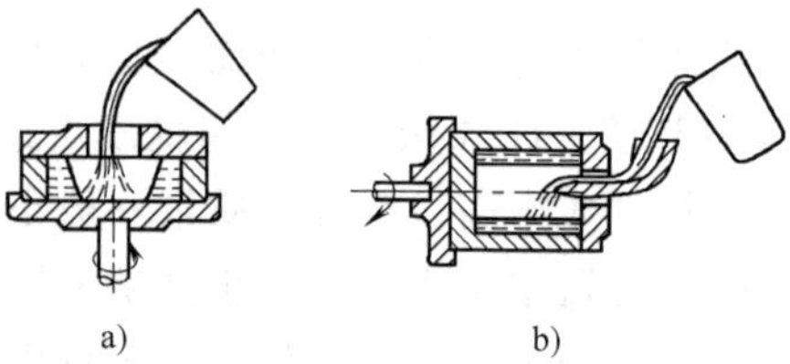

图5-20 离心铸造示意图

a）立式离心铸造 b）卧式离心铸造

离心铸造不用型芯，工艺简单，生产率和金属的利用率高，铸件组织致密，无缩孔、缩松、气孔和夹渣等缺陷，力学性能好。但离心铸造的铸件易产生偏析，不宜铸造密度偏析倾向大的合金，铸件的内表面比较粗糙，内孔尺寸也不易控制。

离心铸造主要用于生产空心回转体铸件，如铸铁管、气缸套、滑动轴承等，也可用于生产双金属铸件。

三、铸造方法的选择

表5-4列出了几种常用铸造方法的综合比较。从表中可以看出，各种铸造方法都有各自的特点，选择铸造方法应从铸件的材料、质量、尺寸及精度等要求，以及生产批量、生产条件、经济性等几个方面进行综合分析，选择一种在现有或可能的条件下，质量满足使用要求、成本最低的铸造方法。

表 5-4　各种铸造方法的综合比较

比较项目＼铸造方法	砂型铸造	金属型铸造	熔模铸造	压力铸造	低压铸造	离心铸造
适用金属	不限	以非铁金属为主	以铸钢为主	以非铁金属为主	以非铁金属为主	铸铁、铜合金
尺寸精度	IT14～IT16	IT12～IT14	IT10～IT13	IT11～IT13	IT12～IT14	IT12～IT14
表面粗糙度 R_a/μm	50～12.5	25～12.5	25～3.2	6.3～1.6	25～6.3	12.5～1.6
最小壁厚/mm	3	铝合金2～3，灰铸件4	0.7	0.5～1	2	—
铸件内部质量	晶粒粗大	晶粒细小	晶粒粗大	晶粒细小	晶粒细小	孔表面粗糙
铸件大小	不限	中、小铸件	小于25kg	中、小铸件	中、小铸件	可达数吨
生产批量	不限制	大批量	大批量	大批量	大批量	大批量
加工余量	大	小	小或不加工	小或不加工	较小	内孔需增大
生产效率	中、低	较高	中、低	高	中	较高
设备费用	低、中	中	中	高	较高	较高

值得一提的是，在几种常用的铸造方法中，尽管砂型铸造有着许多缺点，但其适用性最强，因此在铸造方法的选择中应优先考虑。

第三节　铸件的结构设计

进行铸件设计时，不仅要满足其工作性能和力学性能要求，还要认真考虑铸造工艺和合金铸造性能对铸件结构的要求，并使铸件的具体结构与这些要求相适应。在铸造生产中，常因一些铸件的结构不合理给生产带来困难，甚至难以铸造出合格的铸件。因此，铸件的结构是否合理，对简化铸造生产过程、减少铸件缺陷、节省金属材料、提高生产效率和降低成本等具有重要意义。

一、铸造工艺对铸件结构的要求

铸件工艺对铸件结构的要求主要是从便于造型、制芯、清理和减少铸造缺陷等方面考虑的，包括对铸件外形的要求、对铸件内腔的要求和对铸件结构斜度的要求等。

1. 铸件外形的设计

在满足使用要求、外形美观的前提下，铸件的外形应尽量简化，减少分型面，以简化造型工艺，便于造型时的起模。

(1) 避免铸件外部侧凹　若铸件的侧壁有凹入部分必将妨碍起模，增加了铸造工艺的复杂性。图5-21a所示的端盖铸件，由于上部法兰边缘伸出而形成了侧凹，使铸件形成了两个分型面，必须采用三箱造型。若改为图5-21b的设计，取消法兰凸缘，使铸件仅有一个分型面，则简化了造型。减少分型面的数目还可以减少错箱、偏芯的机会，提高铸件的精度。

(2) 分型面尽量平直　平直的分型面不仅使造型省工，铸件误差小，而且铸件的飞边、毛刺少，减轻了铸件清理的工作量。

图5-22为支臂分型面的选择。若按图5-22a方案分型，必须采用挖砂造型；改用图5-22b方案分型，则可采用最为简便的整模造型，使造型工艺简化。

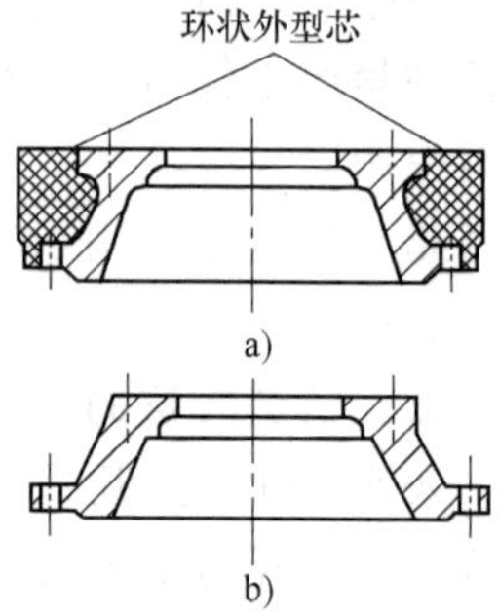

图5-21　端盖铸件结构
a) 不合理　b) 合理

(3) 改进凸台、肋板结构　铸件侧壁上的凸台、肋板等常常妨碍起模，生产中不得不采用活块造型，或增加外部型芯（图5-23a），这样就增加了造型和模样制造的工时和费用。若将凸台延伸到分型面（图5-23b），便可顺利地取出模型，简化了工艺。此外，凸台的厚度应小于或等于铸件的壁厚；处于同一平面上的凸台高度应尽量一致，以便于机械加工。

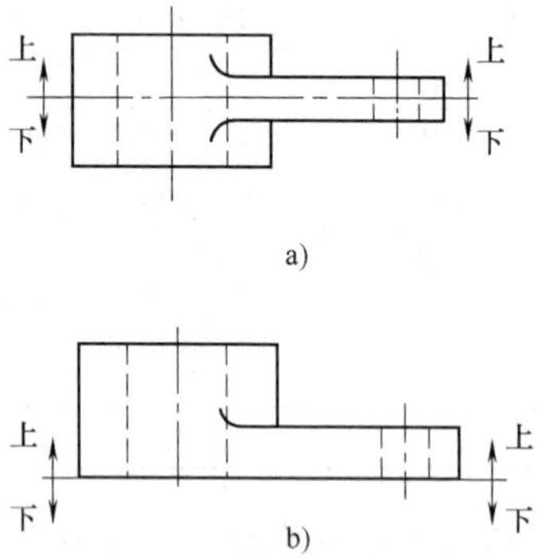

图5-22　支臂分型面的简化
a) 不合理　b) 合理

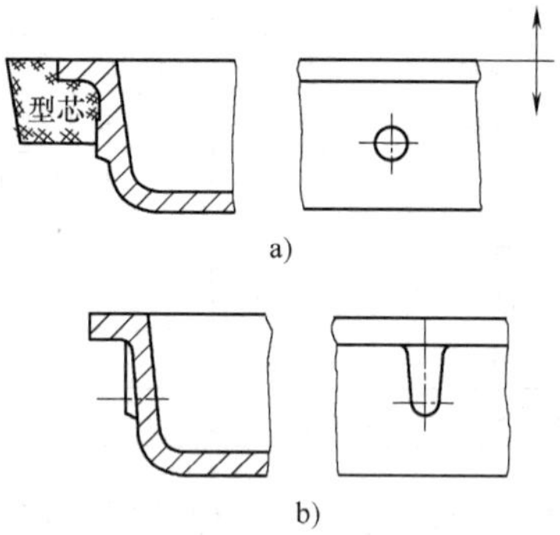

图5-23　凸台的改进
a) 不合理　b) 合理

2. 铸件的内腔设计

(1) 尽量不用或少用型芯　铸件的内腔通常要由外加型芯来形成，不用或少用型芯不仅可以节省制造芯盒、造芯和烘干等工序的时间和材料，而且还可以避免型芯在制造过程中的变形、合箱中的偏差，从而提高铸件精度。图5-24a所示的铸件有一内凸缘，造型时必须使用型芯；若能将凸缘移到外廓（图5-24b），则可以去掉型芯，用砂垛在下型形成“自带型芯”，简化了造型工艺。

(2) 有利于型芯的固定和排气　型芯在铸型中的位置应牢固，以防型芯在金属液的冲击和浮力作用下发生上飘或错移。同时，型芯头必须能够提供足够的排气通道，使浇注时所产生的气体能够通过型芯头迅速排出型外，以避免气孔。

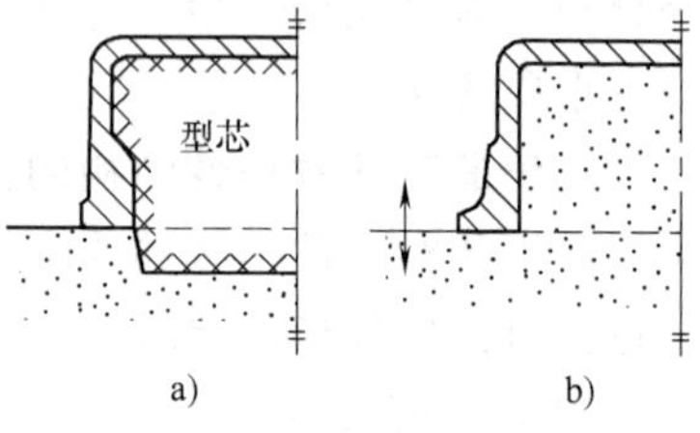

图5-24　节省型芯的设计
a) 不合理　b) 合理

图 5-25 为一轴承支架铸件，它可设计成不同的结构。图 5-25a 所示设计需要用两个型芯，其中一个为悬臂型；下芯时必须使用芯撑，型芯的固定、排气、清理都比较困难。若按图 5-25b 所示结构，将上述两个型芯改进设计成一个整体，不仅降低了型芯成本，而且型芯位置牢固，下芯、合箱简便，型芯排气通畅。如果采用图 5-25c 的开式结构来取代上述的闭式结构，则可省去支臂型芯，使铸造工艺更加简便。

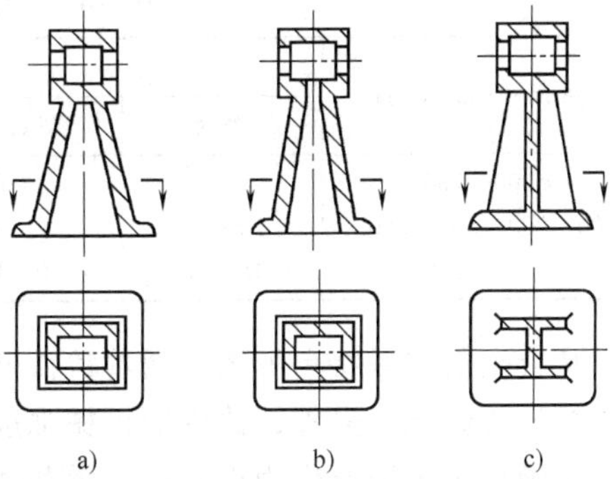

图 5-25 轴承支架铸件

a）不合理 b）合理 c）合理

3. 铸件的结构斜度

结构斜度是指在铸件所有垂直于分型面的非加工面上设计的斜度。具有结构斜度的外壁，不仅使造型时便于起模，还可美化铸件的外观。如图 5-26a 各件不带结构斜度，不便起模；应改为图 5-26b 所示带有一定斜度的结构。

铸件结构斜度的大小，应视铸件立壁的高度而定。高度越矮，斜度越大。内侧斜度应大于外侧。铸件的结构斜度值可参考表 5-5 的数值。

铸件的结构斜度与拔模斜度不同。前者由设计人员直接在零件图上标出，且斜度值较大；后者是由铸造工艺人员绘制铸造工艺图时确定的，且角度值较小，一般为 0.5°~3.0°。

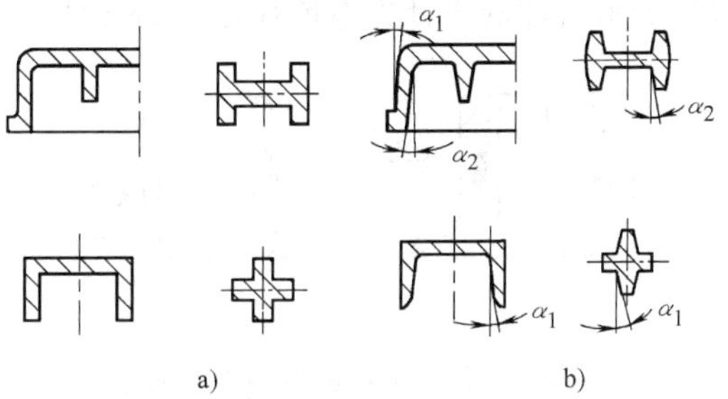

图 5-26 结构斜度的设计

a）不合理 b）合理

表 5-5 铸件的结构斜度

	斜度 a:H	角度 β	适用范围
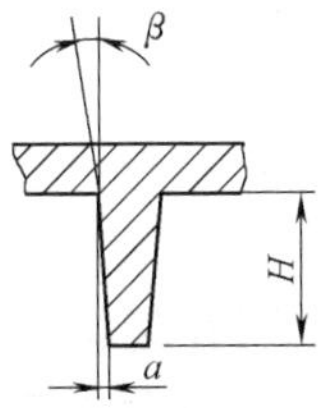	1:5 1:10 1:20 1:50	11°30′ 5°30′ 3° 1°	H<25mm，钢和铸铁件 H=25~500mm，钢和铸铁件 H>500mm，钢和铸铁件

二、合金铸造性能对铸件结构的要求

许多铸件的缺陷，如缩孔、缩松、裂纹、变形、浇不足、冷隔等，有时是由于铸件的结构不合理而引起的。因此，在设计铸件结构时，应考虑到铸件壁厚的合理性、铸件壁与壁之间的连接，以及与合金铸造性能相关的一些问题。

1. 铸件壁厚的设计

（1）合理的铸件壁厚 由于各种铸造合金的流动性不同，所以在相同的铸造条件下，铸件所能浇注出来的最小壁厚不同。如果所设计铸件的壁厚小于铸件的“最小壁厚”，则易于产生浇不足、冷隔等缺陷。铸件的最小壁厚主要取决于合金的种类、铸件大小和复杂程度等。表 5-6 为在一般砂型铸造条件下铸件的最小壁厚。

表 5-6 砂型铸造时铸件的最小壁厚

铸件尺寸/mm × mm	不同合金铸件的最小壁厚/mm					
	铸钢	灰铸铁	球墨铸铁	可锻铸铁	铝合金	铜合金
<200 × 200	5 ~ 8	3 ~ 8	4 ~ 6	3 ~ 5	3 ~ 3.5	3 ~ 5
200 × 200 ~ 500 × 500	10 ~ 12	4 ~ 10	8 ~ 12	6 ~ 8	4 ~ 6	6 ~ 8
>500 × 500	15 ~ 20	10 ~ 15	12 ~ 20	—	—	—

从合金的结晶特点可知，随着铸件壁厚的增加，中心部位的晶粒变粗大，很容易产生缩孔和缩松等缺陷。另外，铸件的机械强度也并不随着铸件壁厚的增加而成比例增加。因此，不应单纯以增加壁厚作为提高铸件承载能力和刚度的唯一办法。选择合理的截面形状，如工字形、T 形、槽形或箱形结构，也可以采用加强肋的办法减少铸件的壁厚（图 5-27）。

（2）壁厚尽可能均匀　若铸件各部分的厚度差别过大，则厚壁处易产生缩孔、缩松等缺陷。另外，因厚薄不匀而使铸件各部分的冷却速度差别较大，由此而产生的热应力可能导致铸件厚壁与薄壁连接处产生裂纹。因此，在铸件设计时，应尽可能使壁厚均匀，如图 5-28b所示铸件的设计方案就比图 5-28a 合理。

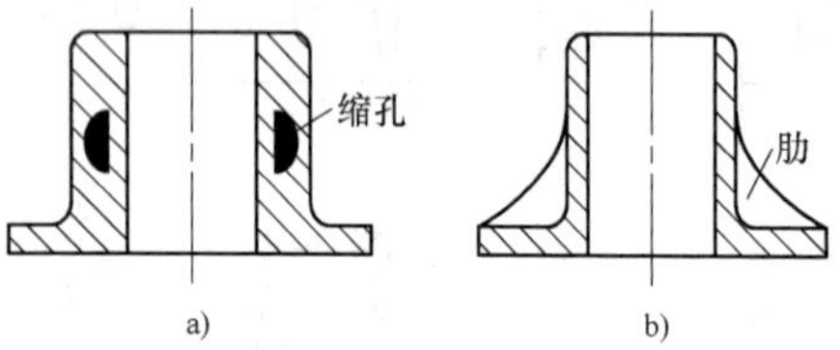

图 5-27　利用加强肋减少铸件的壁厚
a）不加肋结构　b）加肋结构

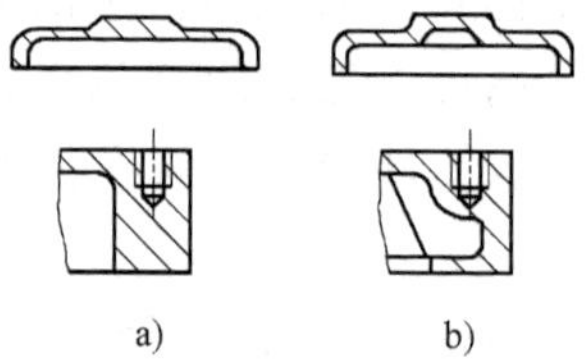

图 5-28　力求铸件壁厚均匀的设计
a）不合理　b）合理

应当注意的是，所谓铸件壁厚的均匀性是指使铸件各壁厚处的冷却速度相近，并非要求所有的壁厚完全相同。例如，铸件的内壁因散热慢，故应比外壁薄些，而肋的厚度则应更薄。

2. 铸件壁与壁的连接

在设计铸件壁与壁的连接或转角时，应尽可能避免金属的积聚和内应力的产生，以防止在此部位出现缩孔、缩松和裂纹等缺陷。

（1）设计结构圆角　应在铸件壁与壁的垂直连接处设计结构圆角，否则在连接处可形成热节，容易产生缩孔和缩松缺陷（图 5-29）。此外，在铸件使用过程中，其直角内侧容易产生应力集中，影响其使用寿命。因此，结构圆角是铸件结构的基本特征。结构圆角的大小与其壁厚有关，具体参数见表 5-7。

（2）避免锐角和十字交叉连接　为了减小热节和降低内应力，铸件壁与壁之间应避免锐角连接和十字交叉连接，以避免因应力集中而产生开裂。若铸件壁与壁的交角是锐角，应按图 5-30b 所示方案设计。若是交叉连接，中、小型铸件应采用交错接头（图 5-31b），大型铸件则可采用环形接头（图 5-31c）。

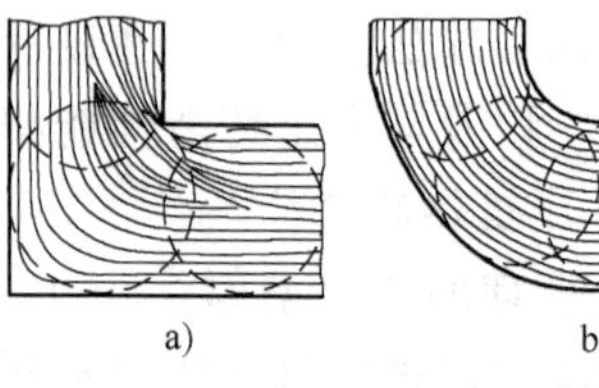

图 5-29　不同转角的热节和应力分布
a）不合理　b）合理

表 5-7　结构圆角 *R* 值　（单位：mm）

	$\frac{a+b}{2}$	≤8	8~12	12~16	16~20	20~27	27~35	35~45	45~60
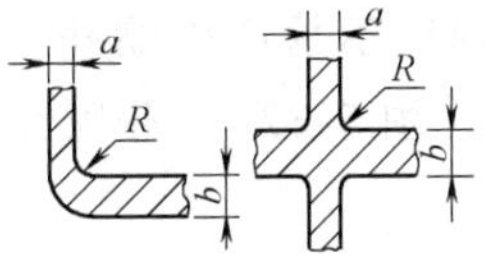	铸铁	4	6	6	8	10	12	16	20
	铸钢	6	6	8	10	12	16	20	25

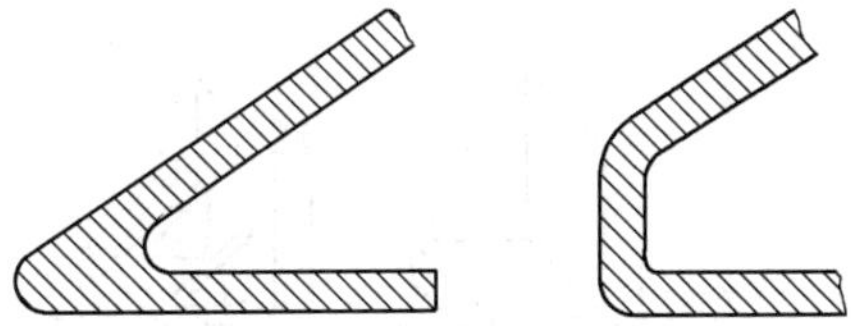

a)　b)

图 5-30　铸件壁与壁之间的锐角连接

a）锐角连接　b）锐直角过渡连接

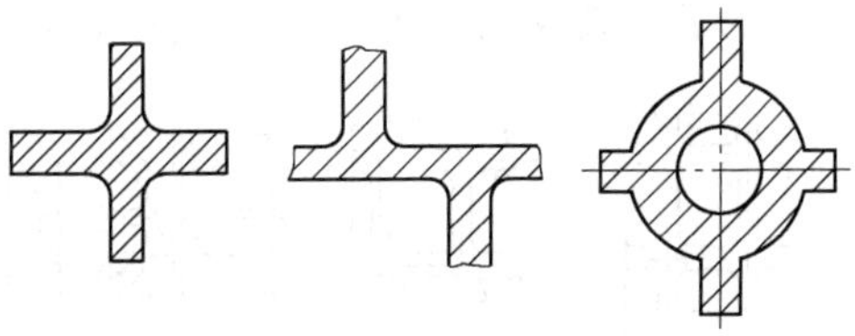

a)　b)　c)

图 5-31　铸件壁与壁之间的十字交叉连接

a）交叉接头　b）交错接头　c）环形接头

（3）厚壁与薄壁之间的过渡　当铸件各部分的壁厚不一致甚至相差较大时，厚壁与薄壁的连接应采取逐渐过渡，避免发生壁厚突变，以减少应力集中，防止产生裂纹。表 5-8 给出了几种不同壁厚过渡的形式和尺寸。

表 5-8　几种不同壁厚过渡的形式和尺寸

图　例	尺寸/mm		
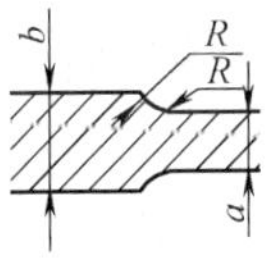	$b>2a$	铸铁	$R \geqslant \left(\frac{1}{6}\sim\frac{1}{3}\right)\left(\frac{a+b}{2}\right)$
		铸钢	$R=\frac{a+b}{4}$
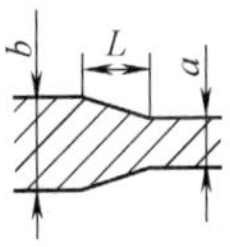	$b>2a$	铸铁	$L>4(b-a)$
		铸钢	$L \geqslant 5(b-a)$
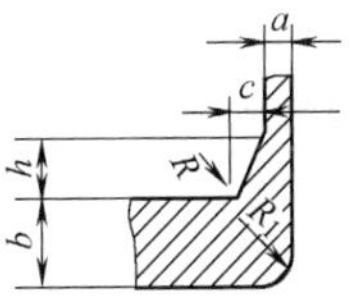	$b>2a$	$R \geqslant \left(\frac{1}{6}\sim\frac{1}{3}\right)\left(\frac{a+b}{2}\right)$　$R_1 \geqslant R+\left(\frac{a+b}{2}\right)$ $c \approx 3\sqrt{b-a}$　$h \geqslant (4\sim5)c$	

3．铸件加强肋的设计

在铸件中，加强肋可以起到增强铸件的刚度和强度、防止变形和减轻铸件重量等作用。尤其是在铸件容易产生变形或开裂的部位设计加强肋，可以起到事半功倍的效果。

（1）加强肋的厚度　加强肋的厚度不宜过大，一般取被加强壁厚度的0.6～0.8倍。

（2）加强肋的布置　图5-32是较大平面铸件背面加强肋的几种分布形式。其中，直方格形（图5-32a）的金属积聚程度较大，但模型及芯盒制造方便，适用于不易产生缩孔、缩松的铸件；交错方格形（图5-32b）适用于收缩较大的铸件；放射形（图5-32c）兼顾了以上两个的优点，加强肋对称，结构较为合理。

为了防止铸件在铸造过程中发生热裂，可以在铸件易裂处增设加强肋（图5-33）。由于加强肋较薄，凝固迅速，故在冷却过程中加强肋很快达到较高强度，从而增强了壁间的连接力，防止了热裂纹的产生。

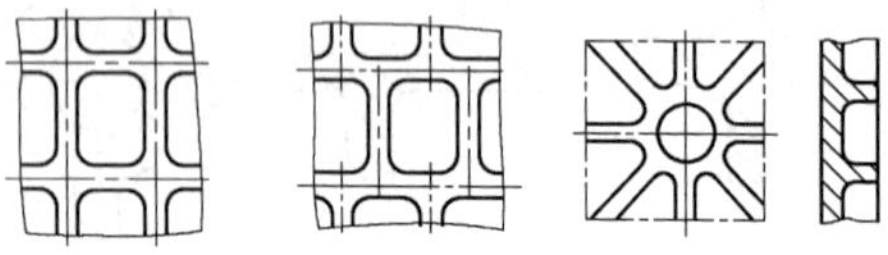

a)　　b)　　c)

图5-32　大平面铸件背面加强肋的分布形式

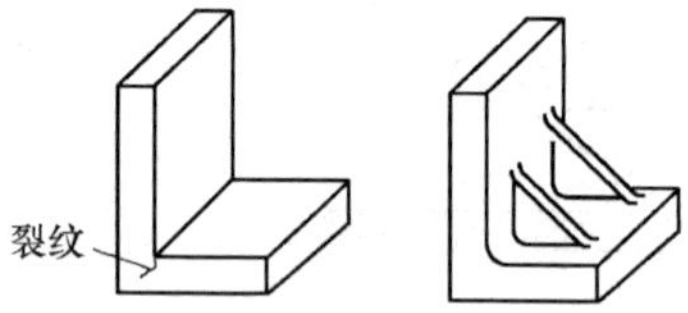

a)　　b)

图5-33　铸件抗热裂的加强肋

a）无防裂肋　b）有防裂肋

4. 与合金铸造性能相关的问题

在铸件结构设计时还应考虑到一些与合金铸造性能相关的问题，如铸造时铸件结构是否收缩受阻、是否容易充满、是否容易变形和开裂等。

（1）尽量减小铸件收缩受阻　铸件在凝固和随后的冷却过程中，会产生不同程度的收缩。如果在收缩时受到强烈的阻碍，则会由于应力过大而产生裂纹。如图5-34所示的轮辐设计，当轮辐呈偶数时（图5-34a），每条轮辐与另一条成直线排列，收缩时互相牵制、彼此受阻，易使轮辐产生裂纹。采用图5-34b的奇数轮辐时，若收缩内应力很大，则可通过轮缘的微量变形来缓解。而最佳方案是采用图5-34c所示的弯曲轮辐，此时铸件的内应力可通过轮辐本身的微量变形来缓解，从而避免产生裂纹。

（2）尽量避免过大的水平面　如果铸件有较大的上水平面（图5-35a），浇注时金属液面上升较慢，充型时铸件上大面积的水平面不易充满，过大面积的上水平面也不利于夹渣和气体的排除。因此，应尽量用图5-35b的倾斜结构代替水平面结构。

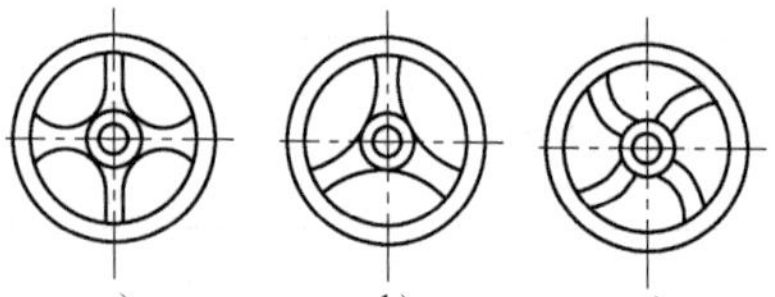

a)　　b)　　c)

图5-34　轮辐的设计

a）不合理　b）合理　c）合理

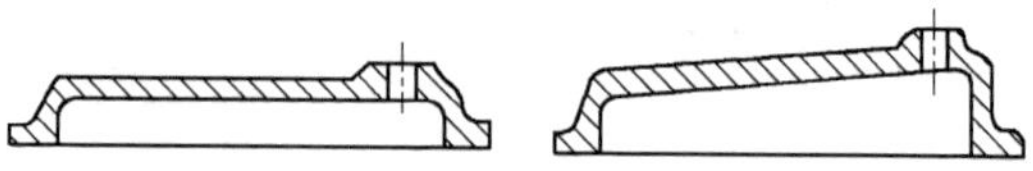

a)　　b)

图5-35　避免过大水平面

a）不合理　b）合理

5. 组合式铸件的设计

对于大型并且结构复杂的铸件，应将其设计成组合式，即先设计成若干个小铸件进行生产，切削加工后，用螺栓联接（图5-36a）；铸钢件还可以采用焊接连接成整体（图5-36b）。这样不仅可以简化造型，保证铸件的质量，也可以解决铸造、机械加工和吊运设备能力不足等问题。

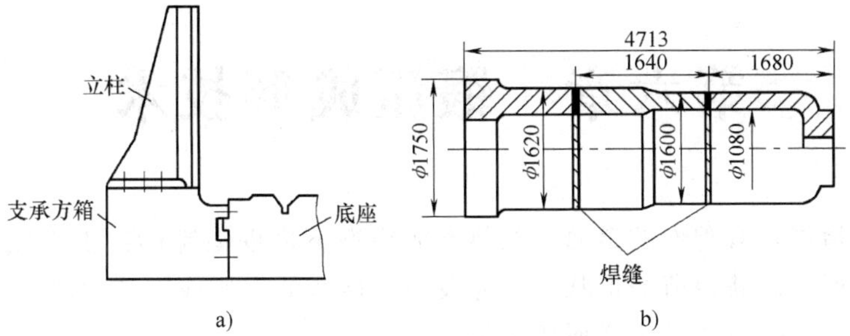

图 5-36　组合式铸件

a）坐标镗床床身　b）水压机工作缸

思　考　题

1. 什么是金属的铸造性能？金属的铸造性能不好会引起哪些铸造缺陷？
2. 简述影响充型能力的因素有哪些，充型能力差易产生哪些铸造缺陷。
3. 浇注温度过高或过低，容易产生哪些铸造缺陷？
4. 什么是顺序凝固原则？需采取什么措施来实现？
5. 合金的收缩分为哪三个阶段？简述影响收缩的主要因素。
6. 铸造内应力、变形和裂纹是怎样形成的？怎样防止它们的产生？
7. 为什么铸铁的铸造性能比铸钢好？
8. 分析砂型铸造、金属型铸造、压力铸造、熔模铸造、离心铸造的特点及适用范围。
9. 为便于生产和保证铸件质量，通常对铸件结构有哪些要求？
10. 下列铸件在大批量生产时采用什么铸造方法为好？为什么？

    铝合金活塞　车床床身　气缸套　大口径铸铁管　汽轮机叶片

第六章　锻压成形技术

锻压成形是指将具有塑性的金属，在热态或冷态下借助锻锤的冲击力或压力机的压力，使其产生塑性变形，以获得所需形状、尺寸及力学性能的毛坯或零件的加工方法。锻压是锻造和冲压的总称，有时也称其为金属压力加工。

大多数金属材料及其合金在热态或冷态下都具有不同程度的塑性，它们均可在高温或室温下进行各种锻压成形加工。常见的锻压成形加工按其成形方式不同，可分为轧制、挤压、拉拔、自由锻造、模型锻造、板料冲压等，图 6-1 是几种常见的锻压成形加工方法示意图。

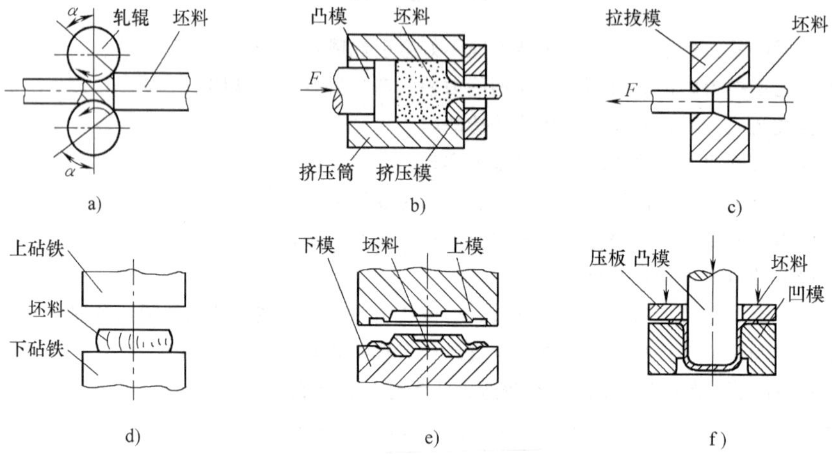

图 6-1　常见的锻压成形加工方法示意图

a）轧制　b）挤压　c）拉拔　d）自由锻　e）模锻　f）冲压

锻压成形加工具有以下特点：

（1）力学性能高　锻压加工可使金属获得比较致密的组织，可弥合或消除金属铸锭内部的气孔、缩孔和粗大的树枝状晶粒等缺陷。合理地利用锻造后形成的纤维组织，使锻件的纤维组织方向与受力方向一致，可显著提高零件的力学性能。

（2）材料利用率高　锻压加工仅改变金属坯料的形状和尺寸，而其体积基本保持不变。与切削加工方法相比，锻压加工减少了零件在制造过程中金属材料的消耗。

（3）生产效率高　与切削加工相比，锻压加工大大提高了生产效率，降低了生产成本。特别对于大批量生产，锻压加工具有显著的经济效益。

锻压加工在机械制造、汽车、拖拉机、仪表、造船、冶金以及国防等工业中有着广泛的应用。以汽车为例，汽车上 70% 的零件都是由锻压成形加工方法制造的。

第一节　塑性成形基本原理

金属材料在外力的作用下，将会按一定的形状和尺寸发生永久性的塑性变形。在塑性变形的过程中，金属的组织和性能也发生了相应的变化，而且通过塑性变形所伴随的硬化过程还可以提高金属材料的强度。因此，研究金属塑性变形以及变形金属在随后的加热过程中所发生的变化，对充分发挥金属材料的力学性能具有重要的意义。

一、金属的塑性变形

实际使用的金属大多都是多晶体，多晶体的塑性变形过程比较复杂。为了研究多晶体的塑性变形，应该先研究金属单晶体的塑性变形。

1. 金属单晶体的塑性变形

晶体在剪切应力的作用下，其中一部分沿着一定晶面上的晶向相对于另一部分发生滑动（图 6-2），这种现象称为滑移。

研究证明，由于晶体中存在着位错，滑移实质上是位错在滑移面上运动的结果（图 6-3）。在剪切应力的作用下，晶体中形成一个正刃位错，这个多出的半原子面会由左向右逐步移动；当这个位错移到晶体的右边缘时，移出晶体的上半部分就相对于下半部分移动了一个原子的间距，形成一个原子间距的滑移量。

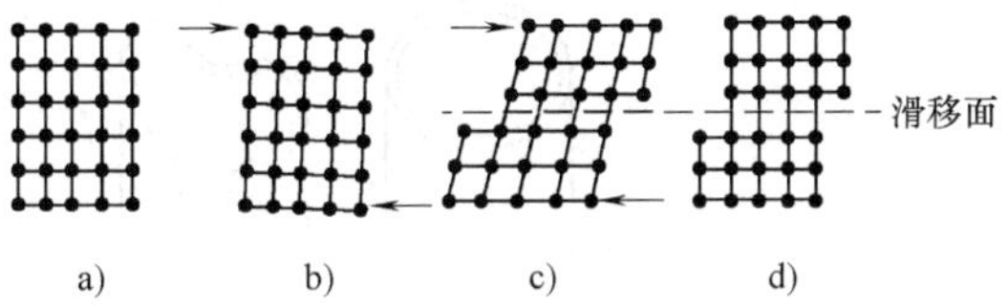

图 6-2 单晶体的变形过程

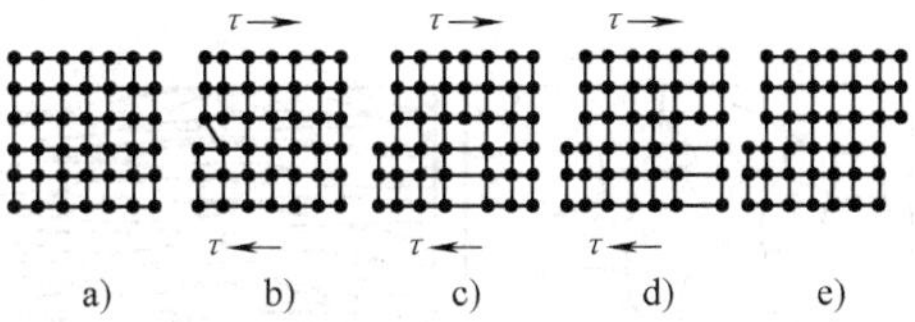

图 6-3 通过位错移动造成滑移的示意图

位错在晶体中移动时所需的剪切应力很小，这是因为当位错中心前进一个原子间距时，一齐移动的只是位错中心少数的原子，而且其位移量都不大，形成逐步滑移。这就比一齐移动所需要的临界剪切应力要小得多，这种现象称为“位错的易动性”。

如果晶体内存在少量的位错，滑移容易进行，因此金属晶体的强度也就比较低。但是，当位错数目超过一定范围时，随着位错密度的增加，由于位错之间以及位错与其他缺陷之间存在着相互牵制的作用，使位错的运动受阻，结果金属的强度和硬度又逐渐增加。金属材料的冷加工硬化现象就是在冷加工过程中，金属内部位错密度的增大而引起的金属材料硬化。

2. 实际金属的塑性变形

大多数金属材料是由多晶体组成的，多晶体塑性变形是各个晶粒塑性变形的综合结果。由于多晶体中各晶粒的位向不同，故多晶体塑性滑移时的变形抗力要比单晶体高。如图 6-4 所示的多晶体在外力的作用下，处于软位向（滑移面和滑移方向与外力成 45°）的 a、b 晶粒优先产生滑移变形；而相邻的晶粒 c 则处于硬位向，不能产生滑移变形，只能以弹性变形相平衡。

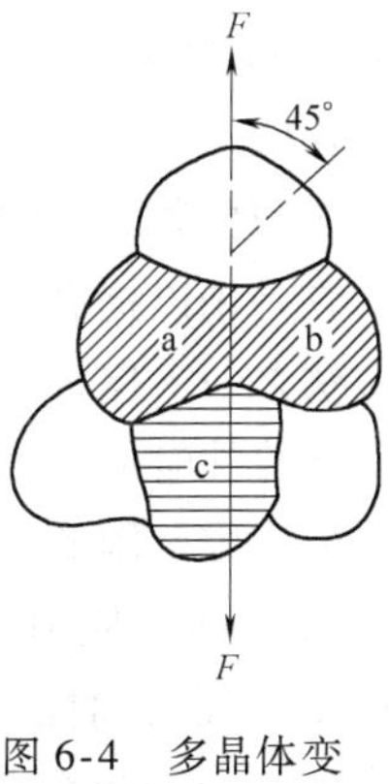

图 6-4 多晶体变形过程示意图

在多晶体塑性变形过程中，晶粒中的位错移动难以穿过晶界传至相邻的晶粒，致使位错在晶界处聚集。随着变形度的加大，晶界处聚集的位错数目在不断增多，应力集中也逐渐增加。当应力集中达到一定程度后，相邻晶粒中的位错源开始移动，变形就是这样从一批晶粒扩展到另一批晶粒的。由此可知，晶粒越细对金属塑性变形的影响就越显著。

二、冷塑性变形对金属组织和性能的影响

金属材料经冷塑性变形后，不仅改变了它的形状和尺寸，其内部组织结构和性能也随之发生了一系列的变化。

1. 冷塑性变形对金属组织结构的影响

（1）晶粒变形　随着冷塑性变形量的增加，金属内部各个晶粒和金属中的夹杂物将沿着变形的方向被拉长或压扁成纤维状（图6-5），这种组织被称为“纤维组织”。形成纤维组织后，金属的性能会出现明显的各向异性，其纵向（沿纤维的方向）的强度和塑性远大于其横向（垂直纤维的方向）的强度和塑性。

（2）形变织构　在多晶体金属材料中，晶粒的排列是无规则的。当金属按一定的方向变形量很大时（变形量大于70%以上），多晶体中原来任意位向的各晶粒的取向会大致趋于一致，这种有序化结构叫做“形变织构”，又称为“择优取向”。

金属中出现形变织构后具有明显的各向异性，如用有织构的板材去冲制杯形零件时，由于板材各个方向变形能力的不同，深冲后零件的边缘不齐，会产生“制耳”现象（图6-6）。

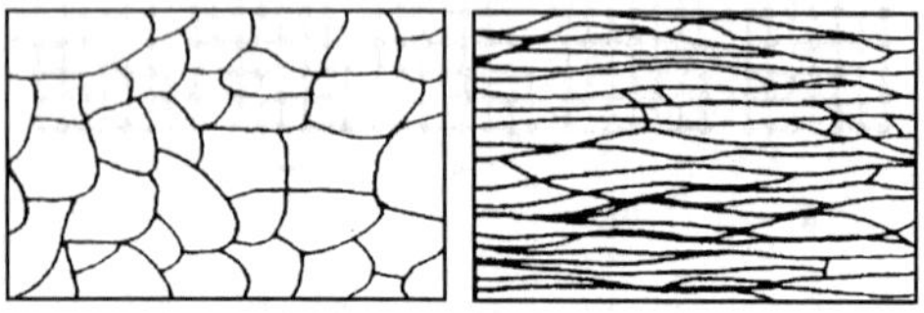
a)　b)

图6-5　变形前后晶粒形状变化示意图

a）变形前　b）变形后

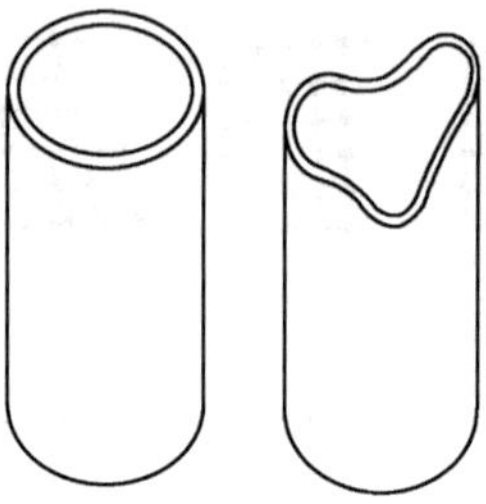
a)　b)

图6-6　因形变织构造成的“制耳”

a）无织构　b）有织构

2. 冷塑性变形对金属性能的影响

（1）加工硬化　金属在冷塑性变形过程中，其组织和性能都会发生变化，其中最重要的是加工硬化，也称为冷作硬化或形变强化。它是金属在塑性变形过程中，随着位错密度的增加，位错间的交互作用增强，位错滑移发生困难，使金属塑性变形的抗力增大，其强度和硬度显著升高，塑性和韧性下降的现象（图6-7）。

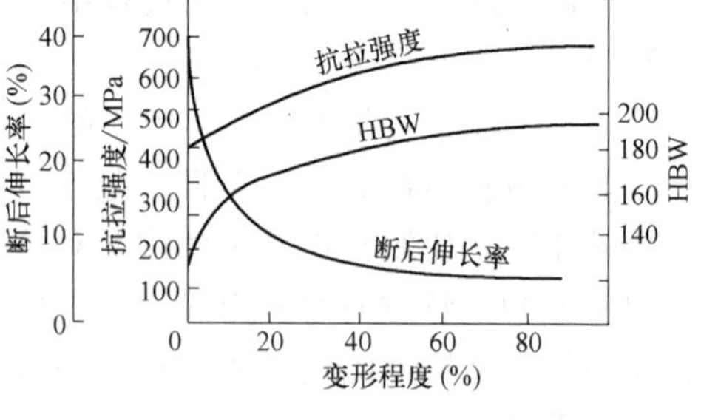

图6-7　低碳钢冷轧后力学性能的变化

金属的加工硬化现象在许多情况下是有利的，它是用以提高金属强度、硬度和耐磨性的重要方法之一。但加工硬化也有不利的一面，如使材料在冷轧时的动力消耗增大，也给金属继续变形造成困难。因此，在金属的冷变形加工过程中，必须进行中间热处理来消除加工硬化现象。

（2）残留应力　在金属冷塑性变形过程中，大约有10%的能量转化为内应力而残留在金属中，使其内能增加。这些残留于金属内部且平衡于金属内部的应力称为残留内应力。内应力的大小与形变条件有关，如变形量大、变形不均匀、变形时温度低、变形速率大等都能

使内应力增加。

内应力对金属材料的性能会产生不良影响，如引起金属自行变形，使金属产生晶间腐蚀等，所以冷塑性变形后的金属应进行去应力退火处理，以消除或降低金属内的残留内应力。

有时内应力也是有益的，如对齿轮进行表面淬火和喷丸处理，会在其表面产生一层极薄的塑性变形层。在变形层中产生的残留压应力可以大大提高材料的疲劳极限，提高齿轮的使用寿命。

3. 回复与再结晶

金属冷塑性变形使金属晶体中缺陷密度增加，内能升高，这种处于不稳定状态的组织有自发恢复到变形前的组织状态的倾向。如果对冷塑性变形后的金属进行加热，随着加热温度的升高，其组织会相继发生回复、再结晶和晶粒长大三个阶段的变化。在此过程中，冷变形金属的组织和性能变化如图 6-8 所示。

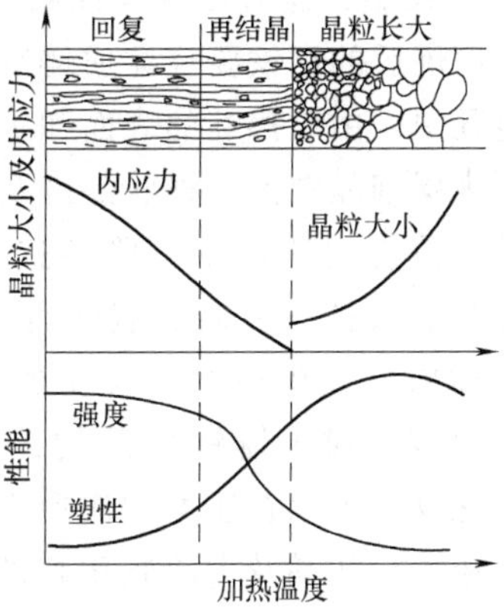

图 6-8　冷变形金属加热时的变化

（1）回复　当冷变形金属的加热温度较低时，金属的晶粒大小和形状不会发生明显的变化，金属加工硬化后的强度、硬度和塑性等力学性能也基本保持不变，但残留内应力将随着加热温度的升高而下降，这一过程称为回复。纯金属的回复温度 $T_{回}$ 与其熔点 $T_{熔}$ 之间存在如下关系：

$$T_{回} = (0.25 \sim 0.3)T_{熔}$$

式中，$T_{回}$ 和 $T_{熔}$ 均以热力学温度表示。

（2）再结晶　继续提高加热温度，使原子具有较大的扩散能力，塑性变形时被破碎、拉长的晶粒可全部转变成均匀而细小的等轴晶粒，这个过程称为“再结晶”。此时，金属中的位错密度降低，冷变形造成的加工硬化消失，金属的性能恢复到金属变形前的性能。由于再结晶生成的新晶粒的晶格类型与金属变形前的晶格类型完全一样，因此再结晶过程不应属于相变过程。

变形金属开始产生再结晶现象的最低温度称为再结晶温度。纯金属的最低再结晶温度 $T_{再}$ 与其熔点 $T_{熔}$ 之间存在如下关系：

$$T_{再} = (0.35 \sim 0.40)T_{熔}$$

式中，$T_{再}$ 和 $T_{熔}$ 均以热力学温度表示。

（3）晶粒长大　冷变形金属在再结晶刚结束时晶粒比较细，随着加热温度的升高或保温时间的延长，晶粒会继续长大。晶粒长大的实质是晶界迁移的过程，形成大晶粒“吞并”小晶粒的现象。

再结晶后的晶粒大小与金属冷塑性变形程度的关系见图 6-9。当变形度很小时，由于金属晶格畸变很小，不足以引起再结晶，因而晶粒仍保持原来的形状。但是当变形度在 2% ~ 10% 范围内时，由于金属内部仅有部分晶粒变形，变形量小且极不均匀，因此再结晶时生成的晶核少，晶粒容易吞并长大，最后得到异常粗大的晶粒。使晶粒发生异常长大的变形度称为临界变形度，生产中应尽量避免在这一变形范围内进行加工。

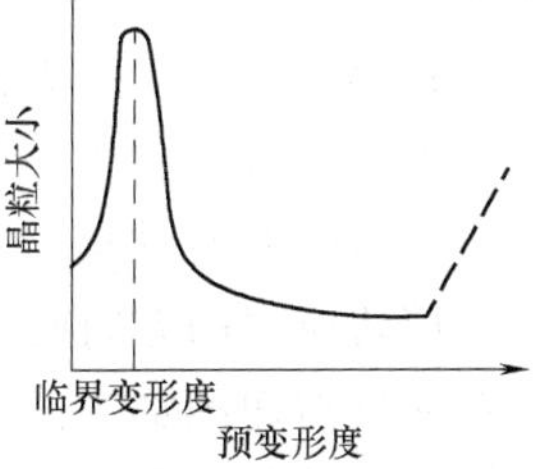

图 6-9　再结晶后晶粒度和预变形的关系

当变形度超过临界变形度后，随着变形程度的增加，晶格畸变愈加严重，再结晶晶核数目越来越多，因此再结晶后的晶粒细且均匀。

晶粒粗化将使金属材料组织性能恶化，所以冷变形金属的再结晶退火温度应严格控制在再结晶温度范围内，而且保温时间不宜过长，以获得细而均匀的晶粒。

三、热塑性变形对金属组织和性能的影响

金属的冷加工和热加工可以按其再结晶温度来划分。金属在再结晶温度以下的塑性变形称为冷加工；金属在再结晶温度以上的塑性变形称为热加工。金属材料经热加工后，其组织与性能发生了明显的变化。

1. 改善铸态的组织和性能

冶炼后的钢铁要浇注成铸锭，然后再经过热锻或热轧加工成各种型材供用户使用。在铸造过程中，由于铸锭的表面和中心的结晶条件不同，在铸锭的截面上有三个不同特征的结晶区：表层细晶粒区、柱状晶区及中心等轴晶区（图6-10）。此外，铸锭内还存在一些铸造缺陷，如缩孔与缩松、成分偏析、气孔、夹杂、裂纹等。通过热加工可以把大部分的缩松、气孔和微裂纹在加工过程中焊合，提高金属的致密度。对于铸锭内部的晶内偏析、粗大柱状晶或大块碳化物，可以在压力的作用下使晶粒破碎，消除成分偏析、粗大柱状晶及大块碳化物的不利影响，使金属的力学性能得到提高。表6-1是碳质量分数为0.3%的碳钢分别在铸造状态和锻造状态时的力学性能比较。

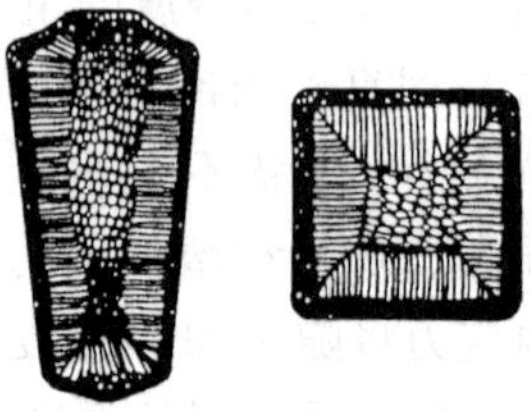

图6-10 金属铸锭组织示意图

表6-1 $w_C=0.3\%$ 碳钢锻态和铸态时力学性能的比较

加工状态	σ_b/MPa	σ_s/MPa	δ(%)	ψ(%)	a_K/(J/cm^2)
铸态	500	280	15	27	3.5
锻态	530	310	20	45	7

2. 细化晶粒

在热加工过程中，变形的晶粒内部不断发生回复再结晶，已经发生再结晶的区域又不断发生变形。周而复之使晶核数目不断增加，晶粒得到细化。

3. 形成纤维组织

钢锭中的粗大枝晶和钢锭中的各种夹杂物在高温下都具有一定塑性。在热加工过程中，这些夹杂物沿着金属的变形流动方向伸长，形成纤维组织，称其为“锻造流线”。锻造流线使金属的性能产生明显的各向异性，通常是沿流线方向的强度、塑性和韧性较高，但抗剪强度较低；而垂直于流线方向上情况则正好相反，如表6-2所示。因此在热加工时，可以将零件承受的最大拉应力的方向尽量与流线平行，而承受冲击力或外加剪切应力的方向则应与流线垂直。图6-11就是锻造曲轴与切削加工的曲轴流线分布图。由于锻造曲轴的流线分布合理，因而其力学性能要比切削加工曲轴的力学性能好得多。

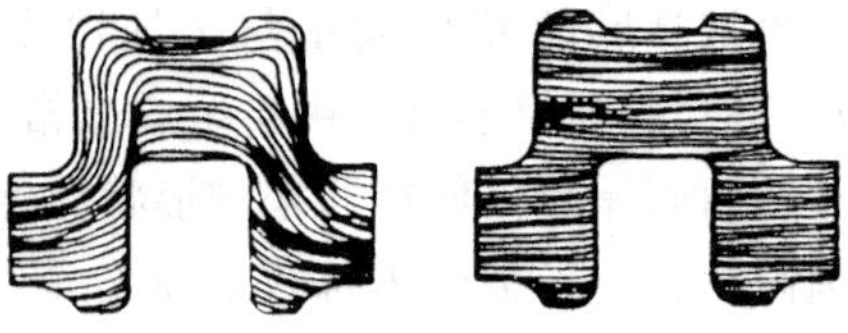

a) b)

图6-11 曲轴的流线分布

a）锻造曲轴 b）切削加工曲轴

表 6-2 45 钢的力学性能与热加工方向的关系

热加工方向	σ_b/MPa	σ_s/MPa	δ(%)	ψ(%)	a_K/(J/cm^2)
纵向	715	470	17.5	62.8	62
横向	672	440	10.0	31.0	30

四、金属塑性变形的能力

金属塑性变形的能力是指金属材料经受塑性加工时，其成形难易程度的工艺性能指标，有时称其为金属的可锻性。金属的塑性变形能力常用金属的塑性指标（断后伸长率 δ 和断面收缩率 ψ）和变形抗力来综合衡量，塑性指标越高，变形抗力越小，则其塑性变形能力越好，表明该金属材料越适合于塑性加工成形。

金属的塑性变形能力取决于金属的本身性质和变形加工条件。

1. 金属的本身性质

（1）化学成分的影响　一般情况下，纯金属的塑性变形能力好于合金，金属中的合金元素含量越少，则塑性越好。如纯铁的塑性就比碳质量分数高的碳素钢好；碳素钢的塑性又比碳质量分数相同的合金钢好；合金钢中加入的合金元素种类越多，含量越高，其塑性变形能力越差。另外，钢中硫、磷等杂质含量多时也会使钢的塑性变形性能变差。

（2）金属组织的影响　金属内部组织结构对其塑性变形能力的影响很大，如纯金属与固溶体组成的单相组织比多相组织的塑性好，变形抗力低；均匀细小的晶粒结构比铸态柱状组织和粗晶粒结构的塑性变形性能好。

2. 金属的变形条件

（1）变形温度的影响　金属通过加热可有效地提高其塑性变形的能力，如图 6-12 所示。随着温度的升高，金属原子的动能升高，原子间的结合力降低，容易进行滑移变形，故加热是改善或提高金属塑性变形能力的有效措施。但加热温度过高会使金属产生过热和过烧等缺陷，导致金属塑性变形能力变差。过热的锻件晶粒粗大，可以通过重新热处理恢复锻件原来的组织和性能；但过烧的锻件只能作为报废处理，所以锻件的加热温度应严格控制在一定的范围内。

（2）变形速度的影响　变形速度即单位时间内的变形程度，它对金属的塑性和变形抗力的影响是复杂的。一方面由于变形速度增大，回复和再结晶不能及时克服加工硬化现象，金属表现出塑性下降，变形抗力增大，金属的可锻性变坏（图 6-13 中 a 点以前）；另一方面，金属在变形过程中，消耗于塑性变形的能量有一部分转化为热能，使金属温度升高，产生所谓的热效应现象。变形速度越大，热效应现象越明显，使金属的塑性提高，变形抗力下降，可锻性变好（图 6-13 中 a 点以后）。除高速锤锻造和爆炸成形等塑性加工工艺外，一

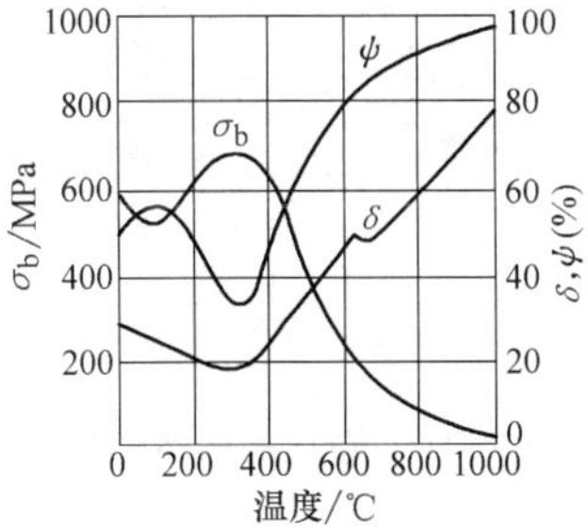

图 6-12　低碳钢力学性能与温度的关系

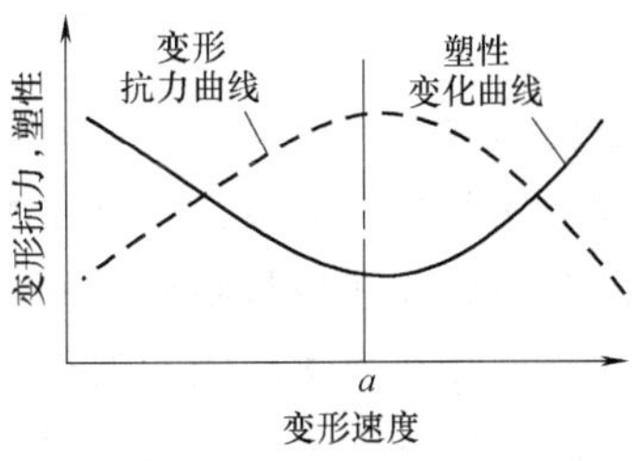

图 6-13　变形速度对塑性和变形抗力的影响

般锻压加工中塑性变形速度并不很快，因而热效应现象对金属的可锻性影响并不明显。

（3）应力状态的影响　不同的压力加工方法在金属内部产生的应力大小和应力性质是不同的，因而表现出不同的塑性变形能力。例如，金属在挤压变形时呈三向受压状态（图6-14），表现出较高的塑性和较大的变形抗力；而金属在拉拔时呈现两向受压和一向受拉的状态（图6-15），表现出较低的塑性和较小的变形抗力。

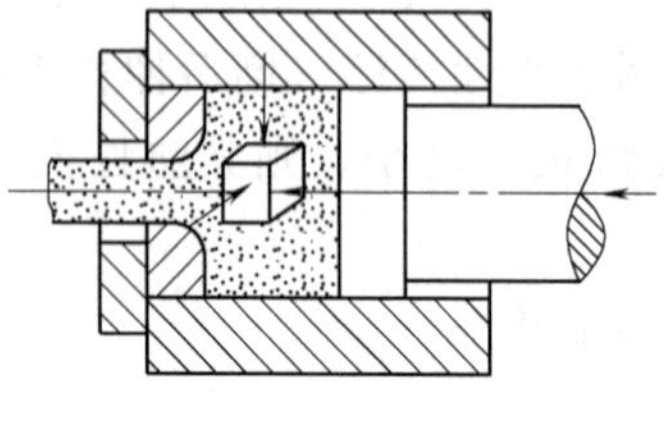

图6-14　三向受压

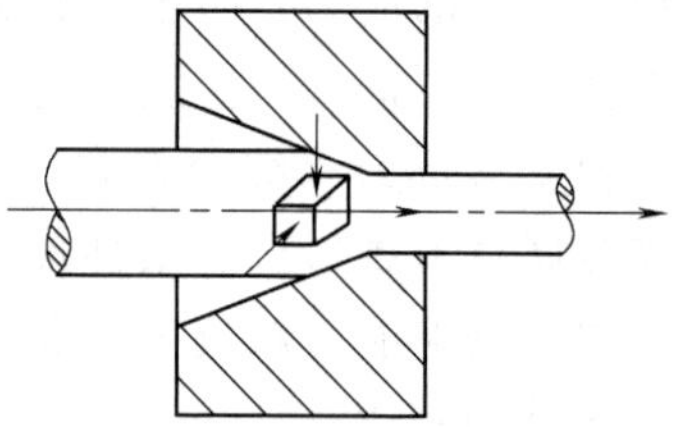

图6-15　两向受压一向受拉

总之，金属的可锻性既取决于金属的本质，又取决于变形条件。在塑性变形加工过程中要力求创造有利的变形条件，充分发挥金属的塑性，降低变形抗力，使功耗最少，用最经济的方法达到加工的目的。

第二节　锻造成形技术

锻造成形是对处于再结晶温度以上的金属施加外力，使其产生塑性变形，从而获得所要求的形状、尺寸和组织性能的加工方法。

金属的锻造必须要在一定的温度范围内进行。开始锻造的温度称为始锻温度，停止锻造的温度称为终锻温度，它的确定是以合金相图为依据的。例如，碳钢的锻造温度范围如图6-16所示，始锻温度比 AE 线低200℃左右，终锻温度约为800℃。始锻温度过高，会造成过热、过烧等缺陷。终锻温度过低，金属的变形抗力急剧增加，使加工难于进行；强行锻造将导致锻件破裂报废。

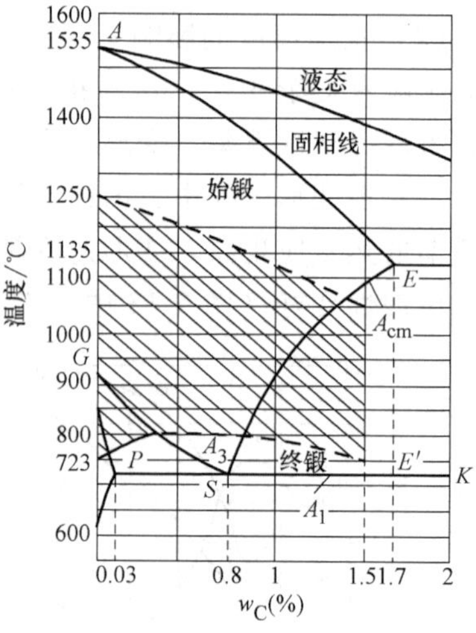

图6-16　碳钢的锻造温度范围

锻件的锻后冷却对其性能也有很大影响。一般的锻件均采用空冷，以避免因冷速过快而发生变形或开裂等现象。对一些碳当量较高的中碳钢和合金钢锻件，锻后可将其埋入炉灰中缓冷，或将锻件放入500～700℃炉中随炉缓冷，以避免因冷速过快而生成硬化组织，以至于使锻件无法进行后续的机械加工。

常用的锻造成形方法分为自由锻造和模型锻造两大类。

一、自由锻造

自由锻造又称为自由锻，是利用冲击力或压力使金属在上下两个砧铁或锤头与砧铁之间产生变形，从而获得所需形状、尺寸和力学性能的锻件的成形过程。

在自由锻成形过程中，金属坯料能在垂直于压力的方向自由伸展变形，锻件的形状和尺寸主要由锻工的操作技术来保证。

自由锻工艺灵活，锻造工具简单，适应性强，适用于各种大小的锻件生产。自由锻的不足之处是锻件精度低，生产效率低，对工人的技术要求高，劳动条件差等。

1. 自由锻设备

常用的自由锻设备有空气锤、蒸汽-空气锤和液压机等。通常几十千克重的小锻件采用空气锤，两吨以下的中小型锻件采用蒸汽-空气锤，大型锻件则应在液压机上锻造。

图 6-17 是空气锤的结构图。工作时，电动机通过曲柄连杆带动压缩缸内活塞运动，产生的压缩空气经控制阀送入工作缸的下腔或上腔，驱使上砧铁或锤头上下运动进行打击。操作者通过脚踏杆或手柄操纵控制阀门可完成锻锤空转、锤头上悬、锤头下压、单次锻打和连续打击等多种动作，并能控制打击的力度，以满足锻造的各种需要。空气锤的规格用落下部分的质量来表示。落下部分包括工作活塞、锤杆和上砧铁三部分，常用规格从 65kg 到 750kg，而锻锤产生的打击力量一般是落下部分质量的 1000 倍左右。

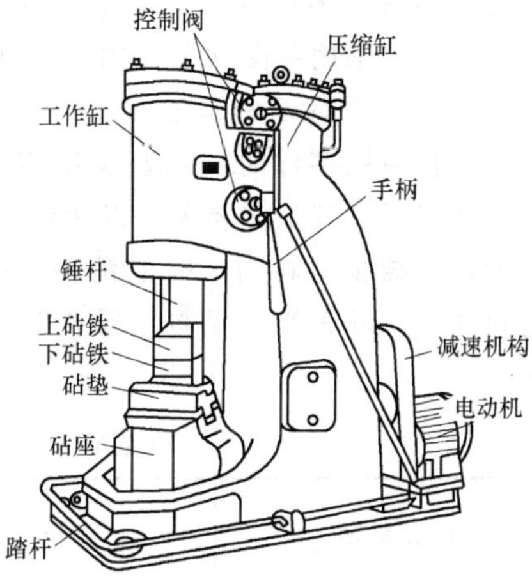

图 6-17　空气锤结构图

2. 自由锻基本工序

自由锻工序可分为基本工序、辅助工序和精整工序。基本工序是使坯料产生一定程度的塑性变形，逐渐形成锻件所需形状和尺寸的工艺过程，如镦粗、拔长、冲孔、扩孔、弯曲、扭转和错移等。辅助工序是为基本工序操作方便而进行的预变形加工，如压肩、倒棱等。精整工序则是用以改善锻件表面质量而进行的加工，如整形、清除表面氧化皮等。

（1）镦粗　使坯料高度减小、横截面积增大的锻造工序称为镦粗，镦粗主要用于锻造如齿轮、圆盘等饼类锻件。在锻造环状空心锻件时，镦粗是作为冲孔前的预备工序。镦粗有整体镦粗和局部镦粗两种基本方法，如图 6-18 所示。

整体镦粗时，坯料应尽量用圆柱形，镦粗前坯料的高度 H_0 与直径 D_0 之比不应大于 2.5～3.5，端面应平整并垂直于轴线，镦粗时的打击力要足，否则容易产生弯曲、凹腰、歪斜等缺陷。

（2）拔长　使坯料横截面积减小、长度增加的锻造工序称为拔长，主要用于锻造如主轴、拉杆等长度较大的轴（杆）类锻件（图 6-19）。拔长时要不断送进和翻转坯料，以使变

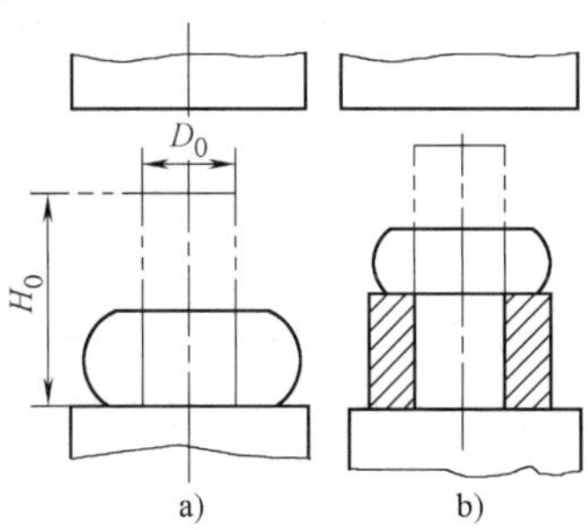

图 6-18　镦粗

a）整体镦粗　b）局部镦粗

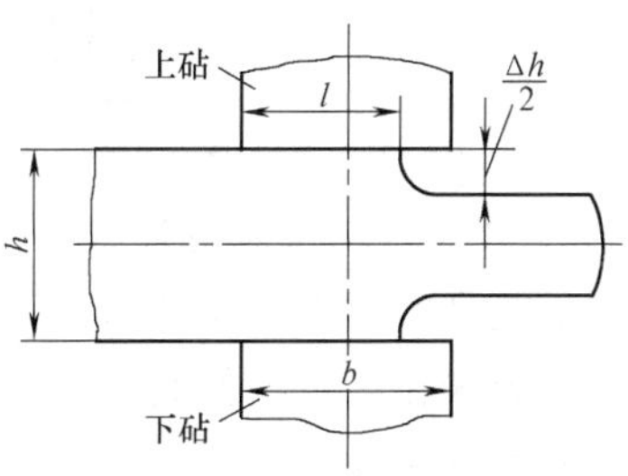

图 6-19　拔长

形均匀，每次的送进量 l 也要适当，送进量小时，坯料主要是向轴向流动，拔长效率高。但送进量也不宜过小，否则会增加压下次数，反而会降低拔长效率。

（3）冲孔　用冲头在坯料上冲出通孔或不通孔的锻造工序称为冲孔，主要用于锻造如齿轮、圆环等空心锻件。通孔的锻件可采用实心冲头双面冲孔，先将孔冲到坯料厚度的70% ~80%深，取出冲子，然后翻转坯料，从反面将孔冲透（图 6-20a）。对于厚度较小的坯料或板料，可采用单面冲孔，如图 6-20b 所示。

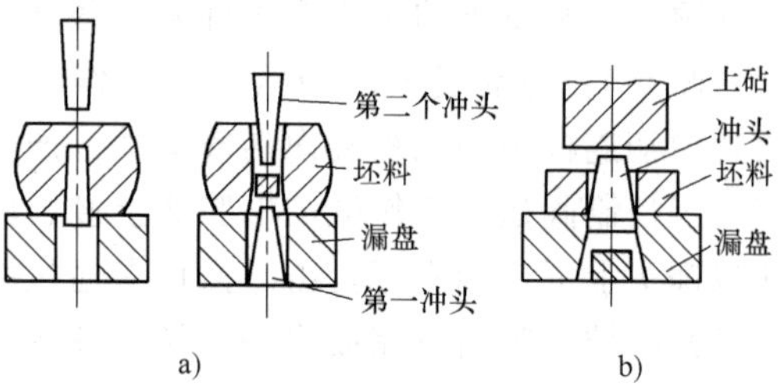

图 6-20　冲孔
a）双面冲孔　b）单面冲孔

3. 自由锻件的结构工艺性

设计自由锻零件时，除要满足使用性能要求外，还应考虑其工艺要求，以达到结构合理、便于锻造、减少材料与工时的消耗、提高生产率等目的。表 6-3 为常见自由锻件的结构工艺要求。

表 6-3　常见自由锻件的结构工艺要求

工艺要求	举例	
	不合理结构	合理结构
避免锥面和斜面	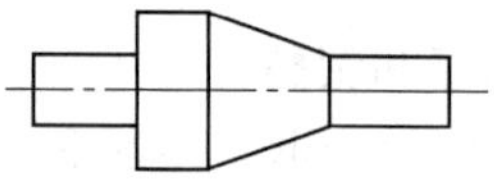	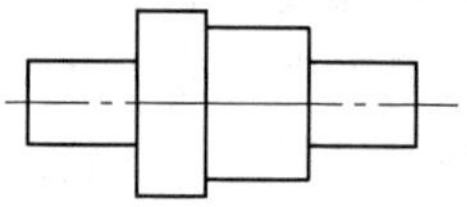
避免相贯线	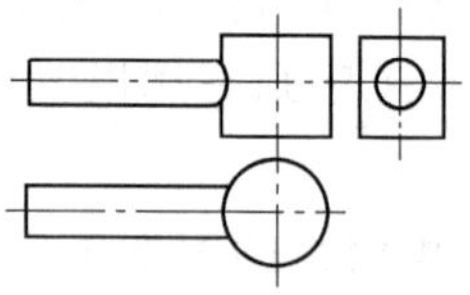	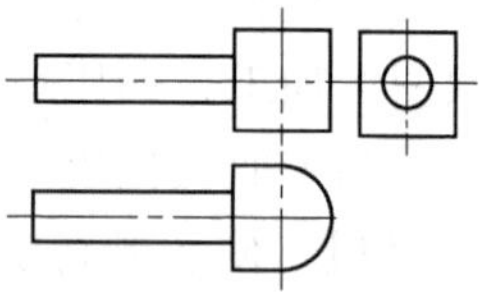
避免非规则截面和非规则外形	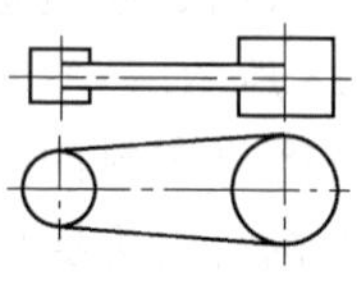	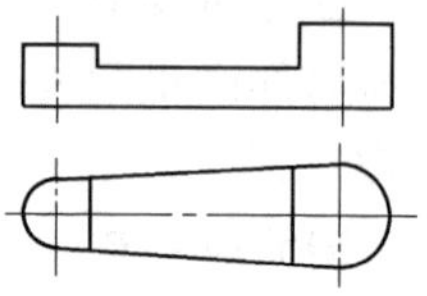
避免肋板和凸台	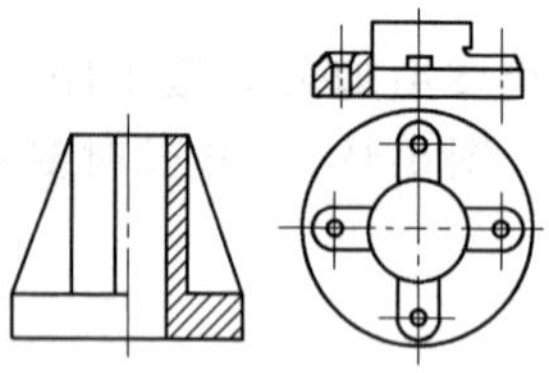	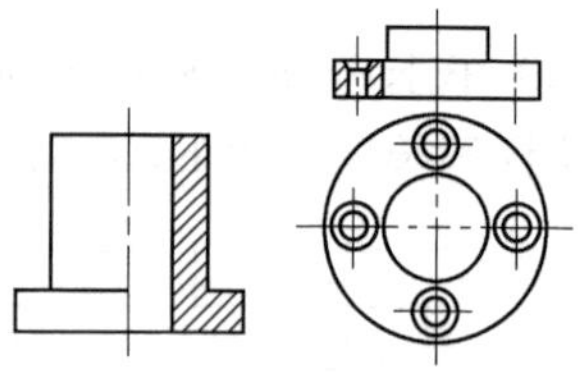

4. 自由锻工艺规程的制订

制订工艺规程、编写工艺卡片是进行自由锻生产必不可少的技术准备工作，也是组织生产过程、规定操作规范、控制和检查产品质量的依据。自由锻工艺规程包括绘制锻件图和计算坯料的质量及尺寸。

（1）绘制锻件图　锻件图是工艺规程中的核心内容。它是以零件图为基础，结合自由锻工艺特点绘制而成的。绘制锻件图应考虑以下几个因素：

1）加工余量。由于自由锻件的尺寸精度低，表面质量差，所以应在零件的加工表面上留出供切削加工用的金属，称为锻件余量。其大小与零件的形状、尺寸等因素有关。零件越大，形状越复杂，则余量越大，其数值可查阅锻工手册。

2）余块。为了简化锻件的形状、便于锻造而增加的一部分大于余量的金属叫做锻造余块，简称余块。

3）锻造公差。锻造公差是锻件基本尺寸的允许变动量，其大小与锻件的形状、尺寸等因素有关，并结合生产具体情况而定。通常为加工余量的 1/4 ~ 1/3。典型的锻件图如图 6-21 所示。图中粗实线为零件的主要轮廓形状，括弧内的尺寸为零件的尺寸。

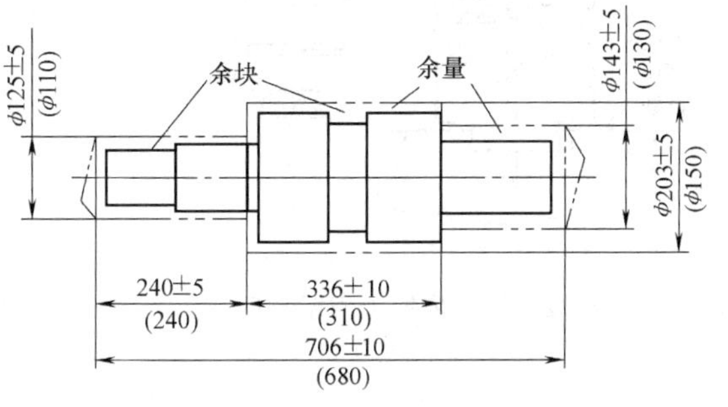

图 6-21 典型的锻件图

（2）坯料质量及尺寸的计算　坯料的质量可按下式计算

$$m_{坯料} = m_{锻件} + m_{烧损} + m_{料头} \tag{6-1}$$

式中　$m_{坯料}$——坯料的质量；

$m_{锻件}$——锻件的质量；

$m_{烧损}$——加热时坯料表面氧化烧损的质量；

$m_{料头}$——锻造过程中冲掉或修切端部产生的料头的质量。

锻件的质量 $m_{锻件}$ 为锻件的体积与金属密度的乘积，锻件的体积可根据锻件的公称尺寸计算。坯料加热时烧损的质量 $m_{烧损}$，第一次加热时取被加热金属质量的 2% ~3%，以后各次加热取 1.5% ~2%。

根据式（6-1）计算所得的坯料质量和截面大小，即可确定坯料长度尺寸或选择适当尺寸的钢锭。

二、模型锻造

模型锻造又称为模锻，是利用压力或冲击力使金属毛坯在一定形状的锻模模膛内受压变形而获得锻件的锻造方法。在变形过程中，由于模膛对金属坯料流动的限制，因而可以锻出和模膛形状相同的锻件。

与自由锻相比，模锻具有生产效率高、锻件尺寸精确、加工余量小、可锻出自由锻难以成形的复杂锻件等优点。但受模锻设备吨位的限制，模锻件的质量一般不超过 150kg。另外，锻模制造成本较高，所以模锻适合加工中小型、大批量的锻件。

根据模锻设备不同，模锻可分为锤上模锻、胎模锻和压力机上模锻等。

1. 锤上模锻

锤上模锻是指在蒸汽-空气锤、高速锤等模锻设备上进行的模锻，其锻模由上、下模两部分组成，如图 6-22 所示。模锻时将加热好的坯料放在下模膛中，上模随同锤头一起上下往复运动锤击坯料，使其发生塑性变形并充满模膛，最终获得所需的锻件。

对于形状比较复杂的锻件，往往要用几个模膛使坯料逐步变形，最后在终锻模膛中才能得到锻件的最终形状。图 6-23 为在多膛锻模上模锻弯曲连杆的示意图。坯料经过拔长、滚挤、弯曲等三个模膛制坯，然后经预锻和终锻两个模膛制成带有飞边的锻件。

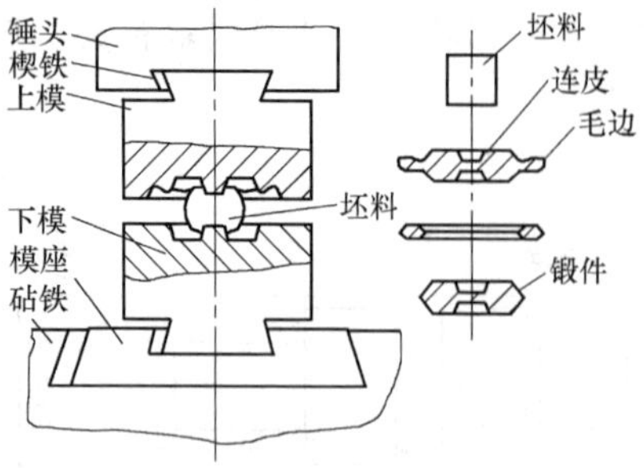

图 6-22 锤上模锻工作示意图

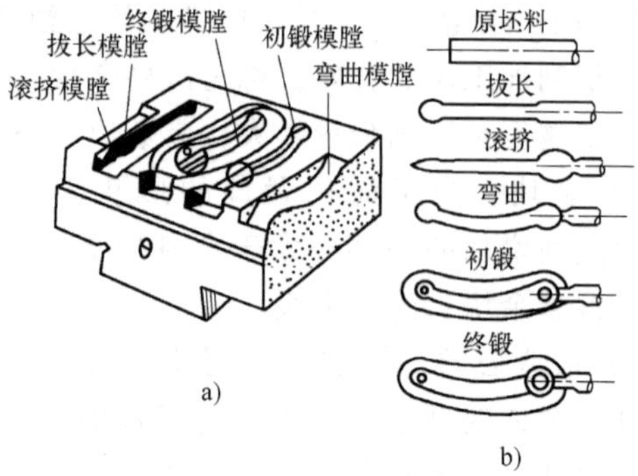

图 6-23 弯曲连杆多膛模锻过程示意图

a）下模 b）模锻时各工步

2. 胎模锻

胎模锻是在自由锻设备上使用胎模生产模锻件的工艺方法。一般采用自由锻方法使坯料初步成形，然后将坯料放在胎模模腔中终锻成形。

图 6-24 为常见的胎膜结构，分扣模和套模两类。扣模用于锻造侧面平直的锻件；套模用于锻造端面有凸台或凹坑的回转体锻件。

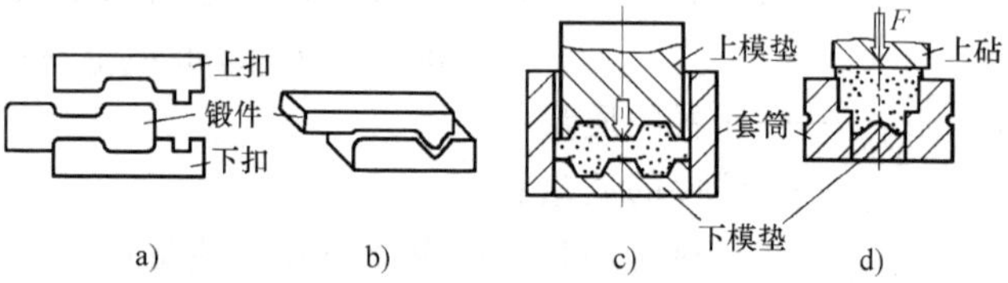

图 6-24 胎膜结构

a）扣模 b）无上扣扣模 c）套模 d）无上模垫套模

胎模锻虽然不及锤上模锻生产率高，精度也比较低，但它灵活，适应性强，不需昂贵的模锻设备，所用模具也较简单，成本低。胎模锻广泛用于中小批量的锻件生产。

第三节 冲压成形技术

冲压成形是利用冲模使板料产生分离或变形以获得零件的加工方法，故也称为板料成形技术。冲压成形通常在室温下进行，常用的冲压成形材料一般是在室温下塑性好、变形抗力低、厚度小于6mm的板材，如低碳钢、塑性高的合金钢、铜合金、铝合金、镁合金等。

冲压成形广泛应用于汽车、飞机、电机、仪器仪表、轻工和日用品等行业，用于加工形状复杂、精度高、表面粗糙度值低、互换性好、质量轻、强度和刚度高的零件。另外，冲压成形操作简单，易实现机械化和自动化生产，生产效率高，故零件加工成本低。但冲压成形模具制作成本高，加工周期长，只有在大批量生产情况下才能充分显示其优越性。

冲压成形的基本工序有分离工序和变形工序两大类。

一、分离工序

分离工序是使坯料的一部分与另一部分相互分离的工序，如落料、冲孔、切断和修整等。

1. 落料和冲孔

落料和冲孔是使坯料沿封闭轮廓分离的工序，通称冲裁工序。两者的区别在于，落料时从板料上分离下来的部分为成品，留下的周边部分为废料；冲孔则与之相反，如图 6-25 所示。

金属板料的冲裁成形过程包括弹性变形、塑性变形和断裂分离三个阶段，如图 6-26 所示。当凸模（也叫冲头）向下运动压住坯料时，坯料首先发生弹性变形而弯曲，接着发生塑性变形。当凸凹模刃口附近材料的应力达到一定极限时，便开始出现裂纹。随着凸模继续下压，上下两处裂纹扩展连在一起，坯料即被分离，完成落料或冲孔的工序。

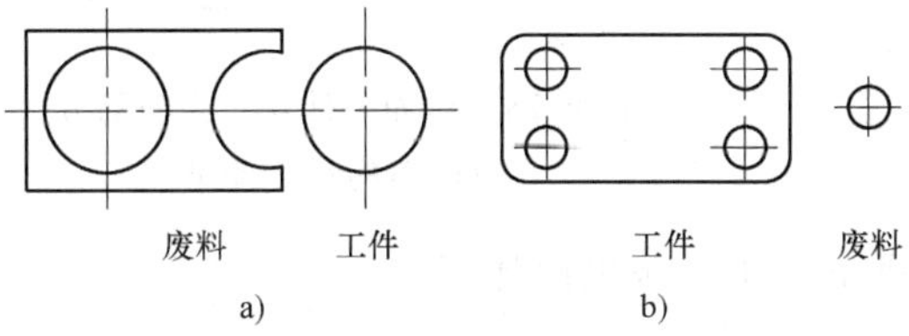

图 6-25　落料与冲孔工序

a）落料　b）冲孔

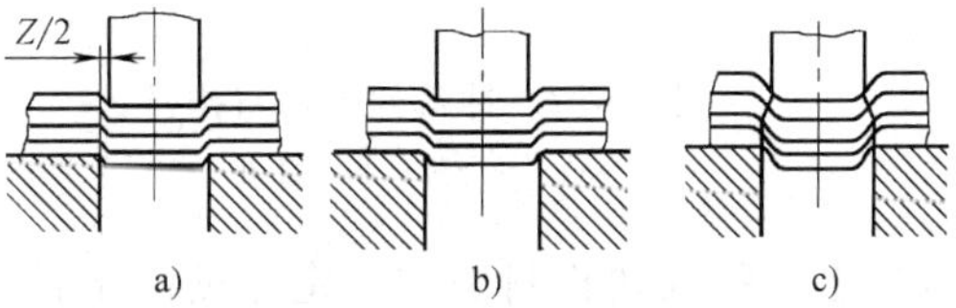

图 6-26　冲裁的分离过程

a）弹性变形阶段　b）塑性变形阶段　c）断裂分离阶段

凸凹模之间的间隙 Z 是影响冲裁件断面质量和冲模使用寿命的重要指标。间隙过大会造成冲裁件断面质量和尺寸精度低，毛刺大；间隙过小会使冲裁力增大，缩短模具的使用寿命。合理间隙 Z 可查阅相关的模具设计手册，也可按经验公式计算，即

$$Z = m\delta$$

式中　δ——板料厚度（mm）；

m——与材质及厚度有关的系数。

根据经验，当板材较薄时，m 可按以下数据选用：

低碳钢：$m = 0.06 \sim 0.09$；

高碳钢：$m = 0.08 \sim 0.12$；

铜、铝合金：$m = 0.06 \sim 0.10$。

当板料厚度 $\delta > 3$mm 时，因冲裁力较大，可将系数 m 放大 1.5 倍。

冲裁力是选用冲压设备吨位的一个重要依据。对于平刃冲模来讲，冲裁力可按下式计算

$$F = kL\delta\tau$$

式中　F——冲裁力（N）；

k——系数；

L——冲裁周边长度（mm）；

δ——板料厚度（mm）；

τ——材料抗剪强度（MPa）。

在对冲裁件进行结构设计时，应考虑到其有良好的工艺性能，以减少材料的消耗，延长模具的寿命，提高生产效率，降低成本。因此，冲裁件的设计应满足下列要求：

1）落料件的外形和冲孔件的孔形应力求简单、对称，以使排样时废料最少。如图 6-27b所示零件外形就比图 6-27a 设计得合理，材料利用率可达 75% 以上。

2）冲裁件上孔与孔、孔与零件边缘的距离不宜过近；冲孔的孔径及外缘凸、凹部分的尺寸不能太小；冲裁件所有的直线与直线、曲线与直线的交接均为圆弧连接。对以上的尺寸均应满足图 6-28 的要求。

2. 切断

切断是用剪刃或冲模将板料沿不封闭轮廓进行分离的工序。剪刃安装在剪床（或称剪

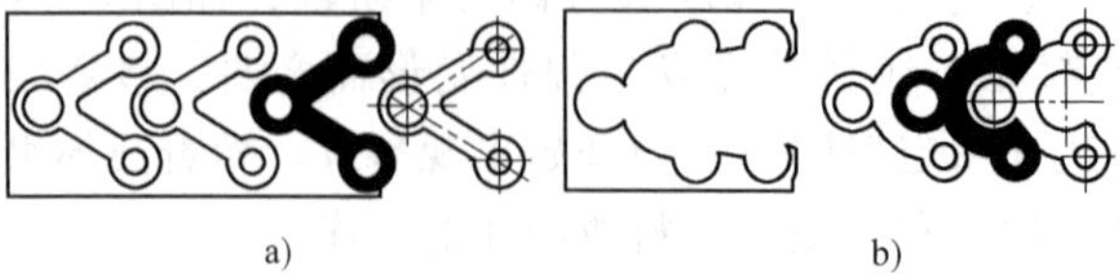

图 6-27 冲裁件外形与排样
a) 不合理 b) 合理

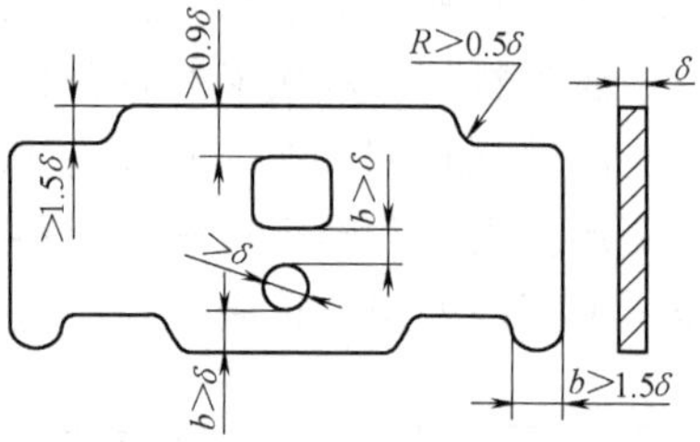

图 6-28 对冲裁件孔、凸凹部分及圆角的尺寸要求

板机）上，把大块板料剪成一定宽度的条料，供下一步冲压工序使用。

3. 修整

如果零件精度和表面质量要求比较高，则需用修整工序将落料件的周边或冲裁后孔的周边进行修整（图 6-29），以消除冲裁件断面上的毛刺和斜度，提高冲裁件的尺寸精度，降低表面粗糙度值。修整后冲裁件的公差等级可达 IT6 ~ IT7，表面粗糙度 R_a 可达 0.8 ~ 1.6μm。

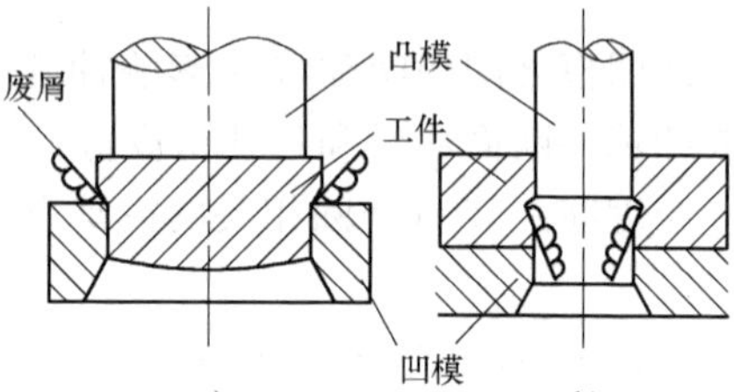

图 6-29 修整工序简图
a) 外圆修整 b) 内孔修整

二、变形工序

使板料的一部分相对于另一部分在不开裂的情况下而产生位移的工序称为变形工序，如弯曲、拉深、翻边和成形等。

1. 弯曲

弯曲是使坯料的一部分相对于另一部分弯成一定角度的工序，图 6-30 为弯曲变形过程图。弯曲时材料内侧受压，外侧受拉，当外侧拉应力大于坯料的抗拉强度极限时，就会造成坯料开裂。坯料越厚，内弯曲半径 r 越小，则拉伸应力越大，越容易弯裂。一般最小弯曲半径应为 $r_{min} = (0.25 \sim 1)\delta$（$\delta$ 为板厚）。对于塑性比较好的材料，弯曲半径可取下限。

弯曲时，应使零件的垂直壁与孔中心线的距离 $k > r + d/2$，以防弯曲时孔变形；弯曲边的高度 H 应大于板厚的 2 倍（$H > 2\delta$），过短不易弯曲（图 6-31）。

弯曲时还应注意坯料的纤维组织方向，尽可能使弯曲线与坯料的纤维方向垂直（图 6-32），否则容易在弯曲处开裂。

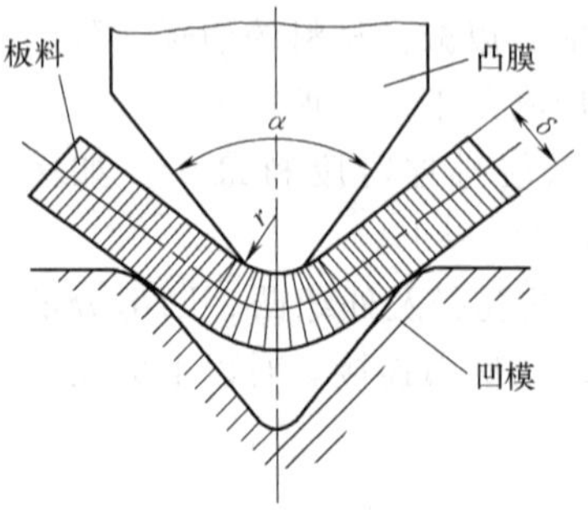

图 6-30 弯曲变形过程

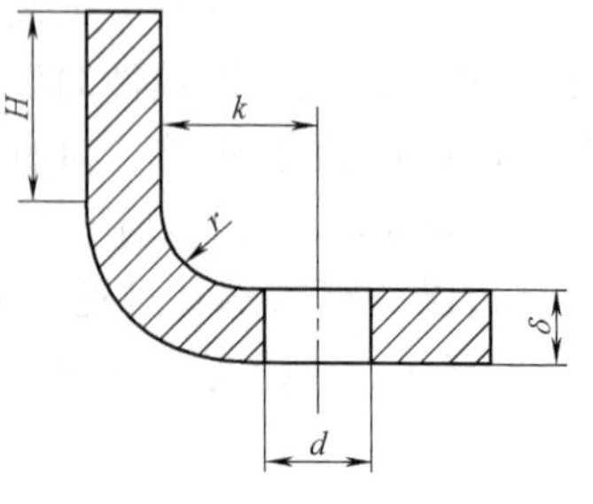

图 6-31 弯曲件的形状

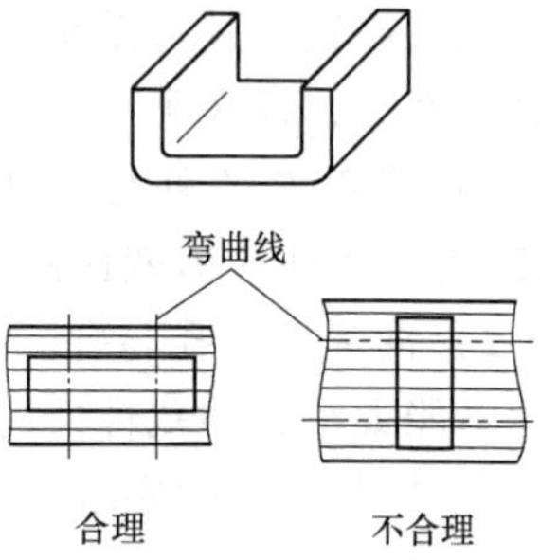

图 6-32 弯曲时的纤维方向

弯曲变形结束后，因为弹性变形使弯曲成形件有一定角度的回弹，所以弯曲模的角度应略小于成品件的角度。

2. 拉深

将平板坯料放在凹模上，凸模推压坯料通过凹模形成开口空心零件的工序称为拉深，如图 6-33 所示。在拉深过程中，拉深件的底部一般不变形，只起到传递拉力的作用，厚度基本不变。零件的直壁主要受拉力作用，厚度有所减小，直壁与底部之间的过渡圆角部位减薄最严重。

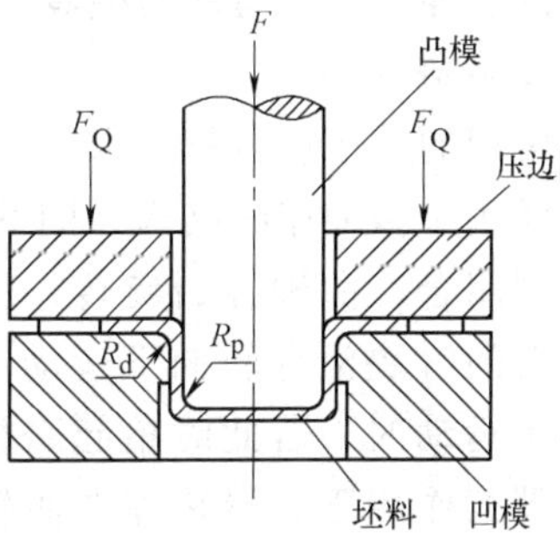

图 6-33　拉深过程示意图

拉深件的直径 d 与坯料直径 D 的比值称为拉深系数，用 m 表示，即

$$m = d/D$$

m 是衡量拉深变形程度的指标。m 越小，表明拉深件的变形程度越大，拉深变形的阻力也就越大，一般 $m = 0.5 \sim 0.8$。

对于一些拉深系数比较小、不能一次拉深成形的零件，可采用多次拉深工艺。在多次拉深过程中，要进行适当的中间退火，消除金属因塑性变形而产生的加工硬化，以利于下一次拉深。为了减小摩擦，降低拉深力，减少模具的磨损，拉深时通常要使用润滑剂。

拉深过程中最常见的质量问题是拉穿和起皱（图 6-34）。

拉穿多发生在直壁与底部的过渡圆角处，影响拉穿的原因有：

（1）凸凹模圆角半径不合理　拉深模的凸模和凹模边缘都应做成圆角。对于低碳钢板拉深件，凹模圆角半径 $R_d = (6 \sim 15)\delta$；凸模圆角半径 $R_p = (0.6 \sim 1)R_d$。

（2）凸凹模间隙不合理　拉深模的凸模和凹模之间的间隙一般取 $Z = (1.1 \sim 1.2)\delta$。

（3）拉深系数过小　m 值过小时，板料的变形程度加大，拉深件的直壁部分承受的拉力也加大，当超出其承载能力时，即会被拉断。

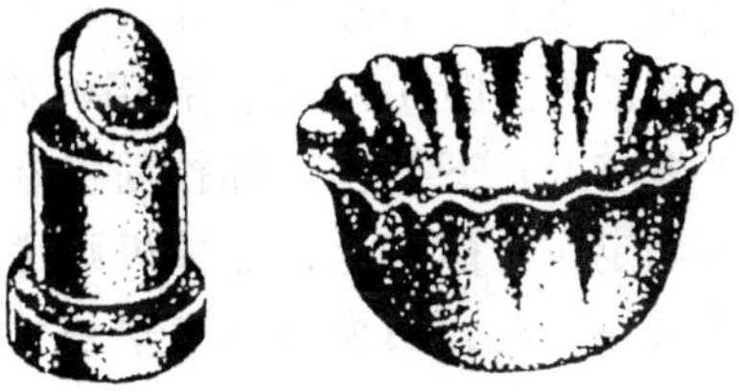

a)　b)

图 6-34　拉深废品

a）拉穿　b）起皱

（4）模具表面精度和润滑条件差　模具表面粗糙和润滑条件不好会增大板料进入凹模的阻力，从而加大拉深件直壁部分的载荷，严重时会导致底角部位破裂。

起皱多发生在拉深件的法兰部位。当没有压圈或压边力 F_Q 比较小时，法兰部分容易在切向力的作用下失稳，产生起皱现象（图 6-34b）。起皱主要与板料的相对厚度 δ/D、拉深系数 m 及压边力 F_Q 等有关。δ/D、m 和 F_Q 值越小越容易起皱。

3. 翻边

在成形的坯料上将其内孔或外缘翻成竖立凸缘的工序称为翻边。图 6-35 是内孔翻边示意图。

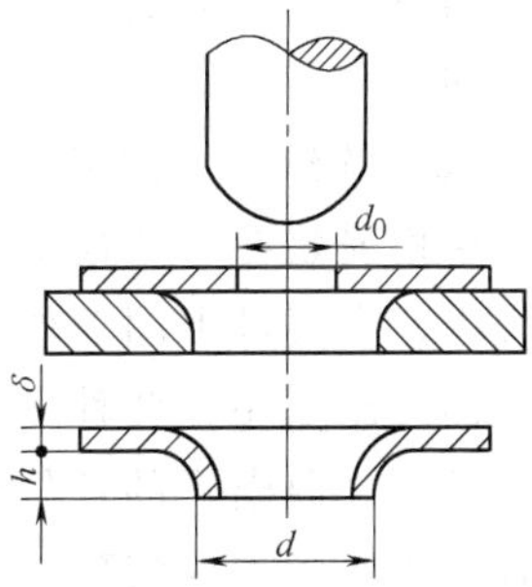

图 6-35　内孔翻边示意图

内孔翻边时，坯料主要受拉应力和切应力的作用，孔边缘处的厚度减薄最严重。翻边加工的变形程度常用翻边系数 K_f =

d_0/d 表示，K_f 越小，变形程度越大。一般 $K_f \geqslant 0.4 \sim 0.8$，具体取决于坯料的性能、板料的厚度、边缘状况和凸模的形状等因素。

若零件所需凸缘的高度比较大，一次翻边成形会造成孔的边缘开裂，这时可采用先拉深、后冲孔、再翻边的工序来实现。

三、冲压设备与冲压模具

1. 冲压设备

常用的冲压设备有剪床和冲床。其中冲床是冲压加工的基本设备。

常用小型冲床的结构如图 6-36 所示。电动机通过齿轮带动飞轮旋转，当踩下踏板时，离合器闭合，曲轴开始旋转，通过连杆使处于最高极限位置的滑块沿导轨向下运动，进行冲压。当滑块开始向上运动时，若此时抬起踏板，则离合器脱开，在制动器的作用下，滑块停在曲轴的最高点上，完成一个单次冲压；如果不抬起踏板，则可进行连续冲压。

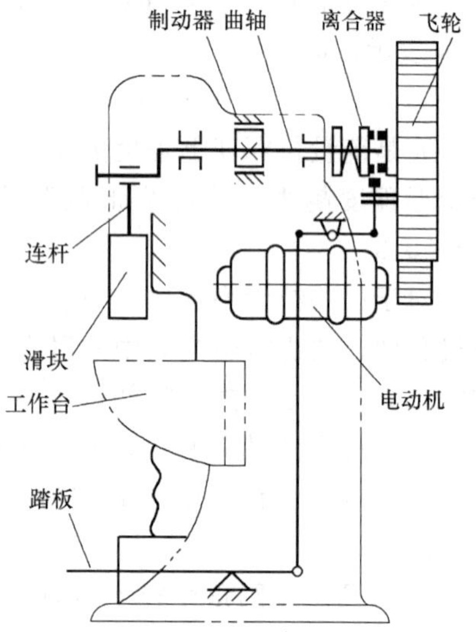

图 6-36　冲床的基本结构

2. 冲压模具

冲压模具简称冲模，冲模的结构对冲压件的表面质量、尺寸精度、生产效率及模具的寿命等都有很大的影响。冲模一般分为简单模、连续模和复合模三种。

（1）简单模　简单模是在压力机的一次行程中只完成一道工序的模具，如落料模、冲孔模、弯曲模和拉深模等。图 6-37 为落料用的简单冲模。凹模固定在下模座上，下模座用螺栓固定在冲床的工作台上。凸模固定在上模板上，上模板则通过模柄与冲床的滑块连接在一起，凸模可以随滑块作上下运动。条料在凹模上沿两个导板之间送进，碰到定位销为止；凸模向下冲压时，冲下部分进入凹模孔内，而条料则被凸模夹住，在回程时与凸膜一起向上运动，在条料碰到卸料板时被强制推下。重复上述动作，即可实现连续冲压。为了保证凸模向下运动时能对准凹模孔，并在凹模孔之间保持均匀间隙，通常冲压模是固定在专用的模具架上，依靠模具架上的导柱和套筒来保证凸、凹模之间的配合精度，这样可减少因冲床精度的原因对模具造成的损害，也减少了更换模具的时间。

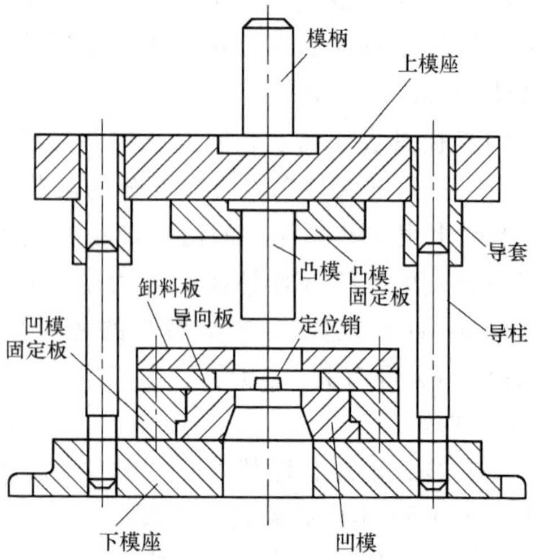

图 6-37　简单冲压模

（2）连续模　连续模是把两个或两个以上的简单模安装在一个模板上，在压力机的一次行程内，在模具不同部位上可以同时完成两个以上的冲压工序。此种模具生产效率高，易实现自动化，但模具的定位精度要高，模具制造比较麻烦，成本也较高。

（3）复合模　复合模是在压力机的一次行

程内，在模具的一个工位上完成两道以上冲压工序的模具。常见的有落料冲孔复合模和落料拉深复合模。

第四节　其他塑性成形技术

一、拉拔成形

在外加拉力的作用下，迫使金属坯料通过拉拔模的模孔使其变形的塑性加工方法称为拉拔成形。由于拉拔制品的截面形状和尺寸与拉拔模模孔的出口相同，因此改变模孔的形状和尺寸，即可得到相应的拉拔成形产品。

按拉拔制品截面的形状，拉拔分为实心材拉拔和空心材拉拔。实心材拉拔主要包括线材、棒材和型材的拉拔（图 6-38a）；空心材拉拔主要包括管材和空心异型材的拉拔（图 6-38b）。在空心材拉拔时，为了保证管的壁厚，常在拉拔过程中加芯轴来控制管壁的厚度（图 6-38c）。

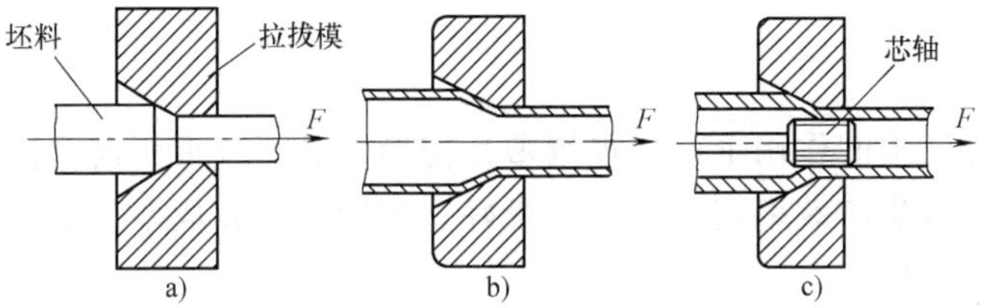

图 6-38　拉拔示意图

a）线材拉拔　b）不加芯轴管材拉拔　c）加芯轴管材拉拔

在拉拔过程中，拉拔模会受到强烈的摩擦和摩擦产生的高温作用，生产中常用耐磨的硬质合金来制作拉拔模，以确保其精度和使用寿命。

拉拔制品的尺寸精确，表面光洁，特别适合于连续高速生产截面非常小的金属线材制品，如铁丝、钢丝、电线等。

二、挤压成形

挤压成形是使挤压筒中的坯料在强大的压力作用下从模具的出口或缝隙挤出，从而获得所需尺寸、形状零件的加工方法。挤压成形主要应用于金属型材和管材的生产。

根据挤压时金属的流动方向和凸模运动方向的不同，挤压成形分为以正挤压、反挤压、复合挤压和径向挤压。

（1）正挤压　金属流动方向与凸模运动方向相同（图 6-39a）。

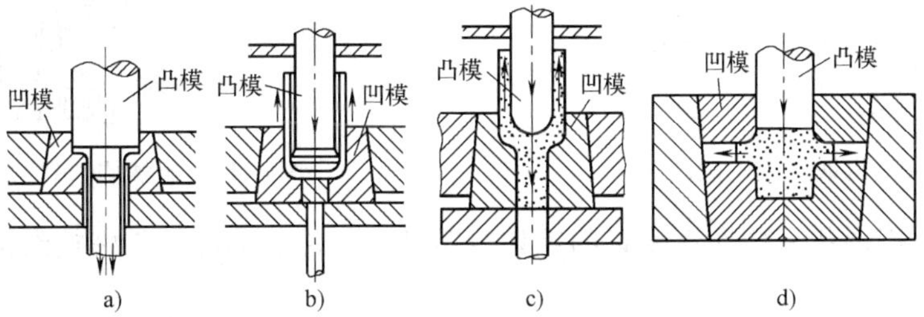

图 6-39　挤压成形示意图

a）正挤压　b）反挤压　c）复合挤压　d）径向挤压

（2）反挤压　金属流动方向与凸模运动方向相反（图6-39b）。

（3）复合挤压　挤压过程中，一部分金属的流动方向与凸模运动方向相同，而另一部分金属流动方向则与凸模运动方向相反（图6-39c）。

（4）径向挤压　金属流动方向与凸模运动方向成90°（图6-39d）。

按照挤压时金属坯料所处的温度，挤压可分为热挤压、冷挤压和温挤压。

（1）热挤压　坯料在再结晶温度以上进行的挤压称为热挤压。热挤压时坯料变形抗力小，但产品表面粗糙。

（2）冷挤压　坯料在再结晶温度以下（通常是室温）进行的挤压称为冷挤压。冷挤压产品的表面光洁，精度较高，但挤压时变形抗力较大。

（3）温挤压　将坯料加热到再结晶温度以下的某个合适温度（100～800℃）进行的挤压称为温挤压。温挤压降低了冷挤压时的变形抗力，同时产品精度比热挤压高。

挤压成形可以加工出各种截面形状复杂、壁薄的零件，零件的精度高，表面粗糙度低，力学性能好，可以达到少切屑或无切屑加工的目的。它广泛用于钢铁材料和非铁金属零件以及型材的生产。

三、轧制成形

金属坯料在旋转轧辊的作用下产生连续塑性变形，从而获得所需截面形状的塑性加工方法称为轧制。轧制具有生产效率高、零件质量好、节约金属和成本低等优点，在机械制造业中得到越来越广泛的应用。

常用的轧制方法有辊锻轧制、斜轧、横轧、辗环等。

1. 辊锻轧制

辊锻轧制是由轧制工艺应用到锻造生产中的一种新方法。当坯料通过一对相对旋转的扇形轧辊时，坯料受压而产生塑性变形，从而获得所需的锻件（图6-40）。

与模锻方法相比，辊锻可提高生产效率5～10倍，节约金属材料6%～10%。辊锻轧制可用于生产各种扳手、柴油机连杆、叶片、麻花钻等。

2. 斜轧

斜轧亦称螺旋斜轧，它是采用两个带有螺旋型槽的轧辊，互相交叉成一定角度并作相对旋转运动，使坯料在轧辊间既能绕自身轴线转动，又能向前推进，同时受压发生塑性变形而获得所需产品。图6-41是用螺旋斜轧法生产钢球毛坯过程的示意图。

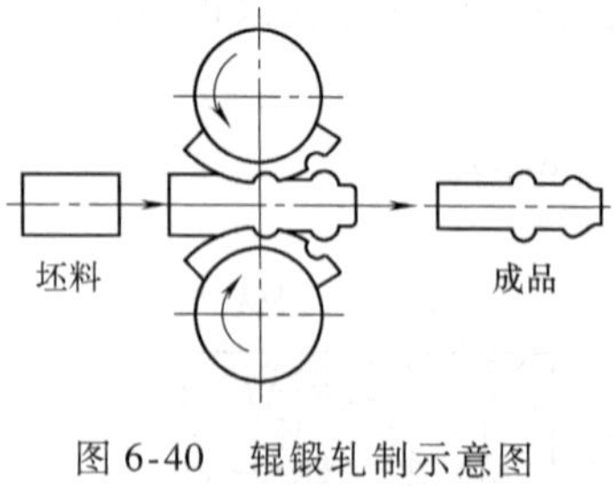

图6-40　辊锻轧制示意图

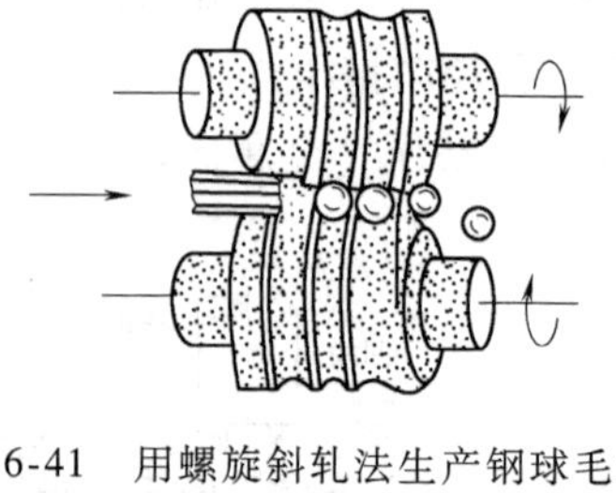

图6-41　用螺旋斜轧法生产钢球毛坯

斜轧可以生产形状呈周期性变化的毛坯或零件，如冷轧丝杠、带螺旋线的高速钢滚刀毛坯等。

3. 横轧

轧辊轴线与轧件轴线平行，并且轧辊与轧件作相对转动的轧制方法称为横轧。横轧轧件内部的锻造流线与零件的轮廓一致，所以轧件的力学性能较高。

图6-42是用横轧法制造齿轮的示意图。轧制前将毛坯外圆加热，然后径向进给带齿形的轧轮，迫使轧轮与毛坯对辗。在对辗过程中，毛坯上一部分金属受压形成齿谷，相邻部分的金属被轧轮齿部“反挤”而上升，形成齿顶。齿轮轧制是一种高效加工齿轮的新技术。

4. 辗环

环形毛坯在旋转的轧辊中进行轧制的方法称为辗环（图6-43）。环形毛坯在主动辊与从动辊之间受压变形，通过改变两辊间的距离，使坯料的厚度逐渐变小，直径逐渐增大，同时坯料的断面形状也发生变化。在扩孔过程中，工件、从动辊与主动辊旋转方向相反，导向辊、控制辊与主动辊转动方向相同。

辗环轧制可用于生产各种断面形状的环类工件，如火车轮箍、滚动轴承内外套圈、法兰等。

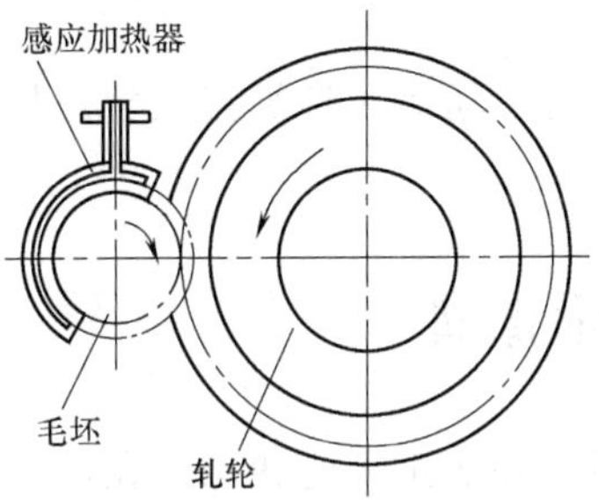

图6-42　横轧齿轮示意图

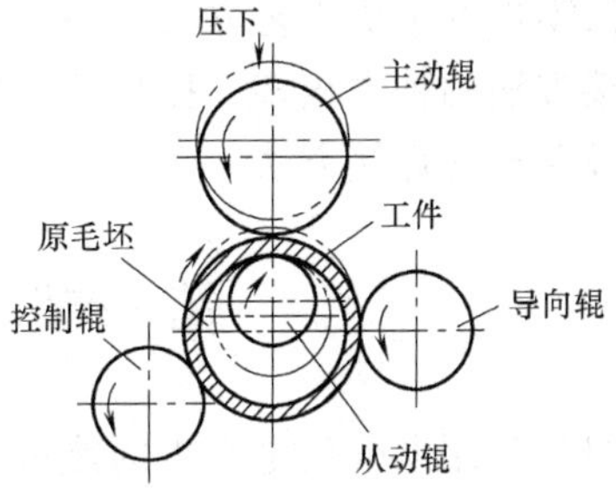

图6-43　辗环轧制示意图

四、旋压成形

旋压成形是一种加工金属空心回转体的工艺方法，其变形过程如图6-44所示。将板料顶在一旋转的芯模上，并使其随芯模旋转，用旋压滚轮对旋转的板料外侧局部施加压力，使板料在压力作用下发生连续的塑性变形，最后获得与芯模形状一样的成品。

旋压成形可以在普通机床上进行，变形力较小，芯模也可用硬木制造。因此，旋压工艺装备费用比较低。旋压成形常用于生产大型锅炉及容器的封头、薄形回转壳体零件，如反光罩、变径管等。

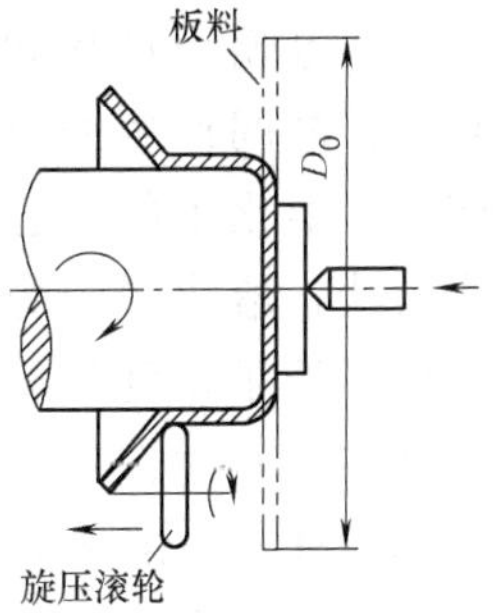

图6-44　旋压成形过程示意图

思　考　题

1. 试用多晶体的塑性变形过程说明“晶粒越细，金属的强度就越高，塑性及韧性就越好”的原因。
2. 金属在冷变形过程中产生哪几种残留应力？残留应力对金属材料产生哪些影响？
3. 什么是加工硬化？加工硬化对工件性能及冷塑性加工过程有何影响？
4. 冷加工和热加工对金属材料的组织和性能有何影响？
5. 什么是金属的可锻性？影响可锻性的主要因素有哪些？
6. 试从生产效率、锻件精度、锻件成本、应用范围等方面对自由锻和模锻两种锻造方法进行比较。
7. 重要的轴类锻件在锻造过程中常安排有镦粗工序，为什么？
8. 冲压有哪些基本工序？各工序的工艺特点是什么？
9. 落料模与拉深模的凸凹模间隙有什么不同？
10. 挤压、轧制、拉拔各主要用于生产哪些类别的产品？

第七章　焊接成形技术

焊接是一种通过加热或加压或两者并用，用或不用填充材料，使被焊材料之间达到原子结合而形成永久性连接的工艺方法。

与传统的铆接方法相比，焊接方法具有节省金属材料、减轻结构重量、密封性好、产品质量高、容易实现机械化和自动化生产等优点，在机械制造、石油化工、压力容器、汽车、造船、航空航天、建筑、电子等部门得到广泛应用，是现代工业生产中用来制造各种金属结构和机械零件的主要工艺方法之一。

焊接方法的种类很多，按焊接工艺特征可将其分为熔焊、压焊、钎焊三大类，其中熔焊是应用最普遍的焊接方法。

第一节　熔焊成形基本原理

熔焊是利用电弧放电产生的热量将被焊工件和焊接材料加热至熔化状态，在进行了一系列的冶金反应后，液态金属凝固形成焊缝的焊接方法。在熔焊中，焊条电弧焊（也称手工电弧焊）是应用最广泛的焊接方法。

焊条电弧焊过程如图 7-1 所示，它利用焊条与工件之间产生的电弧将焊条和工件局部加热熔化，熔化了的焊芯金属与母材融合在一起形成熔池，熔化了的焊条药皮形成熔渣并放出的气体保护了熔池不被周围空气侵害，高温熔渣与液态金属之间的冶金反应保证了焊缝金属的化学成分。当液态金属冷却结晶形成焊缝后，覆盖在焊缝表面的熔渣也随之凝固形成渣壳。因此，焊接熔渣对焊缝成形以及控制焊缝的冷却速度起着重要的作用。

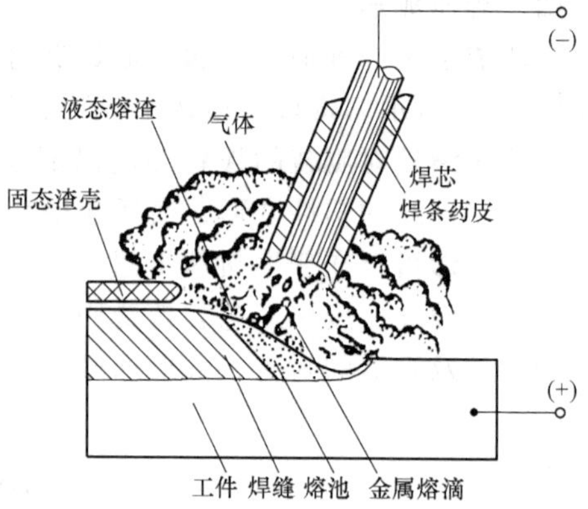

图 7-1　焊条电弧焊过程示意图

一、焊接电弧

电弧是一种气体放电现象。一般情况下，气体是不导电的。但是，一旦在具有一定电压的两电极之间引燃电弧，电极间的气体就会被电离，产生大量能使气体导电的带电粒子（电子、正负离子）。在电场的作用下，带电粒子向两极作定向运动，形成很大的电流，并产生大量的热量和强烈的弧光。

焊接电弧稳定燃烧所需的能量来源于焊接电源。电弧稳定燃烧时的电压称为电弧电压，一般焊接电弧电压在 16 ~ 35V 范围之内，具体取决于电弧的长度（即焊条与焊件之间的距离）。电弧越长，电弧电压就越高。

焊接电弧由阴极区、阳极区和弧柱区三部分组成，如图 7-2 所示。用钢焊条焊接时，阴极区的温度约为 2400K，放出的热量约占电弧总热量的 36%；阳极区的温度可达 2600K，放出的热量约占电弧总热量的43%；弧柱区中心温度可达6000～8000K，放出的热量仅占电弧总热量的21%。

电弧的热量与焊接电流和电弧电压的乘积成正比。电流越大，电弧产生的总热量就越大。焊条电弧焊只有65%～85%的热量用于加热和熔化金属，其余的热量则散失在电弧周围环境和飞溅的金属滴中。

二、焊接的化学冶金过程

熔焊时，在焊接高温环境下，气体与液态金属、气体与熔渣、熔渣与液态金属之间发生了一系列复杂的物理化学反应，这个过程称为焊接化学冶金过程。该过程对焊接质量、焊缝金属的成分与性能都有很大的影响。与炼钢和铸造冶金过程相比，焊接冶金具有加热温度高、熔池体积小、液态金属停留时间短、冷却速度快等特点。

1. 焊接化学冶金反应区

焊接化学冶金反应是在保护状态下分区域或分阶段连续进行的，它包括药皮反应区、熔滴反应区和熔池反应区（图7-3）。

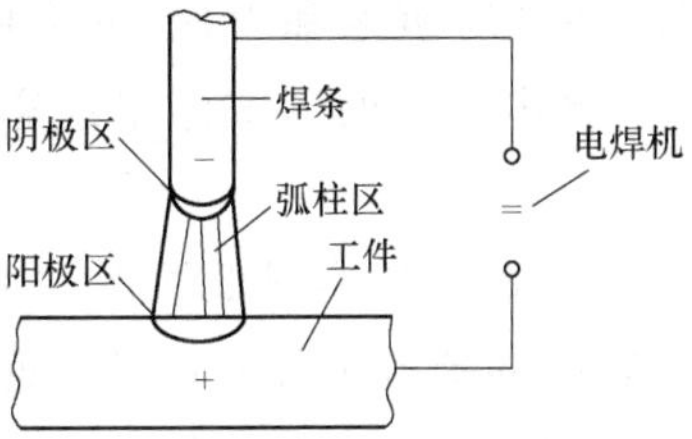

图7-2　焊接电弧

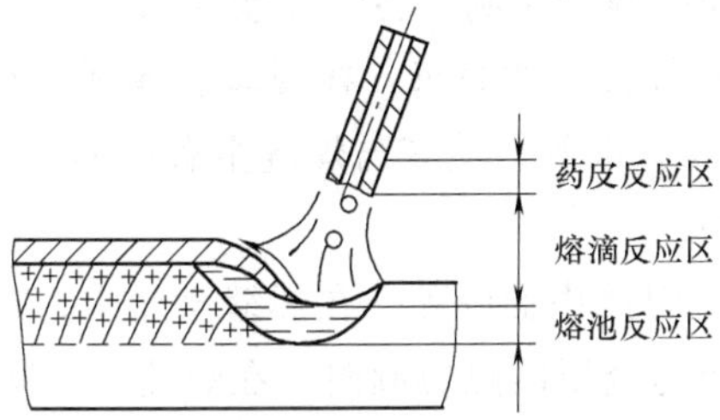

图7-3　焊接化学冶金反应区

（1）药皮反应区　焊条药皮被加热后，随着加热温度的升高，药皮中发生水分蒸发、碳酸盐（$CaCO_3$、$MgCO_3$等）和高价氧化物（Fe_2O_3、MnO_2等）分解等反应，分解产生的CO_2、CO、O_2等气体对焊接区域形成了气体保护。

（2）熔滴反应区　在熔滴反应区中，虽然反应时间短，但因为温度高，液态金属与气体及熔渣的接触面积大，并有强烈的混合作用，所以冶金反应十分激烈，对焊缝成分的影响也最大。在这个区域主要发生的物理化学反应有气体的分解和溶解、金属的蒸发、金属及其合金的氧化与还原等。

（3）熔池反应区　与熔滴反应区相比，熔池温度比较低（1600～1900℃），比表面积小，反应时间长，所以熔池阶段的反应速度要比熔滴阶段小得多。由于熔池内的温度分布是前高后低，极不均匀，因此焊接冶金反应可以同时向相反的方向进行。此外，熔池中有强烈的搅拌运动，有助于加快反应速度，并为气体和夹杂物的排出创造了有利条件。

2. 气相对焊缝金属的影响

焊接区内的气体主要来源于焊条药皮中的$CaCO_3$和$MgCO_3$等碳酸盐热分解产生的CO_2、CO、O_2等，起到隔离空气的保护作用。在电弧的高温下，这些含氧气体分解出氧原子，与焊缝金属发生氧化反应，其反应式为

$$Fe + O = FeO$$

$$Mn + O = MnO$$

$$Si + 2O = SiO_2$$

$$C + O = CO\uparrow$$

氧化反应的结果导致焊缝金属中 Fe、Mn、Si、C 等元素大量烧损，含氧量增加，使焊缝的强度、塑性、韧性等明显下降。所以，在焊接的后期阶段要对焊缝金属进行脱氧处理。

焊接中氮主要来源于空气。氮与铁反应生成针状的 Fe_4N 分布在焊缝金属中，使焊缝金属的强度、硬度升高，塑性、韧性下降。由于单靠冶金手段难以从焊缝金属中脱氮，所以在焊接中主要是对焊接区域加强保护，阻止空气的侵入。

焊接中氢主要来源于焊接材料中的水分。氢容易造成焊缝金属冷脆、白点、气孔和冷裂纹，尤其是对于高强钢的焊接，氢的危害极大。焊接此类金属材料时，焊接前要烘干焊接材料，清除坡口两侧的铁锈、油污、吸附水等；焊接时可选用低氢焊条；焊接后要立即进行脱氢热处理，以防止产生冷裂纹。

3. 熔渣对焊缝金属的作用

在焊接过程中，熔渣除了有机械保护和改善焊缝成形的作用外，还起到焊接冶金的重要作用，使焊缝金属满足各种性能要求。

（1）焊接中的脱氧　在焊丝、焊剂或焊条药皮中加入某种对氧亲和力比 Fe 大的元素，如 Mn、Si、Ti 等，使其与焊缝金属中的氧反应，生成的氧化物以渣的形式浮出液态金属进入熔渣中。

（2）焊接中的脱硫　在焊缝金属中，硫是有害杂质之一，硫与铁生成低熔点的 FeS，可以增加焊缝金属的热裂倾向。在焊接中，除了限制焊接材料中的硫含量外，还可以通过加入一些和硫亲和力比 Fe 大的元素，如 Mn 和碱性氧化物 CaO、MgO 等，生成高熔点的硫化物进入熔渣中，减少焊缝金属中的硫含量。

三、焊接接头的组织和性能

1. 焊接接头的组成

以低碳钢为例，焊接接头包括焊缝区、熔合区和焊接热影响区等几部分（图 7-4）。

（1）焊缝区　焊缝组织类似于铸造组织。熔池内的液体金属首先从熔合线上处于半熔化状态的晶粒表面开始结晶，晶粒沿着与散热最快方向的相反方向长大。因受到相邻正在长大的晶粒阻碍，焊缝组织为方向指向熔池中心粗大的柱状晶体，如图 7-5 所示。

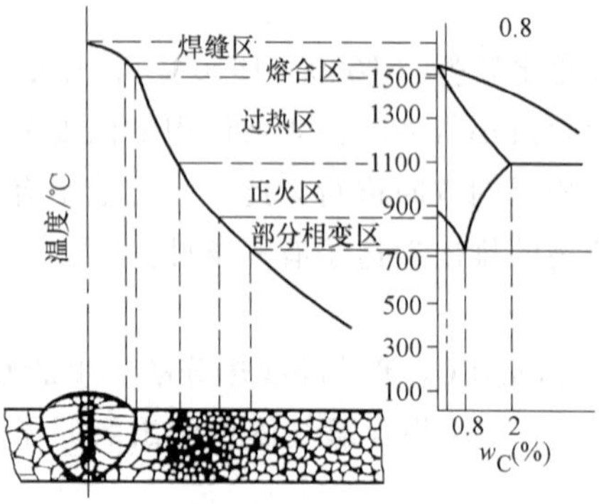

图 7-4　低碳钢焊接接头的组织变化

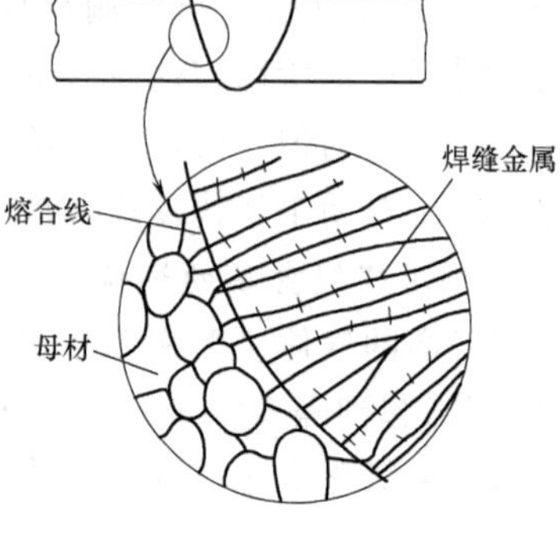

图 7-5　焊缝的柱状晶组织

（2）熔合区　它也称为半熔化区，是焊缝向热影响区过渡的区域。熔合区的化学成分及组织极不均匀，晶粒粗大，强度下降，塑性和冲击韧性很差。尽管熔合区的宽度不足1mm，但它对焊接接头性能的影响很大。

（3）焊接热影响区　受焊接加热源的影响，焊缝附近母材组织和性能发生变化的区域称为焊接热影响区，它包括过热区、正火区和部分相变区等。

1）过热区：指加热温度范围在1100℃至固相线之间的区域。由于加热温度高，奥氏体晶粒严重长大，冷却后呈现为晶粒粗大的过热组织。该区的塑性，尤其是冲击韧性很低，是热影响区中性能最差的部位。

2）正火区：加热温度范围在Ac_3～1100℃的区域。由于金属发生了重结晶，空冷后得到均匀细小的铁素体和珠光体的正火组织，故该区也称为相变重结晶区或细晶区，是热影响区中综合力学性能最好的区域。

3）部分相变区：加热温度范围在Ac_1至Ac_3之间的区域。因为该区只有部分金属发生了重结晶，冷却后可获得细化的铁素体和珠光体。未发生转变的铁素体则因晶粒长大而得到粗大的铁素体，故该区称为部分相变区。因该区的晶粒大小不一，故其力学性能也就相对较差。

在焊接过程中，焊接接头的热影响区是不可避免的，热影响区的宽度主要取决于焊接方法和焊接规范。为了提高焊接质量，希望热影响区越小越好。

2. 改善焊接接头组织性能的方法

改善焊接热影响区性能比较好的方法是对焊接构件焊后进行正火热处理，以均匀组织，细化晶粒，改善焊接接头的性能。如果用焊条电弧焊或埋弧自动焊焊接低碳钢，因材料塑性好，焊后不进行热处理就能保证使用。但焊接中碳合金钢结构时，焊后必须进行热处理。对于一些焊后不能进行热处理的焊接结构，可通过选择正确的焊接方法，制订合理的焊接工艺等措施来减小焊接热影响区，如采用小电流焊接、提高焊接速度、采用多层多道焊接等。

第二节　焊接成形方法

焊接方法的种类很多，按照焊接过程的物理特征可分为熔焊、压焊和钎焊三大类。图7-6是常用金属焊接方法的分类。

一、焊条电弧焊

焊条电弧焊又称为手工电弧焊，它是利用焊条与焊件之间电弧产生的热量，将焊件和焊条熔化，冷却凝固后形成牢固接头的一种焊接方法。

焊条电弧焊设备简单，操作灵活，适应性强，配用相应的焊条可用于大多数碳钢、合金钢、不锈钢、铸铁等金属材料的焊接。但焊条电弧焊生产效率低，劳动条件较差。随着埋弧自动焊、气体保护焊等先进熔焊方

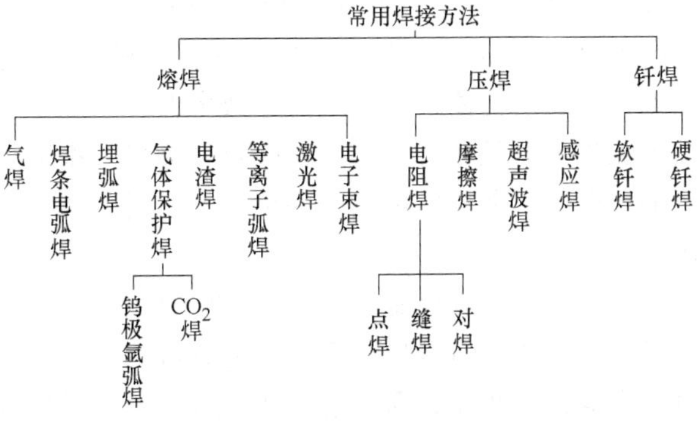

图7-6　常用金属焊接方法的分类

法的普及，焊条电弧焊占的比例逐年减少，但目前仍是应用最广泛的焊接方法。

1. 焊接过程

焊条电弧焊焊缝的形成过程如图 7-7 所示。焊接时，将焊条与焊件接触短路，接着将焊条提起约 3mm 引燃电弧。电弧的高温将焊条末端与焊件局部熔化，熔化了的焊件和焊条熔滴融合在一起形成金属熔池，同时焊条药皮熔化并发生分解反应，产生大量的气体和液态熔渣，不仅起到隔离周围空气的作用，而且与液态金属发生一系列的冶金反应，保证了焊缝的化学成分及性能。随着焊条不断地向前移动，焊条后面被熔渣覆盖的液态金属逐渐冷却凝固，最终形成焊缝。

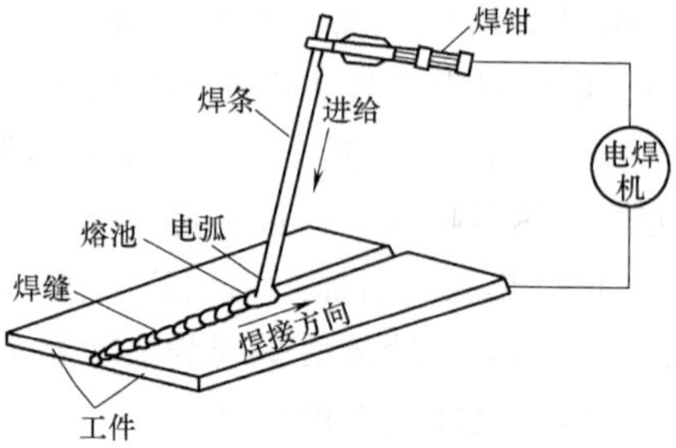

图 7-7　焊条电弧焊焊缝形成过程

2. 焊接设备

为焊接电弧提供电能的设备叫电焊机。焊条电弧焊焊机有交流电焊机和直流电焊机两大类。

（1）交流电焊机　交流电焊机又称弧焊变压器，是一种特殊的降压变压器。弧焊变压器有抽头式、动铁式和动圈式三种，图 7-8 是 BX 型动铁式弧焊变压器外形及原理图。变压器的一次电压为 220V 或 380V，二次空载电压为 60～80V。焊接时，二次电压会自动下降到电弧正常燃烧所需的工作电压 20～35V，具有这种输出特性的弧焊变压器称为下降外特性。交流电焊机的输出电流为几十安培到几百安培，使用时，可根据需要粗调焊接电流（改变二次线圈抽头）或细调焊接电流（调节活动铁心位置）。

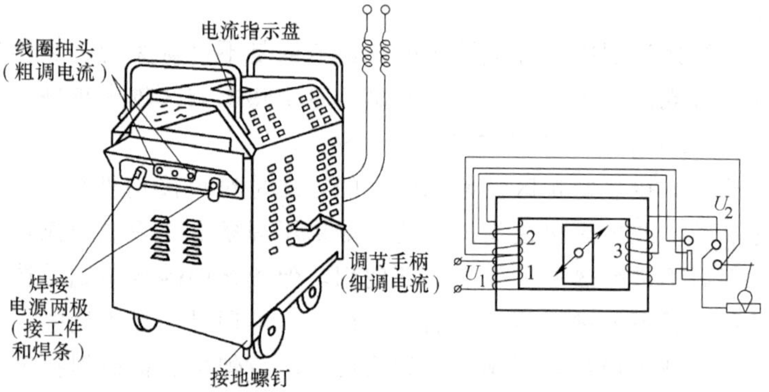

a)　　　b)

图 7-8　动铁式交流电焊机

a）外形图　b）结构示意图

交流电焊机具有结构简单、维修方便、体积小、重量轻、噪声小等优点，应用比较广泛。

（2）直流电焊机　直流电焊机有发电机式、硅整流式、晶闸管式和逆变式等几种。其中发电机式的结构复杂，噪声大，效率低，已属于被淘汰的产品。硅整流式和晶闸管式弥补了交流弧焊机电弧稳定性较差和弧焊发电机效率低、噪声大等缺点，能自动补偿电网电压波动对输出电压、电流的影响，并可以实现远距离调节焊接电流，目前已成为主要的直流焊接电源。

逆变式直流电焊机是把 50Hz 的交流电经整流后，由逆变器转变为几万赫兹的高频交流电，经降压、整流后输出供焊接用的直流电。图 7-9 是逆变式直流电焊机原理方框图。逆变式直流电焊机体积小，质量轻，整机质量仅为传统电焊机的 1/5～1/10；效率高达 90% 以上。另外，逆变式直流电焊机容易引弧，电弧燃烧稳定，焊缝成形美观，飞溅少，是一种比较理想的焊接电源。

由于电弧产生的热量在阳极和阴极上有一定差异，因此在使用直流电焊机焊接时，有正接和反接两种接线方法（图 7-10）。当焊件接电源正极、焊条接负极时为正接法，主要用于厚板的焊接；反之则称为反接法，适用于薄钢板焊接和低氢焊条的焊接。

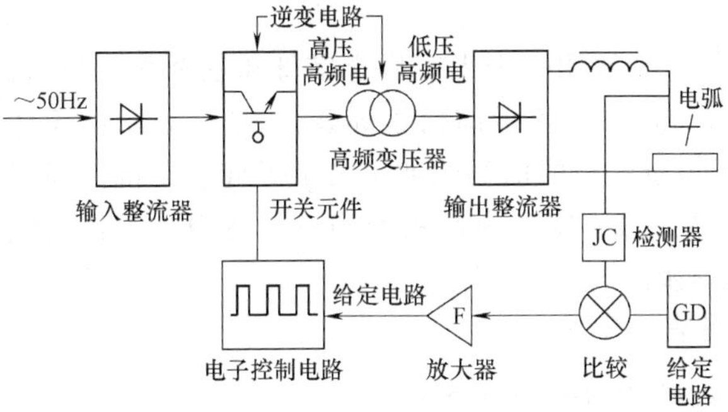

图 7-9 逆变式直流电焊机原理方框图

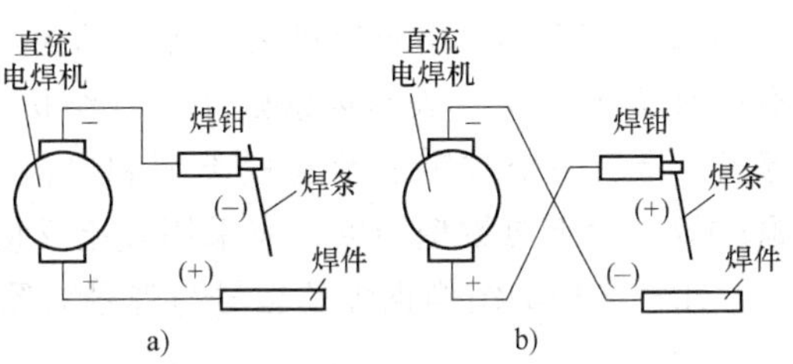

图 7-10 焊接极性

a）正接 b）反接

3. 焊条

焊条由焊芯和药皮组成（见图 7-1）。

（1）焊芯 焊接时，焊芯既是电极，又是填充金属，与熔化的母材共同形成焊缝。为了保证焊缝质量，焊芯都是专门冶炼的焊接材料用钢，其特点是碳质量分数低，S、P 杂质含量极少。常用的结构钢焊条焊芯牌号为 H08 或 H08A，不锈钢焊条则用不锈钢焊丝作焊芯。

（2）焊条药皮 焊条药皮由矿石粉、铁合金粉和粘结剂等原材料按一定的比例配制而成。在焊接过程中，焊条药皮可起到稳定电弧燃烧、阻止液态金属与空气接触、进行焊接冶金反应、去除焊缝有害元素、添加有用合金元素和使焊缝成形美观等作用。表 7-1 是焊条药皮主要原料的种类、名称及作用。

表 7-1 焊条药皮主要原料的种类、名称及作用

原料种类	原 料 名 称	作 用
造气剂	大理石、白云石、木屑、纤维素	产生一定量的气体，隔离空气，保护焊接区域
造渣剂	大理石、钛白粉、金红石、白云石、白泥、氟石、云母	保护熔滴金属和焊接熔池，并能改善焊缝成形
稳弧剂	大理石、长石、钛白粉、钠水玻璃、钾水玻璃	改善引弧性能，提高电弧燃烧稳定性
脱氧剂	锰铁、硅铁、钛铁	降低电弧气氛和熔渣的氧化性，脱除焊缝金属中的氧
合金剂	锰铁、硅铁、铬铁、钼铁	使焊缝金属获得必要的合金成分
粘结剂	钾水玻璃、钠水玻璃	将药皮材料牢固地粘接在焊芯上

（3）焊条的种类 按焊条的使用用途不同，电焊条分为结构钢焊条、不锈钢焊条、耐热钢焊条、铸铁焊条等共 10 大类；若按熔渣的性质，电焊条可分为酸性焊条和碱性焊条两大类。熔渣以酸性氧化物（SiO_2、TiO_2 等）为主的焊条称为酸性焊条；熔渣以碱性氧化物（CaO、MgO 等）和氟化钙（CaF_2）为主的焊条称为碱性焊条。对于同一强度级别的焊条，用碱性焊条焊接的焊缝金属的塑性和韧性比较高，适用于对焊缝塑性、韧性要求高的重要焊接结构。但碱性焊条的焊接工艺性不及酸性焊条，用碱性焊条焊接时，对焊件的表面清理要求也比较高。

（4）焊条的型号和牌号　焊条型号是国家标准中的焊条代号，用“E”加四位数字表示，如E4303、E5015等。“E”表示焊条，前两位数字表示熔敷金属抗拉强度的最小值；第三位数字表示焊条的焊接位置，如“0”及“1”表示焊条适用于全位置焊接；第三和第四位数字组合时表示焊接电流种类及药皮类型，如“03”为钛钙型药皮，交、直流焊接；“15”为低氢钠型药皮，直流反接。

焊条牌号是我国焊条行业统一的焊条代号，一般用一个大写拼音字母和三个数字表示，如J422、J507等。拼音字母表示焊条的大类，如“J”表示结构钢焊条，“A”表示奥氏体不锈钢焊条，“Z”表示铸铁焊条等。结构钢焊条牌号的前两位数字表示焊缝金属抗拉强度等级，最后一个数字表示药皮类型和电流种类，如“2”为钛钙型药皮，适用交、直流电源；“7”为低氢钠型药皮，应采用直流反接焊接。

几种常用的结构钢焊条型号与牌号对照见表7-2。

表7-2　几种常用的结构钢焊条型号与牌号的对照

型号	牌号	药皮类型	电源种类	主要用途	焊接位置
E4303	J422	钛钙型	交流或直流	焊接低碳钢和同等强度的低合金钢结构	全位置焊接
E5016	J506	低氢钾型	交流或直流反接	焊接较重要的中碳钢和同等强度的低合金钢结构	全位置焊接
E5015	J507	低氢钠型	直流反接	焊接较重要的中碳钢和同等强度的低合金钢结构	全位置焊接

（5）焊条的选用　焊条的选用原则是要求焊缝与母材具有相同水平的使用性能。焊接结构钢时，一般是根据母材的抗拉强度，按“等强度”原则选用焊条。对焊缝力学性能要求较高，尤其是受交变载荷的重要焊接构件，应选用低氢型碱性焊条。对于不锈钢、耐热钢的焊接，应根据母材的化学成分类型，选择相同成分类型的焊条，以保证焊缝金属的主要化学成分与母材相同。

4. 焊接工艺

（1）焊缝的空间位置　根据焊缝所处空间位置的不同，可分为平焊、立焊、横焊和仰焊，如图7-11所示。不同位置的焊缝施焊难易程度不同。平焊操作最方便，易保证焊接质量，应尽可能采用。立焊、横焊和仰焊时，熔池中的熔渣和液态金属有流淌趋势，施焊较为困难。这时应选用小直径的焊条，采用较小的焊接电流和短弧操作等工艺措施。

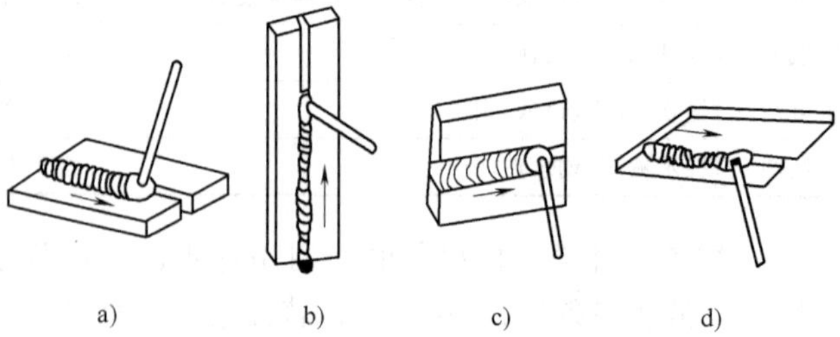

图7-11　焊缝的空间位置
a）平焊　b）立焊　c）横焊　d）仰焊

（2）焊接参数　焊条电弧焊主要的焊接参数有焊条直径、焊接电流和焊接速度等。

1）焊条直径。焊条直径一般是根据焊件的厚度选择（表7-3）。为了提高生产率，应尽量选用直径较大的焊条。但焊条直径过大，易造成未焊透或焊缝成形

表 7-3　焊条直径的选择

焊件厚度/mm	≤4	4 ~ 12	>12
焊条直径/mm	不超过焊件厚度	3.2 ~ 4	≥4

不良等缺陷。对于多层焊的第一层或非平焊位置的焊接，应选用较小直径的焊条。

2）焊接电流。焊接电流的大小对焊接质量和生产效率有较大的影响。电流过大易发生咬边、烧穿等缺陷；电流过小则电弧不稳，并会造成未焊透、夹渣等缺陷，而且生产效率低。焊接电流一般是先根据焊条的直径选取，焊接电流 I（A）与焊条直径 d（mm）的经验关系式为

$$I=(30\sim60)d \tag{7-1}$$

在焊接时，还应根据焊件的厚度、接头形式、焊接位置、焊条的种类等因素在式（7-1）的基础上灵活调整。总之，应在保证焊接质量的前提下，尽量采用较大的焊接电流，以提高生产效率。

3）焊接速度。焊接速度过快，易使焊缝熔深浅，焊缝宽度窄或出现夹渣、未焊透等缺陷；若焊速过慢，易使薄的焊件烧穿。一般是在保证焊透且焊缝成形良好的前提下，应尽可能采用快速焊接。

二、埋弧自动焊

埋弧焊是一种电弧在颗粒状焊剂层下燃烧的熔焊方法。焊接时，焊剂输送、电弧引燃、焊丝送给、电弧移动以及焊接结束时的收尾等几个动作完全是由机械自动完成的，所以称其为自动焊。

埋弧焊是一种高效的机械化焊接方法，单丝埋弧焊可一次焊透 20mm 以下不开坡口的钢板，焊速可达 30 ~ 50m/h，焊接质量好而且稳定。

埋弧自动焊只能在平焊或倾斜度不大的位置上进行焊接，特别适合于中厚板结构的长直焊缝和较大直径的环形焊缝的焊接，被广泛用于锅炉与压力容器、石油化工、造船、重型机械、桥梁等机械制造工业中。

1. 焊接过程

埋弧自动焊的焊接过程如图 7-12 所示。焊接时，先在被焊工件上覆盖一层 30 ~ 50mm 厚的焊剂，然后将焊丝送入焊接区，这时按下启动按钮引燃电弧，电弧开始在焊剂层下的焊丝端部与焊件之间燃烧，使焊丝、焊件及焊剂熔化，形成熔池。电弧引燃后，焊接小车自动启动，沿着焊件的待焊缝等速地向前移动。在焊丝前面，焊剂从焊剂漏斗中不断流出，均匀地撒在工件表面。焊接前和焊接过程中可以根据要求调整并自动控制焊接电流、电弧长度、电弧电压和焊车移动速度等焊接参数，以保证焊接过程稳定进行。焊接结束时，按下停止按钮，焊机可自动完成熄弧和焊缝收尾动作。在焊接过程中，所产生的气体将电弧周围的熔渣排开，形成一个封闭的气泡，气泡的上部被一层熔渣膜所包围，这层渣膜可把空气与焊接区域有效地隔离，使焊接

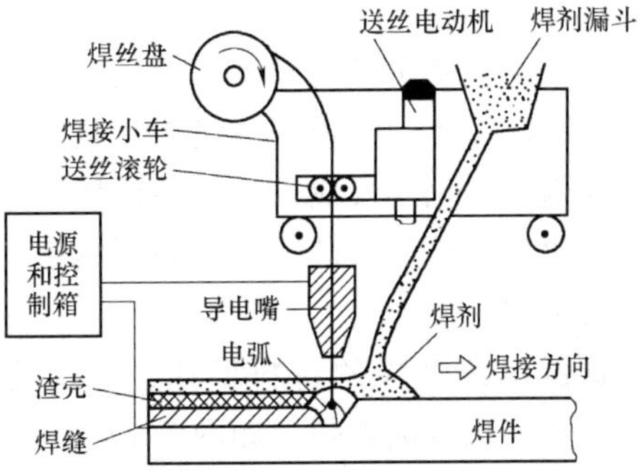

图 7-12　埋弧自动焊过程示意图

在无弧光、少烟尘的环境中进行，大大改善了劳动条件。

2. 焊接材料

埋弧焊的焊接材料有焊丝和焊剂。

（1）焊丝　埋弧焊的焊丝直径一般为2～6mm，除了作电极和填充材料外，还可以起到渗合金、脱氧、去硫等冶金作用。

（2）焊剂　焊剂的作用相当于焊条药皮，在焊接过程中起稳弧、保护、脱氧、渗合金等作用。埋弧焊焊剂分为熔炼焊剂和非熔炼焊剂两大类。熔炼焊剂具有强度高、化学成分均匀、不易吸潮等优点，应用比较广泛。非熔炼焊剂分烧结焊剂和陶质焊剂两大类。非熔炼焊剂是用矿石、铁合金和粘结剂按一定的比例配制，做成小颗粒状，经高温或低温烘干而成的。这类焊剂易向焊缝金属中补充或添加合金元素，焊缝质量高，但颗粒强度较低，容易吸潮。

为了保证埋弧焊焊缝金属的化学成分和力学性能与被焊金属相近，必须对焊丝与焊剂进行合理的搭配，如焊接低碳钢时，常用H08A或H08MnA焊丝和HJ431熔炼焊剂。

3. 焊接工艺

由于埋弧焊是自动焊接，所以对下料、坡口准备和装配等的要求比较高。焊接前，应清除坡口及两侧50～60mm内的一切油垢和铁锈，以避免产生气孔。

埋弧焊的焊接电流一般比较大，因而熔深也就大。为了避免焊缝背面烧穿，常在焊缝背面加衬垫保护，或先用焊条电弧焊封底。为了提高焊接效率，板厚在20mm以下的工件可以采用单面焊双面成形技术，背面加强迫成形的衬垫，如焊剂衬垫、陶瓷衬垫或水冷铜块衬垫，一次即可焊接成形（图7-13）。

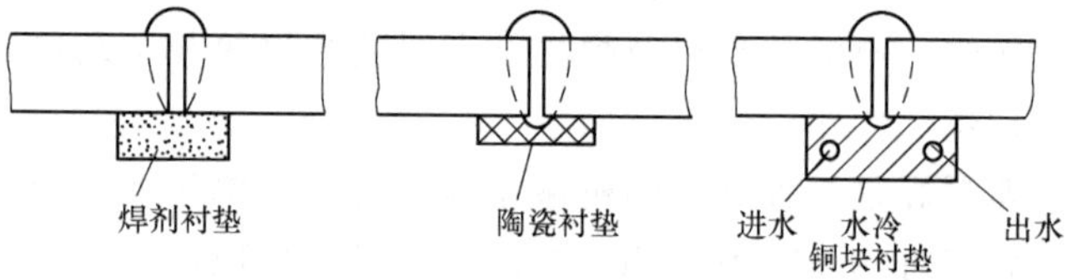

图7-13　埋弧自动焊焊缝的背面衬垫

焊接筒体环形焊缝时，一般焊丝位置不动，工件按一定的速度旋转（图7-14）。为防止熔池金属流淌，焊丝位置应逆旋转方向偏离焊件中心线一定距离a，其大小取决于筒体直径和焊接速度。

三、气体保护焊

用外加气体作为电弧和焊接区域保护介质的焊接方法称为气体保护焊，简称气保焊。常用于焊接的保护气体有惰性气体（氩气）和二氧化碳气体。

1. 氩弧焊

氩弧焊是使用氩气作为保护气体的一种焊接方法。因为氩气是惰性气体，在焊接高温下，氩气不溶于液态金属，也不与金属发生化学反应，是一种比较理想的保护气体，可用于焊接化学性质活泼的金属，如不锈钢、铝、钛等，并能获得高质量的焊缝。

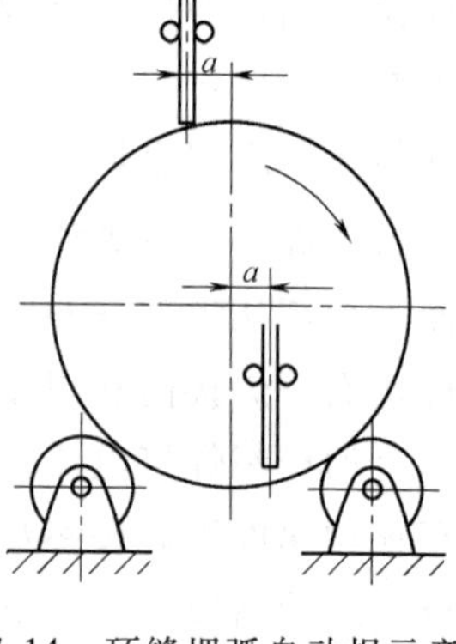

图7-14　环缝埋弧自动焊示意图

氩弧焊按电极的材料不同，可分为非熔化极（钨极）氩弧焊和熔化极氩弧焊，如图7-15所示。根据使用的焊接电源种类不同，又分为直流氩弧焊和交流氩弧焊。

钨极氩弧焊（简称TIG焊）是用熔点很高的铈钨棒作电极，焊接时电极不熔化，只起导电和产生电弧的作用。受电极所能通过电流的限制，焊接电流不能太大，焊接速度也不高，通常只适于焊接厚度小于6mm的薄板。

钨极氩弧焊一般需要另加焊丝作为填充金属，焊丝可以采用与母材相同的金属材料。焊接低合金钢、不锈钢、钛合金和纯铜等材料时，一般采用直流正接法。焊接铝、镁及其合金时，需要采用交流电源。当焊件处于交流电的正半周时，电极温度低，可减少其损耗；当焊件处于交流电的负半周时，利用“阴极破碎”效应，用Ar正离子轰击熔池的表面，将熔池表面形成的高熔点氧化物（Al_2O_3、MgO）薄膜击碎而去除，使焊接能顺利进行，并保证了焊接质量。

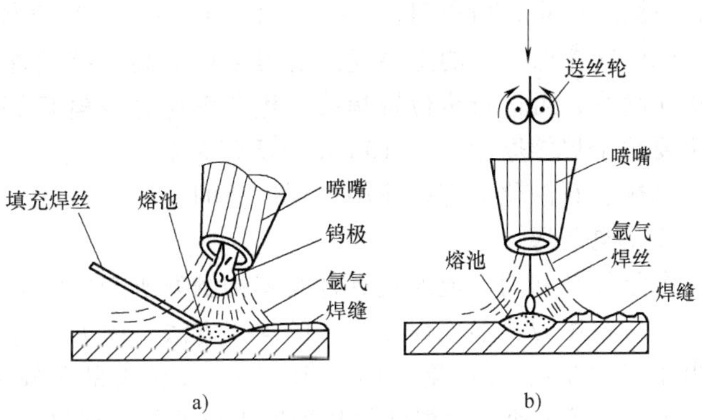

图7-15 氩弧焊示意图
a）钨极氩弧焊 b）熔化极氩弧焊

氩弧焊的主要优点是焊缝质量高，成形美观，明弧可见，可进行全位置焊接。氩弧焊可用于几乎所有金属和合金的焊接，但由于氩气较贵，焊接成本高，通常多用于焊接化学活泼性强、易氧化的非铁金属（如铝、镁、钛、铜及其合金），以及不锈钢、耐热钢等。

2. CO_2 气体保护焊

CO_2 气体保护焊是用 CO_2 作为保护气体，焊丝作电极和填充金属，以半自动和自动两种方式进行焊接的气体保护焊，简称 CO_2 焊，如图7-16所示。

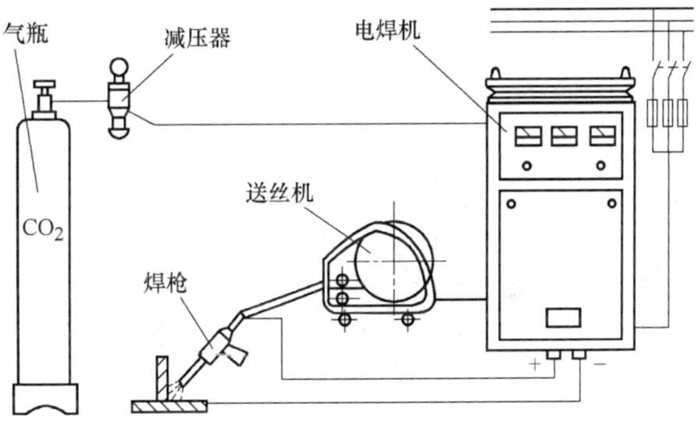

图7-16 CO_2 气体保护焊示意图

CO_2 气体保护焊的控制程序如图7-17所示，所有运行过程都是由 CO_2 电焊机的控制系统自动完成的。

CO_2 气体的保护作用主要是使焊接区与空气隔离，防止空气中的氮气对熔化金属的侵害。但是，CO_2 气体和在电弧高温下分解出的原子氧都具有一定的氧化性，在焊接过程中使焊缝金属氧化、合金元素烧损、产生飞溅和气孔等，导致焊缝力学性能降低，因此需要在焊丝中加入足够量的锰、硅等脱氧元素，如焊接低碳钢时，常用的焊丝牌号为H08Mn2SiA。

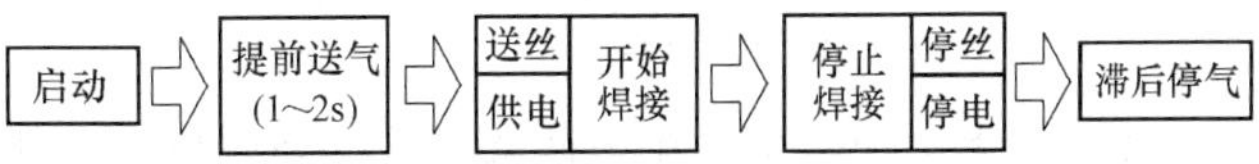

图7-17 CO_2 气体保护焊控制程序方框图

CO_2 气体保护焊按焊丝的直径不同，分为细丝（直径 < 1.2mm）和粗丝（直径 >1.2mm）两种。细丝 CO_2 气体保护焊主要用于0.8 ~ 4mm的薄板焊接；粗丝 CO_2 气体保护焊主要用于3 ~ 25mm的中厚板焊接。受 CO_2 气体保护焊熔滴过渡和冶金反应的影响，焊接时液态金属的飞溅比较大，使焊缝表面成形较差，并破坏了焊接的稳定性。焊接电流越大，飞溅越严重，所以目前 CO_2 焊主要以细丝 CO_2 气体保护焊为主。

CO_2 气体保护焊的主要优点是焊接质量高，抗锈能力强，焊后不需清渣，焊接成本低，焊接速度快，可进行全位置焊接，生产率比焊条电弧焊提高 1～3 倍。目前，CO_2 气体保护焊主要用于焊接厚度小于 10mm 的低碳钢和一些低合金钢构件，已在造船、汽车、机车车辆、机械、石油化工等行业中得到广泛的应用。

四、电阻焊

电阻焊是利用电流通过焊件及其接触处所产生的电阻热，将其加热到塑性或局部熔化状态，然后在压力下形成焊接接头的焊接方法。因为工件的总电阻很小，所以电阻焊一般是在低电压（<6V）、大电流（10^3～10^4A）、交流电的条件下进行焊接，这样可以在极短的时间内（0.01s 至几秒）将焊件加热到所需要的焊接温度。

与其他焊接方法相比较，电阻焊的特点是焊接速度快，效率高，变形小，操作简便，劳动条件好，并易实现自动化等；但电阻焊设备功率大，对焊接接头的形式和焊件的厚度有一定的限制。

电阻焊可分为点焊、缝焊和对焊，如图 7-18 所示。

1. 点焊

点焊是将搭接的焊件压在两个柱状电极之间，利用电阻热将焊件之间接触处局部熔化，冷却后形成一个焊点（图 7-19）。

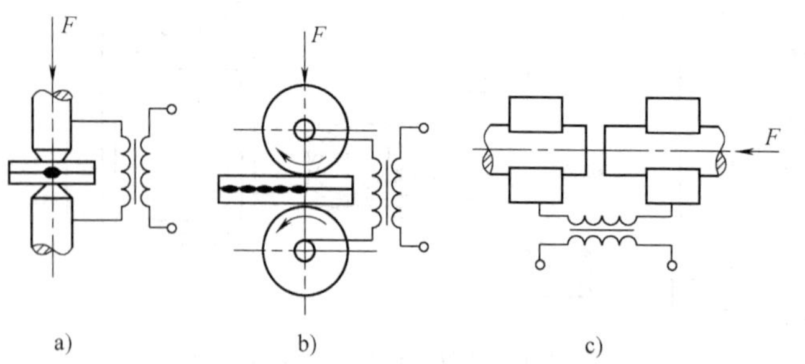

图 7-18 电阻焊种类

a）点焊 b）缝焊 c）对焊

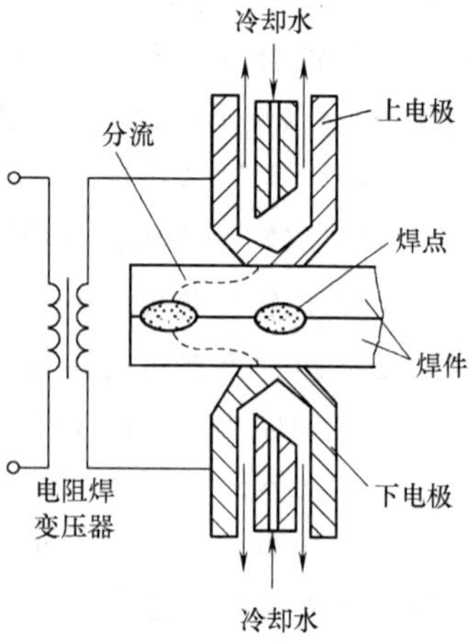

图 7-19 点焊示意图

点焊时，先施加一定的压力使两个工件紧密接触，然后再接通电流。由于在整个焊接回路中，两工件接触处的电阻最大，因此电流流过接触处时所产生的电阻热将使该处温度迅速升高，局部金属被熔化形成液态熔核，其周围的金属则处于塑性状态。断电后，继续保持压力或加大压力，使熔核在压力下凝固结晶，即可获得组织致密的焊点。在电极与工件间的接触处，所产生的热量被导热性好的铜电极及冷却水带走，因此电极与工件之间不会出现焊合现象。

点焊焊缝一般由若干个不连续的焊点所组成。每焊完一个点，在焊接下一个焊点时，有一部分电流就会流过已焊好的焊点，称为分流现象（见图 7-19）。分流将使焊接处的电流减小，影响焊接质量，因此两个相邻焊点之间应有一定的距离。工件厚度越大，材料导电性越好，则分流现象越严重，这时两点之间的距离应加大。表 7-4 是不同金属材料、不同厚度时，焊点间的最小距离。

表 7-4　点焊时焊点间的最小距离

工件厚度/mm	点距/mm		
	结构钢	耐热钢	铝合金
0.5	10	8	15
1	12	10	18
2	16	14	25
3	20	18	30

影响点焊质量的主要因素有电极压力、焊接电流、通电时间以及焊件表面状态等。

(1) 电极压力　电极压力应保证工件能紧密接触顺利通电。工件厚度越大，材料高温强度越高（如耐热钢），电极的压力也应越大。但压力过大将使焊件接触电阻下降，热量减少，造成焊点强度不足，也使焊点压坑过深；电极压力过小，则极间接触不良，并会出现飞溅、烧穿等缺陷。

(2) 焊接电流　电流偏低会造成熔深过小，甚至可能造成未焊透；若焊接电流过大，则容易引起烧穿，并有金属飞溅。

(3) 通电时间　通电时间对点焊质量的影响与焊接电流的影响相似。另外，根据焊接电流大小和通电时间的长短，常把点焊焊接规范分为硬规范和软规范。硬规范是指在较短时间内通以较大的电流，这时焊件变形小，生产效率高，但要求设备功率大，焊接规范控制精确，适合焊接导热性能较好的金属；软规范是指在较长时间内通以较小的电流，适合用功率小的设备焊接较厚的焊件，更适合焊接有淬硬倾向的金属。

(4) 焊件的表面状态　焊件的表面状态对焊接质量影响很大。若焊件表面有氧化膜、油污等杂质，将使焊件间的电阻显著增大，甚至存在局部不导电的现象。因此，点焊前必须对焊件进行酸洗、喷砂或打磨处理。

点焊是一种高速、经济的焊接方法，主要用于厚度在 4mm 以下薄板冲压壳体结构及线材的焊接，可焊接低碳钢、不锈钢、铝合金及铜合金等材料，已在飞机、汽车、火车车厢、仪器仪表、家电、建筑等行业中得到广泛应用。

2. 缝焊

缝焊的过程类似于点焊，只是用滚动的盘状电极代替了柱状电极。焊接时，两个滚盘电极紧紧压住焊件并在焊件表面滚动，同时滚盘之间断续送电，结果就形成一条焊点相互重叠、密封性良好的焊缝。

缝焊的接头形式也为搭接接头，焊点相互重叠 50% 以上，密封性很好。它主要用于制造厚度在 3mm 以下的密封薄壁构件，如油箱、水箱、烟道的焊接等。

3. 对焊

对焊是对接电阻焊。根据焊接工艺过程的不同，可分为电阻对焊和闪光对焊（图 7-20）。

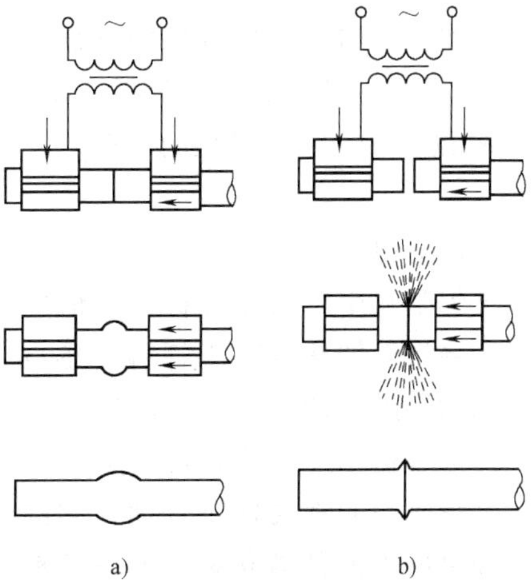

图 7-20　对焊示意图
a) 电阻对焊　b) 闪光对焊

(1) 电阻对焊　将两个焊件装夹在对焊机电极的钳口内，并将两焊件端面接触压紧，再通电加热。当被焊处达到塑性温度状态后，断电同时增加顶锻力。在压力作用下，焊件的高温端面产生一定量的塑性变形并焊合在一起（图 7-20a）。

电阻对焊操作简单，接头外形光滑无毛刺，但对焊件端面加工和清理要求较高，且接头强度较低。一般用于截面简单、强度要求不高和直径小于 10mm 的杆件。

（2）闪光对焊　将两个焊件装夹在对焊机电极的钳口内，但两焊件不接触。这时应先加上电压，再逐渐移动被焊工件，使之轻微接触。由于工件表面不平，接触点比较少，当电流通过这些点时电流密度很大，致使接触点金属被迅速熔化、蒸发、爆破，以火花状射出，形成"闪光"现象。经多次闪光加热后，焊件端面达到均匀半熔化状态，同时多次闪光把端面上的氧化物也清理干净，这时断电并迅速对焊件加压顶锻，即可形成焊接接头（图7-20b）。

闪光对焊件端面加工要求较低，接头力学性能较高，但闪光对焊接头外表面有毛刺，焊后需进行清理。

闪光对焊可以焊相同的金属材料，也可以焊异种金属材料，如钢-铜、铝-铜等。被焊工件可以是直径小到 0.1mm 的金属丝，也可以是截面积为 0.2m^2 的金属型材或钢坯。它主要用于钢筋、锚链、导线、车圈、钢轨等的焊接生产。

五、摩擦焊

焊件在摩擦焊机上高速旋转，对另一焊件向旋转的焊件施加一定的轴向压力，利用摩擦产生的热量加热焊件的端部。当工件端面被加热到高温塑性状态时，旋转焊件立即停止转动，同时迅速增大并保持焊件间的轴向顶锻压力。此时两焊件产生塑性变形，待焊件冷却后即可完成焊接（图 7-21）。

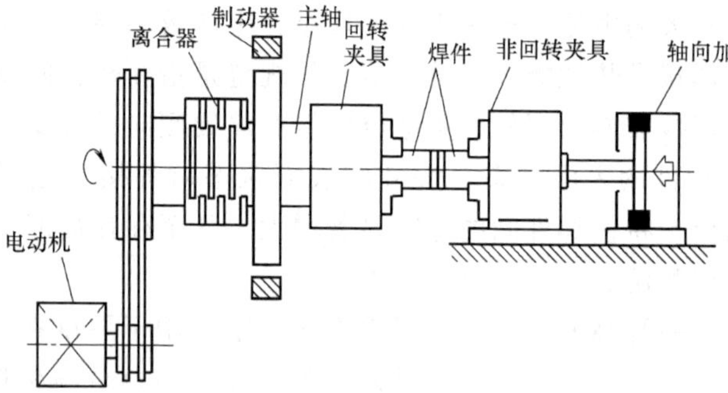

图 7-21　摩擦焊示意图

摩擦焊接头一般是等断面的棒料或管类零件的对接，特殊情况下也可以是不等断面的，但至少有一个焊件为圆形或管状。图 7-22 为几种摩擦焊接头的形式。

摩擦焊适用于同种或异种金属的对接，如碳素钢与合金钢、铝-铜、铝-钢等，可焊直径为 2～100mm 以上的实心焊件和外径达数百毫米的管类件。

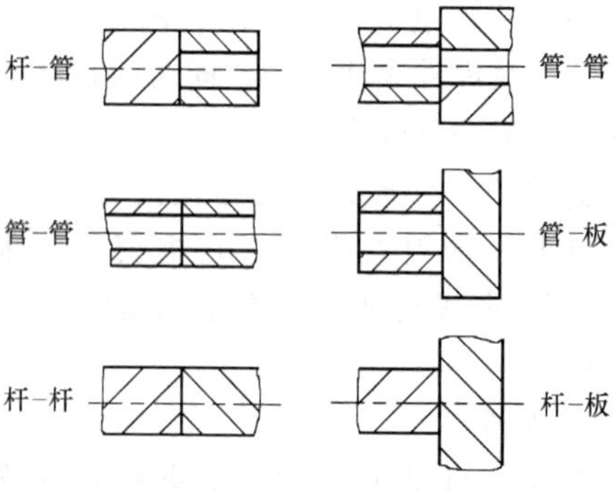

图 7-22　几种摩擦焊接头的形式

六、钎焊

钎焊是利用熔点比母材金属低的钎料作填充金属，将焊件加热到高于钎料的熔点，但低于母材金属的熔点，熔化了的钎料能自行填充接头间隙，并与母材相互扩散实现连接的焊接方法。

钎焊时一般都要使用钎剂，它的作用是清除钎料和母材表面的氧化物，保护钎料和焊件在钎焊过程中不被氧化，并提高液态钎料对焊件的润湿性和毛细流动性。

钎焊的加热方法主要有火焰加热、电阻加热、感应加热、炉内加热、盐浴加热以及烙铁加热等，可根据钎料的种类、焊件的尺寸与形状、接头数量以及生产批量等综合考虑。

钎焊多用搭接或套件接头，图 7-23 为常见的钎焊接头形式。接头之间应有适当的间隙。间隙太小会影响钎料的渗入和润湿，不能全部焊合；间隙太大会浪费钎料，而且使接头强度降低。间隙一般取 0.05 ~ 0.2mm。

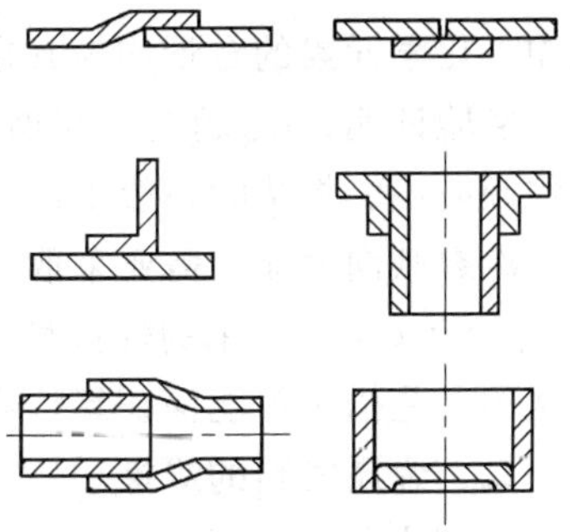

图 7-23　常见的钎焊接头形式

钎焊接头的性能在很大程度上取决于钎料。钎料应具有合适的熔点与良好的润湿性，能与母材形成牢固结合，得到有一定力学性能和物理性能的钎焊接头。钎焊根据钎料的熔点不同，可分为软钎焊和硬钎焊两大类。

1. 软钎焊

钎料熔点低于 450℃ 的钎焊称为软钎焊。软钎焊常用的钎料是铅锡合金，常用的钎剂是松香和氯化锌溶液。软钎焊通常用烙铁作为加热源进行焊接。

软钎焊接头强度较低，主要用于焊接无强度要求的焊件，如电子线路、仪器仪表等的焊接。

2. 硬钎焊

钎料熔点高于 450℃ 的钎焊称为硬钎焊。常用的硬钎焊钎料有铜基钎料和银基钎料，常用的钎剂是由硼砂、硼酸、氯化物、氟化物等组成的。

硬钎焊接头强度较高，可达 200MPa 以上。工作温度较高，主要用于受力较大或工作温度较高的焊件，如硬质合金刀具、钻探钻头、换热器、自行车架等的焊接。

与其他焊接方法相比，钎焊的加热温度低，焊件尺寸精确，变形小，焊缝外形平整美观，可以焊接异种材料和一些其他方法难以焊接的特殊结构，如汽车水箱的焊接，采用整体加热，一次可焊成水箱几十条甚至上百条的焊缝。钎焊的主要缺点是接头强度低，耐热性差，焊前清理及装配要求比较高等。

第三节　常用金属材料的焊接

一、金属材料的焊接性

金属材料的焊接性是指金属材料在一定的焊接工艺条件下，获得优质焊接接头的难易程度。金属材料的焊接性不是金属材料固有的性能，对于同一种金属材料，当采用不同的焊接方法、焊接材料和焊接工艺时，其焊接性能有很大的差别。例如，若用气焊焊接铝及铝合金时，难以获得优质的焊接接头；但改用氩弧焊焊接，则焊接接头质量良好。随着焊接技术的不断发展，金属材料的焊接性也在不断地提高，如钛及钛合金曾一度被认为焊接性不好，但氩弧焊出现后，钛及钛合金的焊接结构已在工业中得到广泛应用。就目前的焊接技术水平来讲，绝大多数的金属材料都是可以焊接的，只是焊接的难易程度不同而已。

对于结构钢焊接来讲，评定金属材料焊接性的方法有碳当量法、焊接热影响区最高硬度法和断裂试验法等。其中，碳当量法是一种简单而实用的方法。

碳当量法是把钢中包括碳在内的合金元素含量按其对焊接接头的淬硬、冷裂及脆化等的影响换算成碳的相当含量，用以作为评定该钢材焊接性的一种参考指标，用符号 C_{eq} 表示。国际焊接学会推荐的适用于碳钢和低合金钢焊接的碳当量计算公式为

$$C_{eq}=w_C+\frac{w_{Mn}}{6}+\frac{w_{Cr}+w_{Mo}+w_V}{5}+\frac{w_{Ni}+w_{Cu}}{15}$$

式中　化学元素的含量均为其在钢中的质量分数，并取其成分范围的上限。

经验证明，C_{eq}越大，则钢的焊接性越差。当 $C_{eq}<0.4\%$ 时，钢的焊接性良好，焊接冷裂纹倾向小，焊接时一般不需要采取特别的措施；当 $C_{eq}=0.4\%\sim0.6\%$ 时，钢的焊接性较差，冷裂倾向明显，需要采取一些防止焊接冷裂纹的工艺措施，如焊前预热、焊后缓冷等；当 $C_{eq}>0.6\%$ 时，钢的焊接性很差，冷裂倾向严重，焊接时需要较高的预热温度并要采取严格的工艺措施才能保证焊接质量。

二、金属材料的焊接

1. 结构钢的焊接

结构钢包括碳素结构钢和普通低合金结构钢两大类，焊接时要根据其屈服强度和碳当量的大小选择相应的焊接方法和焊接材料，并制订相应的焊接工艺。

屈服强度小于350MPa结构钢的碳当量 $C_{eq}<0.4\%$，其塑性好，一般没有淬硬倾向，对焊接热过程不敏感，焊接性能良好。焊接这类钢时不需要采取特殊的工艺措施即可得到优质的焊接接头。只有当施焊环境温度较低或焊件厚度、刚度较大时，应采取相应的预热措施，预热温度可根据环境温度和焊件的厚度进行考虑。对锅炉、受压容器等重要构件，当厚度大于20mm时，焊后必须进行退火处理，以消除焊接应力。

这类钢可以用各种焊接方法进行焊接，其中应用比较广泛的有焊条电弧焊、埋弧焊和CO_2焊等。焊接材料的选择主要是要保证焊接接头与被焊金属的强度，可参照表7-5进行选择。焊接动载荷结构、复杂结构或厚板结构时，应尽量选用碱性焊条。

表7-5　常用结构钢的焊接材料

屈服强度/MPa	钢号	碳当量 C_{eq}(%)	焊条电弧焊	埋弧自动焊	
				焊丝	焊剂
<250	Q235 20	<0.3	E4303(J422)	H08A	HJ431
300	Q295	0.36	E4303(J422) E4315(J427)	H08A H08MnA	HJ431
350	Q345	0.39	E5003(J502) E5015(J507) E5016(J506)	H08A(不开坡口) H08MnA(开坡口) H10Mn2(开坡口)	HJ431
400	Q390	0.40	E5003(J502) E5015(J507) E5016(J506) E5515-G(J557)	H08MnA(不开坡口) H10Mn2(中板) H10MnMoA(厚板)	HJ431 HJ431 HJ350 HJ250
450	Q420	0.43	E5515-G(J557) E6015-D_1(J607)	H08MnMoA H04MnVTiA	HJ431 HJ350
500	14MnMoV 18MnMoNb	0.50 0.55	E6015-D_1(J607) E7015-D_2(J707)	H08MnMoA H08Mn2MoVA	HJ250 HJ350

对于屈服强度大于350MPa碳当量 $C_{eq}>0.4\%$ 的结构钢，随着强度级别的提高和 C_{eq}的增加，焊接时的淬硬倾向和产生焊接冷裂纹的倾向也增大，焊接性能逐渐变差。所以，焊接

这一类钢时，必须采取焊前预热和焊后缓冷等措施，以降低焊件的冷却速度。相应地，焊后还应立即进行去应力热处理，加热温度一般为 600 ~ 800℃。若不能立即热处理，应先进行一次除氢处理，将焊件加热到 200 ~ 350℃，保温 2 ~ 6h，以避免焊缝中残留的氢引起冷裂纹。

这类钢的焊接多采用焊条电弧焊和埋弧自动焊，应尽量选用抗裂性好的低氢型焊条和碱度高的焊剂配合适当的焊丝进行施焊（见表 7-5）。焊条电弧焊时，应选用细焊条、小电流，开坡口进行多层焊，以改善焊缝和热影响区的组织，并尽量减小焊接热影响区的宽度。

2. 奥氏体不锈钢的焊接

奥氏体不锈钢是应用最广泛的不锈钢，它的塑性和韧性都很好，具有良好的焊接性能。但由于奥氏体不锈钢本身热导率小，线膨胀系数大，焊接时焊接接头部位会形成较大的拉应力。如果焊接工艺规范不合理或焊接材料选择不当，会使焊接接头产生热裂纹和晶间腐蚀等缺陷。

（1）热裂纹　在焊接奥氏体不锈钢钢时，焊缝及近缝区都有可能产生热裂纹，母材含 Ni 量越高，S、P 杂质越多，晶界处越易形成低熔点共晶，产生热裂纹的倾向就越大。防止热裂纹的措施是严格限制 S、P 等杂质的含量，适当提高 Mn 和 Mo 的含量，减少 C 含量。采用小电流、窄焊道技术，可减少母材中的杂质向熔池内过渡。

（2）晶间腐蚀　晶间腐蚀发生于晶粒边界，主要原因是 C 和 Cr 化合成 $Cr_{23}C_6$，致使晶界出现贫铬区。当晶界附近金属含 Cr 量低于临界值 12%（质量分数）时，便会发生明显的晶间腐蚀，结果腐蚀介质沿晶界渗入到金属内部，造成不锈钢的力学性能下降。为了防止晶间腐蚀，应选用超低碳不锈钢焊条，减少和避免形成铬的碳化物，从而降低晶间腐蚀倾向。不锈钢焊接时，应采取合理的焊接规范，如采用小的焊接线能量、多道焊、快速冷却等措施，尽量缩短焊缝和热影响区在 450 ~ 850℃的停留时间。

奥氏体不锈钢可采用焊条电弧焊、氩弧焊和埋弧自动焊进行焊接。焊条电弧焊时可选用化学成分相同的奥氏体不锈钢焊条，如焊 1Cr18Ni9Ti 时，应选用 E308-16（A102）或 E308-15（A107）焊条。由于不锈钢的电阻比较大，焊接时焊芯产生的电阻热较大，所以用同样直径的焊条，焊接电流应比低碳钢焊条低 20% 左右。氩弧焊和埋弧自动焊时所用的焊丝化学成分应与母材相同，如焊 1Cr18Ni9Ti 时，可选用 H1Cr19Ni9 焊丝，埋弧焊用 HJ260 焊剂。

3. 铸铁的焊补

铸铁含碳量高，且 S、P 杂质含量高，组织不均匀，焊接时容易出现白口组织、焊接裂纹、气孔等焊接缺陷，焊接性能很差。尤其是铸铁的抗拉强度低，塑性差，焊接时焊缝和焊接热影响区极易发生裂纹，所以尽量不要考虑铸铁件的焊接。铸铁的焊补主要应用于修补铸铁件中的铸造缺陷和铸件在使用过程中发生的局部损坏和开裂。

铸铁的焊补一般采用气焊和焊条电弧焊，对焊接接头强度要求不高时，也可采用钎焊。根据焊前是否预热，铸铁焊补可分为热焊和冷焊两种方法。

（1）热焊　焊前将工件整体或局部预热到 600 ~ 700℃，焊后缓慢冷却。气焊时采用硅质量分数为 3.5% ~ 4.0%，碳、硅总质量分数达 7% 左右的铸铁焊条作为填充金属，同时用 J201 或硼砂等气焊熔剂去除铸铁表面的氧化皮。焊条电弧焊可用铸铁芯焊条 EZNiFe-1 或钢芯石墨化铸铁焊条 EZCQ（Z208）进行焊接。

热焊可防止出现白口组织和裂纹，焊补质量较好，焊后可以进行机械加工。但热焊生产率低，劳动条件差，一般用于焊补形状复杂、焊后需进行加工的重要铸件，如主轴箱、气缸体等。

（2）冷焊　焊件一般不预热或预热温度较低（<400℃）。冷焊常用镍基焊条，包括纯镍铸铁焊条 EZNi（Z308）、镍铁铸铁焊条 Z408、镍铜铸铁焊条 EZNiCu（Z508），主要依靠焊条调整焊缝化学成分，防止出现白口和裂纹。焊接时，应尽量采用小电流、短弧、短焊道（每段不大于 50mm），每焊一段就立即用锤击打焊缝，以松弛焊接应力防止开裂。

冷焊生产率高，成本低，劳动条件好，可用于焊补机床导轨、球墨铸铁件等及一些非加工面的焊补。

4. 铝及铝合金的焊接

工业纯铝和非热处理强化的变形铝合金的焊接性较好，而热处理强化变形铝合金和铸造铝合金的焊接性就较差。

铝及铝合金焊接的主要问题有：

1）铝与氧的亲和力很大，容易氧化成熔点高达 2050℃的 Al_2O_3 覆盖在铝的表面。在焊接过程中，Al_2O_3 膜会阻碍金属之间的熔合，并容易形成夹渣。

2）铝在液态时能吸收大量的氢气，但在固态时几乎不溶解氢，因此在熔池凝固过程中，焊缝中易生成气孔。

3）铝的热导率大，要求焊接热源功率大，能量集中。铝的线膨胀系数和凝固时的收缩率也比较大，容易产生焊接应力与变形，甚至可能出现裂纹。

4）铝从固态转变为液态时，无塑性过程及颜色的变化，在焊接操作时，很容易造成温度过高、焊缝塌陷、烧穿等缺陷。

铝和铝合金的焊接常用氩弧焊、气焊、电阻焊和钎焊等方法，其中氩弧焊应用最广。

焊接铝及铝合金一般采用交流氩弧焊。氩弧焊电弧集中，操作容易，氩气保护效果好，且有阴极破碎作用，能自动除去氧化膜，所以焊接质量高，成形美观，焊件变形小。氩弧焊常用于焊接质量要求较高的构件，厚度在 8mm 以下的铝件一般采用钨极氩弧焊，厚度在 8mm 以上的铝件一般采用熔化极氩弧焊。

铝和铝合金焊接时，焊丝可选用与母材相同成分的铝焊丝，也可以从母材上裁下窄条作为焊丝。对于热处理强化的铝合金，可采用 SALSi-1 铝硅合金焊丝，以防止热裂纹的产生。

铝及铝合金焊接前必须仔细清理焊缝及焊丝表面的氧化膜和油污，清理质量的好坏将直接影响焊缝质量。

5. 铜及铜合金的焊接

铜及铜合金的焊接性较差，焊接接头的各种性能一般均低于母材。铜及铜合金焊接的主要问题是：

1）铜的热导率很大，焊前工件要预热，焊接中要选用较大的热输入量，否则容易造成焊不透等缺陷。

2）液态铜易氧化，生成的 Cu_2O 与铜可组成低熔点共晶。铜的热膨胀系数大，冷却时收缩率也大，容易产生较大的焊接应力，因此在焊接过程中容易开裂。

3）铜在液态时特别容易吸收氢气，但在固态几乎不溶解氢，因此在熔池凝固过程中，焊缝中易生成气孔。

4）铜合金中的某些元素在焊接过程中容易烧损，如黄铜中的锌沸点很低，极易烧蚀蒸发生成氧化锌（ZnO）。锌的烧损不但改变了焊接接头的化学成分，降低了性能，而且所形成的氧化锌烟雾容易引起焊工中毒。

目前铜及铜合金比较理想的焊接方法是氩弧焊。对质量要求不高时，也常采用气焊和钎焊等。

焊接铜及铜合金时，焊前要仔细清除焊丝、焊件坡口及附近表面的油污、氧化物等杂质。焊后应彻底清洗残留在焊件上的溶剂和熔渣，以免引起焊接接头的腐蚀破坏。

第四节　焊接工艺及结构设计

一、焊接接头设计

1. 焊接接头与坡口形式

焊接接头的基本形式有对接、T形接、角接和搭接等，坡口的形式有I形坡口、V形坡口、U形坡口和X形坡口。坡口的形式取决于焊件的厚度，目的是当焊件较厚时，应能保证焊缝根部焊透。表7-6是常用熔焊焊接接头形式与坡口形式及其基本尺寸。

表7-6　熔焊焊接接头形式与坡口形式

对接接头	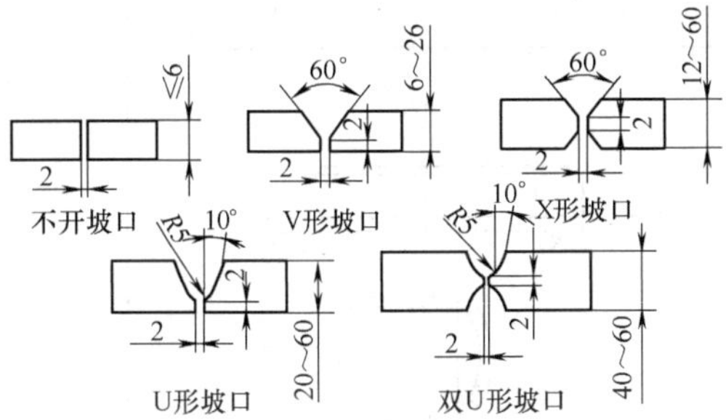
T形接头	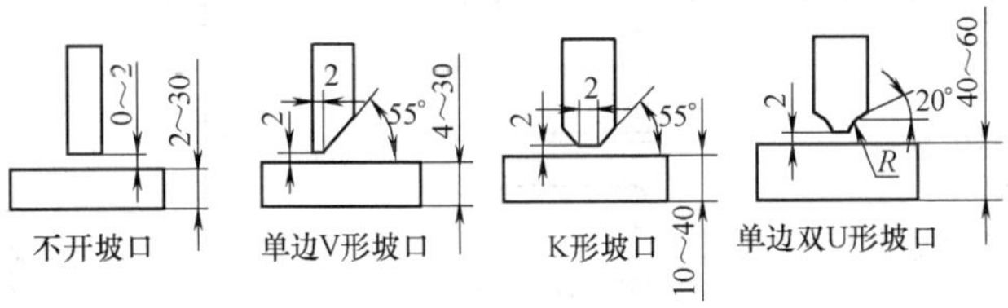
角接接头	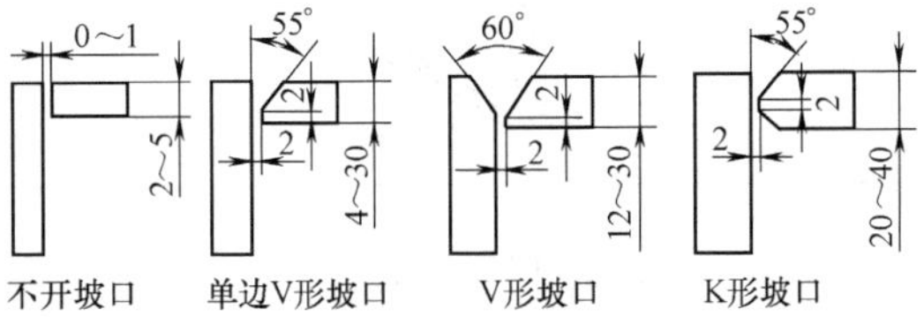
搭接接头	

当两块厚度差别较大的板材进行焊接时，因接头两边受热不均容易产生焊不透等缺陷，而且还会产生较大的应力集中。这时应在较厚的板料上加工出如图 7-24 所示的单面或双面斜边的过渡形式。

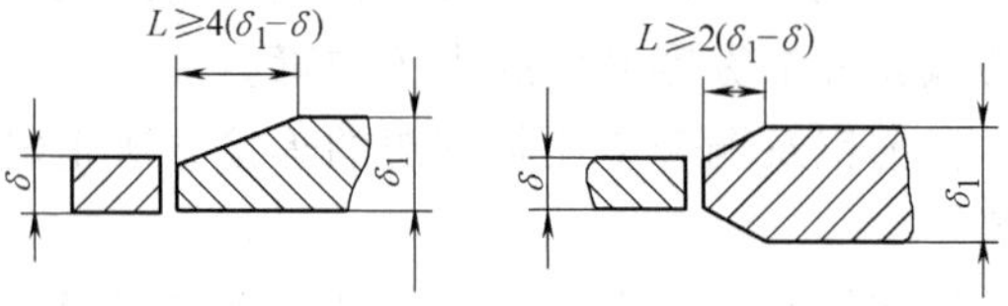

图 7-24　不同厚度板材对接时的过渡形式

2. 焊缝的布置

焊接构件的焊缝布置是否合理，对焊接质量和生产效率都有很大的影响。对具体焊接结构件进行焊缝布置时，应便于焊接操作，有利于减小焊接变形，提高结构强度。表 7-7 是几种常见焊接结构工艺设计的一般原则。

表 7-7　焊接结构工艺设计的一般原则

设计原则	不良设计	改进设计
焊条电弧焊时要考虑操作空间	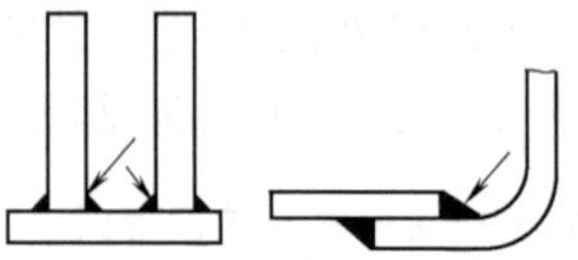	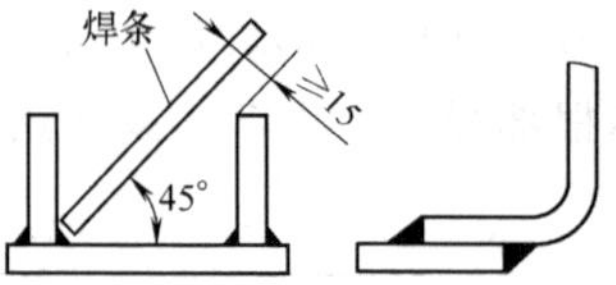
焊缝应尽量避开最大应力和应力集中处	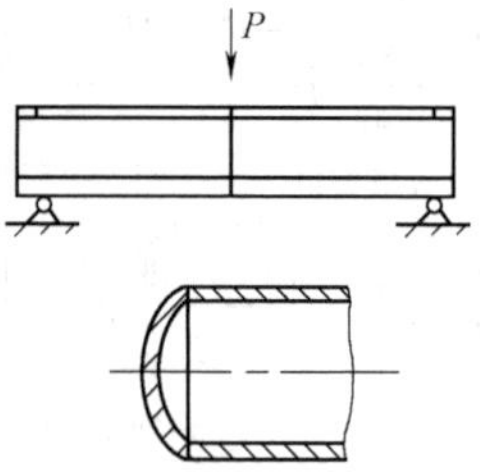	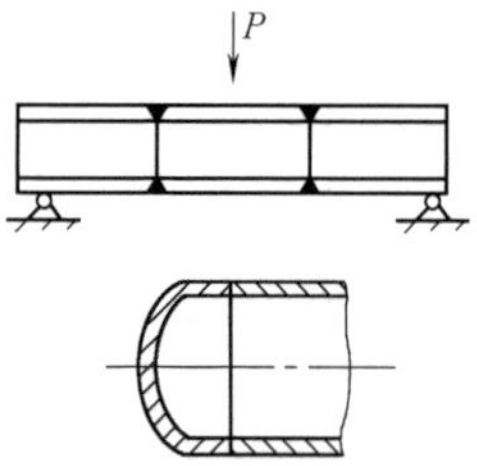
焊缝位置应有利于减小焊接应力与变形： ①避免焊缝过分密集交叉和端部锐角 ②减少焊缝数量 ③焊缝应尽量对称分布	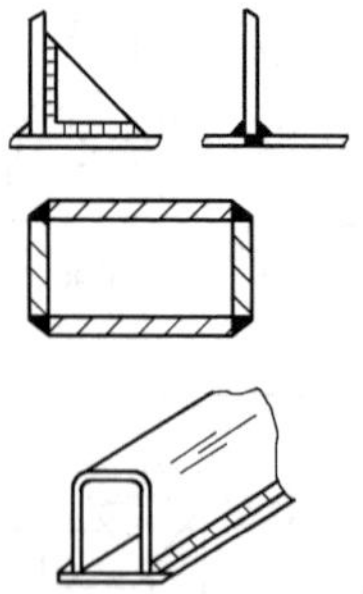	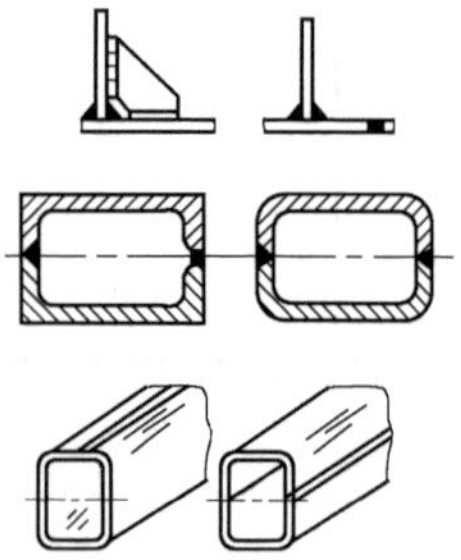
焊缝应避开加工表面	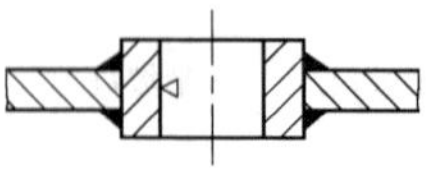	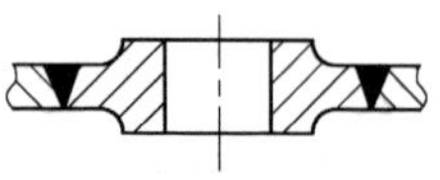
焊缝拐弯处应平缓过渡	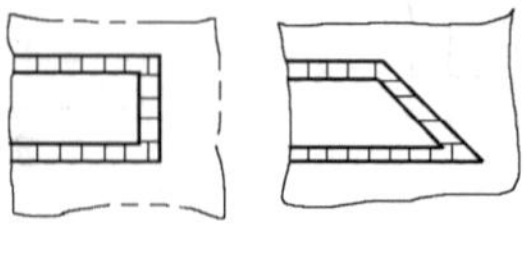	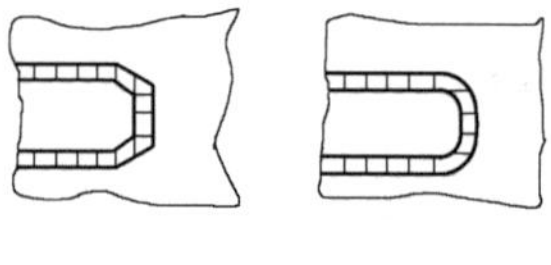

二、焊接应力和变形

焊件在焊接过程中局部受到不均匀的加热和冷却是产生焊接应力的主要原因，应力严重时，会使焊件发生变形或开裂。因此，在设计和制造焊接结构时，必须首先弄清产生焊接应力与变形的原因，掌握其变形规律，找出减少焊接应力和过量变形的有效措施。

1. 焊接应力与变形的原因

以平板对接焊为例，在焊接加热时，焊缝和近缝区的金属被加热到很高的温度，离焊缝中心距离越近，温度越高。因焊件各部位加热的温度不同，受热胀冷缩的影响，焊件将产生大小不等的纵向膨胀。假如这种膨胀不受阻碍，这时钢板自由伸长的长度将按图 7-25a 中的虚线变化。但平板是一个整体，各部位不可能自由伸长，这时被加热到高温的焊缝金属的自由伸长量必然会受到两侧低温金属的限制，因而产生了压应力（-），两侧的低温金属则要承受拉应力（+）。当这些应力超过金属的屈服点时，就会发生塑性变形。此时，整个平板存在着相互平衡的压应力和拉应力，平板最终只能伸长 Δl。

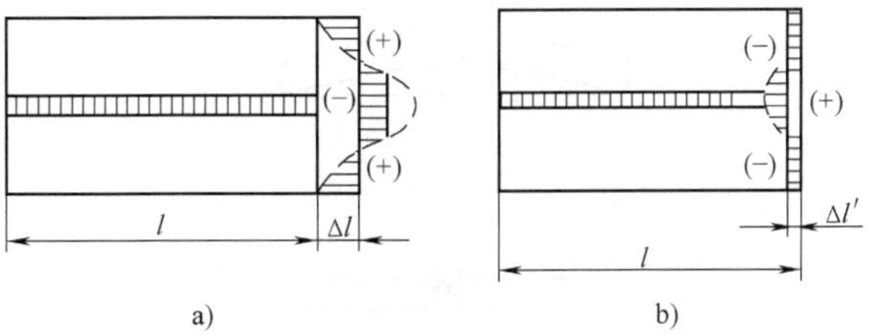

图 7-25　平板对接焊时产生的应力和变形
a）焊接加热时　b）冷却过程中

同样的道理，在平板随后的冷却过程中，冷却到室温时焊缝区中心部分应该较其他区域缩得更短些，如图 7-25b 所示虚线位置。但由于平板各部位的收缩相互牵制，平板只能如实线所示那样整体缩短 $\Delta l'$。此时焊缝区中心部分受拉应力，两侧金属内部受到压应力，并且拉应力与压应力也互相平衡。这些焊接后残留在金属内部的应力称为焊接应力。

在焊接生产中，焊接应力是不可避免的，对一些残留应力大的重要焊件要在 550 ~ 650℃下进行去应力退火，以消除或减小焊件内部的残留应力。

2. 焊接的变形与防止措施

焊件因结构形状不同、焊缝数量和分布位置不同等因素的影响，变形的形式也不相同，最基本的变形形式有收缩变形、角变形、弯曲变形、扭曲变形和波浪变形等（图 7-26）。

（1）收缩变形　焊接后，由于焊缝纵向和横向收缩而引起焊件的纵向和横向尺寸缩短。

（2）角变形　V 形坡口对接焊时，由于焊缝截面形状上下不对称，焊缝横向收缩沿板厚方向分布不均匀而引起的角度变化。

（3）弯曲变形　T 形梁焊接后，由于焊缝布置不对称，引起焊件向焊缝多的一侧弯曲。

（4）扭曲变形　工字梁焊接时，由于焊接顺序不合理，致使焊件产生纵向扭曲变形。

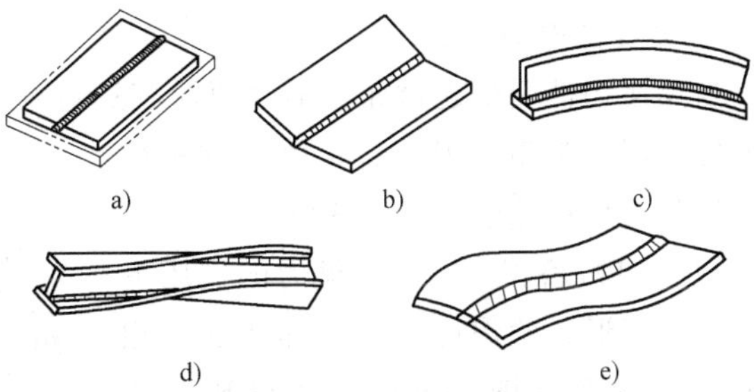

图 7-26　焊接变形的基本形式
a）收缩变形　b）角变形　c）弯曲变形
d）扭曲变形　e）波浪变形

（5）波浪变形　焊接薄板时，由于焊缝收缩产生较大的压应力，使薄板失稳而造成的变形。

为了减小焊接应力和变形，除合理设计焊接结构外，焊接时还可根据实际情况采取以下相应的工艺措施。

（1）反变形法　根据经验估计焊接变形的方向和大小，焊前组装时使焊件处于反向变形位置，焊后即可抵消焊后所发生的变形（图 7-27）。

（2）刚性固定法　焊前将焊件固定夹紧，限制其变形，焊后会大大减小变形量（图 7-28）。但刚性固定法会产生较大的焊接残留应力，故只适用于塑性较好的焊接构件。

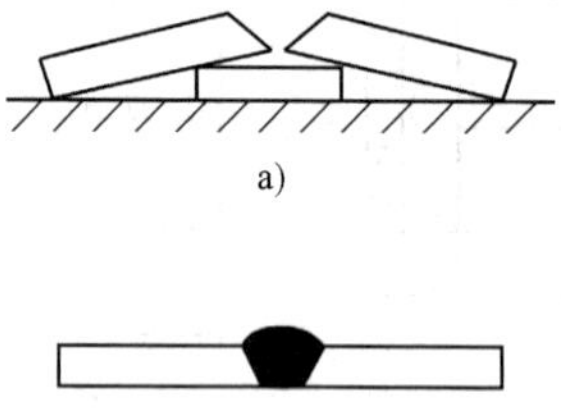

a)

b)

图 7-27　平板焊接的反变形
a）焊前反变形　b）焊后

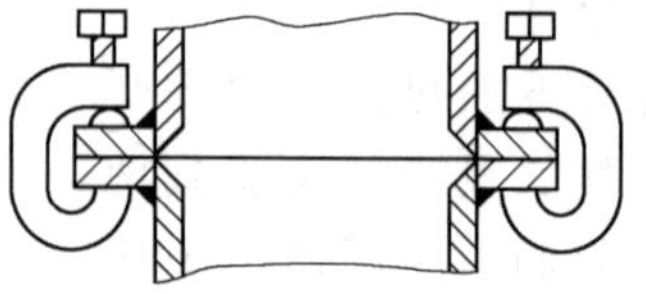

图 7-28　刚性固定防止法兰变形

（3）合理的焊接顺序　长焊缝焊接可采用“逆向分段焊法”（图 7-29a），即把长焊缝分成若干小段，每段施焊方向与总的焊接方向相反。厚板 X 形坡口对接焊应采取双面交替施焊（图 7-29b）；对称截面的工字梁和矩形梁焊接应采取对称交叉焊，如图 7-29c 所示。

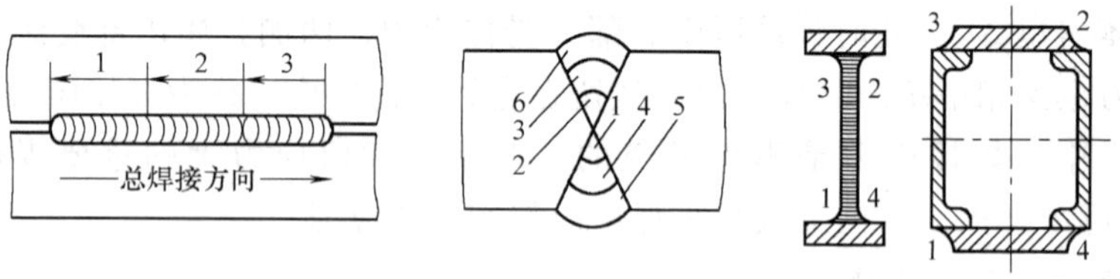

a)　b)　c)

图 7-29　合理的焊接顺序
a）逆向分段焊法　b）X 形坡口焊接顺序　c）对称截面梁焊接顺序

3. 焊接变形的矫正

当焊接构件变形超过允许值时要对其进行矫正，矫正变形的原理是利用新变形抵消原来的焊接变形。常用的焊件矫正方法有机械法和局部火焰加热法（图 7-30）。

（1）机械矫正法　在机械力的作用下矫正焊接变形，使焊件产生与焊接变形相反的塑性变形（图 7-30a）。机械矫正法适用于低碳钢和低合金钢等塑性比较好的金属材料。

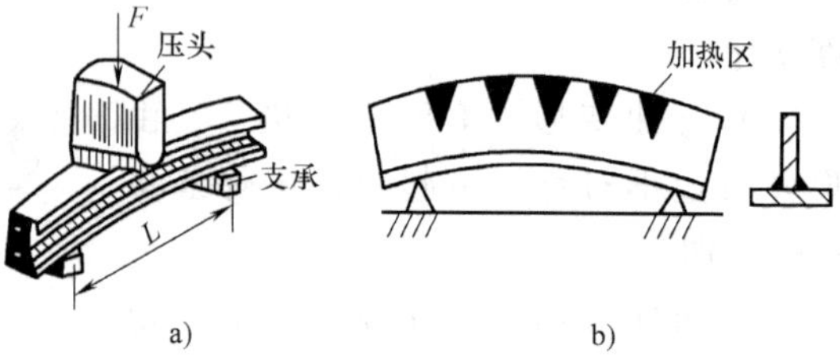

a)　b)

图 7-30　矫正焊接变形
a）机械矫正法　b）火焰矫正法

（2）火焰矫正法　利用气焊火焰加热

焊件上适当的部位，使焊件在冷却收缩时产生与焊接变形反方向的变形，以矫正焊接变形（图 7-30b）。火焰矫正法适用于低碳钢和没有淬硬倾向的低合金钢，加热温度一般在 600～800℃之间。

第五节　焊接缺陷与焊接质量检验

在焊接结构生产中，常因种种原因使焊接接头产生各种缺陷。焊接缺陷主要是减少了焊缝有效的承载面积，焊件在使用过程中易造成应力集中，引起裂纹而导致焊接结构破坏，影响焊接结构的安全使用。对于一些重要的焊接构件，如压力容器、船舶、电站设备、化工设备等，对焊缝中存在的缺陷有严格的要求，只有经过严格的焊接质量检验合格的产品才能允许出厂。

一、焊接缺陷及预防措施

在焊接过程中，若想获得无缺陷的焊接接头在技术上是相当困难的。对于不同使用场合的焊接构件，为了满足焊接构件的使用要求，对焊缝中存在的缺陷种类、大小、数量、形态、分布等都有严格的要求。在允许范围内的焊接缺陷，一般都不会对焊接构件的使用造成危害；但若存在超出允许范围的焊接缺陷，则必须要将缺陷消除，然后再进行焊补修复。

常见的熔焊焊接缺陷有焊缝外形尺寸不符合要求、咬边、气孔、夹渣、未焊透和裂纹等，其中以未焊透和裂纹的危害性最大。表 7-8 是熔焊常见的几种焊接缺陷特征、产生原因及其预防措施。

表 7-8　常见焊接缺陷特征、产生原因及其预防措施

缺陷名称	特　征	产 生 原 因	预 防 措 施
咬边	母材与焊缝交界处有小的沟槽 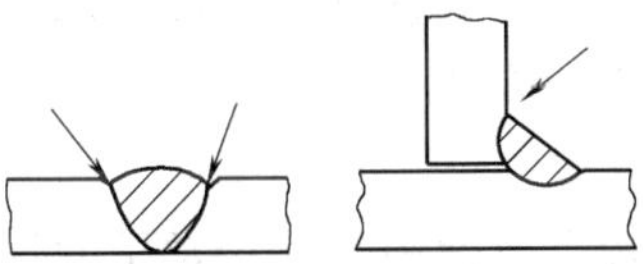	电流过大，焊条角度不对，运条方法不正确，电弧过长	选择合适的焊接电流和焊速、合适的焊条角度和弧长
气孔	焊缝的表面或内部存在气泡 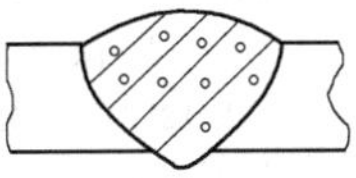	焊件清理不干净，焊条潮湿，电弧过长，焊速过快	清理焊缝附近的工件表面，选择合理的焊接规范，碱性焊条用前要烘干
夹渣	焊后残留在焊缝中的熔渣 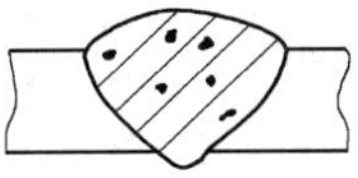	焊件清理不干净，电流过小，焊缝冷却速度过快，多层焊时各层熔渣未清除干净	合理选择焊接规范，正确的操作工艺，清理好焊道两侧及焊层间的熔渣

（续）

缺陷名称	特征	产生原因	预防措施
未焊透	焊接时接头根部未完全熔透 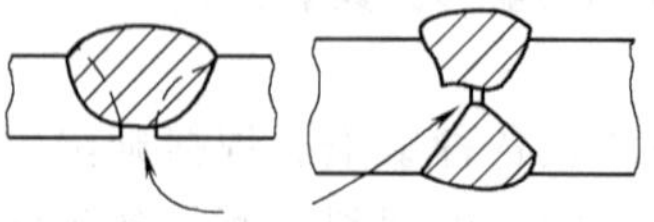	坡口间隙太小，电流过小，焊条未对准焊缝中心	选择合适的焊接规范，正确的坡口形式、尺寸和间隙，正确的操作工艺
裂纹	焊缝或焊接热影响区的表面或内部存在裂纹 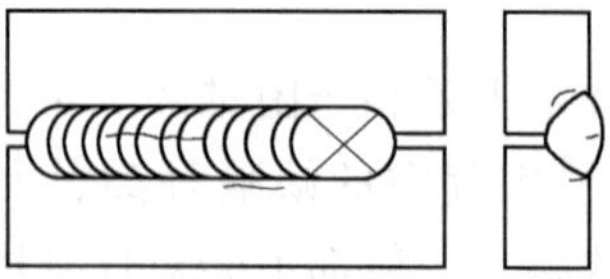	被焊金属中碳、硫、磷含量太高，焊接结构设计不合理，焊缝冷速过快，焊接应力过大	选择合理的焊接规范、适合的焊接材料及合适的焊序，必要时焊件要预热

二、焊接质量检验

焊接质量检验是焊接结构生产过程中必不可少的组成部分，焊接产品只有在经过检验并证明已达到设计要求的质量标准后，才能以成品形式出厂。

焊接质量检验方法可分为外观检验、无损检验、致密性检验和破坏性检验等。

1. 外观检验

外观检验一般通过肉眼，借助标准样板、量规和低倍放大镜等工具观察焊件的表面，主要是发现焊缝表面的缺陷和焊缝尺寸上的偏差，如咬边、表面气孔、焊缝加强高的高度等。

焊缝外观检验方法简便，是焊接质量检验最基本的方法之一。

2. 无损检验

无损检验也称为无损探伤，是对焊缝内部的质量进行检验。几种常用的焊缝内部质量的检验方法及特点见表 7-9。这些检验方法的质量评定标准都可按相应的国家标准执行。

表 7-9　几种常用焊接无损检验方法比较

检验方法	能探出的缺陷	可检验的厚度	灵敏度	其他特点	质量判断
着色检验	表面及近表面有开口的缺陷，如微细裂纹、气孔、夹渣、夹层等	表面	与渗透剂性能有关，可验出 0.005 ~ 0.01mm 的微裂缝，灵敏度高	表面打磨到 $R_a12.5\mu m$，环境温度在 15℃ 以上，可用于非磁性材料，适合各种位置单面检验	可根据显示剂上的红色条纹，形象地看出缺陷位置和大小
磁粉检验	表面及近表面的缺陷，如微细裂缝、未焊透、气孔等	表面与近表面，深度≤6mm	与磁场强度大小及磁粉质量有关	被检验表面最好与磁粉正交，限于磁性材料	根据磁粉分布情况判定缺陷位置，但深度不能确定

（续）

检验方法	能探出的缺陷	可检验的厚度	灵敏度	其他特点	质量判断
超声波检验	内部缺陷，如裂缝、未焊透、气孔及夹渣等	焊件厚度的上限几乎不受限制，下限一般应大于8～10mm	能探出直径大于1mm的气孔、夹渣，探裂缝较灵敏，对表面及近表面的缺陷不灵敏	检验部位的表面应加工到 R_a6.3～1.6μm，可以单面探测	根据荧光信号，可当场判断有无缺陷、缺陷位置及大小，但较难判断缺陷的种类
X射线检验	内部缺陷，如裂缝、未焊透、气孔及夹渣等	150kV的X光机可检验厚度≤25mm 250kV的X光机可检验厚度≤60mm	能检验出尺寸大于焊缝厚度1%的各种缺陷	焊接接头表面不需加工，但正反两面都必须是可以接近的	从底片上能直接形象地判断缺陷种类和分布。对平行于射线方向的平面形缺陷不如超声波灵敏

3. 致密性检验

（1）煤油检验　先在焊缝的一面刷上石灰水，待干燥泛白后，再在焊缝另一面涂煤油，利用煤油穿透力强的特点，若焊缝有穿透性缺陷，石灰粉上就会有黑色的煤油斑痕出现。

（2）气密性检验　将压缩空气压入焊接容器，在焊缝的外侧涂抹肥皂水，若焊缝有穿透性缺陷，缺陷处的肥皂水就会有气泡出现。

（3）耐压试验　将水、油、气等充入容器内逐渐加压到规定的值，以检查其是否有泄漏和压力的保持情况。耐压试验不仅可检验焊接容器的致密性，而且也可用来检验焊缝的强度。

4. 破坏性检验

破坏性检验是从焊件或焊接试件上切取试样，用于评定焊缝的金相组织和焊缝金属的力学性能等。

思　考　题

1. 焊接时为什么要对焊接区域进行保护？焊条电弧焊时都有哪些保护方式？
2. 焊条电弧焊的焊接冶金反应分几个区进行？它们的反应特点是什么？
3. 什么叫焊接热影响区？低碳钢焊接热影响区分哪几个区？各区的组织及性能特点是什么？
4. 试比较焊条电弧焊、埋弧自动焊、钨极氩弧焊、CO_2 气体保护焊的特点及应用范围。
5. 焊条的焊芯和药皮应各起什么作用？
6. 下列焊条型号或牌号的含义是什么？

E4303，E5015，J422，J507

7. 电阻焊有何特点？点焊、缝焊、对焊各应用于什么场合？
8. 焊接应力是怎样产生的？减小焊接应力有哪些措施？怎样消除焊接残留应力？
9. 怎样减小焊接变形？矫正焊接变形有哪些方法？
10. 常见的熔焊焊接缺陷有哪些？如何预防？

第八章　非金属材料及其成形技术

由于高分子材料、陶瓷材料和复合材料等非金属材料具有金属材料所没有的某些独特的性能，所以在机械工业生产中，除了大量使用金属材料外，非金属材料也得到了越来越广泛的应用。正确选择与合理使用新型非金属材料并掌握其成形技术是对所有工程技术领域及其设计部门的基本要求。

第一节　高分子材料及其成形技术

一、高分子材料的基本概念

1. 高分子化合物的化学组成及相对分子质量

高分子材料是由相对分子质量 10^4 以上的化合物构成的材料，它是以聚合物为基本组分的材料，所以又称为聚合物材料或高聚物材料。

高分子化合物的相对分子质量虽然很大，但其化学组成并不复杂。高分子化合物都是由一种或几种简单的低分子化合物，经过化学键的重复连接发生聚合反应而形成的。这种简单的低分子化合物称为“单体”，而经聚合反应所形成的高分子化合物称为“高聚物”或“聚合物”。单体是用来合成聚合物的原料。

高聚物是由特定的结构单元多次重复连接而成的，这种结构单元称为“链节”。聚乙烯的链节是—CH_2—CH_2—。在一个大分子中这种链节重复的次数 n 称为“聚合度”。

高分子化合物的相对分子质量与聚合度有关。在聚合反应中，所形成的是许多不同聚合度的高分子化合物的混合物。由于每个分子的聚合度不同，所以高聚物的相对分子质量通常是指其平均相对分子质量。高聚物的平均相对分子质量可按下式计算

$$M = m \times n$$

式中　M——高聚物分子的平均相对分子质量；

m——高聚物分子结构单元的相对分子质量；

n——高聚物的平均聚合度。

高聚物平均相对分子质量的大小及相对分子质量分布情况，是影响其性能的重要因素。

2. 聚合反应的类型

高聚物是由一种或几种单体化合物聚合而成的。聚合反应有两种类型：加聚反应和缩聚反应。

（1）加聚反应　由一种单体或几种单体聚合反应而形成高聚物的反应称为加聚反应。加聚反应又可分为均聚和共聚两种：由一种单体进行聚合反应称为均聚反应，如聚乙烯是由乙烯发生均聚而形成的；而由两种或两种以上的单体进行聚合反应称为共聚反应，如 ABS 塑料是由丙烯腈（A）、丁二烯（B）、苯乙烯（S）三种单体发生共聚反应而形成的共聚物。

（2）缩聚反应　它也是由一种或几种单体之间发生的聚合反应，但在生成高聚物的同时，还析出水、氨、醇等低分子物质，故高聚物的结构单元与单体原料不完全相同。与加聚

反应相类似，由一种单体进行的缩聚反应称为均缩聚反应；由两种或两种以上的单体进行的缩聚反应称为共缩聚反应。

3. 高分子材料的分类和命名

高分子材料可以按照材料的来源、性能、结构和用途等进行分类。

按照高分子材料的不同来源，可分为天然高分子材料与合成高分子材料。

按照高分子材料的性能和产品用途，可分为塑料、橡胶、纤维、粘合剂及涂料等。

按照高分子材料的热行为及成形工艺特点，可分为热塑性高分子材料和热固性高分子材料。

按照高分子的几何构型，可分为线型高聚物、支链型高聚物和网体型高聚物。

目前常用的高分子材料命名方法主要有两种：一种是根据商品的来源或性质确定它的名称，例如，电木、有机玻璃、维尼纶、塑料王等。这种命名方法的优点是简短、通俗，但不能反映高分子化合物的分子结构和特性。另一类是根据单体原料名称进行命名，并在单体名称的前面加一个“聚”字。如由乙烯加聚反应生成的聚合物就叫聚乙烯。由氯乙烯加聚反应生成的聚合物就叫聚氯乙烯。对于缩聚反应和共聚反应生成的聚合物，在单体名称后面加“树脂”或“橡胶”。例如，(苯）酚（甲）醛树脂、丁（二烯）腈（丙烯腈）橡胶。有些工程塑料，如环氧树脂、聚氨酯、聚酯等，是以该类材料的特征化学单元环氧基、氨基、酯基等为基础来命名的。许多聚合物化学名称的英文缩写简单易记，也被广泛使用，如 PVC 是聚氯乙烯的英文缩写代号。

4. 高分子链的组成与构型

高聚物的分子是由许多原子通过共价键联结而成的高分子化合物。按照大分子链节在空间排列的几何形状，可分为线型、支链型和网体型三种高分子形状（图 8-1）。线型和支链型聚合物具有加热能变软、而冷却能变硬的可逆物理特性，这种性质称为“热塑性”。经交联的三维网状（又称网体型结构）聚合物，分子链之间有许多短链节把它们相互交联起来，形成立体结构形态，像不规则的网，故称网状结构。这种结构稳定性很高，故网状结构的聚合物不易溶于溶剂，加热时不熔融，具有良好的耐热性和强度，但其弹性差，塑性低，脆性大，只能在形成网状结构之前进行一次成形，不能重复使用。这种性质称为“热固性”。

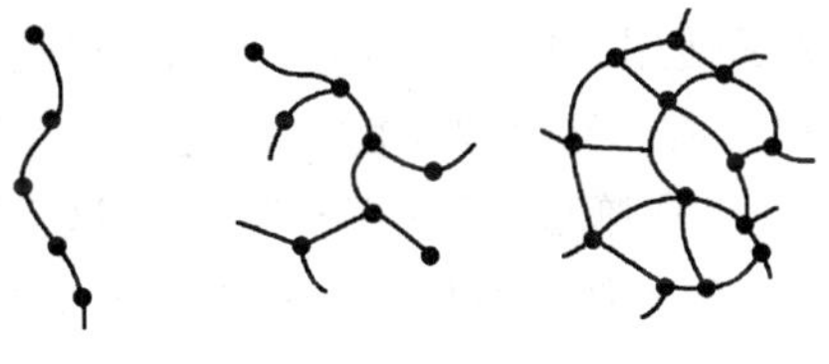

图 8-1　高分子化合物的三种形状

a）线型　b）支链型　c）网体型

5. 高分子材料的性能

（1）高弹性　与金属相比，高聚物的弹性模量只有金属的 1/1000，而弹性变形量却超过金属的 1000 倍。高聚物的高弹性取决于其大分子链的柔性。但在外力的作用下，柔性好的大分子链之间容易产生滑动。为了在不降低高弹性的基础上，适当减小大分子链之间的滑动，通常使分子链之间通过交联键产生适度的交联结构，譬如橡胶生产中的硫化就是这个目的。

（2）力学性能　线型高聚物的应力-应变曲线如图 8-2 所示。高聚物的应力-应变特性可分为四种类型。曲线 a 为硬而脆的高聚物，强度较高，伸长率很低，容易发生脆性断裂，如聚苯乙烯塑料；曲线 b 为硬而强的高聚物，强度高，有一定的伸长率，在承受较大的应力时，容易产生脆性断裂，如有机玻璃、增强环氧塑料等；曲线 c 为强而韧的高聚物，强度高，在承受较大的应力时，易产生韧性断裂，如聚碳酸酯、聚酰胺等；曲线 d 为软而韧的高聚物，弹性模量和屈服强度比较低，有较大的伸长率和一定的强度，在承受应力时，发生韧性变形，如橡胶、高压聚乙烯等都属于这类材料。

（3）耐磨性能　高聚物的硬度比金属低，但其耐磨性能却优于金属。而且大多高聚物材料都有自润滑功能，摩擦因数低，尤其是适合制造在干摩擦条件下工作的耐磨件，是制造耐磨件的好材料。如用聚四氟乙烯制作密封圈，用尼龙或聚甲醛制造齿轮、轴承等。

（4）热性能　如图 8-3 所示，随着温度的升高，线型无定形聚合物将呈现出玻璃态、高弹态和粘流态三种不同的力学状态。图中 T_x 称为脆性温度；T_g 称为玻璃化温度；T_f 称为粘流温度；T_d 称为分解温度。

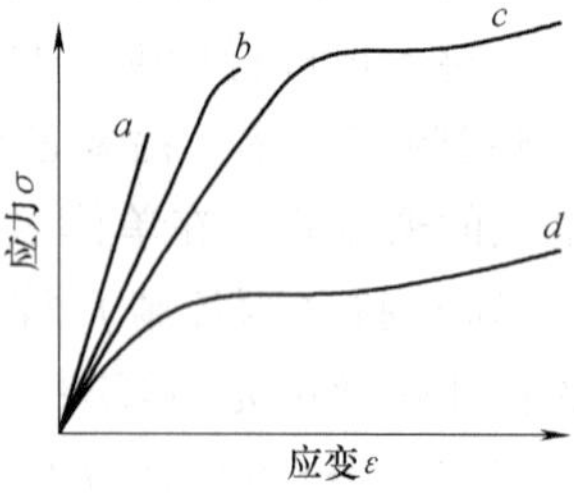

图 8-2　几种典型线型高聚物的应力-应变曲线

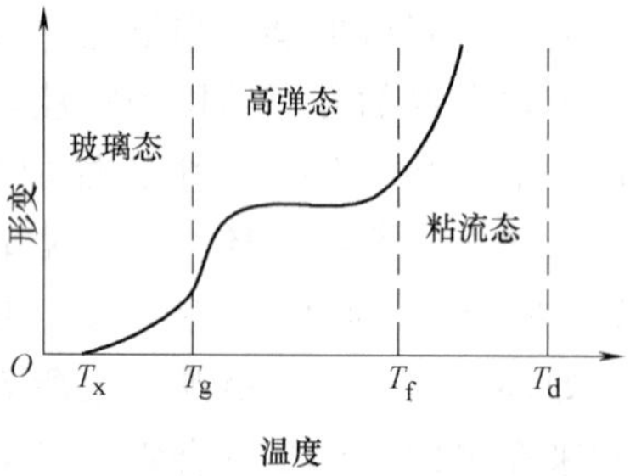

图 8-3　线型无定形聚合物形变-温度曲线

1）玻璃态（$T_x < T < T_g$）。在这个温度范围内，聚合物在外力的作用下能发生很小的弹性变形，并符合胡克定律。玻璃态是塑料的使用状态，并可以进行机械加工。T_g 是决定塑料制品使用温度的重要指标，T_g 越高，制品对环境温度的适应性越强。但是，当温度降到 T_x 以下时，高聚物呈脆性，此时高聚物就失去了使用价值。

2）高弹态（$T_g < T < T_f$）。在这个温度区间，在外力拉伸作用下，大分子可以从卷曲的线团状态变为伸展的状态，表现出很大的形变（可达 1000%）。当外力去除后，大分子链能逐渐回复到原来的形状。高分子材料具有高弹性特征是它区别于低分子材料的重要标志之一。

3）粘流态（$T_f < T < T_d$）。在这个温度范围内，高聚物呈现出可流动的粘液状态。粘流态是高聚物成形加工的状态，将高聚物原料加热至粘流态后，可通过注射、挤出、吹塑、模压等方法加工成各种形状的零件。但当温度大于 T_d 时，高聚物将发生分解（焦化）。T_f 和 T_d 可用来衡量塑料成形加工性能，T_f 低时，有利于熔融，加工时热能消耗少；T_f 和 T_d 温度区间大时，塑料熔体的热稳定性好，可在较宽的温度范围内加工成形。

（5）电性能　多数塑料是良好的电绝缘材料，如聚乙烯、聚四氟乙烯、酚醛树脂、橡胶等，它们的电绝缘性能可与陶瓷相媲美。

（6）化学性能　一般塑料都具有良好的化学稳定性，能够耐酸、碱和大气的腐蚀。如聚四氟乙烯在极强的无机酸或碱中都不会被腐蚀，素有塑料王之称。硬质聚氯乙烯能耐浓硫酸和浓盐酸的腐蚀。但是，聚酯、聚酰胺类塑料在酸、碱的作用下会发生水解，使用时应当注意。

6. 高分子材料的老化

高聚物在长期贮存和使用过程中，由于受到氧、光、热等因素的综合作用，使分子链发生降解或者交联，表现出变硬、变脆、发粘、发软或失去弹性等现象，这些现象称为高聚物的老化。目前，防止高聚物老化的办法是在其中添加防老化剂，提高其稳定性，或者在高聚物表面涂覆保护层等。

二、工程塑料及其成形技术

塑料制品是指以有机合成树脂为主要成分，添加多种起不同作用的添加剂，然后经过加热、加压而制成的产品。

塑料的品种很多，主要分通用塑料和工程塑料两大类。通用塑料主要应用于日常生活用品和包装材料，如聚氯乙烯、聚乙烯、聚苯乙烯和酚醛塑料等。用于工程结构、机械零部件、工业容器等的塑料称为工程塑料，如聚酰胺、聚甲醛、聚碳酸酯、ABS 塑料和氟塑料等，它们有着良好的力学、耐热、耐寒、耐蚀、绝缘等综合工程性能。

1. 塑料的组成

塑料是以树脂为基础，加入适量的添加剂组成的。

（1）树脂　树脂在塑料中的含量为 30% ~100% （质量分数），因此塑料的性能主要取决于树脂的种类、性能和用量，而且绝大多数塑料是以所用的树脂名称命名的。

（2）添加剂　为了对塑料进行改性而特意加入的物质称为塑料添加剂。常用的添加剂有：

1）填充剂。按其形状可分为粉状、纤维状和片状，含量一般为 20% ~50%。加入填充剂的主要目的是调整塑料的性能，提高机械强度，节约树脂用量，降低塑料制品的成本。例如，加入纤维可提高塑料的机械强度；加入萤光剂可制成萤光塑料。

2）增塑剂。为了提高塑料的可塑性，便于成形加工，常向树脂内加入一些相对分子质量比较小、难以挥发的低熔点固体或高沸点粘稠液体有机物作为增塑剂。加入增塑剂后，可降低塑料的软化温度，并且可提高塑料的塑性、韧性和弹性，降低硬脆性。常用的增塑剂有邻苯二甲酸酯类、磷酸酯类等。

3）固化剂。固化剂又称硬化剂或交联剂，主要作用是使聚合物形成横跨链以彼此交联，由热塑性线型结构变为热固性的网体型结构，使固化后的塑料制品更加坚硬。常用的固化剂有胺类、酸酐类等。

4）稳定剂。稳定剂又称防老化剂。为了防止和延缓塑料制品的老化，常根据塑料的品种、结构特征、性能要求和使用条件等加入少量的稳定剂，以削弱外界因素对聚合物的老化作用，控制大分子的裂解或交联反应的发生，提高聚合物大分子链结构的稳定性。如在聚氯乙烯中加入硬脂酸盐，可以防止在热成形时受热分解。

5）着色剂。一些用于装饰或有装饰要求的塑料制品，可加入有机或无机染料作为着色剂。

各种添加剂除满足其使用性能要求外，还必须确保不和树脂或其他组成物发生有害的物理、化学反应，并能在塑料中分散均匀、稳定存在。

2. 塑料的分类、性能及用途

塑料按使用性能分为通用塑料和工程塑料。通用塑料的价格低，产量高，约占塑料总产量的 80% 以上。工程塑料是用于制造工程结构件的塑料，其强度高，韧性好。通用塑料经改性处理后，也可作为工程塑料使用。

塑料若按受热时的性能，可分为热塑性塑料和热固性塑料。热塑性塑料加热时可熔融，并可多次反复加热使用；热固性塑料经一次成形后，受热不变形，不软化，不能回收再用。表 8-1 和表 8-2 分别列出了工业上常用热塑性塑料和热固性塑料的性能特点和用途。

表 8-1 常用热塑性塑料的性能特点和用途

名称(代号)	主要性能特点	主要用途
聚氯乙烯(PVC)	硬质聚氯乙烯强度高,有良好的耐蚀性、耐油性、耐水性和热成形性能,电绝缘性优良,可在 -15 ~ 60℃下使用	化工行业耐蚀的结构材料,如容器、管件、阀门、离心泵
	软质聚氯乙烯的强度低,但伸长率较高,耐蚀性和绝缘性好,不易老化,可在 -15 ~ 60℃下使用	电线电缆的绝缘包皮、农用薄膜、工业包装材料
	泡沫聚氯乙烯质轻,隔热,隔声,防振	泡沫垫衬、包装材料
聚乙烯(PE)	高压聚乙烯密度低,化学稳定性高,质地柔韧,耐冲击,透明,无毒	用于制造软管、茶杯、奶瓶、塑料瓶、食品袋等食品和药品包装制品
	低压聚乙烯质地坚硬,有良好的耐磨性、耐蚀性和电绝缘性能。但耐热性差,在沸水中变软	用于制造化工设备、管道、电线电缆的绝缘包皮,承受小载荷的齿轮、轴承等
聚丙烯(PP)	密度小,强度、刚度、硬度和耐热性都优于低压聚乙烯。具有良好的化学稳定性、电绝缘性,无毒、无味,可在 110℃下长期使用,能经水煮消毒,价格便宜。但低温脆性大,不耐磨,易老化	制作化工管道、容器、泵叶轮、医疗用品和电视机、收音机、电风扇外壳等
聚苯乙烯(PS)	无色,透明,着色性好,具有良好的耐蚀性和绝缘性。但是耐冲击性和耐热性能比较差,易燃,易脆裂,最高使用温度小于 80℃	绝缘件、仪表外壳、日用装饰品、食品盒等
苯乙烯-丁二烯-丙烯腈共聚体(ABS)	可通过改变三种单体的含量来调整性能。具有良好的综合力学性能,表面硬度高,耐磨性好,加工工艺性和尺寸稳定性比较好,耐化学腐蚀,表面可以镀饰金属。但耐候性和耐热性较差	制作齿轮、叶轮、轴承、仪表零件、飞机座窗、家电外壳、轿车车身、汽车扶手等
聚酰胺(通称尼龙)(PA)	有较高的强度、韧性、耐磨性和自润滑性,吸振性和耐蚀性也较好,能耐水、油和一般溶剂,抗菌霉,无味,无毒,可在 100℃下使用。但吸水率高,成形收缩率较大	可用于制造轴承、滑轮、齿轮、高压耐油密封圈等
聚甲醛(POM)	许多性能优于尼龙,具有优良的综合力学性能,摩擦因数低,耐磨性好,吸水率小,尺寸稳定性好,可在 -40 ~ 100℃下长期使用。但成形收缩率大,加热易分解	可用于制作减摩、耐磨传动件,如轴承、滚轮、齿轮、凸轮和耐蚀件及化工容器等
聚碳酸酯(PC)	透明度高达 86% ~ 92%,可在 -60 ~ 120℃范围内长期使用,硬度高,韧性好,抗蠕变,耐热,耐寒,耐疲劳,吸水性好,电性能好。但有应力开裂倾向	可用作大型灯罩、防护玻璃、飞机驾驶室风挡及机械、电子、仪表的零部件
聚四氟乙烯(PTFE)	有极优越的化学稳定性,素有"塑料王"之称。有良好的耐老化性,吸水率极低,摩擦因数很小,有自润滑性;耐热性和耐寒性极好,可在 -180 ~ 260℃下长期使用;有极好的电绝缘性,并且不受频率和温度的影响。但加工成形性不好,只能采用类似粉末冶金的模压烧结成形工艺。在高温分解时,易放出有毒的氟化氢气体,价格较高	制作耐蚀件、减摩耐磨件、密封件、绝缘件以及化工行业中的反应器、管道等
聚甲基丙烯酸甲酯(俗称有机玻璃)(PMMA)	无色透明,透光率达 95% 以上,着色性好,有一定强度,耐紫外线及大气老化,耐腐蚀,优良的电绝缘性能,可在 -60 ~ 100℃使用。但质较脆,易溶于有机溶剂中,表面硬度不高,易擦伤	制作航空、仪器、仪表、汽车和无线电工业中的透明件与装饰件,如防护罩、安全窗、控制板和设备的外罩

表 8-2　常用热固性塑料的性能特点和用途

名称(代号)	主要性能特点	主要用途
酚醛树脂（俗称电木）（PF）	以粉状(电木粉或胶木粉)供应,成形工艺简单,价格低廉,强度高,刚度大,变形小,有优异的电绝缘性、耐蚀性、耐霉菌性、尺寸稳定性、耐热性,可在100℃以上工作。但质较脆,耐光性差,加工性差,只能模压	制作一般机械零件、电绝缘件、仪表外壳、灯头、插座、电器绝缘板、绝缘齿轮、整流罩、耐酸泵、刹车片等
环氧塑料（EP）	强度高,韧性好,具有良好的化学稳定性、电绝缘性、耐寒性和耐热性,可在 -80 ~ 160℃长期使用,成形工艺简便,固化成形后收缩率小,成本较低	塑料模具、精密量具、机械零件、电子元件及线圈的灌注、涂覆和包封以及修复机械零件等
氨基塑料（俗称电玉）（UF）	有较高的表面硬度,耐磨,颜色鲜艳,半透明如玉,有良好的电绝缘性	制作仪表外壳、电话机外壳、开关、插座等

3. 工程塑料的成形技术

工程塑料成形一般是在低于400℃的温度下，将粒状、粉状等各种物态的聚合物料转变为所需形状的制品。工程塑料成形方法有注射成形、挤出成形、压制成形、浇铸成形和吹塑成形等，其中最常用的是注射成形、挤出成形和吹塑成形。

（1）注射成形　注射成形是热塑性塑料的重要成形方法之一，目前注塑制品约占热塑性塑料制品总量的20% ~30%，几乎所有的热塑性塑料都可以用注射法成形。

注射成形所用的设备是注射机，按注射方式分为往复螺杆式和柱塞式两大类。图 8-4 是柱塞式注射成形设备和注塑模具的示意图。

图 8-5 是注射成形过程的方框图。注射成形时，首先将松散的粉状或粒状物料从料斗送入高温料筒内，物料被加热熔融塑化成为粘流态熔体，然后在柱塞或螺杆的推动下，通过料筒端部的喷嘴注射进入温度较低的模腔中。熔体在压力作用下充满型腔并被压实，经过一段时间的保压补缩和冷却定型后，将柱塞或螺杆退回，开启模具顶出制品，制品便可从模腔中脱出。

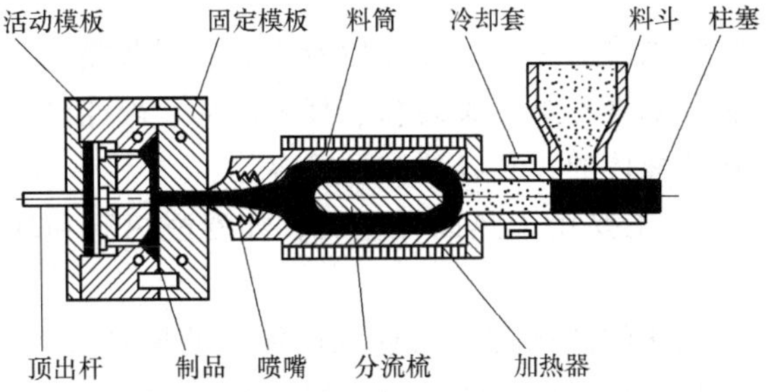

图 8-4　柱塞式注射成形设备和注塑模具示意图

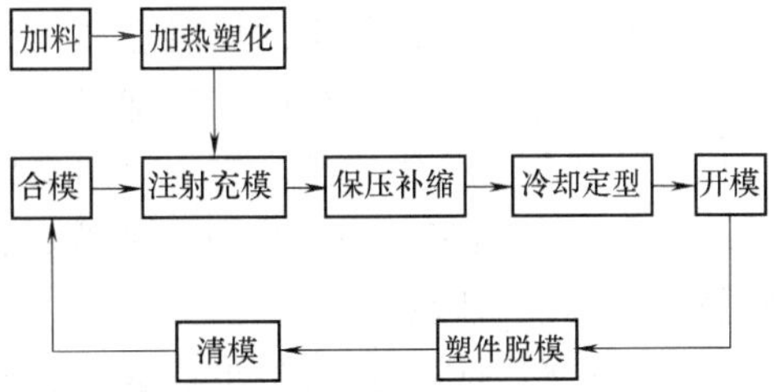

图 8-5　注射成形过程方框图

注射成形能一次成形几何形状复杂、尺寸精确和带有各种嵌件的塑料制品，成形周期短，易实现自动化操作，具有较高的生产效率和经济技术指标。

（2）挤出成形　挤出成形又称挤塑成形，是利用挤出机把热塑性塑料连续加工成各种断面形状制品的方法，主要用于生产塑料棒材、管材、线材、异型材等连续的塑料型材。目前挤塑制品占热塑性塑料制品总量的40% ~50%。

挤塑成形所用的设备是挤出机，按加压的方式不同分为连续式（螺杆式）和间歇式

(柱塞式)两大类。图 8-6 是螺杆式挤出成形原理图。

与注射成形过程相似，挤出成形时，首先将固态物料加热熔融塑化，使之成为粘流态熔体，在旋转螺杆的挤压作用下，使其通过机头上有一定截面形状的口模而成为所需断面形状的连续体，然后再穿过冷却装置，使具有粘流态的连续体转变为玻璃态的连续体，即可得到所需型材或制品。

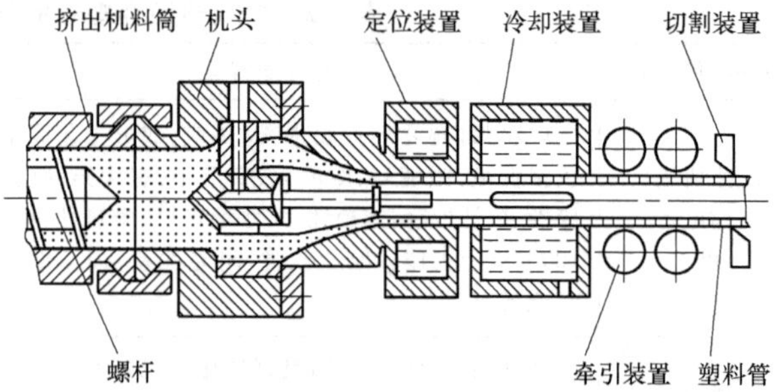

图 8-6 螺杆式挤出成形原理图

挤出成形的塑料制品内部组织均匀致密，尺寸准确，能实现连续生产，生产效率高，成本低。

(3) 吹塑成形 吹塑成形包括中空吹塑和薄膜吹塑两种，仅用于热塑性塑料的成形，是制作中空瓶和塑料薄膜制品的一种成形方法。

图 8-7 是中空吹塑成形工艺过程。首先用注射法将熔融塑料制成带底的空心型坯，成形在一个周壁带有微孔的空心凸模上(图 8-7a)。然后打开注射模，将型坯连同空心凸模转移到吹塑模中(图 8-7b)，模腔的形状与制品形状相同。待吹塑模闭合后，将压缩空气经由凸模壁微孔挤入型坯，迫使型坯发生吹胀变形并紧贴在模腔内壁上成形(图 8-7c)，冷却后开模即制成中空制品(图 8-7d)。

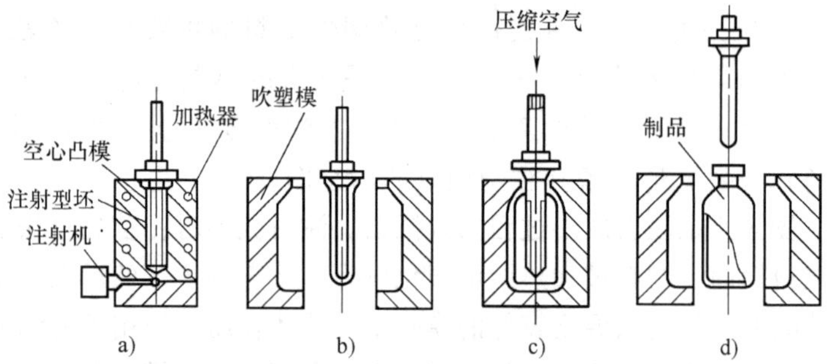

图 8-7 中空吹塑成形过程

吹塑薄膜方法是在挤出机前端装置口模，把挤出的熔融管坯用压缩空气吹胀成膜管，冷却后卷绕成双层薄膜。

可用于中空吹塑成形的工程塑料种类很多，如聚乙烯、聚丙烯、聚苯乙烯、聚酯等，其中以聚乙烯使用最为广泛。它主要用来生产各种液体的包装容器和玩具等。

(4) 压制成形 压制成形也称为模压成形，主要用于热固性塑料，如酚醛树脂和环氧塑料等热固性树脂的成形。

热固性塑料压制成形是将称量好的粉状或粒状的热固性塑料放入已加热的模具型腔内，然后闭模加压，在温度和压力作用下，热固性塑料转为熔融的粘流态充满型腔，同时发生交联反应，由原来线型分子结构转变为网体型分子结构，塑料也由粘流态转化为玻璃态，稍冷后即可脱模取出制品。

与挤塑和注塑相比，压塑设备、模具和生产过程控制较为简单，但生产周期长，效率低，较难实现自动化。

三、橡胶材料及其成形技术

橡胶的突出特点是在很宽的温度(−40 ~ 150℃)范围内具有高弹性，所以又称高弹体。橡胶具有较好的抗撕裂、耐疲劳特性，在使用中经多次弯曲、拉伸、剪切和压缩不受损伤，并还具有不透水、不透气、耐酸碱和绝缘等性能。但是，除了某些品种外，橡胶一般不耐油，不耐溶剂，不耐强氧化性介质，而且容易老化。另外，橡胶的性能受温度的影响比较大，在高温时发粘，低温时发脆。

1. 橡胶的组成

橡胶制品是以生胶为基础，加入适量的配合剂组成的。

（1）生胶　生胶主要包括天然橡胶和合成橡胶，为橡胶制品的主要部分。

（2）配合剂　为了改善生胶的性能，降低成本，提高使用价值，需要在橡胶制品中添加一定的配合剂。

1）硫化剂。在一定条件下能使橡胶发生交联的物质称为硫化剂。常用的硫化剂有硫磺、含硫化合物、金属氧化物、过氧化物等。

2）硫化促进剂。凡是能提高橡胶与硫化剂反应速率，缩短硫化时间，降低硫化温度，减少硫化剂使用量，并能改善硫化胶物理力学性能的物质称为硫化促进剂。常用的硫化促进剂有胺类、秋兰姆类等。

3）填充剂。填充剂能够提高橡胶的力学性能，如强度、硬度、耐磨性等。常用的填充剂有炭黑、氧化硅、白陶土、滑石粉，以及作为骨架材料的织品、纤维和金属丝等。填充剂的加入还可以减少生胶的用量，降低成本。

此外，橡胶制品中还要加入防老化剂、增塑剂、着色剂等。

2. 常用橡胶材料的分类、性能及用途

橡胶按原料的来源可分为天然橡胶和合成橡胶两大类；按用途又可分为通用橡胶和特种橡胶。通用橡胶主要用于生产各种工业制品和日用杂品，特种橡胶是在特殊环境（高低温、酸碱、油类、辐射等）条件下使用的橡胶。

图 8-3 是常用橡胶的性能特点和用途。

表 8-3　常用橡胶的性能特点和用途

	品种(代号)	主要性能优点	主要性能缺点	主要用途
通用橡胶	天然橡胶(NR)	弹性大,机械强度好,抗撕裂,抗折,耐磨,加工性能好,耐蚀性较好	易老化,耐热及耐油性差,不耐氧化性介质	制造通用橡胶制品,化工设备防腐衬里
	丁苯橡胶(SBR)	一般性能优于天然橡胶,耐蚀性接近天然橡胶	耐寒、耐油和加工性比天然橡胶差	代替天然橡胶
	顺丁橡胶(BR)	力学性能和耐蚀性能接近天然橡胶	强度较低,抗撕裂性差	代替天然橡胶
	丁基橡胶(ⅡR)	耐热、耐老化性能优于一般通用橡胶,耐酸碱和溶剂,耐氧化性介质	弹性差,硫化慢,加工性差,不耐石油产品	化工设备防腐衬里、减振制品、胶管、运输带
	氯丁橡胶(CR)	耐热、耐寒、耐老化、耐磨性超过天然橡胶,耐油性好,仅次于丁腈橡胶,耐酸碱	耐寒性差,存储稳定性差	用途广泛,制造耐油、耐蚀、耐热、耐燃、耐老化的橡胶制品和衬里
	丁腈橡胶(NBR)	耐油性优异,仅次于氟橡胶,耐热,耐磨,耐老化,耐碱及非氧化性酸	耐寒性差,不耐强极性溶剂和氧化性酸	广泛用于耐油橡胶制品
	乙丙橡胶(EPM,EPDM)	弹性、耐寒性、耐磨性等与天然橡胶相同,耐热性好,一般耐蚀性能良好	不耐芳烃和石油产品,硫化慢,粘着性差	代替天然橡胶,制作耐热胶管和胶带、一般防腐衬里

（续）

	品种（代号）	主要性能优点	主要性能缺点	主要用途
特种橡胶	聚氨酯橡胶（UR）	韧性、耐磨性优于其他橡胶，耐老化，耐油	不耐热，耐蚀性不突出	制作耐磨或耐油制品
	氟橡胶（FPM）	耐高温达200℃以上，耐蚀性优良，力学性能优良	加工性差，价格高	用于耐高温和强腐蚀性环境
	硅橡胶（SR）	耐300℃高温和-100℃低温，耐磨，耐老化，电绝缘性能优良	只能耐稀的酸碱盐，不耐石油产品，强度较低，价格贵	制作耐高低温制品，制作耐高温电绝缘制品

3. 橡胶制品的成形技术

橡胶制品的生产一般要经过塑炼、混炼、压延、成形和硫化等几道工序才能完成。

（1）塑炼 生胶因粘度过高和均匀性较差等原因，往往难于直接进行加工。生胶在机械力的作用下，将橡胶长分子链扯断，使分子质量分布趋于均匀，降低生胶的弹性，增加生胶的可塑性。橡胶塑炼通常在炼胶机上进行。

（2）混炼 混炼是使生胶和配合剂混合均匀制成混炼胶的加工过程。混炼是在混炼机上进行的。混炼除了要严格控制温度和时间外，还需要注意加料的顺序。混炼越均匀，橡胶制品的质量越好。

（3）压延 压延是将混炼后的胶料放在压延机的两辊之间，利用辊筒间的压力使胶料发生延展变形，压制成有一定厚度和宽度的胶片。也可以用压延机在帘布或帆布的表面挂上一层胶，或把两层胶片贴合起来。

（4）成形 根据制品的形状把压延或压出的各种胶片、胶布等剪裁成不同的尺寸，然后进行贴合制成半成品。

（5）硫化 硫化是将半成品的橡胶件在130~160℃下加热并加压一段时间，使胶料中的生胶与硫化剂发生化学反应，由线型结构的大分子交联成为网体型结构的大分子的工艺过程。其目的是使橡胶制品具有足够的强度以及抗剪切、耐久性等能力，降低橡胶的可塑性。

硫化是橡胶制品生产过程的最后一道工序，对橡胶制品的性能有着至关重要的影响。

第二节 陶瓷材料及其成形技术

陶瓷是由金属（或类金属）和非金属元素组成的无机化合物材料。由于陶瓷材料具有高硬度、高耐磨性、耐蚀性、耐高温性、绝缘性能及其他一些特殊的功能，在机械、电子、石油、化工、航空、航天等领域得到了广泛的应用。

一、陶瓷材料的基本概念

传统的陶瓷是陶器和瓷器的总称，主要是由地壳中最丰富的硅、铝、氧三种元素组成的硅酸盐材料作为原料，再经过高温烧结，便制成了陶瓷制品。如今，陶瓷材料已经远远超出了传统硅酸盐的范畴，无论在原料、组分、制备工艺、性能和用途上均与传统的陶瓷有很大的差别。

1. 陶瓷材料的分类

陶瓷种类繁多，大致可以分为传统陶瓷和现代陶瓷两大类。传统陶瓷又称为普通陶瓷，它是利用天然硅酸盐原料制成的陶瓷，主要用作日用器皿和建筑、卫生制品。现代陶瓷也称为工程陶瓷、特种陶瓷或精细陶瓷等，它是用一些纯度较高的氧化物、碳化物、氮化物、硅化物、硼化物等物质组成的固体材料，采用特殊工艺制成的具有良好性能或具有某种特殊功能的陶瓷，其性能和应用范围远远超过了传统陶瓷。

现代陶瓷按功能和用途又可分为结构陶瓷、功能陶瓷和生物陶瓷等三大类。

结构陶瓷是指用来制作各种结构部件的陶瓷，主要用于轴承、球阀、刀具、模具等要求耐高温、耐腐蚀、耐磨损的部件。

功能陶瓷是指利用其电、磁、声、光、热等直接效应或其耦合效应，以实现某种特殊使用功能的特种陶瓷。

生物陶瓷是指作为医学生物材料的陶瓷，临床中主要用于牙齿骨骼系统的修复和替换，如人造骨、人工关节等，也可用于制造某些人造器官的零部件。

2. 陶瓷材料的结构

陶瓷是由金属（或类金属）与非金属元素形成的化合物，这些化合物之间的结合键主要是离子键（如 Al_2O_3、MgO 等）和共价键（如 Si_3N_4、SiC 等）。有的陶瓷是晶体，如 Al_2O_3、MgO、SiC 等；有的是非晶体，如玻璃。典型陶瓷材料的组织是由晶体相、玻璃相和气相组成的（图 8-8）。

（1）晶体相　晶体相是陶瓷的主要组成相，其结构、数量、形态和分布决定陶瓷的主要性能和应用。陶瓷中的晶体相主要有硅酸盐、氧化物和非氧化物三种。

1）硅酸盐。硅酸盐是普通陶瓷的主要原料，同时也是陶瓷组织中重要的晶体相，如莫来石、长石等。硅酸盐的结合键为离子键与共价键的混合键，构成硅酸盐的基本单元是 $[SiO_4]$ 四面体（图 8-9）。

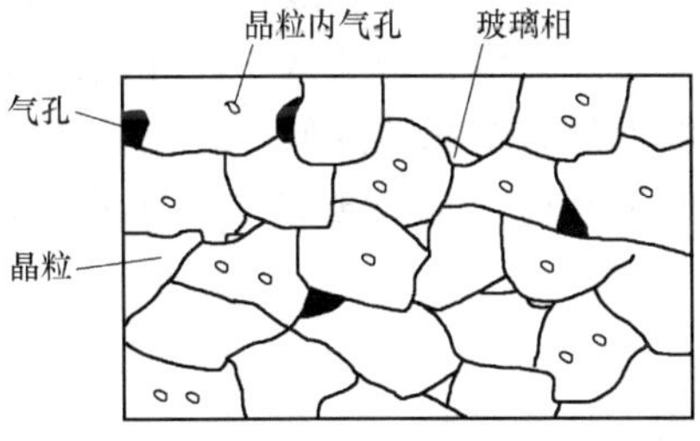

图 8-8　典型陶瓷材料的组织

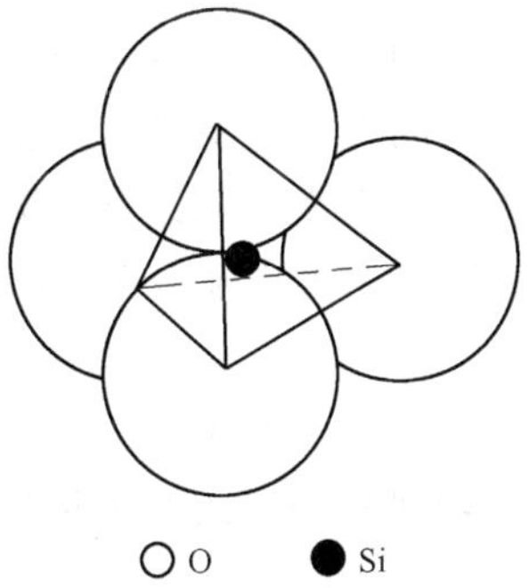

图 8-9　硅氧四面体结构

2）氧化物。氧化物是大多数陶瓷，特别是现代陶瓷的主要组成和晶体相，它们主要由离子键结合，有时也有共价键。其中最重要的晶体相有 AO、AO_2、A_2O_3、ABO_3 和 AB_2O_4 等（A、B 表示阳离子）几大类，其共同特点是：氧离子紧密排列，金属阳离子位于一定的间隙中。

AO 类型的氧化物，例如 MgO、CaO、BeO 等具有岩盐结构，如图 8-10 所示。其中，金属离子和氧离子数量相等，氧离子作面心立方排列，金属离子填充在其所有八面体间隙之中，形成完整的立方晶格。

Al_2O_3、Cr_2O_3、Fe_2O_3 等属于 A_2O_3 类型，即刚玉结构，如图 8-11 所示。氧离子占据密排六方结构的结点位置，铝离子占据氧离子组成的八面体间隙中，但只占满 2/3，每 3 个相邻的八面体间隙就有一个有规律地空着。在每个晶胞中有 6 个氧离子和 4 个铝离子。

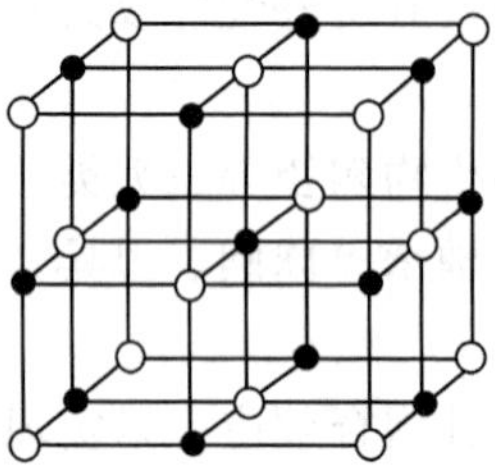

图 8-10 MgO 的晶体结构

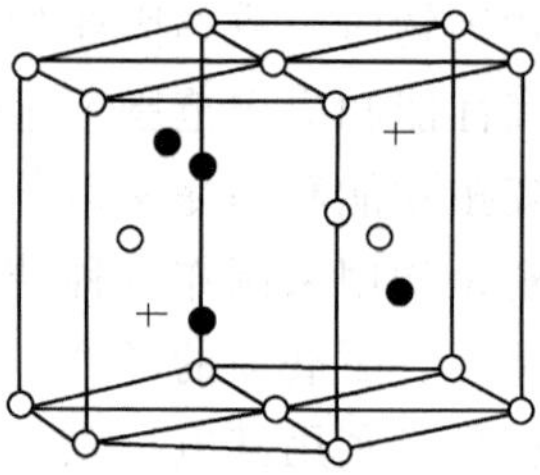

图 8-11 Al_2O_3 的晶体结构

3）非氧化物。非氧化物是指不含氧的金属碳化物、氮化物、硼化物和硅化物等，它们也是现代陶瓷的主要晶体相，主要由共价键结合，但也有一定成分的离子键和金属键。

金属碳化物大多数是共价键和金属键之间的过渡键，以共价键为主。其结构主要有两类：一类是间隙相，碳原子嵌入紧密立方或六方金属晶格的八面体间隙之中，如 TiC、ZrC、HfC、VC、NbC 和 TaC 等；另一类是复杂碳化物，由碳原子或碳原子链与金属构成各种复杂的结构，如斜方结构的 Fe_3C、Mn_3C、Co_3C、Ni_3C 和 Cr_3C_2，立方结构的 $Cr_{23}C_6$、$Mn_{23}C_6$，六方结构的 WC、MoC、Cr_7C_3，以及复杂结构的 Fe_3W_3C 等。

（2）玻璃相 玻璃相是陶瓷烧结时，各组成物及杂质产生一系列物理、化学变化后形成的一种非晶态物质，其主要作用是粘结分散的晶相，降低烧结温度，抑制晶粒长大和填充气孔。但玻璃相熔点低，热稳定性差，导致陶瓷在高温下产生蠕变。因此，玻璃相不能成为陶瓷的主导相，其含量必须严格控制，一般不能超过 20% ~40%。

（3）气相 气相是指陶瓷孔隙中的气体，即气孔，是在陶瓷生产过程中形成并被保留下来的。气孔的存在对陶瓷性能有明显的影响。其优点是能使陶瓷密度减小，并能减振，但同时使得陶瓷的强度下降，介电耗损增大，电击穿强度下降，绝缘性降低。因此生产上要严格控制气孔数量、大小及分布。一般气孔不能超过 5% ~10%，而且要求气孔细小，呈球形，分布均匀。

3. 陶瓷材料的性能

（1）物理性能 表 8-4 是几种常用陶瓷材料的物理性能参数。

表 8-4 常用陶瓷材料的物理性能参数

相	密度 /(g/cm³)	熔点 /℃	硬度 /GPa	弹性模量 /GPa	热膨胀系数 /$10^{-6}K^{-1}$	泊松比	热导率/ [W/(m·K)]	比热容 /[J/(kg·K)]
Al_2O_3	3.98	2047	21	400	8.4	0.26	30.2	878.2
SiC	3.22	2760	26	480	4.35	0.19	41.87	598.0
B_4C	2.52	2450	30 ~40	441	4.5	0.21	8.37 ~29.3	
TiB_2	4.45	2980	33.7	540	4.8	0.28	24.28	
TiC	4.93	3147	30	460	7.74	0.19	24.28	

（续）

相	密度 /(g/cm³)	熔点 /℃	硬度 /GPa	弹性模量 /GPa	热膨胀系数 /$10^{-6}K^{-1}$	泊松比	热导率/ [W/(m·K)]	比热容 /[J/(kg·K)]
TiN	5.4	3205	19.9	590	9.35	0.22	19.26	
Si_3N_4	3.19	1900	17.2	210	2.5	0.24		
TiO_2	5.76	1867	11	205	9.0			
ZrO_2	5.76	2677	12	190	11(7.6)			
MgO	3.77	2827	7.5	320	13.0	0.36		
AlN	3.26	2250	12.3	350	5.7			

与金属材料和高分子材料相比，耐高温是陶瓷材料优异的特性之一。大多陶瓷材料的熔点都在2000℃以上。在高温下，陶瓷不仅具有高的硬度，而且基本保持了其在室温下的强度。另外，陶瓷材料抗氧化性能好，热膨胀系数低，抗蠕变性能强，被广泛用作高温材料，如冶金坩埚、火箭和导弹的雷达防护罩、发动机燃烧喷嘴等。但是陶瓷材料的抗热振性能比较差。当温度发生急剧变化，温差又比较大时，材料容易被破坏。

（2）化学性能　陶瓷是由金属（类金属）和非金属元素形成的化合物，化合物之间的结合键主要是离子键或共价键。陶瓷中的金属正离子被四周非金属氧离子所包围，结构非常稳定。所以，陶瓷的化学稳定性好，对酸、碱和盐的耐蚀能力强，可广泛应用于石油、化工等领域。

（3）力学性能

1）弹性。陶瓷材料在室温静拉伸载荷作用下，一般都不出现塑性变形阶段，在极微小应变的弹性变形后立即出现脆性断裂，断后伸长率和断面收缩率几乎为零。

2）强度。由于陶瓷内部存在大量的气孔，其作用相当于裂纹源，在拉应力作用下迅速扩展而导致脆断，所以陶瓷的实际抗拉强度要比金属低得多。陶瓷受压时，气孔等缺陷不易扩展为宏观裂纹，所以抗压强度较高，为抗拉强度的10～40倍。减少陶瓷中的气孔，细化晶粒，提高致密度和均匀度，可提高陶瓷的强度。

3）硬度和耐磨性。硬度高、耐磨性好是工程陶瓷材料的优良特性。几种常用陶瓷材料的硬度见表8-4。

4）塑性和韧性。陶瓷材料在室温下很难产生塑性变形，其断裂方式为脆性断裂。由于陶瓷制品难以发生塑性变形，加之气孔缺陷的交互作用，其内部很容易造成应力集中，因而陶瓷的冲击韧性也很低，脆性很大。对裂纹、冲击、表面损伤特别敏感，容易发生脆性断裂，这已成为陶瓷材料用于受力较复杂构件的主要障碍。

近年来各国学者在围绕如何提高陶瓷材料的韧性、降低脆性的问题上，研究了各种陶瓷材料的增韧机制，如颗粒弥散增韧、微裂纹增韧、裂纹偏转增韧、晶须增韧、相变增韧等。

二、常用工程陶瓷的性能和用途

1. 普通陶瓷

普通陶瓷的主要原料是粘土（$Al_2O_3 \cdot 2SiO_2 \cdot 2H_2O$）、石英（$SiO_2$）和长石（$K_2O \cdot Al_2O_3 \cdot 6SiO_2$）。如果它们的组分配比不同，陶瓷的性能就有所不同。例如，长石含量高时，陶瓷的熔化温度就低，较致密，因此其抗电性能较高，但耐热性能及力学性能较差；粘土或石英含量高时，陶瓷的烧结温度较高，抗电性能差，但有较好的耐热性能和力学性能。

普通陶瓷中的日用陶瓷通常分为长石质瓷、绢云母质瓷、骨质瓷和日用滑石质瓷四大类，主要用作日用器皿和瓷器，一般具有良好的光泽度和透明度，热稳定性和强度较高。工业陶瓷主要包括建筑卫生瓷、电工瓷、化学化工瓷等几类。建筑卫生瓷用于装饰板、卫生间装置及器具等，通常尺寸较大，要求强度和热稳定性好；电工瓷主要指电器绝缘用瓷，不仅要求力学性能高，而且要求介电性能和热稳定性好；化学化工瓷用于化工、制药、食品等工业中的管道设备、耐蚀容器等，要求耐各种化学腐蚀的能力要强。普通陶瓷由于其制造工艺简单，成本低廉，在各种陶瓷中产量最大。

2. 特种陶瓷

（1）氧化物陶瓷

1）氧化铝（Al_2O_3）陶瓷。根据主晶相的不同，氧化铝陶瓷可分为刚玉瓷、刚玉-莫来石瓷及莫来石瓷三类。根据氧化铝的质量分数不同，氧化铝陶瓷可分为 75 瓷（含 75% Al_2O_3）、95 瓷（含 95% Al_2O_3）和 99 瓷（含 99% Al_2O_3）。氧化铝含量越高，性能越好，但加工工艺越复杂，成本越高。

与普通陶瓷相比，氧化铝陶瓷，尤其是刚玉瓷的结构稳定、致密，强度高 2～6 倍，硬度仅次于金刚石、碳化硼、立方氮化硼和碳化硅而居第五位。它具有很高的耐热性，能在 1600℃以下长期使用，短时使用温度为 1980℃。氧化铝陶瓷有优良的电绝缘性和耐蚀性，每毫米厚度可耐 800V 以上的高压，在酸、碱和其他的腐蚀介质中也能安全工作。此外，氧化铝陶瓷的原料丰富，分布范围广。

氧化铝陶瓷的缺点是它的脆性大，抗热振性能差。近年来，以改善其韧性为目标开展了大量研究工作，开发了许多以氧化铝为基体的新型陶瓷材料，力学性能有了较大提高。

氧化铝陶瓷广泛用于各类高温、耐蚀和电气绝缘工程中，如盛装高温熔体的容器、热电偶的保护套管、化工反应炉管、高压电气元件等。在机械工程中，用作某些精密高速切削刀具、拉丝模、量规、泵件和一些需耐热、耐蚀、耐磨的零件。

2）氧化锆（ZrO_2）陶瓷。氧化锆有三种晶型：单斜晶系、四方晶系和立方晶系，其相互转化关系为

$$\text{单斜 } ZrO_2 \xleftrightarrow{1170℃} \text{四方 } ZrO_2 \xleftrightarrow{2370℃} \text{立方 } ZrO_2 \xleftrightarrow{2715℃} \text{液态}$$

单斜晶系与四方晶系之间的转变伴随有 7%～9% 的体积变化，而氧化锆增韧正是通过四方相转变成单斜相来实现的，这种相变属于马氏体相变。

氧化锆陶瓷的特点是硬度、强度高，韧性好，耐热性高，可在空气中 2000～2200℃温度范围内使用。这种陶瓷还可以加入少量碱金属氧化物或稀土金属氧化物进行韧化处理，其力学性能显著改善。氧化锆陶瓷除用于制造高温耐火坩埚、炉衬、反应堆材料和防护涂层外，还可以利用氧化锆陶瓷的高硬度和高韧性，制成冷成形工具、拉丝模、切削刀具、轴承等。

（2）碳化物陶瓷

1）碳化硅（SiC）陶瓷。碳化硅是 Si-C 间键力很强的共价键化合物，具有金刚石型结构。纯 SiC 是无色透明的，工业 SiC 由于含有游离碳、铁、硅等杂质而呈浅绿色或黑色。SiC 熔点高，且具有优良的抗氧化性，在高达 1550℃的温度下，抗氧化性仍然很好。SiC 用

作耐火材料已有很长的历史，在金属冶炼、空间技术中可广泛用作炉衬、过滤器、坩埚、火箭发动机喷嘴以及热电偶保护套管等。由于 SiC 硬度高，还可用以制作砂轮和各种磨具。SiC 不仅具有高的室温强度，而且随温度的升高，强度并不降低，因此在热机中的应用已取得了良好的进展，可用于制作燃气轮机的定子、转子、燃烧器、涡形管等。

2）碳化硼（B_4C）陶瓷。碳化硼为黑色粉末，莫氏硬度 9.3，仅次于金刚石和立方氮化硼。B_4C 粉具有非常高的研磨能力，超过 SiC 的 50%，比刚玉高 1～2 倍，所以 B_4C 的最大用途是用作磨料和制造磨具，有时用于制作超硬工具材料。B_4C 具有很好的化学稳定性，能耐酸碱腐蚀，并且不与大多数熔融金属润湿和反应，是优良的耐蚀材料，用于制造耐酸碱零件。

3）碳化钛（TiC）陶瓷。碳化钛熔点高，硬度高，化学稳定性好。碳化钛是制造硬质合金的主要原料，加入碳化钛后，硬质合金的热硬性、耐磨性、抗氧化性和耐蚀性等性能都得到提高。用气相沉积法在硬质合金刀具或模具表面制备碳化钛涂层，可大大提高硬质合金刀具和模具的使用寿命。

（3）氮化物陶瓷

1）氮化硅（Si_3N_4）陶瓷。氮化硅是键能高、稳定的共价键晶体。其特点是硬度高，摩擦因数低，且有自润滑作用，所以是优良的耐磨减摩材料。氮化硅的耐热温度比氧化铝低，而抗氧化温度高于碳化物和硼化物。在 1200℃ 以下具有较高的力学性能和化学稳定性，并且热膨胀系数小，抗热冲击，所以可作优良的高温结构材料。另外，氮化硅陶瓷能耐许多无机酸和碱溶液侵蚀，是优良的耐蚀材料，在化学工业中用作球阀、泵体、密封环、过滤器、蒸发皿、管道等。在机械工业中，氮化硅陶瓷可用作涡轮叶片、高温轴承、切削刀具等。

2）赛隆（Sialon）陶瓷。Sialon 陶瓷通常是将 Si_3N_4、Al_2O_3、AlN 和烧结助剂（如 Y_2O_3、MgO 等）混合、成形后，用常压、热压或热等静压等烧结工艺制成。Sialon 陶瓷的热膨胀系数比较小，抗热振性能优良，其抗氧化性可与 SiC 陶瓷相媲美。Sialon 陶瓷具有优异的抗熔融金属腐蚀的能力，几乎还没有发现它被熔融金属“浸润”的情况。此外，Sialon 陶瓷的硬度也很高，是一种达到实际应用的超硬工具材料。

从发展趋势来看，新型陶瓷由单一的氧化物陶瓷发展到了多种化合物陶瓷，由微米级向纳米级陶瓷材料发展，由传统的烧结制备块状陶瓷发展到了制备单晶、薄膜、纤维等陶瓷材料。

三、陶瓷材料成形技术

陶瓷制品的生产过程主要包括配料、坯体成形和烧制三个阶段。

1. 配料

原料按不同的成形方法要求配制成供成形用的坯料，如浆料、可塑泥团、压制粉料等。

2. 坯体成形

将坯料制成具有一定形状和规格的坯体。根据坯料的性能和含水量的多少，陶瓷成形方法可分为可塑成形法、注浆成形法和干压成形法三大类。可塑性好的坯料可采用可塑成形法，可塑性较差的坯料应采用注浆成形或压制成形法。

（1）可塑成形　可塑成形是用各种不同的外力对具有可塑性的坯料或泥团进行加工，迫使坯料在外力作用下发生塑性变形而制成坯件的方法。根据使用的外力操作方法不同，可塑成形又细分为雕塑、旋压、滚压、注射、挤压、压制等方法。

1）旋压成形。将适量的可塑性泥料放在旋坯机上的石膏模中，然后将型刀逐渐压入泥料，随着石膏模的旋转和型刀的挤压作用，可塑性泥团被展开形成坯体。坯体的形状由型刀和模具的工作面形状确定，坯体的厚度就是型刀和模具工作面之间的距离。

2）滚压成形。滚压成形时，盛放泥料的模型和回转形的滚压头分别绕各自的轴线以一定的速度同方向旋转，滚压头一面旋转一面逐渐压入泥料，泥料受“滚”和“压”的作用而形成制品。按滚压头形状的不同，滚压成形分为阳模滚压成形（图 8-12a）和阴模滚压成形（图 8-12b）。

滚压成形适合加工产量较大、形状比较简单的回转体。

3）挤压成形。可塑泥料放入底模（阴模）中，在挤压力作用下成坯，坯体的形状和厚度取决于底模与上模所构成的型腔。挤压成形常用于生产瓷绝缘子等陶瓷制品。

4）注射成形。将配制好的泥料放入注射机中，根据模具出口的形状，可以连续挤出各种形状的坯体。挤压成形常用于挤制管、棒等制品。

（2）注浆成形　注浆成形是将具有流动性的液态泥浆注入多孔模具内，借助于模具的毛细吸水能力，使泥浆脱水硬化，而在模具内留下坯体。

注浆成形工艺过程包括料浆制备、模具制备和料浆浇注三个阶段。料浆要具有良好的流动性和稳定性。常用的料浆成形模具为石膏模，近年来也有的用多孔树脂模制作。料浆浇注入模并吸干其中液体后，拆开模具取出注件，去除多余边料，在室温下自然干燥或在烘干箱中干燥。图 8-13 是注浆成形示意图。

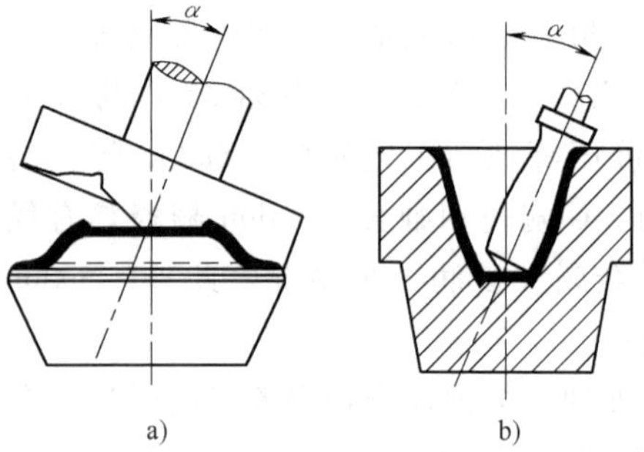

图 8-12　滚压成形示意图

a）阳模滚压成形　b）阴模滚压成形

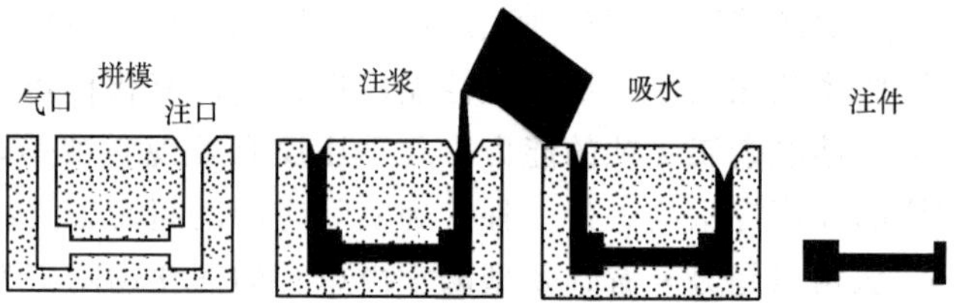

图 8-13　注浆成形示意图

注浆成形适合加工一些形状复杂、尺寸精度要求不高的制品。

（3）模压成形　模压成形又称干压成形，它是先将粉料加少量粘结剂混合进行造粒，再将造粒后的粉料置于钢模内，在压力机上通过模冲对粉末施加压力，压制成具有一定形状和强度的陶瓷坯体，卸模后即可从阴模中取出坯体。

由于在压制过程中，粉末颗粒之间，粉末与模冲、模壁之间存在摩擦，所以模压成形的加压方式对坯体的致密性有很大的影响。单向加压时，坯体上下密度差别较大（图 8-14a）；而双向加压时坯体的上下密度均匀性要好一些，仅是中间密度略小些（图 8-14b）。向粉料中加入少量有机润滑剂（如油酸），会显著提高坯体的密度均匀性。

模压成形的粉料含水量低（<7%（质量分数）），坯体可不经干燥直接焙烧，坯体收缩

率小，密度大，机械强度高，尺寸精确。

模压成形工艺简单，操作方便，一般适用于形状简单、尺寸较小的制品。

（4）等静压成形　等静压成形是利用液体介质能均匀传递压力和不可压缩性的特性，将装在封闭模具中的粉料置于高压液体中，使坯料在各个方向同时均匀受压成形的一种方法。

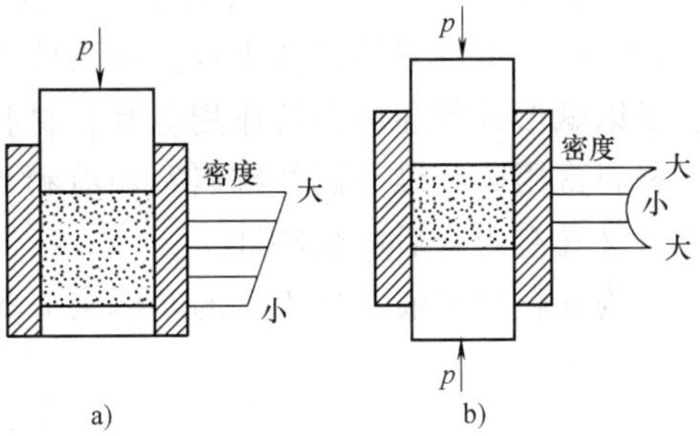

图 8-14　干压成形示意图

a）单向加压　b）双向加压

图 8-15 是等静压成形过程示意图。等静压成形的粉料含水量控制在 3%（质量分数）以内，将预压好的坯料包封在弹性的橡胶模或塑料模具内，然后放入高压容器中。向高压容器内注入高压液态介质，使密封于弹性模具中的陶瓷粉料在各个方向都受到均匀的压力，使其成为致密的坯体。

等静压成形可以获得高密度、高均匀度的陶瓷制品，主要适用于产量少、形状较复杂的制品。

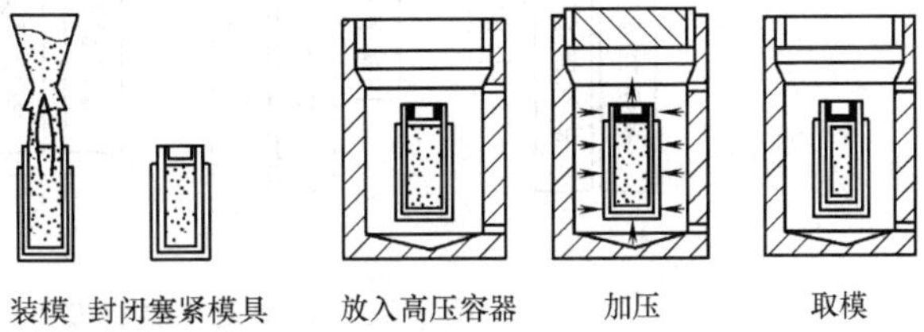

图 8-15　等静压成形过程示意图

3. 烧制

陶瓷的烧制是一道很关键的工序。坯体在烧制过程中，在不同的加热温度阶段会发生一系列的物理化学变化，如膨胀、收缩、气体的产生、液相的出现、旧晶相的消失、新晶相的析出等。经过高温烧制的陶瓷制品才能具有强度高、结构致密的特性。

第三节　复合材料及其成形技术

一、复合材料的基本概念

复合材料是指由两种或两种以上异质、异形、异性的材料，以宏观或微观的方式复合形成的新型材料，它一般由基体组元和增强体或功能组元所组成。在工程上，复合材料主要是为了克服金属、高聚物及陶瓷等传统的单一材料在某些性能方面的不足，实现材料强度、韧性、重量以及稳定性等方面综合性能的全面改善和提高。

材料的复合化是材料发展的必然趋势之一。在古代就出现了原始型的复合材料，如用泥土和草茎作建筑材料，用砂石和水泥复合的混凝土也有很长历史。尤其是从 20 世纪 60 年代，随着高技术的发展，对材料性能的要求日益提高，复合材料有了更为迅速的发展，许多性能优良的先进复合材料已成为航空、航天等工业的关键材料。

复合材料突出的特点是，它的性能比其任一组元材料要好得多，而且复合材料可按照构件的结构、受力和功能等要求，经过优化设计，即通过对原材料的选择、各组分分布设计和工艺条件的保证等，使各组分材料实现优势互补，获得出色的综合性能。

1. 复合材料的分类

复合材料按用途可分为结构复合材料和功能复合材料。

结构复合材料是指用于结构零件的复合材料，一般由高强度、高模量的增强体与强度低、韧性好、低模量的基体组成。增强体承担结构使用中的各种载荷，基体则起到粘结增强体、予以赋形并传递应力的作用。复合材料的基体材料常用树脂、橡胶、金属、陶瓷等；增强体材料常用碳纤维、硼纤维以及颗粒和片状物等。复合材料既能保持组成材料各自的最佳性能，又具有组合后的新特性。

结构复合材料通常按不同的基体来分类，如图 8-16 所示。

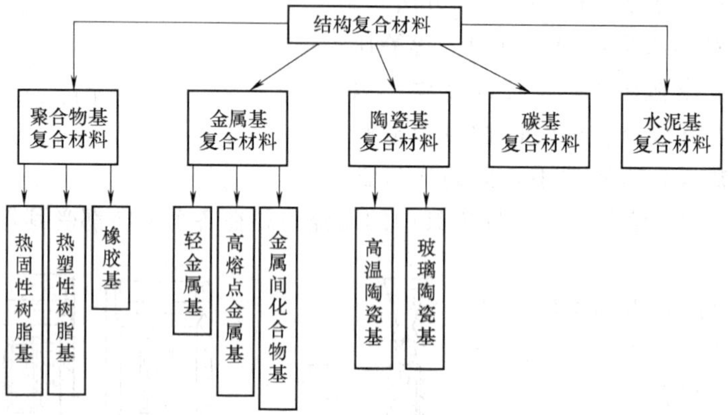

图 8-16 结构复合材料按不同基体分类方法

结构复合材料若按增强体的种类和形状可分为层叠、纤维、颗粒增强复合材料，如图 8-17 所示。其中发展最快、应用最广的是各种纤维（如玻璃纤维、碳纤维等）增强的复合材料。

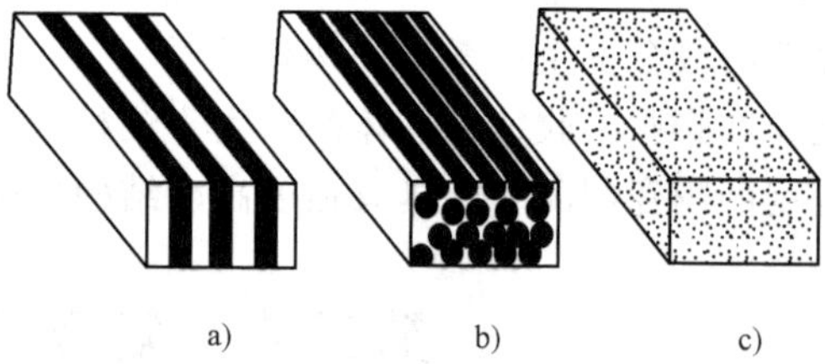

图 8-17 复合材料结构示意图
a）层状结构 b）纤维结构 c）粒状结构

2. 复合材料的性能

（1）比强度和比模量 比强度、比模量是指材料的强度或模量与其密度之比。材料的比强度或比模量越高，构件的自重就会越轻，或者体积会越小。通常，复合材料中所用的增强体多为密度较小、强度极高的纤维，如玻璃纤维、碳纤维和硼纤维等，而基体也多为密度较小的材料，如高聚物等，其复合的结果是密度大大减小。因此，高的比强度和比模量是复合材料突出的性能特点，如表 8-5 所示。

表 8-5 常见纤维增强复合材料与钢等金属的性能比较

材料 \ 性能	密度/(kg/m^3)	抗拉强度/MPa	弹性模量/GPa	比强度/($MPa \cdot m^3/kg$)	比模量/($GPa \cdot m^3/kg$)
钢	7800	1030	210	0.13	27
铝	2800	470	75	0.17	26
钛	4500	960	114	0.21	25
玻璃钢	2000	1060	40	0.53	21
高强度碳纤维/环氧树脂	1450	1500	140	1.03	96

（续）

材料＼性能	密度/(kg/m³)	抗拉强度/MPa	弹性模量/GPa	比强度/(MPa·m³/kg)	比模量/(GPa·m³/kg)
高模量碳纤维/环氧树脂	1600	1070	240	0.67	150
有机纤维 PRD/环氧树脂	1400	1400	80	1.00	57
硼纤维/环氧树脂	2100	1380	210	0.66	100
硼纤维/铝	2650	1000	200	0.38	75

（2）抗疲劳性能和抗断裂性能　通常，在纤维增强复合材料中，由于纤维缺陷比较少，本身的抗疲劳能力很高；而基体的塑性和韧性也比较好，能够消除或减少应力集中，不易产生微裂纹。即使形成微裂纹，裂纹的扩展过程也与金属材料完全不同。一方面，由于材料基体中存在大量纤维，裂纹的扩展要经历曲折、复杂的路径，在一定程度上阻止了裂纹的扩展；另一方面，塑性变形的存在又使微裂纹产生钝化而减缓其扩展，这样就使得复合材料具有较高的抗疲劳性能。例如，碳纤维增强树脂的疲劳强度为其抗拉强度的70%～80%，而一般金属材料仅为其抗拉强度的40%～50%。

纤维增强复合材料中有大量的纤维存在，在其受力时将处于力学上的静不定状态。在较大载荷作用下，当部分纤维发生断裂时，载荷将由韧性好的基体重新分配到其他未断纤维上，使构件不至于在瞬间失去承载能力而断裂。因此，复合材料具有良好的抗断裂能力，或者说，其断裂安全性比较高。

（3）减摩与减振性能　碳纤维增强高分子材料的摩擦因数比高分子材料本身低得多，在热塑性塑料中添加少量短切纤维可以大大提高其减摩和耐磨性能。由于复合材料的比模量高，其自振频率也高，因而构件在工作状态下一般不会发生因共振而快速脆断的现象。同时，由于复合材料是一种非均质的多相材料体系，纤维与基体界面有吸收振动能量的作用，即便在产生振动时也会很快衰减。

（4）高温性能　各种增强纤维多具有较高的弹性模量，因而有较高的熔点和高温强度，图8-18为几种增强纤维的强度随温度变化的曲线。由图可见，几种纤维材料在高温下仍保持很高的强度，因而具有优良的耐高温性能。通常，聚合物基复合材料的使用温度在100～350℃，金属基复合材料按不同基体，使用温度为350～1100℃，SiC纤维、Al_2O_3纤维与陶瓷的复合材料可在1200～1400℃范围内保持很高的强度，而碳纤维复合材料在非氧化气氛下可在2400～2800℃长期使用。

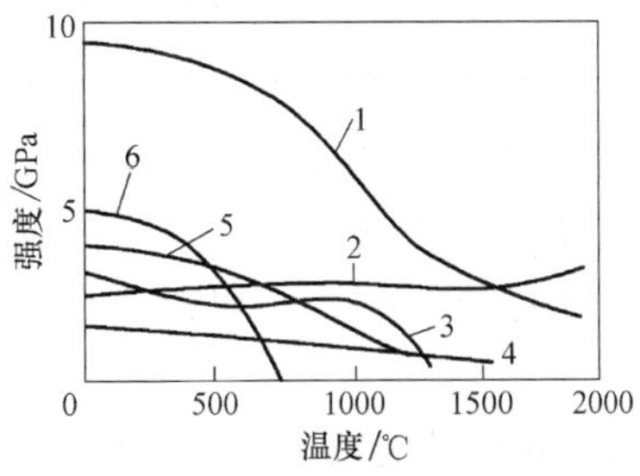

图8-18　几种增强纤维的高温强度
1—氧化铝纤维　2—碳纤维　3—钨纤维
4—碳化硅纤维　5—硼纤维
6—钠玻璃纤维

除具有上述几种特性外，部分复合材料还有耐辐射、耐蚀、抗蠕变以及绝缘性能好等性能特点。但是，复合材料也存在一些问题，如断裂伸长小，冲击韧性较差，而且有些复合材料属于各向异性材料，其横向拉伸时的强度和层间剪切时的强度不高。复合材料制造成本比较高，使复合材料的应用受到一定的限制。

二、常用复合材料

1. 聚合物基复合材料

聚合物基复合材料是目前复合材料的主要品种，

其产量远远超过其他基体的复合材料。20 世纪 40 年代，出现了以玻璃纤维增强工程塑料的复合材料，即玻璃钢，从而开创了用复合材料取代金属材料的新时代。到 20 世纪 60 年代，先后出现了硼纤维和碳纤维增强塑料，复合材料开始大量应用于航空航天等高科技领域。此后，聚合物基复合材料在航空航天、汽车、建筑等各个领域都得到了广泛的应用。

由于习惯上常将橡胶基复合材料划入橡胶材料中，所以聚合物基复合材料基本都是塑料基复合材料，而且分为热固性聚合物（树脂）基复合材料和热塑性聚合物基复合材料两大类。

（1）玻璃纤维-树脂复合材料　玻璃纤维-树脂复合材料是以玻璃纤维或玻璃纤维制品（如玻璃布、玻璃带、玻璃毡等）为增强材料，以合成树脂为基体制成的复合材料。

玻璃纤维是将熔化的玻璃液以极快的速度拉制成细丝（直径一般为 5 ~ 9μm），质地柔软，且纤维越细强度越高。其比强度和比模量都比钢高。

玻璃纤维增强材料分为长纤维和短纤维两类。长纤维在增强塑料中平行成束排列，并被树脂包围，短纤维则均匀不定向地分布于树脂之中。

1）玻璃纤维热固性增强复合材料。玻璃纤维热固性增强复合材料俗称玻璃钢，是应用得比较早也比较普遍的一种复合材料。它由 60% ~70% 的玻璃纤维与 30% ~40% 的热固性树脂复合而成，常用的热固性树脂有环氧、酚醛、聚酯、氨基及有机硅等树脂。

玻璃钢是用玻璃纤维布的形式作为增强材料，所以沿玻璃布方向的强度高，层间强度则较低；在同一玻璃布的平面内，径向强度高于纬向强度，而沿 45°方向的强度最低。因此，玻璃钢是一种各向异性复合材料，在零件结构设计制造时需要注意。

热固性玻璃钢的主要优点是成形工艺简单，强度高，质量轻，耐腐蚀，介电性高，但是弹性模量低（仅为结构钢的 10% ~20%），耐热温度低（一般低于 250℃），在高温下长期受力时易发生蠕变及老化现象。表 8-6 为几种常见热固性玻璃钢的性能特点。

表 8-6　几种常见热固性玻璃钢的性能

材　料	密度/(kg/m^3)	抗拉强度/MPa	抗压强度/MPa	抗弯强度/MPa
环氧树脂玻璃钢	1730	341	311	520
聚酯树脂玻璃钢	1750	290	93	237
酚醛树脂玻璃钢	1800	100		110
有机硅树脂玻璃钢		210	61	140

玻璃钢主要用于要求自重轻的受力结构件，如汽车、机车、直升机、轻型船体上的构件、石油化工管道、阀门等。玻璃钢在机械工业中的应用也较为普遍，如轴承、齿轮和法兰圈等各种机械零件。可以说，热固性玻璃钢是现代工业比较理想的轻质结构、耐蚀与绝缘抗磁的材料。

2）热塑性玻璃钢。热塑性玻璃钢即玻璃纤维增强的热塑性聚合物基复合材料，常用的基体有尼龙、聚乙烯、聚丙烯等，其中以尼龙的增强效果最为显著。

对于不同的热塑性聚合物基体，玻璃纤维所用的数量及其效果各有不同。一般地，相对于塑料基体本身，热塑性玻璃钢的抗拉强度和抗弯强度可提高 2 ~3 倍，同时其物理化学性能也有一定程度的改善。

热塑性玻璃钢的机械强度通常较热固性玻璃钢低，因此前者的应用范围和数量均不如后者。但因热塑性玻璃钢可采用注射成形，生产效率高，成本低，其用量正逐年增加。它主要应用于要求重量轻、强度高的零件，如航空、机车、汽车等的受力、受热结构件与传动件。

（2）碳纤维-树脂复合材料　碳纤维增强材料与树脂基体组成的材料称为碳纤维-树脂复合材料。目前用于制造碳纤维增强塑料的树脂主要有聚酯、酚醛、环氧、聚四氟乙烯等。

碳纤维原料多为聚丙烯腈纤维，在 200 ~ 300℃空气中加热并施加一定张力进行预氧化处理，然后在 1000 ~ 1500℃氮气保护下进行碳化处理而成。这种碳纤维中的碳质量分数为 85% ~95%，具有高强度，因而称为高强度碳纤维或Ⅱ型碳纤维。如果将碳纤维在 2500 ~ 3000℃高温下，在氩气中进行石墨化处理，其碳质量分数将达到 98% 以上，具有高弹性模量和高强度，因而称为高模量碳纤维或Ⅰ型碳纤维。

与玻璃纤维相比，碳纤维密度更小，强度略高，但弹性模量比玻璃纤维高 4 ~6 倍。所以比强度和比模量均高于玻璃纤维。碳纤维具有较好的高温性能，缺点是脆性大，易氧化，与基体结合力差。

由于碳纤维的优异性能，使其性能优于玻璃钢。它具有低密度、高强度、高弹性模量、高比强度和高比模量，而且还具有优良的抗疲劳、耐冲击、自润滑、减摩耐磨、耐蚀和耐热等性能。在机械工业中，碳纤维增强塑料可用于制造承载、耐磨等零件，如轴承、密封圈、齿轮等。碳纤维增强塑料在体育器材、化学工业、汽车制造业、航空航天和国防工业中都得到了应用。

2. 金属基复合材料

金属基复合材料是 20 世纪 60 年代末才发展起来的。它的出现弥补了聚合物基复合材料的不足，如耐高温性差（一般不能超过 300℃），不能满足材料导电和导热需要等。金属基复合材料就是以金属及其合金为基体，由一种或几种金属或非金属增强的复合材料。迄今为止，金属基复合材料由于加工工艺尚不够完善，成本较高，还没有形成大规模批量生产，但是有很大的发展潜力和应用前景。

金属基复合材料一般按照增强体的形式分类，如颗粒增强和纤维增强两大类，所选用的基体主要有铝、镁、钛及其合金、镍基高温合金以及金属间化合物等。

颗粒增强铝基复合材料是金属基复合材料中最成熟的一类，美国、加拿大等国已有小批量生产。这种复合材料所用的增强体主要是碳化硅和氧化铝，也有少量氧化钛和硼化钛等颗粒，基体一般是铝合金。其制备方法有粉末冶金法和液相复合法。该类复合材料的性能比原基体合金有明显提高。例如，用 20%（体积分数）的碳化硅颗粒增强 6061 铝合金，其强度从原合金的 310MPa 提高到 496MPa，弹性模量则从 68GPa 增至 103GPa，断裂伸长率从原来的 12% 降到 5.5%。此外，其耐磨性、尺寸稳定性、耐热性也比原合金有很大改善。该种复合材料已经在超大规模集成电路基板、各种结构型材和耐磨部件等方面获得满意的使用效果。表 8-7 给出了几种典型的碳化硅颗粒增强铝基复合材料的力学性能。

纤维增强金属基复合材料是用各种纤维为增强体、以金属为基体的一类复合材料。复合材料中的高强度、高模量增强纤维是主要的承载组元，而基体金属则起到固结纤维和传递载荷的作用。纤维增强金属基复合材料具有各向异性的特点，而且其各向异性的程度取决于纤维在基体中的分布和排列方向。纤维增强金属基复合材料常用的增强纤维有硼纤维、碳纤维、氧化铝纤维、碳化硅纤维等，基体金属主要有铝、镁、钛及其合金，镍基高温合金以及新近发展的金属间化合物如 Ti_3Al、Ni_3Al 等。

表 8-7 几种典型的碳化硅颗粒（SiC_P）增强铝基复合材料的力学性能

基体	SiC_P 含量（体积分数，%）	弹性模量/GPa	抗拉强度/MPa	屈服强度/MPa	断裂伸长率(%)
6016Al	0	69	310	276	12
	20	103	496	414	5.5
2124Al	0	71	455	420	9
	20	103	552	400	7
7090Al	0	72	634	586	8
	20	104	724	655	2

在金属基复合材料中，以铝基复合材料的发展最为迅速，而硼纤维增强铝基复合材料则是其中应用最早的一种。为提高硼纤维的热稳定性，需在纤维表面涂上一层 SiC。硼纤维增强铝基复合材料具有很高的比强度和比模量，耐疲劳性能与耐蚀性能也较好，其构件可在300℃或更高的温度下工作。

3. 无机非金属基复合材料

无机非金属基复合材料包括陶瓷基复合材料、碳基复合材料和水泥基复合材料。尽管目前陶瓷基和碳基复合材料的产量还不大，但是它们能耐高温且在高温下仍具有较高的力学性能，是一类很有发展前途的复合材料。

（1）陶瓷基复合材料　陶瓷基复合材料的基体包括陶瓷、玻璃和玻璃陶瓷。虽然各种增强体均可应用，但由于受工艺条件的限制，主要使用的增强体是晶须和颗粒。陶瓷基复合材料的耐高温性，以高温多晶（或非晶）陶瓷为基体的最高（1000～1400℃），玻璃和玻璃陶瓷为基体的复合材料只能在低于1000℃的环境中使用。陶瓷材料具有优良的综合力学性能、耐磨性能和耐蚀性能等优点，但其最大的缺点是脆性大，对裂纹、气孔等缺陷很敏感。因此，如何在保持陶瓷材料优点的基础上，提高韧性、减小脆性，是目前陶瓷基复合材料研究的重要课题。

（2）碳基复合材料　碳基复合材料是以碳为基体、碳或其他物质为增强体组合成的复合材料。由于这种复合材料是以碳为基，因而具有许多碳和石墨的特点，如密度小，导热性好，热膨胀系数低以及对热冲击不敏感等。这类复合材料还具有优良的力学性能，如强度和冲击韧性比石墨高5～10倍，并且比强度非常高。此类材料中的碳/碳复合材料是目前最耐高温的复合材料，其强度随温度升高而增加，在2500℃左右达到最大值，同时它具有良好的抗烧蚀性能和抗热振性能。但是，碳/碳复合材料不能在氧化性气氛下承受高温，因此它的抗氧化措施是当前研究的重点。

碳/碳复合材料的性能主要取决于增强体，如碳纤维的类型、含量和取向等。所用的增强体为碳纤维的三维编织物，但也用二维布层叠后穿刺或用碳毡。碳/碳复合材料目前主要应用于航空航天、军事和生物医学等领域，如导弹头部的隔热罩、固体发动机喷管、飞机刹车片、赛车和摩托车刹车系统等。可以预见，随着材料成本的不断降低，其应用领域也将逐渐向民用工业领域转变。

总之，复合材料的发展非常迅速，其应用范围也在不断扩大。而且除了聚合物基、金属基和无机非金属基等“传统”复合材料以外，各种新型的复合材料，如纳米复合材料、仿生复合材料、智能复合材料等也是当前复合材料研究、发展的新动向和新热点。

三、复合材料的成形技术

复合材料的成形方法主要取决于复合材料的基体。一般情况下，其基体材料的成形方法也常常适用于以该类材料为基体的复合材料。

1. 树脂基纤维增强复合材料成形方法

以热固性玻璃钢为例，树脂基纤维增强复合材料的成形方法有手糊成形、层压成形、模压成形、袋压成形、缠绕成形、挤出成形和注射成形等。

（1）手糊成形　手糊成形是制造玻璃钢制品最常用并且最简单的一种成形方法。手糊成形工艺所需原材料包括合成树脂和玻璃纤维织物等主要材料，以及由固化剂、引发剂、促进剂、稀释剂、脱模剂、填料等组成的辅助材料。

图 8-19 是手糊法糊制玻璃钢制品过程的示意图。先配制好树脂胶液，并按要求将玻璃丝纤维织物剪裁成一定形状和尺寸，然后在涂有脱模剂的模具上均匀刷上一层树脂，铺上一层玻璃纤维织物，用手动压辊沿着布的径向，顺一个方向从中间向两边用力滚动，以排除其中的气泡，使玻璃布贴合紧密，含胶量均匀。如此往复，直到达到设计的厚度。糊制完成后，一般要在常温下固化 24h 后才能脱模，然后对玻璃钢制品毛坯进行加热后处理，通常环氧玻璃钢后处理加热温度控制在 150℃ 以内，聚酯玻璃钢后处理加热温度一般不超过 120℃。

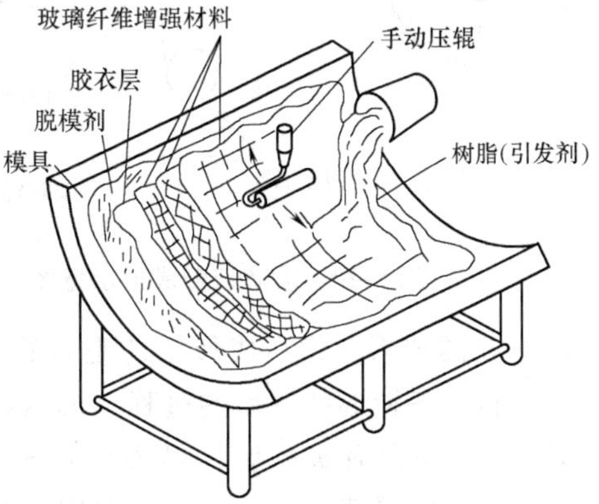

图 8-19　手糊成形示意图

手糊法糊制玻璃钢制品的工作环境温度应保持在 15℃ 以上，最好控制在 25～30℃ 范围内。

手糊成形主要用于不需要加压、能在室温下固化的不饱和聚酯树脂和环氧树脂为基体的复合材料成形。其特点是工艺简单，操作方便，设备投资少，生产成本低，但对操作者的技术水平要求高，制品的质量不稳定，操作者的劳动强度大。手糊法适合多品种、小批量生产，且不受尺寸和形状的限制，如船体、汽车壳体、化工容器、大口径管道等。

（2）层压成形　层压成形一般用纸、棉布、玻璃布作为增强原料，以热固性酚醛树脂、氨基树脂、环氧树脂等为粘结剂。层压成形是在多层压机上进行的，整个层压成形过程分为叠合、进模、热压、冷却、脱模等几道工序。

叠合是将浸了胶的纸或布层叠在一起组合成一个叠合本，然后将其推入多层压机的热板间进行热压。热压分为预热和热压两阶段。预热阶段是先逐渐升温至 130～140℃，压力保持在 4～5MPa，当树脂沿板坯边缘流出并出现硬化时，立即升温至 160～170℃，并加大压力至 9～10MPa，开始转入热压阶段。在达到保温时间后，立即关闭加热电源，并维持原有的压力，通水或通风冷却。当温度冷至 60～70℃ 时，即可降压脱模。

层压成形除可生产层压板外，还可用于玻璃钢管的生产，其工艺过程如图 8-20 所示。经过浸胶的胶布通过张力辊、导向辊，进入上辊筒，在已加热的上辊筒上受热变软发粘，然后卷入并粘到包有底布的管芯上去。当卷至规定的厚度时割断胶布，将卷好的胶布管芯送进加热炉中进行固化处理。固化冷却后，经脱芯、修整，便可获得玻璃钢管制品。

（3）袋压成形　袋压成形是在手糊成形的制品上，作为复合材料层叠坯料的后续成形加工。图 8-21 为袋压成形示意图。将尚未固化的玻璃钢制品放置于模具上，在固化过程中利用压力袋对其表面施加压力而迫使其成形。压力袋由弹性好、强度高的橡胶制成，工作压力为 0.4 ~ 0.5MPa。袋压成形的优点是工艺及设备比较简单，制品表面平滑，成形周期短，可用于外形简单、能在室温下固化的制件。

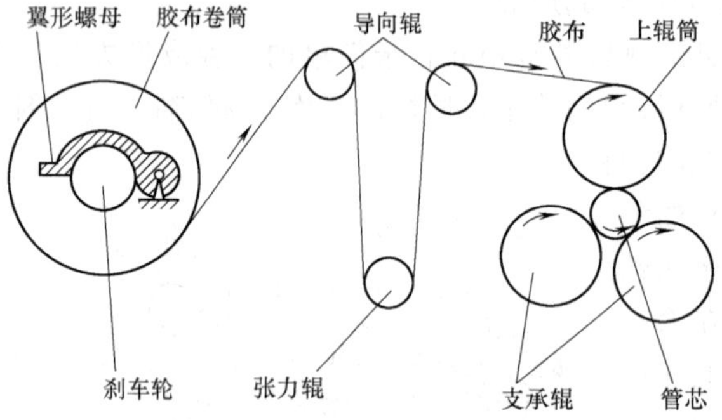

图 8-20　玻璃钢管成形示意图

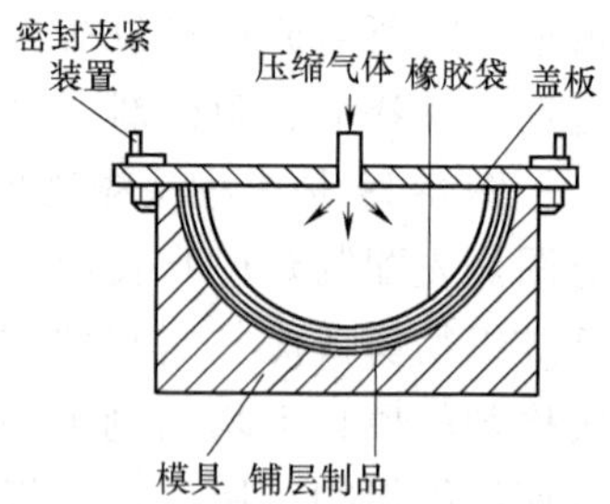

图 8-21　袋压成形示意图

（4）模压成形　模压成形工艺是将置于金属对模中的模压料，在一定的温度和压力作用下，压制成各种形状制品的过程。模压料是由树脂、增强材料和辅助材料组成的，树脂常为酚醛树脂或酚醛环氧树脂，增强材料多为长纤维（30 ~ 50mm），模压前要先将纤维状增强材料在树脂中浸渍。这种方法主要用于制备形状复杂、强度要求高、耐腐蚀的制品。

（5）缠绕成形　缠绕成形是将经过树脂浸胶的连续纤维或带，按照一定的规律缠绕到芯模上，经过固化处理而制成的复合材料制品的一种加工方法。图 8-22 是缠绕成形示意图。缠绕时，由于缠绕张力的作用，使后绕上的一层纤维会对先绕上的纤维发生压缩变形造成内松外紧，纤维不能同时受力，严重影响制品的强度和抗疲劳性能。所以应采用纤维张力逐层递减的方法，使玻璃钢制品的层间都具有相同的初应力和张紧程度。

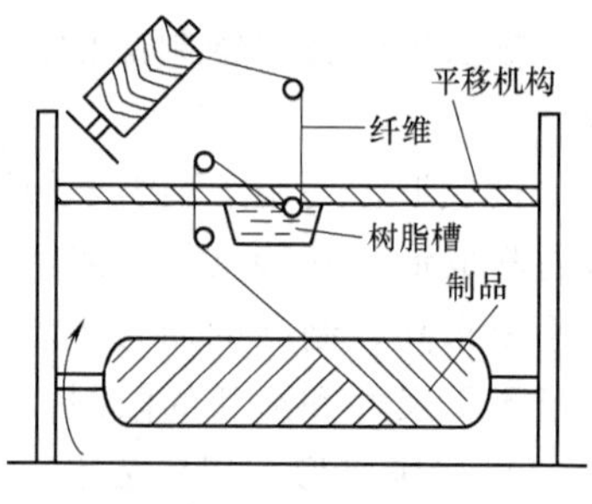

图 8-22　缠绕成形示意图

与其他复合材料的成形方法相比，缠绕成形制品质量高而且稳定，可以按照受力要求确定纤维的排列方向、层次，因而制品结构合理。缠绕成形仅适用于制造具有回转体形状的制品，如化工容器、贮罐槽车、化工管道、火箭发动机外壳、鱼雷和雷达罩等。

（6）挤出成形和注射成形　工程塑料的挤出成形和注射成形法也可以用于热塑性玻璃钢的成形，成形所用的粒料在造粒过程中便将增强纤维与树脂均匀地混合在一起。挤出成形和注射成形工艺与热塑性塑料的挤出成形和注射成形相似。

2. 金属基复合材料成形方法

金属基复合材料的成形方法有固态法、液态法和喷涂沉积法。

（1）固态法　金属基复合材料的固态制备工艺主要有粉末冶金法和热压扩散结合法。

1）粉末冶金法。粉末冶金法是制备金属复合材料，尤其是非连续增强体金属基复合材料的主要方法之一，广泛应用于各种颗粒、片晶、晶须及短纤维增强的铝、铜、钛、高温合金等金属基复合材料。其工艺是先将金属粉末或合金粉末和增强体均匀混合，经用不同固化技术制成锭块，再通过挤压、轧制、锻造等二次加工制成型材。

2）热压扩散结合法。热压扩散结合法是连续纤维增强金属基复合材料最具代表性的一种常用的固相复合工艺。它是按照制件形状、纤维体积密度及增强方向要求，将增强纤维与金属基体排布好，然后在低于复合材料基体金属熔点的温度下加压并保持一定时间，此时基体金属产生蠕变与扩散，使纤维与基体间形成良好的界面结合，得到金属基复合材料制品。热压扩散结合法常用于生产各种复合板材或带材，图 8-23 是用扩散法生产带材的示意图。

热压扩散结合法的优点是纤维取向性好，易精确控制，制件质量好；缺点是生产周期长。

（2）液态法　液态法也称液态渗透法，它是在真空或惰性气体介质中，使排列整齐的纤维束之间浸透熔融金属，经冷却结晶后获得纤维增强复合材料的一种成形方法。图 8-24 为液态渗透法制备金属基复合材料的示意图。

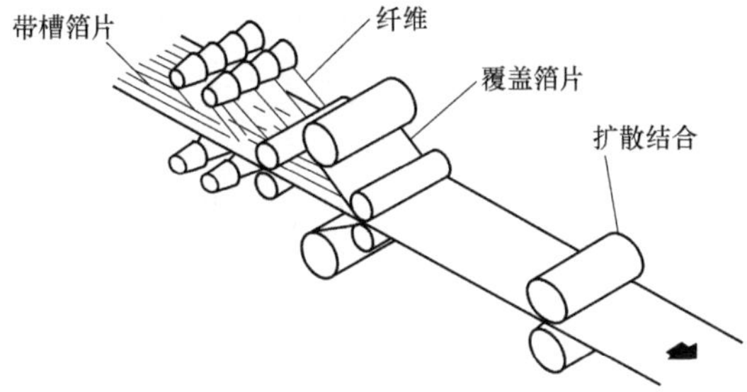

图 8-23　用扩散法生产带材的示意图

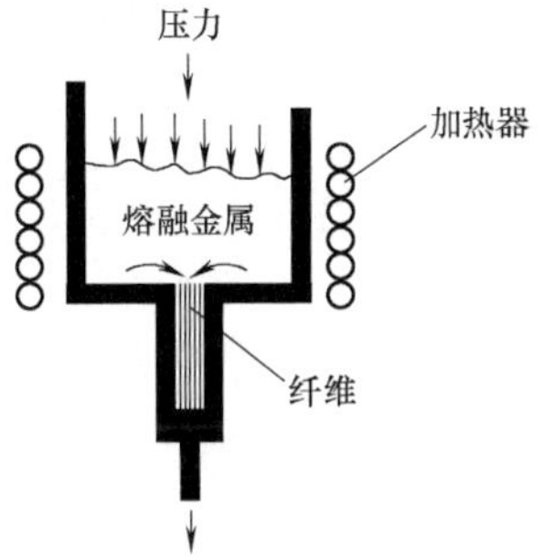

图 8-24　液态渗透法制备金属基复合材料的示意图

液态法常用于生产圆棒、管子或其他截面形状的棒材、型材等。其优点是成形过程中不伤纤维，纤维与金属基体的润湿良好，缺点是高温过程中界面反应大。

（3）喷涂沉积法　喷涂沉积法是用加热源（火焰、电弧或等离子弧）加热熔化金属粉末或金属线材，然后在惰性气体的保护下向排列整齐的纤维喷射熔融金属，待其凝固后形成金属基体纤维增强复合材料的一种方法。有关各种喷涂技术可参阅第三章第七节表面热处理及表面工程技术的相关内容。

3. 陶瓷基复合材料成形方法

陶瓷基复合材料的成形方法分为两类。一类是针对短纤维、晶须、晶片和颗粒等增强体，基本采用传统的陶瓷成形工艺；另一类是针对连续纤维增强体，有料浆浸渍后热压烧结法和化学气相渗透法。

（1）热压烧结法　将纤维置于制备好的陶瓷粉体浆料里，纤维粘附一层浆料，然后将含有浆料的纤维布置成一定结构的坯体，经干燥、排胶、热压烧结后成为制品。

该方法广泛用于陶瓷基复合材料的成形加工，其优点是不损伤增强体，不需要成形模具，能制造大型零件，工艺较简单；缺点是增强体在基体中的分布不均匀。

（2）化学气相渗透法　先将纤维做成所需形状的成形体，在成形体的骨架中有开口气孔，然后将预成形体置于一定温度下，通入反应气体。在高温下，反应气体发生热分解或化学反应，沉积出所需陶瓷基质，直至预成形体中各空穴被完全填满，最终获得高致密度的复合材料。该方法又称 CVI 工艺，它可以获得高强度、高韧性的复合材料制品。

思考题

1. 什么叫高分子材料？按其性能和用途可分为哪几类？
2. 塑料的主要成分是什么？各起什么作用？
3. 工程塑料有哪些成形方法？其成形特点是什么？各适合什么塑料制品？
4. 橡胶成形有什么特点？简述橡胶成形工艺过程。
5. 传统陶瓷与现代陶瓷有何区别？
6. 陶瓷材料为什么在本质上是脆性的？如何改善其韧性？
7. 试举出几种常用的工程陶瓷材料，并说明其性能特点及在工程中的应用。
8. 何谓复合材料？简述复合材料的性能特点。
9. 有哪些树脂基纤维增强复合材料的成形方法？
10. 比较高分子材料、陶瓷材料、复合材料的性能特点及其应用。

第九章　机械零件的失效、选材及加工工艺的选择

机械零件的设计应包括零件结构设计、材料选择和工艺设计三个方面。在很多情况下，选材或用材不当是造成零件失效的重要原因之一。因此，了解选材的思路，掌握合理选材的原则具有很重要的实际意义。

第一节　零件的失效与失效分析

一、失效的概念

每种机器零件都具有一定的功能，比如承受载荷、传递力或能量等。当由于某种原因丧失其所规定的功能时即发生了失效。失效一般有如下三种表现形式：

1）零件完全破坏，不能继续工作。

2）零件严重损伤，继续工作不安全。

3）零件虽能安全工作，但不能满意地起到预期作用。

零件的失效，特别是那些没有预兆的突然失效，往往会严重地危及人们的生命财产安全。历史上，火车因车轴、车轮的断裂而引起的出轨、倾覆，轮船因船体断裂而引起的沉没，大型压力容器、锅炉的爆炸，桥梁的断裂等，都造成了巨大的经济损失和人身伤亡。因此，针对零件的失效进行分析，找出失效的原因并提出预防措施，具有十分重要的意义。失效分析的结果还可以为零件的设计、选材、加工以及使用提供必要的指导。

二、零件失效的类型及原因

1. 失效的类型

工程上通常按照零件失效后的外部形态将失效分为断裂、过量变形及表面损伤三大类（表 9-1）。

表 9-1　失效的类型及原因

失效类型	主要形式	直接原因
断裂失效	一次加载断裂（如拉伸、压缩、冲击等）	由于载荷超过材料的强度极限而发生
	疲劳断裂（高周疲劳、低周疲劳、弯曲、接触、拉-拉、高温疲劳等）	由于交变（周期）作用力引起的低应力破坏
	环境引起的断裂（应力腐蚀开裂、氢脆、高温蠕变断裂、腐蚀疲劳等）	由于环境介质与应力共同作用引起的低应力脆断
过量变形失效	过量弹性变形（弹性元件的永久变形）和过量塑性变形（高温蠕变、紧固件的拉长）	由于在工作应力下产生过量的变形，零件失去了应有的功能而引起
表面损伤失效	磨损（相对运动造成的零件表面的尺寸变化）	零件表面在相互接触并相对运动的过程中造成的材料损失现象
	腐蚀（金属的氧化、锈蚀、冲蚀、磨蚀）	由于化学或电化学腐蚀作用而产生
	接触疲劳（表面麻点、凹坑）	由于两个表面间长期的接触交变应力作用而产生

在不同的条件下，同一种零件可能会表现出不同的失效方式，零件究竟以何种形式失效决定于具体条件下零件的哪一种失效抗力最低。因此，一个零件的失效总是由某一种形式起主导作用，很少同时以两种或两种以上形式失效的。但是它们可以组合为更复杂的失效方式，如腐蚀疲劳、腐蚀磨损等。

2. 失效的原因

造成机器零件失效的原因很多，零件在设计、选材、加工以及安装使用四个方面的不当都可能导致零件的失效。图 9-1 画出了零件失效的原因链。其中任意一个链节发生问题都将导致零件的早期失效。

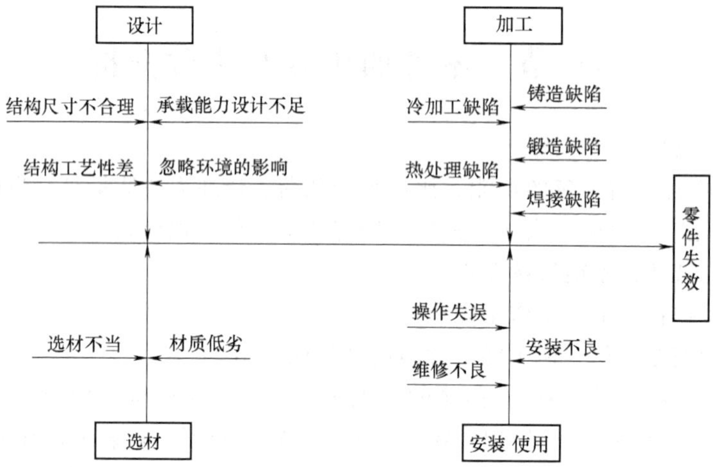

图 9-1　零件失效的原因

（1）设计不合理　零件设计不当而导致的失效主要表现在两个方面：一是零件的结构、尺寸设计不合理或结构工艺性差，例如过渡圆角太小、存在尖角，孔槽位置不当等都会造成较大的应力集中。二是设计时错误地估计了零件的工作条件，例如对零件承载能力设计得不够，或是忽略、低估了温度、介质等因素的影响，致使零件早期失效。近年来，由于设计不合理而导致零件失效的情况已随着应力分析水平等的提高而大大减少。

（2）选材不合理　选择材料应首先满足零件的使用性能要求，保证零件的正常工作和具有足够抵抗失效破坏的能力。往往一个零件需要同时满足几个方面的性能，这就要求以最关键的性能作为选材的主要依据。

（3）加工工艺不当　零件在加工制造过程中，要经过一系列冷、热加工工序。如果采用的工艺不正确可能会造成种种缺陷，如冷加工时零件表面有较深的刀痕；热加工时零件内部存在裂纹、晶粒粗大等，这些都是造成零件失效的原因。

（4）安装使用不正确　机器在装配或安装的过程中，配合过松或过紧、对中不良、固定太紧或太松等原因都会使机器在运转时产生附加应力和振动，使零件发生早期失效。

三、失效分析方法

失效分析是研究失效的过程并进行分析，以求弄清失效的本质、产生的原因并提出预防的措施，以防止类似的问题再次发生。

1. 失效分析的基本思路

失效分析包括逻辑推理和实验研究两个方面，以下是人们在失效分析过程中常用的两种重要思路：

（1）以零件的失效抗力指标为主线　这是一种在失效分析中应用较广的思路，该思路的要点是对特定工作条件下的零件作具体分析，找出其主要的失效方式及主要失效抗力指标；其后通过研究失效现象的本质以及失效抗力指标与材料的成分、组织、状态的关系，从而来确定提高失效抗力指标的途径。

对零件的工作条件分析包括三方面：零件所受载荷的类型（静、动载荷，冲击载荷）、应力状态（拉、压、弯曲、扭转、剪切等）和环境（介质、温度等）。零件的主要失效抗力指标包括一次断裂抗力指标（σ_s、σ_b、δ、ψ、a_K、K_{IC}等）、疲劳抗力指标（σ_{-1}、ΔK_{th}、da/dN等）和与环境有关的抗力指标（K_{ISCC}、σ_t^T、$\sigma_{\delta/t}^T$等）。对于常见的机器零件，其在特定工作条件下的主要失效方式和主要的失效抗力指标都是既定的结论，故很容易借助这一类结论性意见正确判断零件的失效原因和失效抗力指标，并进一步实现选材和用材的最优设计。

例如，长期以来人们认为发动机曲轴的主要使用性能是高的冲击抗力和耐磨性，必须选用45钢。而失效分析结果表明，曲轴的主要失效方式是疲劳断裂，其主要使用性能应是疲劳抗力。所以以疲劳强度为主要失效抗力指标来设计制造曲轴可使其质量和寿命显著提高，在一定的工作条件下可选用球墨铸铁来制造。

（2）以断口特征为主线　零件最终的完全破坏是以断裂为标志的，由断口信息能获得足够的失效证物。该思路的重点是首先确定断裂的主断口，然后根据主断口的特征确定断裂的类型或性质，并进一步确定失效的原因。

不同的断裂类型其断口特征也是不同的，根据断口的宏观和微观特征能够确定断裂的类型，进而可根据该类型的失效机制来分析判断失效的原因。一般来讲，需要借助于实验分析方法才能判断出失效的原因，而少数情况下也可以直接根据断口得出结论。

2. 失效分析的一般步骤与方法

（1）失效分析的步骤　任何失效分析均可分为调查取证、分析研究和事后处理三个阶段。

1）调查取证阶段。该阶段从时间上源自失效事故发生之后，应尽可能迅速地进行。可从失效的现场收集断口残体，观察并记录损坏的部位和断口的宏观特征，初步确定首先断裂的主断口，判断失效的类型。对于断裂的残体、断口、表面剥落物、腐蚀产物等应拍照予以记录。另外，调查阶段也包括对零件设备的技术资料，如说明书、图样、设计数据、材料、加工工艺以及使用、维护保养等资料的收集与审查，以备分析时作为参考依据。

2）分析研究阶段。该阶段研究的目的是为确定断裂的性质、失效的类型和引起失效的原因等提供充分的证据，内容包括断口分析、显微组织分析、化学分析、应力与断裂力学分析等多个方面。对于重大的失效分析，还要进行模拟试验或台架试验，以证实分析结果是否正确。

3）事后处理阶段。这个阶段主要是综合上述各种资料提交一份失效分析报告。内容包括分析的过程、有关失效原因的结论和预防改进措施等。

图9-2是失效分析过程的简单程序框图。

（2）失效分析的主要试验方法

1）断口分析：包括确定裂纹源、断裂机制以及引起断裂的原因。一般可通过对断口的宏观观察结合微观分析来确定断裂性质、裂纹源以及断裂原因。断口的微观分析包括断口的透射电子显微分析、扫描电子显微分析和化学成分分析等。

2）化学成分分析：目的是检验材料的成分与设计要求是否相符合，并判断实际成分与失效是否存在关系。

3）宏观（低倍）检查：用肉眼或低倍放大镜观察材料中是否存在有影响其质量与性能的宏观组织缺陷。常见的宏观缺陷有夹杂物、疏松、裂纹等。

4）显微组织分析：目的是分析和研究材料的显微组织结构与失效的关系，显微分析可以分为金相显微分析与电子显微分析两种方法。

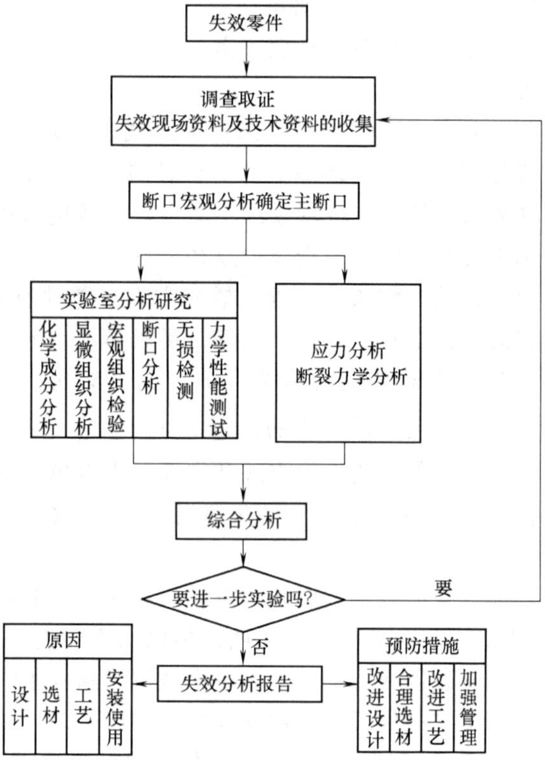

图 9-2 失效分析程序框图

5）应力分析：指根据零件的形状、尺寸、载荷等方面的因素来判断零件中的应力大小、分布等。应力分析包括理论计算、实验测定等方法。

6）断裂力学分析：采用断裂力学有关判据，定量分析零件断裂的原因，对零件的安全性和寿命进行评价。同时，断裂力学分析也能用来判断带伤零件能否继续使用，并能估算其使用寿命，具有重要的实际意义。

7）其他试验方法：包括各种力学性能测试（拉伸、冲击、硬度、疲劳试验以及断裂力学 K_{IC} 的测定）和无损检测（超声波探伤、X 射线探伤、磁粉探伤等），必要时还可采用模拟实验来证实失效分析的结论是否正确。

第二节 材料与成形方法的选择

机械设计不仅包括零件结构的设计，也包括对所选材料和加工工艺的设计。好的设计不仅要满足零件工作性能的要求，同时还要便于加工制造，并且使总成本最低。

一、材料的使用性能与选材

材料的使用性能是选材时最主要的依据。所谓使用性能是指零件在工作过程中材料应具有的力学性能、物理性能或化学性能等，以满足零件的使用要求。具体的分析方法如下：

1. 分析零件的工作条件，确定其使用性能要求

针对零件工作条件的分析包括以下三方面：

(1) 零件的受力情况 零件的受力情况包括载荷类型（静载、冲击载荷、交变载荷）、载荷作用形式（拉伸、压缩、弯曲、扭转等）、载荷的大小及分布（均匀载荷、集中载荷、有无应力集中等）。

(2) 零件的工作环境 它主要指零件工作的温度与介质，对于在高温、腐蚀性介质中工作的零件应予以充分的关注。

(3) 其他特殊性能要求 如电特性、磁性能、导热性、密度等。

2. 提出对材料性能指标的要求

进行机械设计时，仅有材料使用性能的要求是不够的，必须将这些使用性能要求量化为相应的性能指标数据。常用的力学性能指标，如强度、塑性、韧性、疲劳强度、硬度等，可以分别用于指导不同工作条件及失效方式下材料的选择与设计。表 9-2 中列出了常用零件的主要失效方式及要求的性能指标，可以作为类似零件设计与选材时的参考。

表 9-2 典型机械零件的工作条件、失效方式和性能指标

零件	工作条件	主要失效方式	主要力学性能指标
紧固螺栓	拉应力，切应力	过量塑性变形，断裂	强度，塑性
连杆螺栓	交变拉应力，冲击	过量塑性变形，疲劳断裂	疲劳强度，屈服强度
连杆	交变拉压应力，冲击	疲劳断裂	拉压疲劳强度
活塞销	交变切应力，冲击，表面接触应力	疲劳断裂	疲劳强度，耐磨性
曲轴及轴类零件	交变弯曲、扭转应力，冲击，振动	疲劳，过量变形，磨损	弯扭疲劳强度，屈服强度，耐磨性，韧性
传动齿轮	交变弯曲应力，交变接触压应力，摩擦，冲击	断齿，齿面麻点剥落，齿面磨损，齿面胶合	弯曲、接触疲劳强度，表面耐磨性，心部屈服强度
弹簧	交变弯曲或扭转应力，冲击	过量变形，疲劳	弹性极限，屈强比，疲劳极限
滚动轴承	交变压应力、接触应力，温升，腐蚀，冲击	过量变形，疲劳	接触疲劳强度，耐磨性，耐蚀性
滑动轴承	交变拉应力，温升，腐蚀，冲击	过量变形，疲劳，咬合，腐蚀	接触疲劳强度，耐磨性，耐蚀性
汽轮机叶片	交变弯曲应力，高温燃气，振动	过量变形，疲劳，腐蚀	高温弯曲疲劳强度，蠕变极限及持久强度，耐蚀性，韧性

在各类手册中有大量试验研究结果与数据，这些数据是在一定的试验条件及特定试样尺寸下获得的，选材时必须考虑这些因素的影响。

除了根据力学性能选材之外，材料的物理性能与化学性能在选材中也有相当重要的作用。比如，加热炉的炉底板材料应具有良好的抗高温氧化性；化工机械中一些与酸、碱介质接触的零件应有较高的耐蚀性等。

二、材料的工艺性能与选材

材料的工艺性能是指材料加工的难易程度。任何零件都要经历加工环节才能进行装配使用。常见的加工工艺包括冷加工（车、铣、刨、磨）、热加工（铸、锻、焊）和热处理。材料的加工工艺性能的好坏将直接影响加工的成本以及零件的使用性能。

1. 金属材料的加工工艺路线

（1）一般性能要求的零件　一般性能要求的零件加工路线是：

毛坯（铸造或锻造加工）→热处理（正火或退火）→切削加工→零件

铸造加工与锻造加工是最常用的两种获得零件毛坯的方法。经过铸造或锻造加工以后的毛坯材料组织容易存在晶粒粗化、加工硬化或残余应力等问题，不仅降低材料的使用性能，而且会使材料的加工工艺性能恶化。因而在切削加工前要采用正火或退火等热处理方法改善其加工性能与使用性能。这样在机械加工之后，零件便可满足一般的使用性能要求。

（2）性能要求较高的零件　性能要求较高的零件加工路线是：

毛坯→预先热处理（正火或退火）→粗加工（车、铣、刨等）→最终热处理（淬火 + 回火处理或化学热处理、表面热处理等）→精加工（磨削）→零件

预先热处理的目的在于改善切削加工性能，消除组织缺陷，并为零件的最终热处理作好组织准备。最终热处理的目的则是为零件赋予最终的使用性能，常采用淬火 + 回火的热处理工艺。对零件表面有特殊性能要求的零件，最终热处理也可以采用渗碳、渗氮或表面淬火等热处理工艺进行局部硬化处理。对一些要求比较高的零件，如轴、高精度齿轮等，热处理后还要进行磨削加工，以减小表面粗糙度值和提高配合精度。

（3）要求精密度较高的零件　对一些要求精密度比较高的零件，加工路线是：

毛坯→预先热处理（正火或退火）→粗加工→最终热处理（淬火 + 回火处理、渗碳）→半精加工（粗磨）→稳定化处理或渗氮处理→精加工（精磨）→稳定化处理→零件

这一类零件的特点是不仅要有比较高的使用性能，而且应有高的尺寸精度和小的表面粗糙度值，如合金钢制造的精密丝杠、轴承、量刃具等。因此，在工艺路线中常有至少一次的尺寸稳定化处理及一次至多次精加工。对于要求高耐磨性的零件还需要进行渗氮处理。

2. 金属材料主要加工工艺的性能

常见金属材料的加工工艺性能有以下几种：

（1）切削加工性　材料的切削加工性是指材料进行切削加工时的难易程度。评价材料的切削加工性可以从切削后工件的表面粗糙度值、切削速度、断屑性能及刀具磨损等方面加以考虑。金属的硬度对其切削加工性有较大的影响。经验证明，当材料的硬度处于 170 ~ 230HBW 时切削加工性最好。硬度过低时切削速度低，断屑性能差；硬度过高时，对刀具的磨损较严重。

（2）铸造性能　金属的铸造性能可以从铁液流动性、铸件收缩性及偏析倾向等方面来衡量。铸造性能好意味着合金具有好的流动性、低的收缩率及小的偏析倾向。

（3）可锻性　可锻性是指金属材料在锤锻、轧制、拉拔、挤压等塑性加工过程中，在不产生裂纹的条件下改变形状的能力。金属的塑性越高，变形抗力越小，金属的可锻性就越好，反之则越差。一般而言，纯金属的可锻性优于合金，单相固溶体优于多相合金，低碳（合金）钢优于高碳（合金）钢，细晶组织优于粗晶组织，高温慢速变形优于低温快速变形，挤压加工优于拉拔加工。

（4）焊接性　焊接性是指金属在特定结构和工艺条件下，采用常用的焊接方法获得预期质量要求的焊接接头以及该焊接接头在使用条件下可靠运行的性能。影响金属焊接性的因素很多，如材料的成分、热处理、组织与性能等。材料的焊接性能好坏一般可以根据焊接时产生裂纹的敏感性和焊缝区域力学性能的变化来判断。低碳钢、低碳合金结构钢的焊接性能

比较好，而高碳钢、高合金钢、铸铁的焊接性能就比较差。对焊接性能比较差的材料焊接时，必须采取焊前、焊后的热处理并选用适当的焊接方法与焊接材料等，以避免出现焊接缺陷。

（5）热处理工艺性　对大多数金属材料来说，热处理是保证材料达到最终使用性能要求的重要工艺手段。如果材料的热处理工艺性能不好，容易产生严重的变形与开裂，使所有的前期加工报废，造成极大的浪费与损失。热处理工艺性包括淬硬性、淬透性、变形开裂倾向、回火稳定性、回火脆性等。对于要求截面力学性能均匀的零件，通常考虑淬透性更多一些。一般含 Mn、Cr、Ni、B 等合金元素的合金钢淬透性较好，可以用在一些尺寸较大的重要零件上。碳钢的淬透性较差，只适于制作尺寸较小、形状简单、强韧性要求不高的零件。热处理时的变形与开裂是一个比较复杂的问题，除了与热处理工艺有关外，也应从零件的结构设计方面加以考虑。比如零件上应避免尖角或截面突变，多采用封闭、对称式结构等。

三、材料的经济性与选材

对于任意的产品设计首先应从使用性能的要求选材，但是在保证使用性能的前提下尽量降低生产成本。好的设计者总是追求用最小的成本去换取最好的性能，尤其是对于大批量生产的零部件，材料的经济性将是一个非常重要的考核指标。从材料的经济性考虑，选材时应注意以下几个方面：

1. 材料的价格

各种材料的价格差别比较大。碳钢与铸铁的价格比较低，而高合金钢、非铁金属、工程塑料的价格就比较高。因此，在满足零件力学性能的前提下，应优先选用价格较低的材料，必要时可以采用不同材料的组合以做到物尽其用。例如，蜗轮的轮冠与钢制的蜗杆直接接触，要求蜗轮用减摩性好的非铁金属制造。为了节省非铁金属，大型蜗轮的轮冠采用青铜制造，而其余部分则采用铸铁，这样既降低了成本，又满足了零件的工作要求。

2. 零件的总成本

零件的总成本由生产成本与使用成本两部分组成。前者包括材料价格、加工费用等，后者包括使用寿命、产品维护、修理、更换零件及停机损失等，在选材时要考虑这几方面对总成本的影响。例如，从长远看，选用性能好的材料可使零件的寿命延长、维修费用减少，虽然原材料的价格比较贵，但综合考虑是经济的。另外，加工费用也与生产批量有关，批量越小，加工费用就越高。

3. 国家的资源

选材时要注意所选材料是否符合我国的资源情况，特别是我国的镍、铬、钴等资源缺少，应尽量不选或少选含这类元素的钢或合金。

除上述三方面因素之外，也可采用一些价廉质优的新材料来代替常用的钢铁材料，比如陶瓷材料、高分子材料以及各种复合材料。由于这些非金属材料具有较高的比强度、比模量，在满足性能要求的前提下，用它们代替金属材料后，可以减轻零件自重，降低生产成本。

四、选材的一般方法与步骤

机械零件选材的一般方法、步骤是：

1）根据零件的工作条件与失效方式提出零件材料的主要性能指标与技术条件。

2）根据提出的主要性能指标和技术条件结合工艺性和经济性综合考虑，借助有关的材料手册进行初选。

3）对预选材料进行计算以确定是否满足使用性能要求。

4）根据计算的结果进行材料的二次选择，初步确定所选材料。

5）通过试验与小批量试生产最终选定适用的材料。

五、材料成形方法的选择

机械零件毛坯的材料、形状、尺寸、结构、精度及生产批量不同，其成形的方法也不同，正确选择零件毛坯的成形方法，在技术和经济上都具有重要意义。表9-3是常用毛坯的成形方法及其制品的比较，依据这些比较可以选择和确定毛坯成形的方法。

表9-3 常用毛坯的成形方法及其比较项目

比较内容＼生产方法	铸造	锻造	冲压	焊接
成形特点	液态成形	固态下塑性变形		永久性连接
对原材料工艺性能的要求	流动性好，收缩率低	塑性好，变形抗力小	强度高，塑性好，液态下化学稳定性好	
适用材料	铸铁，铸钢，非铁金属	中碳钢，合金结构钢	低碳钢和非铁金属薄板	低碳钢和低合金结构钢，非铁金属
毛坯组织特征	晶粒粗大，疏松，缺陷多，杂质排列无方向性	晶粒细小、较均匀、致密，晶粒呈方向性排列	组织细密，可生成纤维组织	焊缝区为铸态组织，熔合区和过热区有粗大晶粒
力学性能	力学性能差，耐磨性和减振性好；铸钢件力学性能较好	可利用流线改善性能，力学性能好	因冷变形强化提高了强度和硬度，结构刚性好	接头力学性能可达到或接近母材
毛坯的精度	精度低，表面粗糙	精度较低，表面粗糙	精度高，表面质量好	精度较低
材料利用率	高	低	较高	较高
生产批量	单件和成批	自由锻单件小批，模锻成批、大量	大批量	单件、成批
生产成本	较低	较高	批量越大，成本越低	中
生产周期	长	自由锻短，模锻长	长	较短
适用范围	铸铁用于受力不大或以承压为主的零件；铸钢件用于承受重载而形状复杂的零件，如床身、底座、箱体、支架和阀体	用于承受重载、动载或复杂载荷的重要零件，如主轴、传动轴、曲轴、连杆等	用于薄板成形的零件，如汽车车身覆盖件、油箱、水箱、仪表外壳及零件等	用于制造金属结构件或组合件，如锅炉、桥梁、重型机械机架、立柱、工作台等

第三节　典型工件的选材及工艺路线设计

一、齿轮的选材

1. 齿轮对选材的要求

（1）齿轮的工作条件　齿轮是机械传动中用得最多的一种零件，主要用于调节速度、传递转矩和改变运动方式与方向。在工作过程中，齿根部要承受很大的交变弯曲应力，相互啮合的齿面间有较大的接触压应力和摩擦力。另外，在机构起动、换档、制动或齿间啮合不均匀时都会对齿部造成一定的冲击载荷。

（2）齿轮的失效方式　齿轮的失效方式主要有两种：

1）轮齿折断：包括疲劳断裂和冲击过载断裂。断裂部位主要发生在齿的根部或中部，严重时会有数个齿断裂。

2）齿面损伤：包括表面麻点剥落和较大的摩擦力造成的过度磨损。根据疲劳破坏产生的位置，可分为表面的麻点剥落、接触表面下某一位置的浅层剥落以及齿面硬化层与心部交界处的深层剥落。

（3）对齿轮材料的性能要求　根据齿轮的工作条件和失效方式，对齿轮材料提出的性能要求如下：

1）高的齿面硬度和耐磨性。

2）高的接触疲劳强度和弯曲疲劳强度。

3）足够高的齿心强度和韧性。

此外，还要求材料有较好的加工工艺性能，如切削加工性好，淬透性高，热处理变形小等。

2. 齿轮类零件的选材

齿轮类材料最主要的性能是弯曲疲劳强度和接触疲劳强度，均与齿面的硬度有密切的关系。根据经验，齿轮弯曲疲劳强度与齿面硬度的关系大致可以用下式表示

$$S_B = k\,(\mathrm{HV})^m$$

式中　S_B——弯曲疲劳强度；

HV——齿面的维氏硬度；

k、m——与材料有关的常数。

显然，为得到高的疲劳强度，齿面应该有足够高的硬度。

齿轮心部的强度对弯曲疲劳强度有一定的影响。当心部淬透时，S_B 可提高 14% 以上。因此，对于重载齿轮，必须要使心部获得足够高的强度。

齿轮的接触疲劳强度 S_C 与齿面的硬度 HV 有如下近似关系

$$S_C = 0.2\,(\mathrm{HV}/100)^2$$

按接触疲劳强度选材时，应保证齿面的接触应力不超过材料的接触疲劳强度。

为了防止齿轮发生冲击过载断裂，要求齿轮的心部应有足够高的冲击韧度。由于冲击韧度 a_K 并不是一个可以用于设计计算的性能指标，所以可根据经验，从硬度、冲击韧度、组织等多方面对齿轮材料的设计及热处理工艺提出要求。

通常齿轮材料为低、中碳钢或低合金钢，经过热处理以及表面强化处理，使其表面有高的硬度和高的疲劳强度，而心部则有足够高的强度和韧性，因此能很好地满足使用性能的要求。此外，这类钢的工艺性与经济性都比较好，是比较理想的齿轮材料，在齿轮选材中占有很大的份额。

除此以外，也有一些齿轮可以采用铸铁、非铁金属或工程塑料制造。与钢制齿轮相比，虽然铸铁材料的抗拉强度低，脆性较高，但其具有加工性能好、耐磨、减振、噪声低、缺口敏感性小、价格便宜等优点，比较适合用作齿轮材料。常用的铸铁材料有灰铸铁 HT200、

HT250 和 HT350 等。

球墨铸铁 QT900-2 基体是下贝氏体，硬度超过 41HRC，断裂韧度 K_{IC}可达 41 ~ 62MPa · $m^{1/2}$，也是一种比较理想的齿轮材料。非铁合金中常用来制造齿轮的主要是铜合金，如黄铜、青铜等。它们具有好的耐磨性和耐蚀性，强度高，可用来制造蜗轮或要求耐腐蚀、耐高温的齿轮。

可以用来制造齿轮的工程塑料比较多，如尼龙、聚甲醛、聚碳酸酯、ABS 塑料等。尼龙齿轮的强度较高，韧性好，耐腐蚀，具有突出的耐磨性和自润滑性；聚甲醛的耐疲劳性能好，硬度高，特别适合制造在干摩擦条件下工作的齿轮；聚碳酸酯则适用于载荷不大和要求冲击韧度较高的轻载齿轮或要求有较高尺寸稳定性的小模数精密齿轮、蜗轮和齿条等。

3. 典型齿轮选材举例

（1）机床齿轮　机床齿轮的工作条件较好，载荷不大，转速中等，工作平稳，少有强烈的冲击。除了要有高的接触疲劳强度、弯曲强度、表面硬度与耐磨性等要求外，还应能保证高的传动精度和小的工作噪声。一般情况下可以选用 45 钢或 40Cr、40MnB 中碳合金钢制造，后者的淬透性更好。

机床齿轮的工艺路线一般为：

下料→锻造→正火→粗加工→调质→滚齿→齿部高频加热表面淬火 + 低温回火

正火作为预备热处理工艺可以消除锻造毛坯的应力，细化组织，调整毛坯的硬度到适合切削加工的范围。

调质处理的目的是为齿轮提供较高的综合力学性能，保证齿的心部具有足够高的强度和韧性，以承受较大的交变弯曲应力和冲击载荷，同时还可以减少淬火后的变形。

高频加热表面淬火 + 低温回火处理可以提高齿面硬度，有利于提高齿轮的耐磨性和接触疲劳抗力。特别是在高频加热表面淬火处理后，齿面存在残余压应力，有利于提高齿轮的疲劳抗力，防止表面发生麻点剥落。

在选用齿轮材料和热处理工艺时，必须考虑热处理方法的可行性。例如模数大于 4，齿宽大于直径的高载荷圆柱齿轮、直齿锥齿轮、弧齿锥齿轮等，不宜采用感应淬火，应该选用渗碳钢或渗氮钢制造。

（2）汽车、拖拉机齿轮　同机床齿轮相比，汽车、拖拉机齿轮的工作条件要恶劣得多。这些齿轮大多是安装在齿轮箱中或在壳体内运转并传递动力，除了前述的主要受力状况外，还会由于润滑油中的硬颗粒杂质加剧齿面的磨损。这类齿轮的失效方式主要有齿端磨损、崩角，因此要求材料有高的接触疲劳强度、抗弯强度和疲劳强度。

汽车、拖拉机上使用的齿轮材料主要是低合金渗碳钢，如 20Cr、20CrMnTi、20MnVB 等进行渗碳或碳氮共渗。部分齿轮则采用中碳钢和中碳合金钢，进行调质或正火处理。

以汽车后桥圆锥主动齿轮为例，其性能要求如下：心部硬度 30 ~ 45HRC，齿面硬度 58 ~ 62HRC。选用 20CrMnTi 制造，采用的加工工艺路线为

下料→锻造→正火→粗加工→局部镀铜→渗碳、淬火 + 低温回火→喷丸→精磨→零件

正火处理的目的是消除锻造应力，均匀细化组织，调整硬度，便于材料的切削加工。正火后得到的组织一般为片状或细片状珠光体与铁素体。渗碳前对一些不需要有较高的力学性能，而且还需要后续切削加工的部位，如轮盘、轮毂孔、工艺孔等，要进行局部镀铜防渗处理。渗碳层深 1.2 ~ 1.6mm，表面碳质量分数在 0.8% ~ 1.05%。淬火后表面硬度 58 ~

62HRC。由于材料的淬透性较好，淬火后心部获得低碳马氏体组织，有较好的冲击韧度。低温回火的目的是消除淬火应力，降低脆性。采用喷丸处理不仅可以去除热处理后的氧化皮，还可在表面形成一层残余压应力，有助于提高齿面的接触疲劳强度。

二、轴类零件的选材

1. 轴类零件对选材的要求

（1）轴类零件的工作条件　轴类零件主要起支承传动零件和传递转矩的作用，工作时的受力情况比较复杂。

1）承受交变的弯曲与扭转复合载荷。

2）在某些工作条件下，轴可能受到冲击作用。

3）在与其他零件相联接的轴颈或花键处有摩擦作用。

4）特殊条件下受到介质与温度的作用。

（2）轴类零件的失效方式　轴的失效方式主要是交变弯曲与扭转载荷作用下的疲劳断裂和轴颈处的磨损失效，有时也会因冲击过载造成断裂失效，在特殊环境条件下还可表现为过量塑性变形或腐蚀失效。

（3）对轴类零件材料的性能要求　对轴类零件选材的要求主要有以下几点：

1）高的疲劳强度。

2）良好的综合力学性能，即要有较高的强度和较高的韧性，以防止塑性变形，或由过载和冲击载荷导致轴的断裂。

3）轴颈等承受摩擦的局部表面具有较高的硬度和耐磨性。

4）具有适应特殊条件下工作的特殊性能，如耐蚀性、抗氧化性等。

5）具有良好的加工工艺性。

2. 轴类零件的选材方法

疲劳强度是轴类零件选材时首要考虑的指标，同时也要考虑材料的综合力学性能和耐磨性。虽然高碳钢的强度比中碳钢高，但其塑性和冲击韧度却远不如中碳钢；而低碳钢无论是疲劳强度还是耐磨性均不能满足轴类零件材料的性能要求。根据经验，当碳的质量分数在0.4%~0.7%范围内时，材料的疲劳强度较高，所以轴类零件用钢的碳质量分数应在0.3%~0.5%。

碳素结构钢以其合理的价格、较好的综合力学性能以及较小的应力集中敏感性在轴类零件中选用得比较多，常用的优质碳素结构钢有35、40、45、50钢等，其中45钢最常用。合金钢的价格较贵，但是合金钢的力学性能与热处理工艺性都比碳钢好，特别是合金钢的淬透性远好于碳素钢，故较重要的、截面较大的轴常选用合金钢制造。常用的合金钢材料有35CrMo、40Cr、40CrNi、40CrNiMo、40MnB等。轴类零件用钢一般在整体调质后进行表面淬火处理以满足局部耐磨性能的要求。

通常轴类零件的截面多变，切削加工量较大。因此，要求材料应有良好的切削加工性，降低加工成本。

虽然淬透性是轴类零件选材时需要重点考虑的工艺性能，但一味追求高的淬透性是不必要的。根据对轴类零件载荷分布的分析，对于弯曲载荷和扭转载荷，应力的最大值出现在外表面上，心部受力并不大，所以可以不必用淬透性较高的钢种。而轴向载荷的受力是在整个截面上均匀分布的，心部受力也比较大，所以对于轴向载荷比较大的轴类应选用淬透性比较高的钢。

与钢轴相比，球墨铸铁有良好的减振性、切削加工性及低的缺口敏感性。此外，它的力学性能较高，疲劳强度与中碳钢相近，耐磨性优于表面淬火钢，经过热处理后，还可使其强度、硬度或韧性有所提高。铸造成形的轴最大的不足之处就在于它的韧性低，在承受过载或大的冲击载荷时，易产生脆断。因此，对于主要考虑刚度的轴以及主要承受静载荷的轴，如曲轴、凸轮轴等，可采用铸造成形的球墨铸铁来制造。

3. 典型轴的选材

（1）机床主轴　主轴是机床的重要零件之一。在进行切削加工时，高速旋转的主轴承受弯曲、扭转和冲击等多种载荷，要求它具有足够的刚度、强度、耐疲劳、耐磨损以及精度稳定等性能。

机床主轴的轴颈常与滑动轴承配合，当润滑不足、润滑油不洁净（如含有杂质微粒）或轴瓦材料选择不当、加工精度不够、结构设计不合理、装配不当时经常会发生咬死（抱轴）现象，损伤轴颈的工作面，使主轴的精度下降，在运转时产生振动。为防止轴颈被咬死，除了针对上述问题采取一些相应的措施外，应选择合适的材料和热处理工艺，以提高轴颈表面的硬度和强度，如进行表面硬化处理。带内锥孔或外圆锥度的主轴要频繁地装卸，例如铣床主轴需要经常更换刀具，车床头尾座主轴常需调换卡盘和顶尖等，为了防止装卸时锥面拉毛磨损而影响精度，也需要对这些部位进行硬化处理。

根据机床主轴所选用的材料和热处理方式，可以将其分为四种类型：局部淬火主轴、渗碳主轴、渗氮主轴和调质（正火）主轴。对一般的中等载荷、中等转速、冲击载荷不大的主轴，选用45钢或40Cr、40MnB中碳合金钢等即可满足要求，对轴颈、锥孔等有摩擦的部位应进行表面硬化处理。当载荷较大、同时要承受较大的疲劳载荷与冲击载荷的主轴，则应采用20CrMnTi合金渗碳钢或38CrMoAl渗氮钢制造，并进行相应的渗碳或渗氮化学热处理。

图9-3是C620车床的主轴，该主轴主要承受交变的弯曲与扭转复合应力作用，载荷与转速中等，冲击载荷也不大。因此，材料经过调质处理后具有一般的综合力学性能即可，但在局部摩擦的表面要求有较高的硬度与耐磨性，应考虑进行局部表面硬化处理。该轴一般选用45钢或40Cr钢制造。

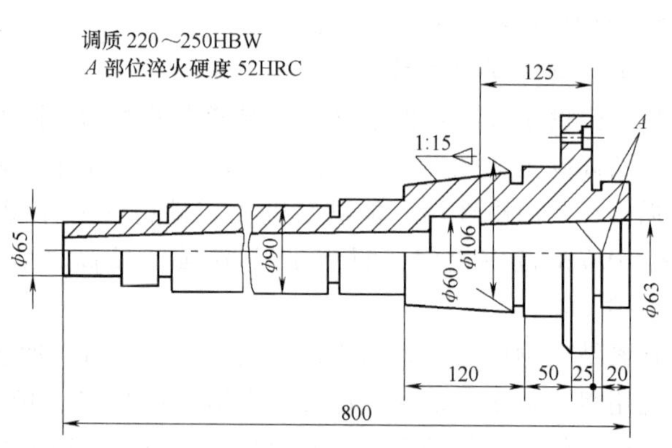

图9-3　C620车床的主轴简图

加工工艺路线为：

下料→锻造→正火→粗加工→调质→半精加工→局部表面淬火＋低温回火→磨削加工→零件

整体的调质处理可使轴得到高的综合力学性能与疲劳强度，硬度可达220～250HBW，调质后组织为回火索氏体。在轴颈和锥孔处进行表面淬火与低温回火处理后，硬度为52HRC，可以满足局部高硬度与高耐磨性的要求。

当轴的精度、尺寸稳定性与耐磨性要求均很高时，如精密镗床的主轴，往往选用38CrMoAlA渗氮钢，经调质处理后再进行渗氮处理。

表9-4列出了常用机床主轴的工作条件、选材和热处理方法。

表9-4　机床主轴的工作条件、选材及热处理

类别	工作条件	材　料	热处理及硬度	应用实例
渗碳	与滑动轴承配合；中等载荷，心部强度要求不高，但转速高；精度不太高；疲劳应力较高，但冲击不大	20Cr 20MnVB 20Mn2B	渗碳淬火58～62HRC	精密车床、内圆磨床等的主轴
	与滑动轴承配合；重载荷，高转速；高疲劳，高冲击	20CrMnTi 12CrNi3	渗碳淬火58～63HRC	转塔车床、齿轮磨床、精密丝杠车床、重型齿轮铣床等的主轴
渗氮	与滑动轴承配合；重载荷，高转速；精度高，轴隙小；高疲劳，高冲击	38CrMoAlA	调质250～280HBW 渗氮≥900HV	高精度磨床的主轴，镗床的镗杆
淬火	与滑动轴承配合；中轻载荷；精度不高；低冲击，低疲劳	45	正火170～217HBW或调质220～250HBW小规格局部整体淬火42～47HRC，大规格轴颈表面感应淬火48～52HRC	龙门铣床、立铣、小型立式车床等小规格主轴，C650、C660、C8480等大重型车床主轴
	与滑动轴承配合；中等载荷，转速较高；精度较高；中等冲击和疲劳	40Cr 42MnVB 42CrMo	调质220～250HBW轴颈表面淬火52～61HRC（42CrMo取上限，其他钢取中下限），装拆部位表面淬火48～53HRC	齿轮铣床、组合车床、车床、磨床砂轮等主轴
	与滑动轴承配合；中、重载荷；精度高；高疲劳，但冲击小	65Mn GCr15 9Mn2V	调质250～280HBW，轴颈表面淬火≥59HRC，装卸部位表面淬火50～55HRC	磨床主轴
调质或正火	与滑动轴承配合；中小载荷，转速低；精度不高；稍有冲击	45 50Mn2	调质220～250HBW 正火192～241HBW	一般车床主轴，重型机床主轴

（2）内燃机曲轴　曲轴是内燃机中形状比较复杂而又重要的零件之一，它将连杆的往复传递动力转化为旋转运动并输出至变速机构。曲轴在运转过程中要受到周期性变化的弯曲与扭转复合载荷、气缸中周期性变化的气体压力与连杆机构的惯性力使曲轴产生振动和冲击，与连杆相连的轴颈表面的强烈摩擦。在这样的复杂工作条件下，内燃机曲轴表现出的失效方式主要是疲劳断裂和轴颈表面的磨损。因此，要求曲轴材料具有高的弯曲与扭转疲劳强度，足够高的冲击韧度和局部高的表面硬度和耐磨性。

生产中，按照材料和加工工艺可以把曲轴分为锻钢曲轴和铸造曲轴两种。锻钢曲轴所选材料主要是优质中碳钢和中碳合金钢，如45、40Cr、50Mn、42CrMo、35CrNiMo等，以及非调质钢45V、48MnV、49MnVS3等，其中45钢是最常用的材料，一般在调质或正火后采用中频感应淬火对轴颈进行表面强化处理，以提高曲轴的疲劳强度和耐磨性。

球墨铸铁是铸造曲轴最常用的材料，在轿车发动机中应用很广泛。常用的铸造曲轴用的球墨铸铁有QT600-2、QT700-2、QT900-2等。一般汽车发动机曲轴选用的球墨铸铁强度应不低于600MPa，制造农用柴油发动机曲轴的球墨铸铁强度则不应低于800MPa。

锻钢曲轴的工艺路线为：

下料→锻造→正火→矫直→粗加工→去应力退火→调质→半精加工→局部表面淬火+低温回火→矫直→精磨→零件

为保证曲轴在加工过程中的尺寸精度，一般毛坯热处理后可以采用热矫直，若冷态矫直及粗加工后均应进行去应力退火。在感应淬火后的低温回火过程中应采用专用的夹具进行静态逆向矫直，利用相变塑性达到无应力矫直的效果。曲轴其他热处理的作用与机床主轴的相应热处理相同。

铸造曲轴的工艺路线为：

铸造→高温正火→高温回火→矫直→切削加工→去应力退火→轴颈气体渗氮（或氮碳共渗）→矫直→精加工→零件

铸造质量是影响铸造曲轴质量的关键因素，必须保证球化良好并无铸造缺陷。正火的目的是通过增加组织中珠光体的含量并使其细化来提高其强度、硬度与耐磨性；高温回火的目的在于消除正火过程中造成的内应力。

经过喷丸强化处理后的曲轴可使表层处于较大的残余压应力状态，可显著提高曲轴的抗疲劳寿命。

三、汽车用材料的选择

在所有的汽车零件中，绝大多数是由金属材料制成的，有一小部分零件由塑料、陶瓷、橡胶等非金属材料制造。随着技术水平的提高，高性能、轻量化是汽车发展的方向之一，因此轻金属和非金属材料在汽车中占的比例正在不断增加。

1. 汽车发动机用的金属材料

汽车发动机用的金属材料要求有较高的强度和刚度，有足够的疲劳抗力、耐磨性以及一定的冲击韧度。以下就汽车发动机和传动系中的典型零件的选材分析作一简要介绍。

（1）缸体和缸套　发动机缸体在工作时要承受内部的气体压力、活塞的惯性力和螺栓的预紧力，而且还要承受一定高的温度。综合作用的结果会使缸体产生变形，直接影响到与其相连的零部件如活塞、曲轴和连杆等工作的可靠性。对缸体材料的性能要求是要有足够的强度与刚度、耐磨损、耐腐蚀、热导率高、热膨胀系数小。由于发动机的缸体一般比较复杂，必须要有好的铸造性或切削加工性。灰铸铁是传统的缸体材料，价格低廉，除密度比较大外可以满足上述几乎所有的性能要求。铝合金的密度小，易于压铸，但其强度低，刚度较差，耐磨性能差，价格高，一般只用于为了减轻发动机重量的场合。

发动机工作时活塞与缸体内表面有强烈的摩擦磨损作用，同时高温高压的燃气也直接冲刷缸体的内表面，极易发生严重的表面损伤，影响发动机正常的工作。为解决这一问题，一般采用耐磨材料制成缸套镶入气缸内作为缸体的工作面使用。常用的缸套材料有各种耐磨合金铸铁，如高磷铸铁、硼铸铁等。铝合金气缸则常用过共晶合金作衬套。提高缸套表面耐磨性的方法很多，常用的有镀铬、化学镀镍或进行激光表面淬火处理等。

（2）连杆　连杆的结构如图 9-4 所示，它的作用是将活塞上的力与运动传递到曲轴。连杆由小头、杆身与大头三部分形成，小头与活塞销相连，大头与曲轴相连，杆身作复杂的平面摆动。连杆在工作中受到交变的拉压应力和弯曲应力，主要失效方式是疲劳断裂和过量变形。连杆材料要求有较高的强度和疲劳抗力以及足够的刚度与韧性，一般选用调质钢 45、40Cr、45CrMo、40MnB 等制造。调质处理后得到细小的回火索氏体组织，经过喷丸强化处理后可使表层处于较大的残余压应力状态，疲劳寿命成倍增加。

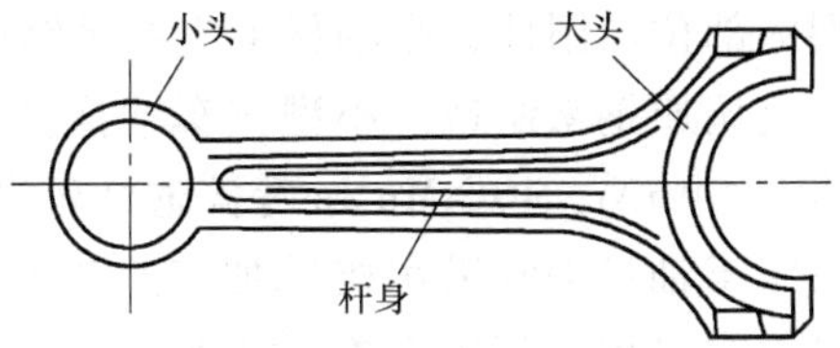

图 9-4　连杆上的三个高应力区

（3）凸轮轴与挺杆　凸轮轴和挺杆是发动机配气机构中的主要零件，它们组成一对摩擦副，主要作用是保证气阀按一定时间和顺序开启与关闭，从而完成每个气缸的进气与排气动作。

作用在凸轮轴上的有交变的弯曲与扭转载荷，同时凸轮表面还受到挺杆的挤压力与摩擦力。表现出来的破坏形式主要有凸轮表面的擦伤、磨损与麻点剥落，少数情况下也会发生凸轮轴的疲劳断裂。对凸轮的性能要求主要是要有足够高的强度、硬度以及接触疲劳强度。常用的凸轮轴材料主要是钢和铸铁，一般采用锻钢通过楔横轧或切削加工成凸轮轴，或采用冷硬铸铁、激光熔凝强化铸铁和经过感应淬火的球墨铸铁来制造凸轮轴。

挺杆与凸轮之间呈点接触，接触应力很大。杆端常会产生磨损、擦伤和接触疲劳破坏。挺杆材料可以是钢，如 15Cr、20、20Cr 等经过渗碳处理，或 45、45Cr 经碳氮共渗处理；也可以是铸铁，如整体制造的冷硬合金铸铁，也可以用钢制成杆体再在头部堆焊上耐磨合金，或用单体铸造的合金铸铁挺杆头与钢制杆体对焊而成。

由于挺杆与凸轮轴形成了一对摩擦副，因此在选材时必须注意材料的匹配。表 9-5 列出了一些发动机挺杆与凸轮轴的选配，可供设计时参考。

表 9-5　挺杆和凸轮轴材料的匹配

用途	挺杆	硬度 HRC	凸轮轴	硬度 HRC
载重车和拖拉机	35 钢碳氮共渗	57～62	45 钢感应淬火	55～63
	冷激铸铁	≥52	45 钢感应淬火	55～63
	20Mn2B 或 20Cr 钢渗碳	55～62	45 钢感应淬火	55～62
	冷激合金铸铁	≥55	球墨铸铁感应淬火	45～55
	20 钢渗碳	53～58	球墨铸铁感应淬火	45～55
	合金铸铁淬火	58～63	球墨铸铁感应淬火	55～63
吉普、拖拉机	35 钢堆焊合金铸铁（冷激）	60～66	45 钢感应淬火	55～63
	20Cr 钢渗碳	55～63	球墨铸铁贝氏体等温淬火	43～50
重型载重车	合金铸铁碳氮共渗	$\geq 795HV_{0.5}$	20 钢渗碳	58～62
	50Mn2 钢淬火或冷激铸铁	47～54	球墨铸铁贝氏体等温淬火	43～51
机车	20Cr 钢渗碳	58～63	45 钢感应淬火	50～55

（4）半轴　半轴是连接发动机与车轮之间的传动杆，主要承受驱动和制动转矩，特别是在汽车起动和爬坡时转矩很大。半轴的使用寿命主要取决于花键齿的抗压性能和耐磨损性能。对于载重车半轴，轴杆与法兰的连接处、花键端以及花键与轴杆的接合处是容易发生疲劳断裂的部位。因此，半轴材料应有足够的强度、韧性和良好的抗疲劳性能，一般选用中、低碳合金调质钢来制造。小型汽车、拖拉机半轴多用40Cr、40MnB制造，大型载重车则选40CrMo、40CrNi、40CrMnMo等淬透性较高的钢种。

汽车半轴过去常采用机械加工后进行调质处理，经矫直、喷丸后再进行精加工得到成品。目前多采用中频感应淬火处理。与调质处理相比，感应淬火后半轴的屈服强度与疲劳极限均可提高，尤其疲劳极限的提高更显著，这与感应淬火形成了表层残余压应力层有关。

2. 汽车用塑料

塑料材料在汽车中的应用发展速度很快，甚至一些原为金属材料的汽车零部件都开始用塑料制品代替，以改善与提高汽车零件的防腐蚀、消振降噪和耐磨等方面的性能。

选择汽车中使用的塑料材料时，首先应该根据制品的技术要求，通过查阅相关资料确定拟采用的塑料品种。其次，根据制品的使用环境和寿命要求查明该塑料的温度特性、耐老化特性、蠕变和疲劳特性等。此外，还应综合考虑材料的加工工艺性、经济性、原料供应以及工厂的生产能力等因素。

（1）汽车内饰用塑料　汽车内饰塑料制品主要是指汽车内表面的装饰，如仪表板、扶手、顶棚衬里等，对这类部件选材的要求主要有美观耐用、手感好，吸振性好。内饰用的塑料品种有聚氯乙烯、聚氨酯等。聚氯乙烯在汽车上的用量占汽车用塑料总量的20%～30%，常制成聚氯乙烯人造革用在座垫套、车门内衬、地毯等处。聚氨酯泡沫塑料具有质轻、热导率低、隔声等特点，主要用于制造车门内饰板和顶棚衬里等的填充材料。

（2）汽车外装及结构件用纤维增强复合材料　用玻璃纤维和热固性树脂制成的复合材料是最常用的纤维增强复合材料，它最大的优点是质量轻，可以采用冲压成形。用增强尼龙复合片材STX363制造的发动机油底壳质量仅为钢板油底壳的50%。钢板制油底壳需要经过18套金属模具和18道工序才能完成，而STX油底壳是一次冲压成形，节约制造费用25%。

（3）汽车用工程塑料　工程塑料在汽车中主要用在结构件上，要求有一定的强度并能耐一定的温度。汽车上常用的工程塑料主要有聚丙烯、聚乙烯、聚甲醛和聚酰胺等。

1）聚丙烯（PP）。聚丙烯具有原材料丰富、成本低、比强度大、污染小等优点，在各种类型汽车上所有聚丙烯零件的品种可达70余种。它主要用于灯壳、空气滤清器等。

2）聚乙烯（PE）。汽车工业中应用的聚乙烯属于中压、低压聚乙烯，可用于制造汽油箱、蓄电池壳等。聚乙烯制造的油箱质轻，成形工艺简单，长期工作的稳定性好，冲撞时不会引发火花，不会发生燃烧爆炸。

3）聚甲醛（POM）。聚甲醛具有优良的综合性能，它的耐疲劳性、耐摩擦磨损特性很好。聚甲醛有较好的耐热性，可以代替非铁金属和合金制造汽车零件，如齿轮、轴承、泵体叶轮、手柄等。

4）聚酰胺（PA）。聚酰胺又称尼龙，具有良好的耐热、耐油和耐老化性。解放牌汽车发动机正时齿轮采用30%玻璃纤维增强尼龙6材料，取代原来的酚醛夹布胶木树脂正时齿轮，提高了耐热温度，降低了线膨胀系数，使用寿命提高了近1倍。

3. 汽车用橡胶

橡胶的密度为0.9~0.96g/cm^3，多数橡胶在很宽的温度范围内（-40~80℃）均处于高弹性状态，具有很好的伸缩性、疲劳强度、耐磨性和绝缘性，并且耐酸，耐碱，不透气，抗撕裂。橡胶在汽车中主要用于轮胎、密封件、减振件与传动件。汽车常用橡胶有以下几种：

（1）丁苯橡胶　丁苯橡胶比较耐磨，价格便宜，用于制造轿车轮胎可提高轮胎的抗湿滑性，保证行车安全。

（2）顺丁橡胶　其弹性、耐磨性优良，耐寒性好，一般与天然橡胶或丁苯橡胶并用，主要用于制造汽车轮胎。但随着顺丁橡胶用量增加，轮胎的抗撕裂和抗湿滑性降低，故掺用量不宜太大。

（3）氯丁橡胶　其物理力学性能好，耐氧，耐臭氧，耐油，主要用作汽车门窗嵌条等。

（4）丁基橡胶与丁腈橡胶　它们均属特种合成橡胶。前者具有优良的气密性和耐老化性，广泛地使用于内胎的制造中，也可用于无内胎轮胎的密封层中。

4. 汽车用陶瓷

陶瓷材料具有许多特殊的性能，如耐高温、耐腐蚀（特别是高温腐蚀）、耐磨损、弹性模量高、绝缘性与介电性好等。特别是有些陶瓷材料可以通过相变增韧的方法改善其韧性，更是扩大了这类材料的应用范围。近年来，陶瓷发动机的研究与应用已成为汽车研究的热点之一。

可用于制造汽车零件的工程陶瓷材料主要有氧化物陶瓷、非氧化物陶瓷、纤维增强复合陶瓷等，主要用于制造发动机零件，如活塞、预燃烧室、气门座及部分密封件。在涡轮增压机上可用来制造涡轮叶片、涡轮壳、隔热板等。

另外，利用陶瓷材料的绝缘性、介电性和压电性等特性，可以在汽车的电气设备中获得应用，如各种特性的陶瓷传感器。这一方面的研究工作引起了人们的兴趣，不断有新的研究成果问世。

四、机架、箱体类零件的选材

各种机械的机身、底座、支架、工作台、齿轮箱、轴承座、内燃机的缸体等，都可视为机架、箱体类零件（见图9-5），是机器中很重要的一类零件。

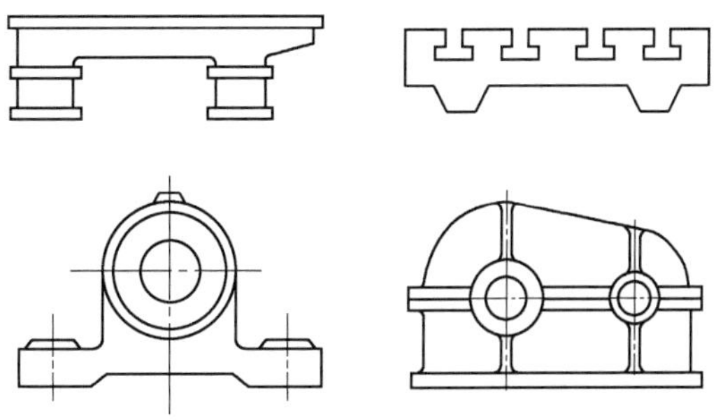

图9-5　机架、箱体类零件

机架、箱体类零件的特点是结构比较复杂，并有不规则的外形和内腔，壁厚不匀，重量从几千克至数吨，工作条件相差很大。大多数属于非运动的零件，主要起支承和连接机床各部件的作用，以承受压应力和弯曲力为主，如机身、底座等。为了保证机床工作的稳定性，它们应有较好的刚度和减振性。对于工作台和导轨等零件，还要求受摩擦的表面有较好的耐磨性。有些箱体零件虽然受力不大，但要求有较好的刚度和密封性。

根据机架、箱体类零件的特点和使用要求，毛坯一般采用铸件。由于铸铁的铸造性能良好，价格便宜，并有良好的耐磨、耐压和吸振性能，因此得到广泛使用。对于一些受力复杂或受较大冲击载荷的箱体零件，如轧钢机、大型锻压机械的机身，可选用中碳铸钢件或合金铸钢件。受力不大，并要求自重轻，或要求导热好的零件，如内燃机的缸体，可选用铝合金铸件。对铸铁件应进行退火或时效处理以消除应力。用铸钢制造的箱体类零件铸造后应进行完全退火或均匀化退火处理，以消除铸造粗晶组织、偏析及铸造应力。

对于特大型的箱体类零件，其铸造有困难，或生产周期要求短，且抗振性要求又不高时，可采用钢板焊接的方法制造。焊接式箱体结构相对简单，强度高，成形快，以焊代铸已是制造大型机架、箱体类零件的发展趋势。但焊接结构的吸振性能不如铸铁件，焊接结构也存在较大的内应力容易产生变形，所以焊后应立即进行退火处理。

思考题

1. 零件三种基本的失效方式是什么？哪些因素会造成零件的失效？
2. 什么是失效分析？
3. 失效分析常采用哪些试验方法？一般步骤怎样？
4. 零件在高温下的失效方式有哪些？如何预防？
5. 设计人员在选材时应考虑什么原则？如何才能做到合理选材？
6. 简述选用材料的一般方法与步骤。
7. 某汽车齿轮选用20CrMnTi制作，其工艺路线如下：

下料→锻造→正火①→切削加工→渗碳②、淬火③、低温回火④→喷丸→磨削加工

请回答上述工艺路线中①、②、③和④热处理工艺的目的及工艺。

8. 选择下列零件的材料并说明理由，制订加工工艺路线并说明各热处理工序的作用：

（1）机床主轴；（2）镗床镗杆；（3）燃气轮机主轴；（4）汽车、拖拉机曲轴；

（5）钟表齿轮；（6）赛艇艇身；（7）内燃机火花塞

附　　录

附录 A　洛氏硬度与其他硬度换算表

洛氏硬度		布氏硬度 HBW	维氏硬度 HV	抗拉强度 σ_b/MPa
HRC	HRA			
65	83. 6	—	798	—
64	83. 1	—	774	—
63	82. 6	—	751	—
62	82. 1	—	730	—
61	81. 5	—	708	—
60	81. 0	—	687	2675
59	80. 5	—	666	2555
58	80. 0	—	645	2435
57	79. 5	—	625	2315
56	78. 9	—	605	2210
55	78. 4	538	587	2115
54	77. 9	526	659	2030
53	77. 4	515	551	1945
52	76. 9	503	535	1875
51	76. 3	492	520	1805
50	75. 8	480	504	1745
49	75. 3	469	489	1685
48	74. 8	457	457	1635
47	74. 2	445	461	1580
46	73. 7	433	448	1530
45	73. 2	422	435	1480
44	72. 7	411	432	1440
43	72. 2	400	411	1390
42	71. 7	390	400	1350
41	71. 1	379	389	1310
40	70. 6	369	378	1275
39	70. 1	359	368	1235

（续）

洛氏硬度		布氏硬度 HBW	维氏硬度 HV	抗拉强度 σ_b/MPa
HRC	HRA			
38	69.6	349	358	1200
37	69.0	340	348	1170
36	68.5	331	339	1140
35	68.0	322	329	1115
34	67.5	314	321	1085
33	67.0	306	312	1060
32	66.4	298	304	1030
31	65.9	291	296	1005
30	65.4	284	289	985
29	64.9	277	281	960
28	64.4	270	274	935
27	63.8	263	267	915
26	63.3	257	260	895
25	62.8	251	254	875
24	62.3	246	247	845
23	61.7	240	241	825
22	61.2	235	235	805
21	60.7	230	229	795
20	60.2	225	224	775
19	59.7	221	218	755
18	59.1	216	213	740
17	58.6	212	208	725
16	58.1	208	203	710
15	57.6	204	198	690
—	57.1	200	193	675
—	56.5	196	189	660
—	56.0	192	184	645
—	55.5	188	180	625
—	55.0	185	176	615
—	54.5	181	172	600
—	53.9	177	168	590

附表 B 国内外常用钢号对照表

中国 GB 或 YB	美国				英国	日本	德国
	AISI	SAE	ACI	ASTM	BS	JIS	DIN
10	1010	1010			En2A	S10C	C10
20		1020			En2C	S20C	C22
45		1045			080M46	S45C	C45
15Mn	C1115	1115			En14A	SB46	14Mn14
30Mn2	1330	1330			En14B	SMn24	30M5
40Cr	5140	5140			En18	SCr4	41Cr4
20CrMnTi	—	—			—	SMK22	—
40CrMnMo	4140	4140			En19C	—	—
65Mn				A229	En43E	—	—
60Si2Mn	9260	9260			250A58	SUP7	65Si7
GCr15	E52100	52100			En31	SUJ2	100Cr6
T8	W1-0.8C	W1-0.8C			D1	SKU3	C85W2
T10A	W1-1.0C-Special	W1-1.0C-Special			—	SK4	C100W1
T12A	W1-1.2C-Special	W1-1.2C-Special			—	SK2	C110W1
W18Cr4V	T1	T1			(A)18% W	SKH2	S18-0-1
W6Mo5Cr4V2	M2	M2			BM2	SKH9	S6-5-2
9SiCr	—	—			—	—	90CrSi5
CrWMn	01	01			B01	SKS31	105WCr6
5CrMnMo	—	—			—	SKT5	40CrMnMo7
3Cr2W8V	H21	H21			BH21	SKD5	X30WCrMoV9-3
Cr12MoV	D2	D2			Type(A)2	SKD11	X165CrMoV12
1Cr13	403				En56A	SUS21	X10Cr13
2Cr13	410	51410	CA15	A-296	En56B	SUS22	X20Cr13
Cr17Ni2	430	51431	—	—	En57	SUS44	X22CrNi17
0Cr18Ni9	304	30304	—	—	En58E	SUS27	X5CrNi8-9
1Cr18Ni9Ti	321	30321	CP-20	A-296	En58C	SUS29	X10CrNiTi18-9

参考文献

[1] 魏广升，褚祥志．工程材料学［M］．北京：中国劳动出版社，1996.
[2] 史美堂．金属材料及热处理［M］．上海：上海科学技术出版社，1981.
[3] 崔占全．机械工程材料［M］．哈尔滨：哈尔滨工程大学出版社，2000.
[4] 戈晓岚．工程材料［M］．南京：东南大学出版社，2000.
[5] 朱张校．工程材料［M］．3 版．北京：清华大学出版社，2001.
[6] 王晓敏．工程材料学［M］．哈尔滨：哈尔滨工业大学出版社，1999.
[7] 沈莲．机械工程材料［M］．北京：机械工业出版社，1999.
[8] 吴承建．金属材料学［M］．北京：冶金工业出版社，2000.
[9] 石德珂．材料科学基础［M］．西安：西安交通大学出版社，2000.
[10] 周玉．陶瓷材料学［M］．哈尔滨：哈尔滨工业大学出版社，1995.
[11] 吴人杰．复合材料［M］．天津：天津大学出版社，2000.
[12] F A A 克兰，J A 查尔斯．工程材料的选择与应用［M］．王庆绥，等译．北京：科学出版社，1990.
[13] 孙智，江利，应鹏展．失效分析—基础与应用［M］．北京：机械工业出版社，2005.
[14] 王纪安．工程材料与材料成形工艺［M］．北京：高等教育出版社，2005.
[15] 吕广庶，张远明．工程材料及成形技术基础［M］．北京：高等教育出版社，2001.
[16] 王爱珍．工程材料与成形技术［M］．北京：机械工业出版社，2003.
[17] 何红媛．材料成形技术基础［M］．南京：东南大学出版社，2000.
[18] 陈金德，邢建东．材料成形技术基础［M］．北京：机械工业出版社，2000.
[19] 孙康宁．现代工程材料成形与机械制造基础［M］．北京：高等教育出版社，2005.
[20] 颜银标．工程材料及热成型工艺［M］．北京：化学工业出版社，2004.

#《机械工程材料及其成形技术》

（赵　程　杨建民　主编）

读者信息反馈表

尊敬的老师：

您好！感谢您多年来对机械工业出版社的支持和厚爱！为了进一步提高我社教材的出版质量，再好地为我国高等教育发展服务，欢迎您对我社的教材多提宝贵意见和建议。另外，如果您在教学中选用了本书，欢迎您对本书提出修改建议和意见。

一、 基本信息

姓名：______________性别：________职称：____________职务：________________

邮编：______________地址：____

任教课程：_______________电话：______—____________（H）__________（O）

电子邮件：____手机：________________

二、 您对本书的意见和建议

（欢迎您指出本书的疏误之处）

三、 您对我们的其他意见和建议

请与我们联系

100037　机械工业出版社·高教分社　刘小慧 收

Tel：010—88379712，88379715，6899 4030（Fax）

E-mail：lxh@ mail. machineinfo. gov. cn